建筑业企业专业技术管理人员岗位资格考试指导用书

质　量　员

主　编　陈安生
副主编　蒋　荣
主　审　袁志文

中国环境出版社·北京

图书在版编目（CIP）数据

质量员/陈安生主编．—3版．—北京：中国环境出版社，2013.3
建筑业企业专业技术管理人员岗位资格考试指导用书
ISBN 978-7-5111-1776-2

Ⅰ.①质…　Ⅱ.①陈…　Ⅲ.①建筑工程—质量管理—资格考试—自学参考资料　Ⅳ.①TU712

中国版本图书馆CIP数据核字（2014）第053448号

出 版 人　王新程
责任编辑　张于嫣
责任校对　扣志红
封面设计　宋　瑞

出版发行　中国环境出版社
（100062　北京市东城区广渠门内大街16号）
网　　址：http：//www.cesp.com.cn
电子邮箱：bjgl@cesp.com.cn
联系电话：010-67112765（编辑管理部）
出版热线：010-67112739（建筑图书出版中心）
发行热线：010-67125803，010-67113405（传真）
印　　刷　北京市联华印刷厂
经　　销　各地新华书店
版　　次　2014年3月第三版
印　　次　2014年3月第一次印刷
开　　本　787×1092　1/16
印　　张　24.75
字　　数　528千字
定　　价　65.00元

建筑业企业专业技术管理人员岗位资格考试指导用书

出版说明

2011年7月，住房城乡建设部发布《建筑与市政工程施工现场专业人员职业标准》(JGJ/T250—2011，以下简称《职业标准》)，2012年1月1日起正式实施。根据住房城乡建设部《关于贯彻实施住房和城乡建设领域现场专业人员职业标准的意见》(建人[2012] 19号，以下简称《实施意见》)精神，湖南省住房和城乡建设厅人教处于2012年委托省建设人力资源协会组织湖南建筑职教集团所属成员单位共20多所高、中等职业院校和建筑业施工企业对湖南省建筑业企业专业技术管理人员岗位资格考试标准进行了专项课题研究，并以《职业标准》为指导，结合本省建筑业发展和施工现场技术管理工作从业人员实际，修订了湖南省建筑业企业专业技术管理人员岗位资格考试大纲，包括施工员（分土建施工员、安装施工员，安装施工员又分水暖与电气两个专业方向）、质量员、安全员、标准员、材料员、机械员、资料员、造价员等岗位。为满足参考人员需要，湖南建筑职教集团由湖南城建职业技术学院牵头，组织建设职业院校、施工企业有关专家编写了上述岗位资格考试指导用书，2012年6月由中国环境科学出版社出版，应用于建筑与市政工程施工现场专业人员岗位培训和资格考试应试人员复习备考。

根据湖南省建设工程施工项目部关键岗位人员配备、建筑业企业专业技术管理人员岗位资格管理相关规定，现场专业人员必须通过全省统一的岗位资格考试，取得省住房和城乡建设厅颁发的《建筑业企业专业技术管理人员岗位资格证书》方可从事相应岗位的技术和管理工作。为构建科学合理的施工现场专业人员岗位资格能力评价标准，建设客观、公正和便捷高效的常态化考核机制，我们在不断完善岗位资格考试大纲的基础上，建设能力考核的标准化考试题库，实施远程网络考试，相关业务全信息化管理。与此同时，经本套丛书第一版编委会同意，调整部分编写人员，组织对2012年湖南建筑职教集团编写的岗位资格考试指导用书进行修订出版。修订的原则，一是针对性。以《职业标准》、住房城乡建设部人事司印发的《建筑与市政施工现场专业人员考核评价大纲》为指导，以湖南省建筑业企业专业技术管理人员岗位资格考试大纲(2013年修订版)为依据，内容和编排与考试大纲完全对应，涵盖考核试题库全部试题；二是实践性。突破学科，尤其是学校教材体系模式，理论知识以必要、够用为原则，专业技能基本覆盖岗位工作实践业务；三是基础性。把握人才层次标准和职业准入能力测试的特点，考核最常用、最关键的基本知识、基本技能。因主要服务于岗位培训、自学备考，各分册篇幅作了调整，力求简明扼要。按照湖南省建筑业企业专业技术管理人员岗位资格考试科目设置和大纲要求，《法律法规及相关知识》、《专业通用知识》科目各岗位考试标准相同，指导用书通用；《专业基础知识》、《岗位知识》和《专业实务》科目按各岗位不同能力标准要求编写。本套丛书也可以作为高、中等职业院校师生和相关工程技术人员参考书。

本套丛书的编写得到相关施工企业、职业院校的大力支持，在此谨致以衷心感谢！参与编写、修订工作的全体作者付出了辛勤的劳动，由于全套丛书业务涉及面宽，专业性强，加之时间仓促，疏漏和不足之处有所难免，恳请读者批评指正。

湖南省住房和城乡建设厅人教处
湖南省建设人力资源协会
2013 年 3 月

前　言

本书根据湖南省建筑业企业专业技术管理人员——质量员《专业基础知识》、《岗位知识》和《专业实务》考试大纲（2013 年修订版）的要求，以房屋建筑的土建施工为主，结合最新工程建设标准规范编写。全书分两篇共 9 章。第一篇为专业基础知识，包括 6 章：施工图的识读、建筑材料的鉴别、建筑构造知识、建筑力学与结构知识、施工测量知识、工程质量控制抽样统计分析；第二篇为岗位知识与专业实务，包括 3 章：建筑工程施工工艺及质量标准、建筑工程施工质量管理与控制、建筑工程施工质量问题的预防与处理。

本书有较强的针对性和实用性，主要作为质量员岗位培训及资格考试应试考人员复习备考用书，也可供建筑施工企业技术管理人员、质量检验人员以及监理人员参考。

本书出陈安生同志任主编，蒋荣同志任副主编。第一章、第二章、第五章、第六章由蒋荣编写；第三章由魏秀瑛编写；第四章由贾瑞晨编写；第七章的第一节到第三节由刘晓文编写；第七章的第四节、第五节、第八章的第二节、第三节由刘晓晖编写；第七章的第六节、第八章的第一节、第九章由陈安生编写。袁志文同志负责本书校审。

本书在编写过程中参阅了大量资料，谨向参考文献编著者深表谢意！由于时间仓促，加至编者水平有限，不妥之处在所难免，恳请读者批评指正。

目 录

专业基础知识篇

岗位知识与专业实务篇

专业基础知识篇

第一章　施工图的识读

第一节　建筑施工图

一、建筑施工图表达的内容

建筑施工图主要表示房屋的建筑设计内容。包括总平面图、平面图、立面图、剖面图等基本图和构造详图。

1. 总平面图的图示内容

一般来说，建筑总平面图应图示下列内容：

(1) 新建建筑物所处的地形、用地范围及建筑物占地界限等。如地形变化较大，应画出相应的等高线。

(2) 新建建筑的定位。拟建建筑的定位有三种方式：

①利用新建筑与原有建筑或道路中心线的距离确定新建筑的位置。

②利用施工坐标确定新建建筑的位置。

③利用大地测量坐标确定新建建筑的位置。

(3) 新建建筑、原有建筑物位置、形状。

在总平面图上将建筑物分成五种情况，即新建建筑物、原有建筑物、计划扩建的预留地或建筑物、拆除的建筑物和新建的地下建筑物或构筑物，为了清楚地表示建筑物的总体情况，一般还在总平面图中建筑物的右上角以点数或数字表示楼房层数。

(4) 周围的地形、地物状况。

应注明新建建筑物首层地面、室外地坪、道路的起点、变坡、转折点、终点及道路中心线的标高、坡向及建筑物的层数等。

(5) 风向频率玫瑰图。

风由外面吹过建设区域中心的方向称为风向。风向频率是在一定的时间内某一方向出现风向的次数占总观察次数的百分比。

(6) 树木、花草、喷泉、凉亭、雕塑等的布置情况。

2. 建筑平面图的图示内容

建筑平面图是假想用一个水平剖切平面在窗台线以上适当位置将房屋剖切开来所

作的水平面投影图，主要反映房屋的平面形状、大小和房间的相互关系、墙的位置、厚度和材料、门窗的位置、其他建筑构配件的位置和大小、建筑内部的房间分布情况及估算建筑面积等。一般来说，建筑平面图应图示下列内容：

（1）底层平面图的图示内容。

1）表示建筑物的墙、柱位置并对其轴线编号。

2）表示内、外门窗的位置和类型，并标注代号和编号。

3）注明各房间名称及室内外楼地面标高。

4）门厅、走道、电梯、楼梯的位置和楼梯上下方向及主要尺寸、踏步数。

5）表示室外构配件。

6）表示室内设备的形状、位置。

7）画出剖面图的剖切符号及编号。

8）画出确定建筑朝向的指北针。

9）标注墙厚、墙段、门、窗、房屋开间、进深等各项尺寸。

10）标注详图索引符号。

11）注明图名和绘图比例以及必要的文字说明。

（2）标准层平面图的图示内容。

1）表示建筑物的门、窗位置及编号。

2）注明各房间名称、各项尺寸及楼地面标高。

3）表示建筑物的墙、柱位置并对其轴线编号。

4）表示楼梯的位置及楼梯上下行方向、级数及平台标高。

5）表示阳台、雨篷、雨水管的位置及尺寸。

6）表示室内设备（如卫生器具、水池等）的形状、位置。

7）标注详图索引符号。

8）注明图名和绘图比例以及必要的文字说明。

（3）屋顶平面图的图示内容。

屋顶檐口、檐沟、屋顶坡度、分水线与落水口的投影，出屋顶水箱间、上人孔、消防梯及其他构筑物、索引符号等。

3. 建筑立面图的图示内容

（1）立面上所有投影可见的轮廓线全部绘出。

（2）表现房屋的外部造型，如屋顶、外墙面装修、室外台阶、阳台、雨篷等部分的材料、色彩和做法，房屋外部门窗位置及形式。可以用文字说明，也可以用详图索引符号表示。

（3）标注房屋总高度与各关键部位的高度，用标高标注出相对高度。同时用尺寸标注的方法标注立面图上的细部尺寸，层高及总高。

（4）建筑物两端的定位轴线及其编号。

（5）节点详图索引及必要的文字说明。

4. 建筑剖面图的图示内容

（1）建筑物内部的分层情况及层高，水平方向的分隔。

(2) 剖切到的构件轮廓及材料做法。

(3) 没被剖切到，但在剖视方向投影可见部分的形状、位置等。

(4) 地面、楼面、屋面的分层构造，可用文字说明或图例表示。屋顶的形式及排水坡度。

(5) 必要的定位轴线及轴线编号，标高及必须标注的局部尺寸。

(6) 详图索引符号和必要的文字注释。

5. 构造详图

构造详图是表述建筑物局部构造和节点的施工图，常见的构造详图有墙身详图和楼梯详图。

(1) 墙身详图。

墙身详图也叫墙身大样图，实际上是建筑剖面图的有关部位的局部放大图。一般来说，墙身详图应图示下列内容：

1) 墙身的定位轴线及编号，墙体的厚度、材料及其本身与轴线的关系。

2) 勒脚、散水节点构造。主要反映墙身防潮做法、首层地面构造、室内外高差、散水做法、一层窗台标高等。

3) 标准层楼层节点构造。主要反映标准层梁、板等构件的位置及其与墙体的联系，构件表面抹灰、装饰等内容。

4) 檐口部位节点构造。主要反映檐口部位包括封檐构造（如女儿墙或挑檐）、圈梁、过梁、屋顶泛水构造、屋面保温、防水做法和屋面板等结构构件。

5) 图中的详图索引符号等。

(2) 楼梯详图。

楼梯的建筑详图一般有楼梯平面图、楼梯剖面图以及踏步和栏杆等节点详图。一般来说，楼梯的建筑详图应图示下列内容：

1) 楼梯平面图：楼梯平面图通常要分别画出各层楼梯平面图。楼梯平面图主要表明梯段的长度和宽度、上行或下行的方向、踏步数和踏面宽度、楼梯休息平台的宽度、栏杆扶手的位置以及其他一些平面形状。

楼梯平面图中，楼梯段该层往上走的第一梯段（休息平台下）的任意位置处被水平剖切后，剖切处规定画45°折断符号，首层楼梯平面图中的45°折断符号应以楼梯平台板与梯段的分界处为起始点画出，使第一梯段的长度保持完整。

楼梯平面图中，梯段的上行或下行方向是以各层楼地面为基准标注的。向上者称为上行，向下者称为下行，并用长线箭头和文字在梯段上注明上行、下行的方向及踏步总数。

在楼梯平面图中，除注明楼梯间的开间和进深尺寸、楼地面和平台面的尺寸及标高外，还需注出各细部的详细尺寸。通常用踏步数与踏步宽度的乘积来表示梯段的长度。通常三个平面图画在同一张图纸内，并互相对齐，这样既便于阅读，又可省略标注一些重复的尺寸。

2) 楼梯剖面图：楼梯剖面图可以详细地表示楼梯的形式和构造，如各构件之间、构件与墙体之间的搭接方法，梯段形状，踏步、栏杆、扶手（或栏板）的形状和高度等。

3）楼梯节点详图：楼梯节点详图主要是指栏杆详图、扶手详图以及踏步详图。它们分别用索引符号与楼梯平面图或楼梯剖面图联系。

踏步详图表明踏步的截面尺寸、大小、材料及面层的做法。

栏板与扶手详图主要表明栏板及扶手的型式、大小、所用材料及其与踏步的连接等情况。

(3) 其他详图。

在建筑、结构设计中，对大量重复出现的构配件如门窗、台阶、面层做法等，通常采用标准设计，即由国家或地方编制的一般建筑常用的构、配件详图，供设计人员选用，以减少不必要的重复劳动。在读图时要学会查阅这些标准图集。

二、建筑施工图的图示方法

1. 建筑施工图中常用的符号

(1) 定位轴线。

定位轴线是确定房屋主要结构构件的位置及其标志尺寸的基线，承重外墙的定位轴线距顶层墙身内缘 120 mm；内墙的定位轴线一般与墙体的中心线重合。

定位轴线用细点画线绘制。定位轴线一般应编号，编号应注写在轴线端部的圆内，圆应用细实线绘制，直径为 8～10 mm，定位轴线圆的圆心，应在定位轴线的延长线上或延长线的折线上，如图 1-1（a）所示。

平面图上定位轴线的编号，宜标注在图样的上方与左侧，横向编号应用阿拉伯数字，从左至右顺序编写，竖向编号应用大写拉丁字母，从下至上顺序编写。拉丁字母的 I、O、Z 不得用做轴线编号。如字母数量不够使用，可增用双字母或单字母加注脚，如 AA、BA、……、YA 或 A1、B1、……、Y1。

附加定位轴线的编号，应以分数的形式表示，并应按下列规定编写。

① 两根轴线之间的附加轴线，应以分母表示前一轴线的编号，分子表示附加轴线的编号，编号宜用阿拉伯数字顺序编写，如图 1-1（b）所示。

② 1 号轴线或 A 号轴线之前的附加轴线应以分母 01、0A 分别表示位于 1 号轴线或 A 号轴线之前的轴线。例如：(3/0A)表示 A 号轴线之前的第三根附加轴线。

③ 通用详图中的定位轴线，应只画圆，不注写轴线编号，如图 1-1（c）所示。

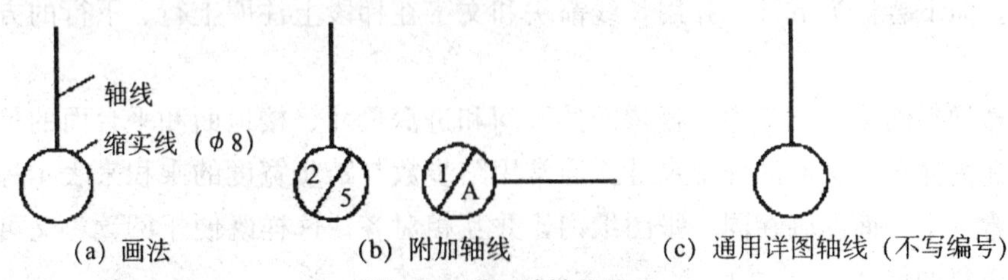

图 1-1　详图的轴线编号

④ 一个详图适用于几根轴线时，应同时注明各有关轴线的编号，见图 1-2。

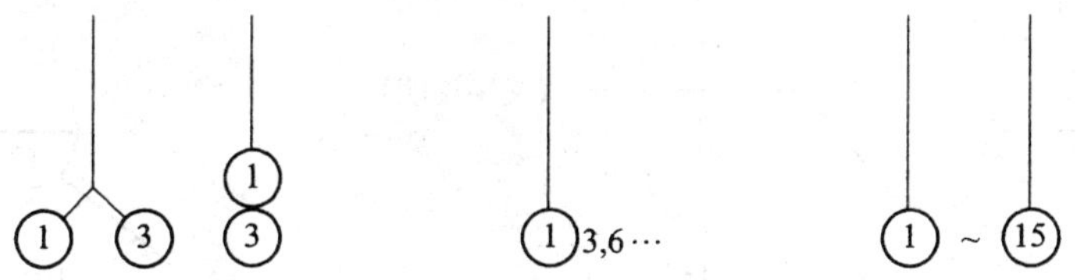

图 1-2 详图的多根轴线编号

(2) 标高。

① 标高类型。标高是表示建筑物某一部位相对于基准面（标高的零点）的竖向高度，是竖向定位的依据。标高是标注建筑物高度的另一种尺寸形式。标高按基准面的不同分为相对标高和绝对标高。

② 标高符号。标高符号应以直角等腰三角形表示，见图 1-3。总平面图室外地坪标高符号，用涂黑的三角形表示，见图 1-4。标高符号的尖端应指至被注高度的位置。尖端宜向下，也可向上。标高数字应注写在标高符号的上侧或下侧，见图 1-5。在图样的同一位置需表示几个不同标高时，标高数字可按图 1-6 的形式注写。

标高数字以米为单位，注写到小数点第 3 位，总平面图中可注写到小数点后两位，零点标高注写成±0.000；正数标高不注“+”号，负数标高应注“-”号。

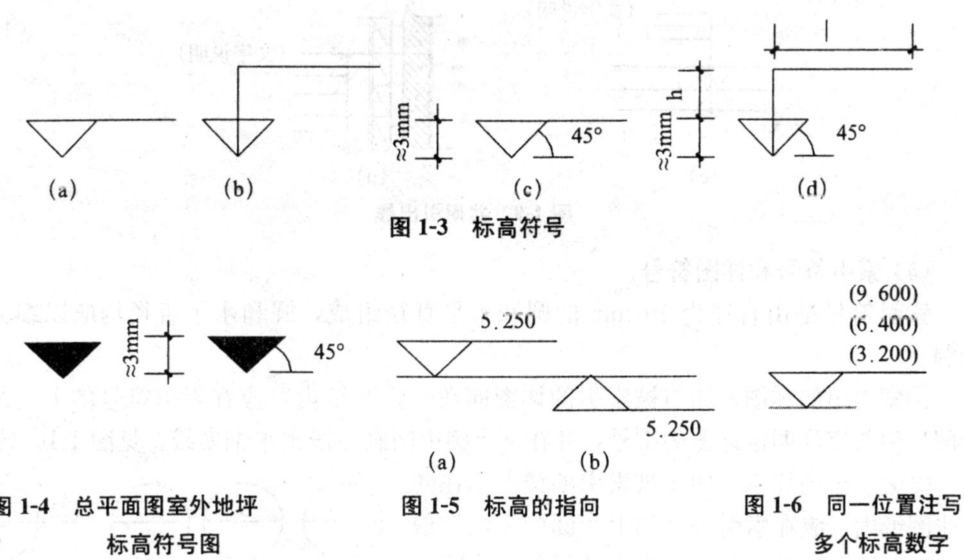

图 1-3 标高符号

图 1-4 总平面图室外地坪标高符号图

图 1-5 标高的指向

图 1-6 同一位置注写多个标高数字

(3) 引出线。

① 引出线。引出线应以细实线绘制，宜采用水平方向的直线、与水平方向成 30°、45°、60°、90°的直线，或经上述角度再折为水平线，见图 1-7。

② 共同引出线。同时引出几个相同部分的引出线，见图 1-8。

③ 共用引出线。多层构造或多层管道共用引出线，应通过被引出的各层。文字说明宜注写在横线的上方，也可注写在横线的端部，说明的顺序应由上至下，并应与被

说明的层次相互一致；如层次为横向排列，则由上至下的说明顺序应与由左至右的层次相互一致，见图 1-9。

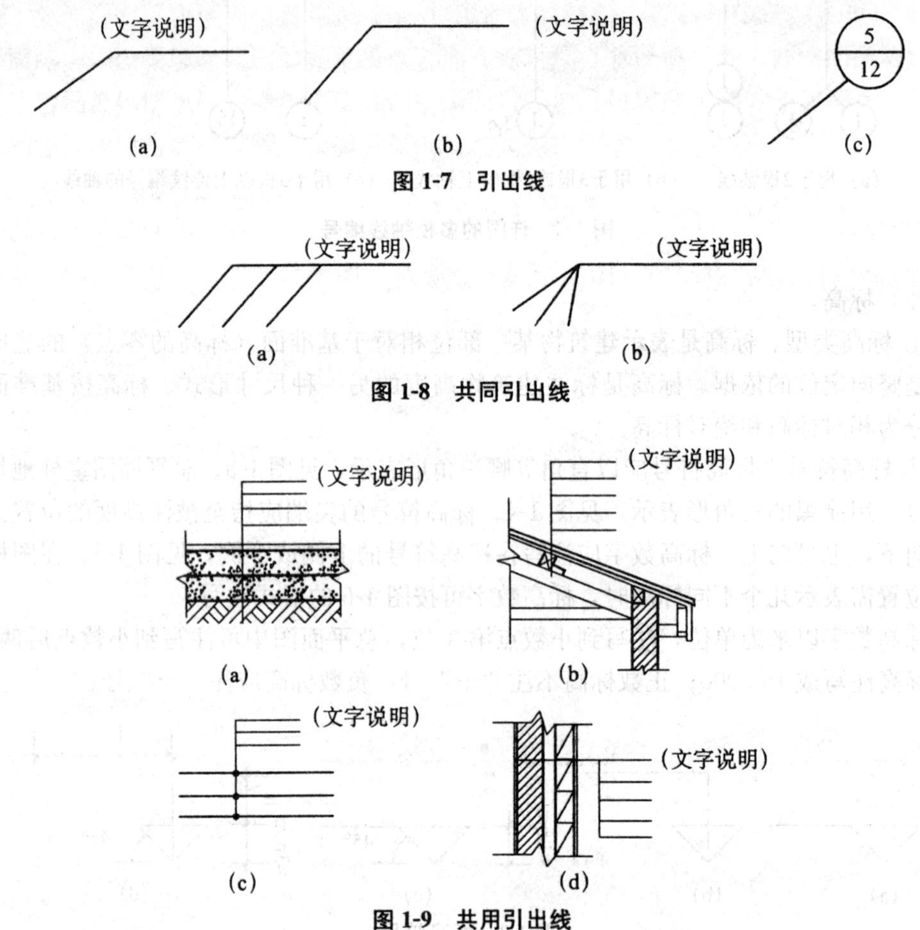

图 1-7　引出线

图 1-8　共同引出线

图 1-9　共用引出线

(4) 索引符号和详图符号。

索引符号是由直径为 10 mm 的圆和水平直径组成，圆和水平直径均应以细实线绘制。

①索引出的详图，如与被索引的详图同在一张图纸内，应在索引符号的上半圆中用阿拉伯数字注明该详图的编号，并在下半圆中间画一段水平细实线，见图 1-10 (b)。

②索引出的详图，如与被索引的详图不在同一张图纸内，应在索引符号的上半圆中用阿拉伯数字注明该详图的编号，在索引符号的下半圆用阿拉伯数字注明该详图所在图纸的编号，图 1-10 (c)表示该详图位于第 2 张图纸上的第 5 号详图。数字较多时，可加文字标注。

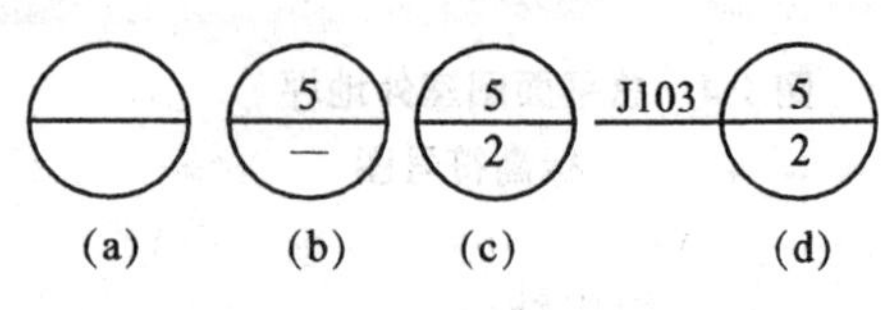

图 1-10　索引符号

③索引出的详图，如采用标准图，应在索引符号水平直径的延长线上加注该标准图册的编号，如图 1-10 (d) 所示。需要标注比例时，比例文字注在索引符号右侧或延长线下方，与符号下对齐。

详图的位置和编号，应以详图符号表示，详图符号的圆应以直径为 14 mm 粗实线绘制，当与被索引图样同在一张图纸内的详图符号，在圆圈内标注详图在这张图内的编号即可；如图 1-11（a）所示；当与被索引图样不在同一张图纸内，其详图符号的上半圆中用阿拉伯数字注明该详图的编号，在详图符号的下半圆用阿拉伯数字注明被索引图纸的图纸号，如图 1-11（b）所示。

（a）与被索引图样同在一张图纸内的详图符号

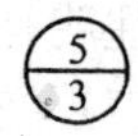

（b）与被索引图样不在同一张图纸内的详图符号

图 1-11　详图符号

（5）其他符号。

对称符号由对称线和两端的两对平行线组成，对称线用细点画线绘制，见图 1-12。

指北针的形状如图 1-13 所示，其圆的直径宜为 24 mm，用细实线绘制。

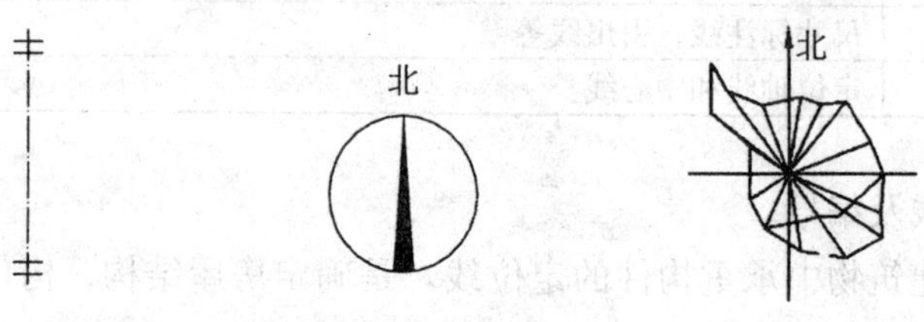

图 1-12　对称符号　**图 1-13　指北针**　**图 1-14　风玫瑰图**

风玫瑰是根据当年平均统计的各个方向吹风次数的百分数，按一定比例绘制的，风的吹向是从外吹向该地区中心的。实线表示全年风向频率，虚线表示按 6 月、7 月、8 月三个月统计的风向频率，见图 1-14。

2. 建筑总平面图的图示方法

（1）比例。

总平面图一般采用 1∶500、1∶1 000 或 1∶2 000 的比例绘制，因为比例较小，图示内容多按《总图制图标准》（GB/T 50103—2010）中相应的图例要求进行简化绘制。

（2）图线。

图线的宽度 b，应根据图样的复杂程度和比例，按《房屋建筑制图统一标准》（GB 50001—2010）中图线的有关规定执行。

（3）标高与尺寸。

在总平面图中，等高线的标高采用绝对标高，室外地坪标高符号宜用涂黑的三角形表示，总平面图的坐标、标高、距离以 m 为单位，并应至少取至小数点后两位。

（4）绘制方向。

总平面图应按上北下南方向绘制，根据场地形状或布局，可向左或右偏转，但不宜超过 45°。

（5）图例。

总平面图是用正投影的原理绘制的，图形主要是以图例的形式表示，总平面图的图例采用《总图制图标准》规定的图例，画图时应严格执行该图例符号，如图中采用的图例不是标准中的图例，应在总平面图下说明。

3. 建筑平面图的图示方法

（1）图名、比例。

应注明是哪层平面图，在图名处加中实线作下划线，常用绘图比例为 1∶50、1∶100、1∶200 等。

（2）图线。

建筑平面图中图线的表达内容见表 1-1。

表 1-1　建筑平面图图线表达内容

线型	图示内容
粗实线	凡是被水平切平面剖切到的墙、柱的断面轮廓
中实线	被剖切到的次要部分的轮廓线和可见的构配件轮廓线，如墙身、窗台等
中虚线	被剖切到的高窗、墙洞等
细实线	尺寸标注线、引出线等
细点画线	定位轴线和中心线

（3）定位轴线及编号。

定位轴线是建筑物中承重构件的定位线，是确定房屋结构、构件位置和尺寸的基准线，也是施工中定位和放线的重要依据。

在施工图中，凡承重的构件，如基础、墙、柱、梁、屋架都要确定轴线，并按“国标”规定绘制并编号。

（4）图例。

由于平面图所用的比例较小，许多建筑细部及门窗不能详细画出，因此须用“国标”统一规定的图例来表示。

（5）标高标注。

建筑平面图中的标高，除特殊说明外，通常都采用相对标高，并将底层室内主要房间地面定为±0.000。应标注不同楼地面高度房间及室外地坪等标高。要标明主要楼、地面及其他主要台面的相对标高。

（6）门窗编号。

为编制概预算的统计及施工备料，平面图上所有的门窗都应进行编号。门常用 M1、M2 或 M-1、M-2 表示，窗常用 C1、C2 或 C-1、C-2 表示。

（7）尺寸标注。

①外部尺寸：一般分三道尺寸标注，最外面一道是外包尺寸。表明建筑物的总长和总宽；中间一道是轴线尺寸，一般表示房间的开间和进深；最里一道是表示房屋外墙的墙段及门窗洞口等细部尺寸。

② 内部尺寸：应标注各房间长、宽方向的净空尺寸，墙厚及轴线的关系、柱子截面、房屋内部门窗洞口、门垛等细部尺寸。

③具体构造尺寸：室外的散水、台阶、花池，室内的固定设施的大小及定位尺寸，可单独标注。

（8）其他要求。

①要标注有关部位详图的索引符号，采用标准图集的构配件的编号及文字说明。

②平面图中要注写各房间的名称，住宅平面图还要注写各房间的使用面积。

③一层平面图中要标注剖面图的剖切符号及编号、指北针。

④屋顶平面图中以及其他层中的阳台或露台，要标注排水坡度。

4. 建筑立面图的图示方法

（1）图名与比例。

①立面图的图名应按“国标”规定：有定位轴线的建筑物，宜根据两端轴线号编注立面图的名称。如①～⑤立面图 1∶50。

②立面图的比例一般应与平面图所选用的比例一致。常用 1∶50、1∶100、1∶200 的比例绘制。

（2）图线。

为突出建筑物外型的艺术效果，使立面图外形更清晰，层次更分明，在绘制立面图时通常选用不同粗细的图线，见表 1-2。

表 1-2　建筑立面图图线表达内容

线型	图示内容
粗实线	立面图的最外轮廓线
中实线	凸出墙面的雨篷、阳台、柱子、窗台、窗楣、台阶、花池等投影线
加粗线（粗于标准粗度的 1.4 倍）	地坪线
细实线	门、窗及墙面分格线、落水管以及材料符号引出线、说明引出线

（3）定位轴线。

在立面图中一般只要求绘出房屋外墙两端的定位轴线及编号，以便与平面图对照，从而了解某立面图的朝向。

（4）图例。

由于立面图的比例较小，因此，许多细部（如门、窗扇等）应按《建筑制图标准》（GB/T 50104—2001）所规定的图例绘制。为了简化作图，对于类型完全相同的门、窗扇，在立面图中可只绘制简图。另有详图和文字说明的细部（如檐口、屋顶、栏杆），在立面图中也可简化绘出。

（5）尺寸标注。

立面图上一般只需标注房屋外墙各主要结构的相对标高和必要的尺寸。对于外墙预留洞口处标注标高外，还应标注其定形和定位尺寸。标注标高时，需要从其被标注部位的表面绘制一引出线，标高符号指向引出线，指向可向上，也可向下。标高符号宜画在同一铅垂线方向，排列整齐。

①竖直方向：应标注建筑物的室内外地坪、门窗洞口上下口、台阶顶面、雨篷、房檐下口、屋面、墙顶等处的标高（在竖直方向标注三道尺寸。里边一道尺寸标注房屋的室内外高差、门窗洞口高度、垂直方向窗间墙、窗下墙高、檐口高度尺寸；中间一道尺寸标注层高尺寸；外边一道尺寸为总高尺寸）。

②水平方向：立面图水平方向一般不注尺寸，但需要标出立面图最外两端墙的轴

线及编号。

(6) 其他内容。

①立面图上可在适当位置用文字标出其装修的材料、色彩和做法，也可以不注写在立面图中，以保证立面图的完整美观，而在建筑设计总说明中列出外墙面的装修。

②根据具体情况标注有关部位详图的索引符号，以引导施工和方便阅读。

③立面图应将立面上所有投影可见的轮廓线全部绘出。

5. 建筑剖面图图样表示方法

(1) 图名、比例。

剖面图图名要与对应的平面图（常见于底层平面图）中标注的剖切符号的编号一致，如1-1剖面图所示。

建筑剖面图常用的比例为1∶100，也可采用1∶50、1∶150、1∶200、1∶300。

(2) 图线。

在绘制剖面图时通常选用不同粗细的图线，来表达工程内容，见表1-3。

表1-3　建筑立面图图线表达内容

线型	图示内容
粗实线	被剖切到的墙身、屋面板、楼板、楼梯、楼梯间的休息平台、阳台、雨篷及门、窗过梁
中实线	没有剖切到的可见部分
加粗线（粗于标准粗度的1.4倍）	室外地坪线
细实线	分隔线、引出线、尺寸界线、尺寸线等

(3) 定位轴线及编号。

在剖面图中，被剖切到的承重墙、柱均应绘制与平面图相同的定位轴线，并标注轴线编号和轴线间尺寸。

(4) 图例。

①比例为1∶50的剖面图，宜画出楼地面、屋面的面层线，抹灰层的面层线应根据需要而定。

②比例为1∶100～1∶200的平面图、剖面图，可画简化的材料图例（如砌体墙涂红、钢筋混凝土涂黑等），但宜画出楼地面、屋面的面层线。

③比例为1∶300的平面图、剖面图，可不画材料图例，剖面图的楼地面、屋面的面层线可不画出。

(5) 标高标注。

建筑剖面图，宜标注室内外地坪、楼地面、阳台、平台、檐口、屋脊、女儿墙、雨篷、门、窗、台阶等处的标高；平屋面等不易标明建筑标高的部位可标注结构标高，并予以说明；结构找坡的平屋面，屋面标高可标注在结构板面最低点，并注明找坡坡度。

(6) 尺寸标注。

① 竖直方向上，在图形外部标注三道尺寸：最外一道为总高尺寸，从室外地平面起标到檐口或女儿墙顶止，标注建筑物的总高度；中间一道尺寸为层高尺寸，标注各层层高（两层之间楼地面的垂直距离称为层高）；最里边一道尺寸称为细部尺寸，标注

墙段及洞口高度尺寸。

② 水平方向：常标注剖到的墙、柱及剖面图两端的轴线编号及轴线间距。

（7）其他要求。

剖面图中的室内外地面用一单线表示，地面以下部分一般不需要画出。一般在结构施工图的基础图表示，所以把室内外地面以下的基础墙画上折断线。

6. 详图图示方法

详图的比例视细部的构造复杂程度而定，以能表达详尽清楚、尺寸标注齐全为目的，常选用1：20 、1：10 、1：5 、1：2、1：1，详图数量的选择，与建筑的复杂程度及平、立、剖面图的内容及比例有关。

详图的图示方法有局部平面图、局部立面图、局部剖面图，详图可分为节点构造详图和构配件详图两类。节点构造详图是表达建筑某一局部（如墙体、楼梯、楼板、阳台、雨篷、檐口、窗台、散水等）构造做法的图样，构配件详图是表达构配件（如栏杆、扶手、花格等）构造做法的图样。

三、建筑施工图的识读

一套施工图，简单的有几张，复杂的有几十张，甚至几百张。识读图纸时一般按下列方法和步骤：①识读整套图纸，先看说明书、首页图，再看建施、结施和设施图；每一张图纸，先看图标、文字，后看图样；②识读建筑施工图时，先识读总平面图和平面图，然后结合立面图和剖面图识读，最后识读详图；③识读结构施工图时，先应识读结构平面布置图，然后识读构件图，最后识读构件详图或断面图。

1. 建筑总平面图的识读

（1）看总平面图的比例及有关文字说明。

（2）由图名了解工程性质，由等高线了解地形地势。

（3）看新建建筑物的层数及室内外标高。

（4）根据原有建筑物及道路了解新建建筑物的周围环境及位置。

（5）根据指北针、风玫瑰图分别判定建筑物的朝向及当地常年风向。

2. 建筑平面图的识读

（1）识读图名、比例及文字说明。

（2）识读平面图中房屋的总长、总宽的尺寸，以及内部房间的功能关系、布置方式等。

（3）识读纵横定位轴线及其编号；主要房间的开间、进深尺寸；墙（或柱）的平面布置。

（4）识读平面图各部分的尺寸从定位轴线可以看出墙（或柱）的布置情况。

（5）识读门窗的布置、数量及型号。

（6）识读房屋室内设备配备等情况。

（7）识读房屋外部的设施，如散水、花坛、台阶等的位置及尺寸。

（8）识读房屋的朝向及剖面图的剖切位置、索引符号等。

（9）识读屋面的布置与排水情况。

3. 建筑立面图的识读

（1）识读图名及比例。

(2) 识读立面图与平面图的对应关系。

(3) 识读房屋的体形和外貌特征。

(4) 识读房屋各部分的高度尺寸及标高数值。

(5) 识读门窗的形式、位置及数量。

(6) 识读房屋外墙面的装修做法。

(7) 识读立面图中的细部构造与有关部位详图索引符号的标注。

4. 建筑剖面图的识读

(1) 识读图名及比例。

(2) 识读剖面图与平面图的对应关系。

(3) 识读房屋的结构形式。

(4) 识读剖切到的部位以及未剖切到的但可见的部分。

(5) 识读屋顶、楼地面的构造层次及做法。

(6) 识读房屋各部位的尺寸和标高情况。

(7) 识读楼梯的形式和构造。

(8) 识读索引详图所在的位置及编号。

5. 建筑详图的识读

(1) 墙身详图的识读。

1) 识读图名、比例。

2) 识读墙体的厚度及所属定位轴线。

3) 识读屋面、楼面、地面的构造层次和做法。

4) 识读各部位的标高、高度方向的尺寸和墙身细部尺寸。

5) 识读各层梁（过梁或圈梁）、板、窗台的位置及其与墙身的关系。

6) 识读檐口的构造做法。

(2) 楼梯详图的识读

1) 楼梯平面图的识读步骤：

①识读楼梯在建筑平面图中的位置及有关轴线的布置。

②识读楼梯间、梯段、梯井、休息平台的平面形式和尺寸以及楼梯踏步的宽度和踏步数。

③识读楼梯的走向及上、下起步的位置。

④识读楼梯间各楼层平面、休息平台面的标高。

⑤识读中间层平面图中不同梯段的投影形状。

⑥识读楼梯间的墙、门、窗的平面位置、编号和尺寸。

⑦识读楼梯剖面图在楼梯底层平面图中的剖切位置及投影方向。

2) 楼梯剖面图的识读：

①识读图名、比例。

②识读轴线编号和轴线尺寸。

③识读房屋的层数、楼梯梯段数、踏步数。

④识读楼梯的竖向尺寸和各处标高。

⑤识读踏步、扶手、栏板的详图索引符号。

第二节　结构施工图

一、结构施工图表达的内容

1. 结构设计说明

以文字叙述为主，主要说明结构设计的依据、结构形式、构件材料及要求、构造做法、施工要求等内容。

一般包括以下内容：

(1) 建筑物的结构形式、层数和抗震的等级要求。

(2) 结构设计依据的规范、图集和设计所使用的结构程序软件。

(3) 基础的形式、采用的材料及其强度等级。

(4) 主体结构采用的材料及其强度等级。

(5) 构造连接的做法及要求。

(6) 抗震的构造要求。

(7) 对本工程施工的要求。

2. 结构平面图

主要表示结构构件的位置、数量、型号及相互关系，一般包括基础平面布置图、楼层结构平面布置图、屋面结构平面图、柱网平面图等。

3. 构件详图

主要表示单个构件的形状、尺寸、材料、构造及工艺方面的情况，一般包括：梁、板、柱及基础结构详图，楼梯结构详图，屋架结构详图等。

二、结构施工图的图示方法

钢筋混凝土结构通常包括框架、框架剪力墙及筒体结构等。房屋建筑上部结构施工图的表达方法主要存在两种方式：一是传统的表达方式，即先做结构平面图，再从平面图中索引逐步表示各构件的配筋详图；二是建筑结构施工图平面整体设计方法(简称“平法”)。

1. 结构图的传统表达方式

这种表示方法的图中通常包括平面布置图、剖面图、钢筋表及说明四部分，图纸基本内容有钢筋混凝土楼板（及屋面）平面布置图、钢筋混凝土的构件（梁、柱）详图等。

(1) 基础平面图。

在基础平面图中只需画出基础墙、基础梁、柱以及基础底面的轮廓线。基础墙、基础梁的轮廓线为粗实线，基础底面的轮廓线为细实线，柱子的断面一般涂黑，基础细部的轮廓线通常省略不画，各种管线及其出入口处的预留孔洞用虚线表示。

(2) 楼板（屋面板）平面布置图。

现浇钢筋混凝土楼板（ 屋面板）平面布置图是沿楼板面将房屋水平剖开后的水平

剖面图，表示房屋楼面板及其下面的墙、梁、柱等承重构件平面布置，是施工时布置或安放各层承重构件的依据。主要包括：房屋建筑的轴网编号和轴线间尺寸；楼板（或屋面板）的平面布置情况，若楼板（或屋面板）是预制板，应表示出预制板的排板情况，若楼板（或屋面板）为现浇板，则应该表明现浇板的配筋情况；各种梁、柱的平面布置情况；留孔洞的位置、尺寸等；各节点详图的剖切位置及索引；施工说明等。

（3）构件详图。

现浇钢筋混凝土构件详图主要包括梁、柱的配筋图（由立面图、断面图和配筋详图或钢筋表组成）、模板图等。其中模板图主要用来表示柱的外形尺寸、预埋件位置和代号等。

2. 建筑结构施工图平面整体设计方法

（1）柱平法施工图的表示方法。

柱平法施工图是在柱平面布置图上采用列表注写方式或截面注写方式表达。

1）列表注写方式：图 1-15 是某建筑结构层柱平法采用列表注写方式施工图。列表注写方式应包括以下内容：

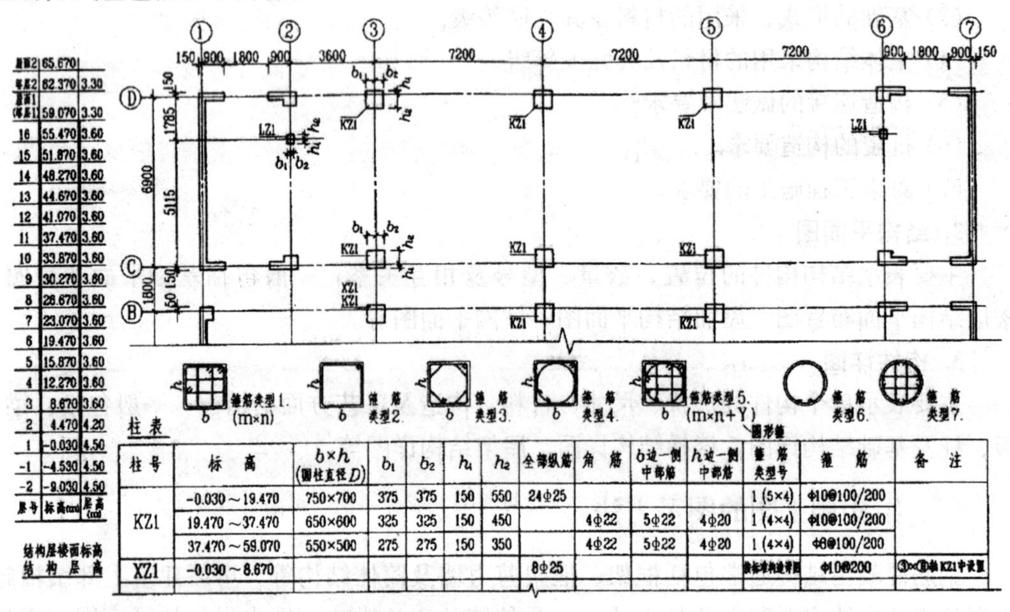

层号	标高(m)	层高(m)
屋面2	65.670	
塔层2	62.370	3.30
屋面1（塔层1）	59.070	3.30
16	55.470	3.60
15	51.870	3.60
14	48.270	3.60
13	44.670	3.60
12	41.070	3.60
11	37.470	3.60
10	33.870	3.60
9	30.270	3.60
8	26.670	3.60
7	23.070	3.60
6	19.470	3.60
5	15.870	3.60
4	12.270	3.60
3	8.670	3.60
2	4.470	4.20
1	-0.030	4.50
-1	-4.530	4.50
-2	-9.030	4.50

结构层楼面标高
结构层高

柱表

柱号	标高	b×h（圆柱直径D）	b_1	b_2	h_1	h_2	全部纵筋	角筋	b边一侧中部筋	h边一侧中部筋	箍筋类型号	箍筋	备注
KZ1	-0.030～19.470	750×700	375	375	150	550	24Φ25				1(5×4)	Φ10@100/200	
	19.470～37.470	650×600	325	325	150	450		4Φ22	5Φ22	4Φ20	1(4×4)	Φ10@100/200	
	37.470～59.070	550×500	275	275	150	350		4Φ22	5Φ22	4Φ20	1(4×4)	Φ8@100/200	
XZ1	-0.030～8.670						8Φ25				按标准构造详图	Φ10@200	③×Ⓑ轴KZ1中设置

图 1-15　柱平法施工图

①注写柱编号，柱编号由类型代号和序号组成，应符合表 1-4 的规定。

表 1-4　柱编号

柱类型	代号	序号
框架柱	KZ	××
框支柱	KZZ	××
芯柱	XZ	××
梁上柱	LZ	××
剪力墙上柱	QZ	××

注：编号时，当柱的总高、分段截面尺寸和配筋均对应相同，仅截面与轴线的关系不同时，仍可将其编为同一柱号，但应在图中注明截面与轴线的关系。

② 注写各段柱的起止标高，自柱根部往上以变截面位置或截面未变但配筋改变处为界分段注写。

③对于矩形柱，注写柱截面尺寸 $b \times h$ 及与轴线关系的几何参数代号 b_1、b_2 和 h_1、h_2 的具体数值，需对应于各段柱分别注写。

④注写柱纵筋。

⑤注写箍筋类型号及箍筋肢数，在箍筋类型栏内注写规定的箍筋类型号与肢数。

⑥ 注写柱箍筋，包括钢筋级别、直径与间距。

识读图 1-15，可知从－0.030～19.470m 标高范围内为第一标高段，该范围内的柱断面为 750 mm× 700 mm，b 方向中心线与轴线重合，左右都为 375 mm。h 方向偏心，h_1 为 150 mm，h_2 为 550 mm。全部纵向钢筋为 24 Φ 25 的 HRB400 级钢筋，箍筋选用类型号 1，b 方向为 5 肢，h 方向为 4 肢，加密区的钢筋为Φ 10@100，即直径为 10 mm 的 HPB300 钢筋，间隔 100 mm. 非加密区为Φ 10@200，直径为 10 mm 的 HPB300 钢筋，间隔 200 mm。其余标高段与本段识读方式相同。

2）截面注写方式：截面注写方式，是在柱平面布置图的柱截面上，分别在同一编号的柱中选择两个截面，以直接注写截面尺寸和配筋具体数值的方式来表达柱平法施工图。

对除芯柱之外的所有柱截面按规定进行编号，从相同编号的柱中选择一个截面，按另一种比例原位放大绘制柱截面配筋图，并在各配筋图上继其编号后再注写截面尺寸 $b \times h$、角筋或全部纵筋（当纵筋采用一种直径且能够图示清楚时）、箍筋的具体数值以及在柱截面配筋图上标注柱截面与轴线关系 b_1、b_2、h_1、h_2 的具体数值。

当纵筋采用两种直径时，需再注写截面各边中部筋的具体数值（对于采用对称配筋的矩形截面柱，可仅在一侧注写中部筋，对称边省略不注）。

在截面注写方式中，如柱的分段截面尺寸和配筋均相同，仅截面与轴线的关系不同时，可将其编为同一柱号。但此时应在未画配筋的柱截面上注写该柱截面与轴线关系的具体尺寸。

（2）梁平法施工图的表示方法。

梁平法施工图是在梁平面布置图上采用平面注写方式或截面注写方式表达。

1）平面注写方式：平面注写方式是在梁平面布置图上，分别在不同编号的梁中各选一根梁，在其上注写截面尺寸和配筋具体数值的方式来表达梁平法施工图。

平面注写包括集中标注与原位标注，集中标注通用数值，原位标注表达梁的特殊数值。当集中标注中的某项数值不适用于梁的某部位时，则将该项数值原位标注，施工时，原位标注取值优先。

梁编号由梁类型代号、序号、跨数及有无悬挑代号几项组成，并应符合表 1-5 的规定。

表 1-5 梁编号

梁类型	代号	序号	跨数及是否带有悬挑
楼层框架梁	KL	××	(××)、(××A) 或 (××B)
屋面框架梁	WKL	××	(××)、(××A) 或 (××B)
框支梁	KZL	××	(××)、(××A) 或 (××B)
非框架梁	L	××	(××)、(××A) 或 (××B)

梁类型	代号	序号	跨数及是否带有悬挑
悬挑梁	XL	xx	
井字梁	JZL	xx	(xx)、(xxA) 或 (xxB)

注：(xxA) 为一端有悬挑，(xxB) 为两端有悬挑，悬挑不计人跨数。例如：KL7 (5A) 表示第 7 号框架梁，5 跨，一端有悬挑；L9 (7B) 表示第 9 号非框架梁，7 跨，两端有悬挑。

①梁集中标注的内容，有五项必注值及一项选注值（集中标注可以从梁的任意一跨引出）。规定如下：

a. 梁编号：该项为必注值。

b. 梁截面尺寸：该项为必注值。当为等截面梁时，用 $b \times h$ 表示当有悬挑梁且根部和端部的高度不同时，用斜线分隔根部与端部的高度值，即为 $b \times h_1 / h_2$，见图 1-16。

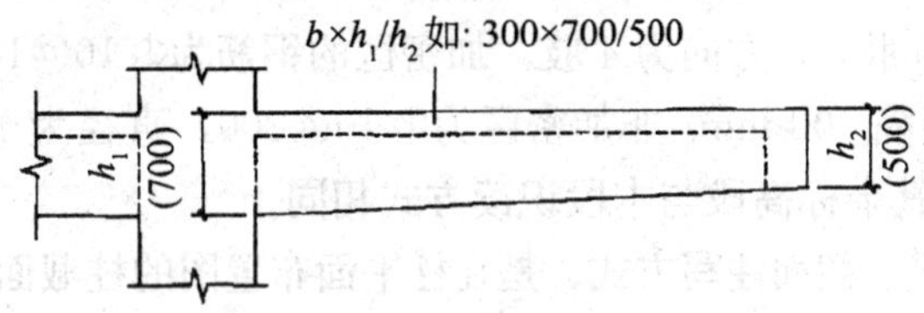

图 1-16　悬挑梁不等高截面注写示意

c. 梁箍筋：包括钢筋级别、直径、加密区与非加密区间距及肢数，该项为必注值。箍筋加密区与非加密区的不同间距及肢数需用斜线“/”；当梁箍筋为同一种间距及肢数时，则不需用斜线；当加密区与非加密区的箍筋股数相同时，则将肢数注写一次，箍筋肢数应写在括号内。加密区范围见相应抗震等级的标准构造详图。

d. 梁上部通长筋或架立筋配置（通长筋可为相同或不同直径采用搭接连接、机械连接或焊接的钢筋）：该项为必注值。所注规格与根数应根据结构受力要求及箍筋肢数等构造要求而定。当同排纵筋中既有道长筋又有架立筋时，应用加号“+”将通长筋和架立筋相连。注写时需将角部纵筋写在加号的前面，架立筋写在加号后面的括号内，以示不同直径及与通长筋的区别。当全部采用架立筋时，则将其写入括号内。

当梁的上部纵筋和下部纵筋为全跨相同，且多数跨配筋相同时，此项可加注下部纵筋的配筋值，用分号“;”将上部与下部纵筋的配筋值分隔开来。

e. 梁侧面纵向构造钢筋或受扭钢筋配置：该项为必注值，纵向构造钢筋注写值以大写字母 G 打头，接续注写设置在梁两个侧面的总配筋值，且对称配置。

当梁侧面需配置受扭纵向钢筋时，此项注写值以大写字母 N 打头，注写配置在梁两个侧面的总配筋值，且对称配置。受扭纵向钢筋应满足梁侧面纵向构造钢筋的间距要求，且不再重复配置纵向构造钢筋。

f. 梁顶面标高高差：该项为选注值，梁顶面标高高差，是指相对于结构层楼面标高的高差值。

②梁原位标注的内容规定如下：

a. 梁支座上部纵筋：该部位含通长筋在内的所有纵筋：当上部纵筋多于一排时，用斜线“/”将各排纵筋自上而下分开。当梁中间支座两边的上部纵筋不同时，须在支座两边分别标注：当梁中间支座两边的上部纵筋相同时，可仅在支座的一边标注配筋值，另一边省去不注。

b. 梁下部纵筋：当下部纵筋多于一排时，用斜线“/”将各排纵筋自上而下分开。当同排纵筋有两种直径时，用加号“＋”将两种直径的纵筋相连，注写时角筋写在前面。

c. 当梁的集中标注中已按规定分别注写了梁上部和下部均为通长的纵筋值时，则不需在梁下部重复做原位标注。

d. 当在梁上集中标注的内容不适用于某跨或某悬挑部分时，则将其不同数值原位标注在该跨或该悬挑部位，施工时应按原位标注数值取用。

e. 当多数附加箍筋或吊筋相同时，可在梁平法施工图上统一注明，少数与统一注明值不同时，可在原位引注。

2）截面注写方式：截面注写方式是在分标准层绘制的梁平面布置图上，分别在不同编号的梁中各选择一根梁用剖面号引出配筋图，并在其上注写截面尺寸和配筋具体数值的方式来表达梁平法施工图。

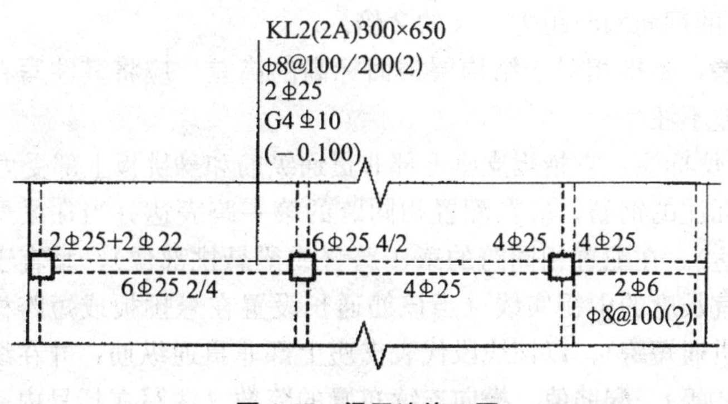

图 1-17　梁平法施工图

识读图 1-17，从集中标注可知，框架梁为 2 跨一端带悬挑梁，截面尺寸为 300×650，双肢箍，加密区的钢筋为Φ 10@100，非加密区为Φ 10@200。梁上部配有 2 Φ 25 通长筋，梁侧面配有 4 Φ 10 mm 的构造钢筋。从原位标注可知，第 1 跨梁左边支座上部配有四根纵筋，2 Φ 25 放在角部，2 Φ 22 放在中部，第 1 跨梁下部纵筋注写为 6 Φ 25 2/4，表示上一排纵筋为 2 Φ 25，下一排纵筋为 4 Φ 25，全部伸入支座。第 2 跨左边支座上部配筋为注写为 6 Φ 25 4/2，表示第 1 跨右边上部支座配筋与第 2 跨左边支座上部配筋相同，上一排纵筋为 4 Φ 25，下一排纵筋为 2 Φ 25。其余跨识读方式同前。

（3）有梁楼盖板平法施工图的表示方法。

有梁楼盖板平法施工图，是在楼面板和屋面板布置图上，采用平面注写的表达方式。板平面注写主要包括板块集中标注和板支座原位标注。

1）板块集中标注：板块集中标注的内容包括板块编号、板厚、贯通纵筋，以及当板面标高不同时的标高高差。板块编号规定见表 1-6。

表 1-6　板块编号

板类型	代号	序号
楼面板	LB	xx
屋面板	WB	xx
悬挑板	XB	xx

板厚注写为 h=xxx（为垂直于板面的厚度）；当悬挑板的端部改变截面厚度时，用斜线分隔根部与端部的高度值，注写为 h=xxx/xxx；当设计已在图注中统一注明板厚时，此项可不注。

贯通纵筋按板块的下部和上部分别注写（当板块上部不设贯通纵筋时则不注），并以 B 代表下部，以 T 代表上部，B&T 代表下部与上部；X 向贯通纵筋以 X 打头，Y 向贯通纵筋以 Y 打头，两向贯通纵筋配置相同时则以 X&Y 打头。当为单向板时，分布筋可不必注写，而在图中统一注明。

当在某些板内（例如在悬挑板 XB 的下部）配置有构造钢筋时，则 X 向以 Xc，Y 向以 Yc 打头注写。

当贯通筋采用两种规格钢筋"隔一布一"方式时，表达为Φ xx/yy@xxx，表示直径为 xx 的钢筋和直径为 yy 的钢筋二者之间间距为 xxx，直径 xx 的钢筋的间距为 xxx 的 2 倍，直径 yy 的钢筋的间距为 xxx 的 2 倍。

板面标高高差，是指相对于结构层楼面标高的高差，应将其注写在括号内，且有高差则注，无高差不注。

2）板支座原位标注：它指板支座上部非贯通纵筋和悬挑板上部受力钢筋。

板支座原位标注的钢筋，应在配置相同跨的第一跨表达（当在梁悬挑部位单独配置时则在原位表达）。在配置相同跨的第 1 跨（或梁悬挑部位），垂直于板支座（梁或墙）绘制一段适宜长度的中粗实线（当该筋通长设置在悬挑板或短跨板上部时，实线段应画至对边或贯通短跨），以该线段代表支座上部非贯通纵筋，并在线段上方注写钢筋编号（如①、②等）、配筋值、横向连续布置的跨数（注写在括号内，且当为一跨时可不注），以及是否横向布置到梁的悬挑端。

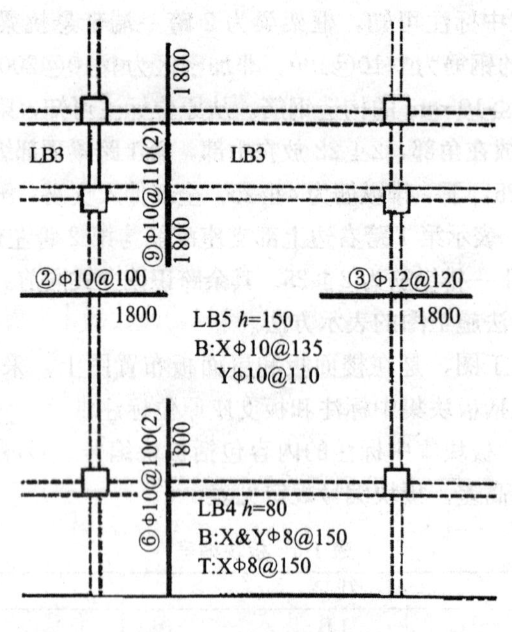

图 1-18 板平法施工图

识读图 1-18 可知，表示 5 号楼面板，板厚 150，板下部配置的贯通纵筋 X 向Φ 10

@135，Y 向为Φ 10@110，板上都未配置贯通纵筋。②号筋Φ 10@100、③号筋Φ 12@110 为板支座上部非贯通筋对称伸出 1 800，⑥号筋Φ 10@100、⑨号筋Φ 10@100 号筋为板支座上部非贯通筋，从该跨起沿支承梁连续布置 2 跨，在 5 号楼面板中伸出 1 800。

三、结构施工图的识读

1. 基础图的识读

（1）基础平面图的识读。

① 查看图名、比例，将基础详图的图名与基础平面图的剖切符号、定位轴线对照，了解该基础在建筑中的位置。

② 与建筑平面图对照，校核基础平面图的定位轴线。

③ 根据基础的平面布置，明确结构构件的种类、位置、代号。

④ 查看剖切编号，通过剖切编号明确基础的种类，各类基础的平面尺寸。

⑤ 阅读基础施工说明，明确基础的施工要求、用料。

⑥ 联合阅读基础平面图与设备施工图，明确设备管线穿越基础的准确位置，洞口的形状、大小以及洞口上方的过梁要求。

（2）基础详图的识读。

① 明确基础的形状、大小与材料。

② 明确基础各部位的标高，计算基础的埋置深度。

③ 明确基础的配筋情况。

④ 明确垫层的厚度尺寸与材料。

⑤ 明确基础梁或圈梁的尺寸及配筋情况。

⑥ 明确管线穿越洞口的详细做法。

2. 楼层结构平面图的识读

（1）查看图名、比例。

（2）核对轴线编号及其间距尺寸是否与建筑图相一致。

（3）通过结构设计说明或板的施工说明，明确板的材料及等级。

（4）明确现浇板的厚度和标高。

（5）明确板的配筋情况，并参阅说明，了解未标注分布筋的情况。

第二章　建筑材料的鉴别

第一节　无机胶凝材料

一、通用硅酸盐水泥

通用硅酸盐水泥是以硅酸盐水泥熟料、适量的石膏与规定的混合材料磨细制成的水硬性胶凝材料。按混合材料的品种和掺量分为硅酸盐水泥、普通硅酸盐水泥、矿渣硅酸盐水泥、火山灰质硅酸盐水泥、粉煤灰硅酸盐水泥和复合硅酸盐水泥共六种。

1. 通用硅酸盐水泥的技术性质及测定

依照国家标准《通用硅酸盐水泥》(GB 175—2007）的规定，通用硅酸盐水泥的技术性质主要有：

(1）细度。

细度是指水泥颗粒的粗细程度。水泥细度按国家标准《水泥细度检测方法（筛析法)》(GB/T 1345—2005)、《水泥比表面积测定方法　勃氏法》(GB/T 8074—2008）测定。筛析法是用边长为 80 μm 和 45 μm 的方孔筛对水泥进行筛析试验，用筛余百分率来表示水泥的细度。比表面积是指单位质量的水泥粉末所具有的总表面积，以 m^2/kg 表示。比表面积数值的高低与水泥颗粒的粗细大小紧密相关。通常水泥颗粒越细，则比表面积越高。

(2）标准稠度用水量。

为使测试结果具有可比性，测定水泥的凝结时间和体积安定性等性能时，应使水泥净浆在一个规定的稠度下进行，这个规定的稠度被称为标准稠度。

水泥标准稠度用水量是指水泥净浆达到标准稠度时所需要的用水量，通常以占水泥质量的百分数来表示。

水泥标准稠度用水量是按国家标准《水泥标准稠度用水量、凝结时间、安定性检验方法》(GB/T 1346—2001）所规定的方法进行测定。即按标准规定的方法所拌制的水泥净浆，在水泥标准稠度维卡仪上，以试杆沉入净浆并距底板（6±1）mm 时水泥净浆的稠度为标准稠度，其拌和用水量为该水泥的标准稠度用水量。

（3）凝结时间。

凝结时间是指水泥从加水开始，到水泥浆失去可塑性所需要的时间。水泥凝结时间分初凝和终凝。初凝时间是指从水泥加水拌和起到水泥浆开始失去可塑性所需要的时间；终凝时间是指从水泥加水拌和起到水泥浆完全失去可塑性，并开始产生强度所需要的时间。水泥的凝结时间与水泥熟料的矿物组成、拌和用水量、水泥细度、周围环境的温度与湿度等因素有关。

（4）体积安定性。

水泥体积安定性是指水泥浆在凝结硬化过程中，体积变化是否均匀的性质。体积安定性不良的水泥，会使结构物产生开裂，降低建筑工程质量，影响结构物的正常使用。

水泥体积安定性不良，一般是由于水泥熟料中游离氧化钙、游离氧化镁含量过多或石膏掺量过大等原因所造成的。

国家标准规定，采用沸煮法检验水泥的体积安定性。测试时可采用试饼法（代用法）或雷氏法（标准法），在有争议时以雷氏法为准。

（5）强度。

水泥强度一般是指水泥胶砂试件单位面积上所能承受的最大外力，是表示水泥力学性质的重要指标，也是划分水泥强度等级的依据。水泥的强度除了与水泥的矿物组成、细度有关外，还与用水量、试件制作方法、养护条件和养护时间等条件有关。

根据国家标准《水泥胶砂强度检验方法　ISO法》（GB/T 17671—1999）规定，水泥和标准砂比为1∶3、水灰比为0.5，加入一定数量的水，按规定的方法制成标准试件（尺寸为40 mm×40 mm×160 mm），在标准条件下进行养护，测其3d、28d的抗压强度和抗折强度。根据3d、28d的抗压强度和抗折强度大小，将其分为若干个强度等级，其中带R的为早强型水泥。

2. 通用硅酸盐水泥的技术标准

按我国现行国标《通用硅酸盐水泥》（GB 175—2007）的有关规定，将通用硅酸盐水泥的技术标准汇总于表2-1。

表2-1　通用硅酸盐水泥技术标准

水泥品种	硅酸盐水泥		普通硅酸盐水泥	矿渣硅酸盐水泥		火山灰质硅酸盐水泥	粉煤灰硅酸盐水泥	复合硅酸盐水泥
代号	P·Ⅰ	P·Ⅱ	P·O	P·S·A	P·S·B	P·P	P·F	P·C
不溶物/%	≤0.75	≤1.50	—	—	—	—	—	—
烧失量	≤3.0	≤3.5	≤5.0	—	—	—	—	—
二氧化硫含量	≤3.5			≤4.0		≤3.5		
氧化镁	≤5.0a			≤6.0b	—	≤6.0b		
氯离子	≤0.06c							
碱含量	水泥中碱含量按$Na_2O+0.658K_2O$计算值表示。若使用活性骨料，用户要求提供低碱水泥时，水泥中的碱含量应不大于0.60%或由买卖双方协商确定							
细度	比表面积表示，不小于300 m^2/kg			80 μm方孔筛筛余不大于10%或45 μm方孔筛筛余不大于30%				

水泥品种	硅酸盐水泥	普通硅酸盐水泥	矿渣硅酸盐水泥	火山灰质硅酸盐水泥	粉煤灰硅酸盐水泥	复合硅酸盐水泥
初凝 终凝	初凝时间不小于 45min，终凝时间不大于 390min		初凝时间不小于 45min，终凝时间不大于 600min			
安定性	沸煮法合格					
强度	42.5、42.5R、52.5、52.5R、62.5、62.5R	42.5、42.5R、52.5、52.5R	32.5、32.5R、42.5、42.5R、52.5、52.5R			

注：①如果水泥压蒸试验合格，则水泥中氧化镁的含量（质量分数）允许放宽至 6.0%。

②如果水泥中氧化镁的含量（质量分数）大于 6.0%时，需进行水泥压蒸安定性试验并合格。

③当有更低要求时，该指标由买卖双方协商确定。

我国现行国家标准《通用硅酸盐水泥》（GB 175—2007）规定，不溶物、烧失量、三氧化硫、氧化镁、氯离子、凝结时间、安定性及强度中的任何一项技术要求不符合标准规定的，为不合格品；全部符合标准规定的，为合格品。

3. 通用硅酸盐水泥的特性及应用

（1）硅酸盐水泥。

由于硅酸盐水泥熟料中硅酸三钙和铝酸三钙的含量较高，因此硅酸盐水泥具有以下特点：凝结硬化快、强度高、抗冻性、耐磨性好、水化热大、耐腐蚀性能较差、耐热性差。

（2）普通硅酸盐水泥。

由于普通硅酸盐水泥中掺入的混合材料数量不多，因此，它的特性与硅酸盐水泥相近。与硅酸盐水泥相比，早期强度稍低，硬化速度稍慢，抗冻性与耐磨性略差。普通硅酸盐水泥的运用范围与硅酸盐水泥基本相同，广泛用于各种混凝土和钢筋混凝土工程。

（3）矿渣硅酸盐水泥、火山灰质硅酸盐水泥、粉煤灰硅酸盐水泥。

矿渣硅酸盐水泥、火山灰质硅酸盐水泥、粉煤灰硅酸盐水泥由于活性混合材料的掺量较多，并且活性混合材料的活性成分基本相同，因此它们的特性大同小异。但与硅酸盐水泥、普通硅酸盐水泥相比，确有明显的不同。因不同混合材料结构上的不同，导致它们相互之间又具有一些不同的特性。

1）共性：矿渣硅酸盐水泥、火山灰质硅酸盐水泥、粉煤灰硅酸盐水泥都是在硅酸盐水泥熟料基础上掺入较多的活性混合材料共同磨细制成。凝结硬化慢，早期强度低，后期强度发展较快、水化热低、耐腐蚀性能好、抗冻性差、抗碳化能力较差、温度敏感性强，适合蒸汽养护。

2）个性：矿渣硅酸盐水泥的耐热性较好，适用于有耐热要求的混凝土结构工程。矿渣硅酸盐水泥的抗渗性、抗冻性较差，收缩量较大。火山灰质混合材料的结构特点具有较高的抗渗性和耐水性、耐磨性能差。粉煤灰硅酸盐水泥干缩性比较小，抗裂性能好。粉煤灰硅酸盐水泥非常适用于有抗裂性能要求的混凝土工程。

（4）复合硅酸盐水泥。

由于在复合硅酸盐水泥中掺用了两种以上混合材料，可以相互补充、取长补短，克服掺入单一混合材料水泥的一些弊病。

二、石灰

石灰是由含碳酸钙较多的石灰石经过高温煅烧生成的气硬性胶凝材料，石灰加水后生成熟石灰（或称消石灰）$Ca(OH)_2$，称为石灰的“熟化”或消解。石灰加大量水熟化形成石灰浆，再加水冲淡成为石灰乳，俗称淋灰。石灰乳在储灰池中陈伏 14d，完成全部熟化过程，经沉淀浓缩成为石灰膏。

石灰的硬化过程包括结晶和碳化两个过程。石灰浆体在空气中不断失去水分，使 $Ca(OH)_2$ 从过饱和溶液中结晶出来。同时吸收空气中 CO_2 气体，生成 $CaCO_3$。从而使浆体达到一定强度。

石灰具有硬化慢、强度低、体积收缩的特性，所以调制罩面用的石灰浆不得单独使用，应掺入砂子和纸筋以减少收缩。

三、石膏

石膏是以硫酸钙为主要成分的天然石膏矿（生石膏）经破碎、加热（1 700℃）和磨细而成的气硬性胶凝材料。

石膏主要特性如下：

（1）凝结硬化快，一般加水后 3～5min 即可初凝，30min 左右达到终凝。

（2）硬化后体积微膨胀，使得硬化体表面饱满，轮廓清晰。

（3）调制浆体时的需水量大，所以孔隙率大、密度小、强度低。

（4）保温、隔热、吸声性能良好。

（5）防火性能好。

（6）良好的装饰性和可加工性。

石膏可以制成石膏抹灰材料、各种隔墙材料（如纸面石膏板、石膏空心条板、石膏砌块等）、各种装饰石膏板、石膏浮雕花饰、雕制品等。

第二节　普通混凝土

一、普通混凝土组成材料技术性能及测定

普通混凝土又称为水泥混凝土，一般指由水泥、砂、石子和水按适当比例配合搅拌，浇筑成型，再经过硬化而成的人造石材，简称混凝土。

1. 水泥

水泥是混凝土获得强度的保证，也是混凝土能在所处环境中满足使用要求的重要因素之一。

（1）水泥品种的选择：应根据工程性质、所处环境、施工条件等，合理选择相应的水泥品种。复合硅酸盐水泥不宜用于有特殊要求或重要工程的混凝土。

（2）水泥强度等级的选择：水泥强度的高低应与混凝土的强度相适应，较高强度

的混凝土需选用较高强度的水泥，较低强度的混凝土宜选用较低强度的水泥。

2. 细骨料

粒径小于4.75 mm的骨料称为细骨料，通称为砂。砂按产源不同可分为天然砂、人工砂两类。混凝土用砂的技术性质包括以下几个方面：

（1）表观密度、堆积密度、空隙率。

砂表观密度、堆积密度、空隙率应符合如下规定：表观密度大于2 500kg/m^3；松散堆积密度大于1 350kg/m^3；空隙率小于47%。其中砂子的表观密度可采用容量瓶法（标准法）或简易方法（李氏密度瓶法）测定。而堆积密度则是按照标准方法将容积为1L金属容量筒装满砂子后，称取其重量。再按对应公式计算求得。

（2）颗粒级配和粗细程度。

砂的级配情况和粗细程度是以筛分析方法测定的。筛分析方法，是用一套孔径为4.75 mm、2.36 mm、1.18 mm、0.6 mm、0.3 mm和0.15 mm的标准方孔筛，将500g干砂由粗到细依次过筛，称得余留在各筛上砂的质量，叫做“分计筛余量”，各分计筛余质量占砂样总质量的百分率称为“分计筛余百分率”，分别用α_1、α_2、α_3、α_4、α_5、α_6表示，各筛上及所有孔径大于该筛的分计筛余百分率之和称为“累计筛余百分率”，分别用β_1、β_2、β_3、β_4、β_5、β_6表示。

砂的粗细程度以细度模数(μ_f)表示，按式$\mu_f=\dfrac{\beta_2+\beta_3+\beta_4+\beta_5+\beta_6-5\times\beta_1}{100-\beta_1}$计算，细度模数较大，表示砂较粗。按细度模数值的不同，将砂子分为四种规格：粗砂$\mu_f=3.7\sim3.1$、中砂$\mu_f=3.0\sim2.3$、细砂$\mu_f=2.2\sim1.6$、特细砂$\mu_f=1.5\sim0.7$。

天然砂的颗粒级配情况用级配区来判别：对混凝土用砂，根据其在筛孔公称直径为0.630 mm砂筛上的累计筛余率（β_4）划分为三个级配区，各区的标准见表2-2。

表2-2 砂颗粒级配区

级配区 累计筛余/% 公称粒径	Ⅰ区	Ⅱ区	Ⅲ区
5.00 mm	10~0	10~0	10~0
2.50 mm	35~5	25~0	15~0
1.25 mm	60~35	50~10	25~0
630 μm	85~71	70~41	40~16
315 μm	95~80	92~70	85~55
160 μm	100~90	100~90	100~90

（3）含泥量、泥块含量、有害物质含量和石粉含量。

混凝土应采用洁净的砂子。规范对混凝土用砂中的含泥量、泥块含量、石粉含量以及有害物质含量做出了限定，如表2-3所示。

若砂中有害物质超标，应用水冲洗后方能使用。

砂中泥含量的测定，通过四分法缩分试样，并烘干，称取烘干试样200g（m_0），放入容器中，注入清水，充分搅拌，浸泡，把浑水慢慢倒入1.25mm（在上）和0.080mm（在下）的套筛上，滤去小于0.080mm的颗粒。重复上述操作，直至容器内的水目测清洁为止。最后用水淋洗剩留在筛上的细粒，充分洗除 0.08mm 的颗粒。最后将两只筛上剩留的颗粒和容器中已经洗净的试样一并装入浅盘，置于烘箱中烘至恒重。取出来冷却至室温后，称式样的质量（m_1）计算砂子的含泥量（$\bar{\omega}_c = \frac{m_0 - m_1}{m_0} \times 100\%$），试验做两次，取两次试验测定值的算术平均值作为试验结果。若两次测定值相差大于 0.5%，须重做试验。

泥块试验方法，通过四分法缩分试样，并烘干，称取烘干试样 200g（m_1），置于容器中，充分拌匀后，浸泡 24h，然后用手在水中碾碎泥块，再把试样放在公称直径在 0.630mm 的方孔筛上，用水淘洗，直至水清澈为止。保留下来的试样，烘干至恒重，冷却后称重（m_2），计算砂中泥块含量（$\bar{\omega}_{c,L} = \frac{m_1 - m_2}{m_1} \times 100\%$），试验测两次，取两次测定值的算术平均值作为试验结果，若两次测定值相差大于 0.5%，须重做试验。

表 2-3　砂中含泥量、泥块含量、有害物质和石粉含量限值

混凝土强度等级		≥C60	C30～C55	<C25
含泥量（按质量计）/%		≤2.0	≤3.0	≤5.0
泥块含量（按质量计）/%		≤0.5	≤1.0	2
云母（按质量计）/%		≤2.0		
轻物质（按质量计）/%		≤1.0		
硫化物及硫酸盐（按 SO_3 质量计）/%		≤1.0		
有机物（比色法）		颜色不深于标准色。当颜色深于标准色时，应按水泥胶砂强度试验方法进行强度对比试验，抗压强度比不应低于 0.95		
人工砂或混合砂的石粉含量	MB<1.40（不合格）	≤5.0	≤7.0	≤10.0
	MB≥1.40（不合格）	≤2.0	≤3.0	≤5.0

注：①有抗冻、抗渗或其他特殊要求的小于或等于 C25 混凝土用砂，其泥块含量不应大于 1.0%，其云母含量不应大于 1.0%。

②亚甲蓝 MB 值用于判定人工砂中粒径小于 0.075mm 颗粒含量主要是泥土还是被加工母岩化学成分相同的石粉指标。

（4）坚固性。

砂的坚固性是指砂在气候、环境变化和其他外界物理化学因素作用下抵抗破裂的能力。天然砂的坚固性用硫酸钠溶液法检验，即测定硫酸钠饱和溶液渗入砂粒缝隙后形成结晶的胀裂力对砂粒的破坏程度来判断其坚固性。混凝土用砂在硫酸钠饱和溶液中经 5 次浸渍与烘干的循环之后，其质量损失应符合表 2-4 的规定。

表 2-4　坚固性指标

项目	5 次循环后的质量损失/%
在严寒及寒冷地区室外使用并经常处于潮湿或干湿交替状态下的混凝土对于有抗疲劳、耐磨、抗冲击要求的混凝土有腐蚀介质作用或经常处于水位变化区的地下结构混凝土	≤8
其他条件下使用的混凝土	≤10

(5) 碱集料反应。

经碱集料反应试验后，由砂制备的试件无裂缝、酥裂、胶体外溢等现象，在规定的试验龄期膨胀率应小于 0.10%。

3. 粗骨料

粒径大于 5 mm 的骨料称为粗骨料，通称石子。其品种有天然卵石和人工碎石两种。

(1) 石子的物理性质。

表观密度、堆积密度、空隙率应符合如下规定：表观密度大于 2 500 kg/m^3；松散堆积密度大于 1 350 kg/m^3；空隙率小于 47%。表观密度可采用液体天平法（标准方法）和广口瓶法（简易方法）测定。堆积密度则采用规定容积的金属筒，按标准方法装满石子后，称取质量，再计算堆积密度。

(2) 最大粒径和颗粒级配。

最大粒径 d_0 指石子公称粒级的上限，如 5～40 mm 粒级的石子，最大粒径即为 d_0＝40 mm。使用最大粒径较大的石子拌制混凝土，由于石子的总表面积较小，水泥浆包裹层较厚，有利于润滑和黏结。因此，在允许条件下，石子的最大粒径宜选大一些。但由于构件尺寸和钢筋疏密程度所限，又不能选得太大。混凝土用的粗骨料，《混凝土结构工程施工质量验收规范》中规定：其最大颗粒粒径不得超过构件截面最小尺寸的 1/4，且不得超过钢筋最小净间距的 3/4。对混凝土实心板，骨料的最大粒径不宜超过板厚的1/3，且不得超过 40 mm，为了保证混凝土浇筑的通畅，骨料的最大粒径应不超过钢筋最小间距和保护层厚度的 3/4，后者同时也是为了保证混凝土保护层抗渗性的需要。

石子的颗粒级配，其原理和要求与砂基本相同，各粒级的比例要适当，使骨料的空隙率尽可能小。

(3) 含泥量、泥块含量及有害物质含量。

石子中不宜混有草根、树叶、树枝、塑料品、煤块、炉渣等杂物，而且含泥量、黏土块和其他有害物质的含量应符合表 2-5 的规定。表中的“泥”指粒径小于 0.08 mm 的岩屑、淤泥与黏土的总和，“黏土块”指粒径大于 5 mm，经水浸捏洗后变成小于 2.5 mm 的颗粒。若所含有害物质超标，应用水冲洗后方能使用。

表 2-5　粗骨料中含泥量、泥块含量、有害物质含量限值

强度等级	≥C60	C55～C30	<C25
含泥量（按质量计）/%	≤0.5	≤1.0	≤1.5
泥块含量（按质量计）/%	≤0.2	≤0.5	≤0.7
氯化物（以 NaCl 计）/%	—		
硫化物及硫酸盐含量（折算成 SO_3，按质量计）/%	≤1.0		
卵石中有机物含量（用比色法试验）	颜色不应深于标准色。当深于标准色时，应配制成混凝土进行强度对比试验，抗压强度比不应小于 0.95		

(4) 针片状颗粒含量。

石子颗粒粒型以接近球形为好。混凝土用石子中的针、片状颗粒的含量应符合表 2-6 的规定。针、片状颗粒测定时应分粒级分别通过针状和片状规准仪，选出针、片状颗粒，最后称取针、片状颗粒总重量，其与石子总质量比值即为针片状颗粒含量。

表 2-6　粗骨料中针片状颗粒含量

强度等级	≥C60	C55～C30	<C25
针、片状颗粒总含量（按质量计）/%	≤8	≤15	≤25

（5）坚固性。

混凝土用石子也应满足一定的坚固性要求，以保证混凝土的耐久性。混凝土用石子的坚固性，按硫酸钠溶液法检验，应满足表 2-7 的要求。

表 2-7　粗骨料的坚固性指标（硫酸钠溶液法）

项目	5 次循环后的质量损失/%
在严寒及寒冷地区室外使用，并经常处于潮湿或干湿交替状态下的混凝土；有腐蚀介质作用或经常处于水位变化区的地下结构混凝土或有抗疲劳、耐磨、抗冲击要求的混凝土	≤8
其他条件下使用的混凝土	≤12

（6）强度。

石子的强度直接影响混凝土的强度，因此，混凝土中的石子必须具有足够的强度。石子的强度有两种表示方法：抗压强度和压碎指标。

《普通混凝土用砂、石质量及检验方法标准》（JGJ52—2006）规定：碎石的强度可用岩石的抗压强度和压碎指标表示。岩石的抗压强度应比所配制的混凝土强度至少高 20%，当混凝土强度大于或等于 C60 时，应进行岩石抗压强度检验。

（7）碱集料反应。

当粗骨料中含有蛋白石、玉髓、鳞石英、方石英等含有活性 SiO_2 的矿物（即活性骨料）时，其活性 SiO_2 会与水泥中的碱物质发生碱-骨料反应，引起混凝土开裂破坏，必须进行专门的检验，在确认对混凝土质量无害时方可使用；当认定有潜在危害时，不宜使用；必须使用时，应采用低碱水泥（含碱量小于 0.6%），或采用能抑制碱-骨料反应的掺合料，并不得使用含钠、钾离子的外加剂。粗骨料中严禁混入煅烧过的白云石或石灰石块。

经碱集料反应试验后，由卵石、碎石制备的试件无裂缝、酥裂、胶体外溢等现象，在规定的试验龄期的膨胀率应小于 0.10%。

4. 水

混凝土用的拌合水和养护水均应使用清洁水。《混凝土拌合用水标准》（JGJ63—2006）中规定：混凝土拌和用水按水源可分为饮用水、地表水、地下水、海水以及经适当处理或处置后的工业废水。符合国家标准的生活饮用水可用于各种混凝土。

二、普通混凝土技术性质及测定

1. 普通混凝土拌合物的性能

（1）工作性的概念。

工作性又称为和易性。混凝土拌合物是指经加水拌和、浇筑成型、凝结以前的混凝土。混凝土拌合物的工作性，是指新拌和的混凝土在保证质地均匀、各组分不离析的条件下，适合于施工操作要求的综合性能。工作好的混凝土拌合物，应该具有符合施工要求的流动性，良好的黏聚性和保水性。

1）流动性：指混凝土拌合物在自重或机械振动作用下能产生流动，并均匀密实地充满模板的性能。流动性的大小，反映拌合物的稀稠情况，故亦称稠度。

2）黏聚性：指混凝土拌合物在施工过程中，各组成材料之间有一定的黏聚力，不致产生分层离析的性能。

3）保水性：指混凝土拌合物在施工过程中，具有一定的保水能力，不致产生严重的泌水现象。

（2）工作性的评定。

混凝土拌合物工作性的好与差，是用测定其流动性（稠度），同时观察其黏聚性和保水性加以综合评定的。

根据《普通混凝土拌合物性能试验方法标准》（GB/T 50080—2002）的规定：混凝土拌合物的稠度是以坍落度与坍落度扩展度和维勃稠度表示的。

1）坍落度与坍落度扩展度：坍落度与坍落度扩展度适用骨料最大粒径不大于 40 mm、坍落度不小于 10 mm 的混凝土拌合物稠度测定。

坍落度的测定，是将混凝土拌合物按规定方法分三层装入标准的坍落度筒内，每层均匀插捣 25 次，装满刮平后，竖直向上将筒提起放至近旁，混凝土拌合物试样失去筒壁支护后因自重作用产生坍落，用尺子量出筒顶与坍落后拌合物锥体最高点的高差，即为坍落度，用 T（mm）表示，见图 2-1。

当混凝土拌合物的坍落度大于 220 mm 时，用钢尺测量混凝土扩展后最终的最大直径和最小直径，在这两个直径之差小于 50 mm 的条件下，用其算术平均值作为坍落扩展度值。

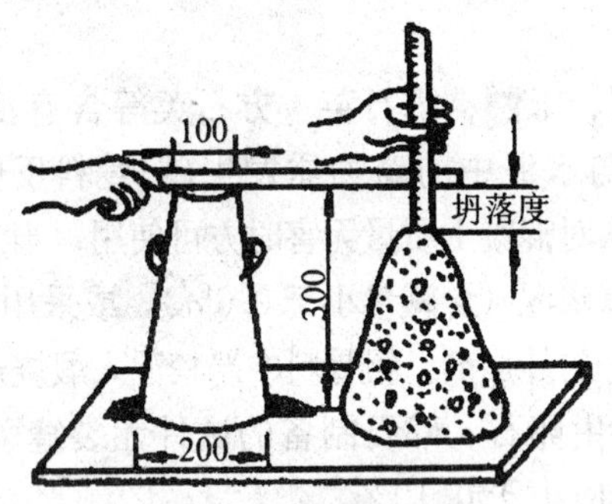

图 2-1　坍落度的测定

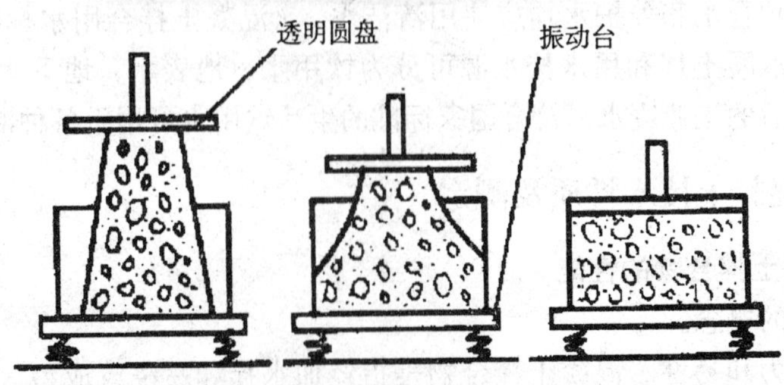

图 2-2　维勃稠度测定

坍落度的大小即表示拌合物流动性的大小。根据拌合物坍落度的大小，将混凝土分为低塑性混凝土、塑性混凝土、流动性混凝土、大流动性混凝土四级。

工作性好的混凝土拌合物，应该是黏聚性好、保水性好、流动性符合施工要求的拌合物。混凝土浇筑时坍落度的大小应根据不同的构件尺寸、钢筋疏密和捣固方法选用，以保证混凝土拌合物能均匀密实地充满模板。

2）维勃稠度（工作度）：维勃稠度适用于骨料最大粒径不大于 40 mm，维勃稠度在 5～30 s 的干硬性混凝土拌合物稠度测定。

维勃稠度测定方法如图 2-2 所示：在标准的振动台上放置坍落度筒，按测坍落度的方法装入拌合物，提起坍落度筒。由于拌合物较为干稠，需要借助振动才能下坍。启动振动台，测出从启振到振平（上置的透明圆盘底面完全为水泥浆布满时）所需时间（秒数）即为维勃稠度（又称工作度），用 V（s）表示。

（3）影响混凝土工作性的因素。

1）水泥浆的稀稠——水灰比：水灰比是在混凝土拌合物中的用水量与水泥量之比（W/C），是由混凝土强度确定的，一旦由强度选定了水灰比，在施工中是不能随便改变的。根据经验，水灰比一般宜选在 0.4～0.7 这个合理范围，以便既方便施工，又能保证混凝土浇筑成型的质量。

2）水泥浆的数量——拌和用水量：水灰比相同时，拌和用水量多，水泥浆也多，将容易出现流浆，使拌合物黏聚性变差，且水泥用量过多也不经济，因此，混凝土拌合物中的拌和用水量应以达到施工要求为宜。

3）原材料的影响：不同品种和质量的水泥，其矿物组成、细度、所掺混合材料种类的不同都会影响到拌和用水量。即使拌和水量相同，所得水泥浆的性质也会直接影响混凝土拌合物的工作性。

骨料的粒形与级配对于混凝土的和易性也有一定的影响：卵石表面光滑，流动阻力小，所拌制的混凝土拌合物流动性较大，而碎石表面粗糙，流动阻力大，拌合物的流动性较小。使用级配良好的砂石时，由于填空所需浆量少，余浆包裹厚，拌合物的流动性较大。

在混凝土拌合物中加入少量的外加剂，如减水剂、引气剂，可以在不增加水泥浆的情况下增大拌合物的流动性。

4）砂率：在混凝土中所用砂的质量占砂石总质量的百分率称为砂率，在工程上可以通过试验找出合理砂率，也可通过石子空隙率计算所需砂率，还可根据所用的水灰比、粗骨料的种类和最大粒径查表选定。

5）施工方法和环境：用机械搅拌和捣实时，水泥浆在振动中变稀，可使混凝土拌合物容易流动。若施工温度较高，由于水泥吸水加快和水分蒸发较多，将使混凝土拌合物的流动性很快变小。搅拌好的混凝土在长距离运输或放置较长时间以后，其流动性也明显变小。

2. 强度与强度等级

混凝土的强度包括抗压强度、抗拉强度和抗折强度等。

（1）混凝土的强度。

1）混凝土的立方体抗压强度和强度等级：用标准方法将混凝土制成 150 mm 边长

的立方体试块（每组三块），在标准条件［温度（20±2)℃，相对湿度大于95%］下养护28d，所测得的抗压强度的代表值称为混凝土的立方体抗压强度，简称混凝土的抗压强度。抗压强度的代表值是以三个试件测值的算术平均值作为该组试件的强度值，三个测值中的最大值或最小值中如有一个与中间值的差值超过中间值的15%时，则把最大及最小值一并舍去，取中间值作为该组试件的抗压强度值；如最大值和最小值与中间值的差均超过中间值的15%，则该组试件的试验结果无效。当采用非标准试件时应乘以相应的换算系数，如边长为100 mm的混凝土立方体抗压强度换算成标准试件的强度时，应乘以换算系数0.95。

混凝土的强度等级是按混凝土抗压强度的标准值 $f_{cu,k}$ 划分的。我国规定，混凝土抗压强度标准值 $f_{cu,k}$ 是采用具有95%以上保证率的立方体抗压强度值。

混凝土的强度等级采用符号C与立方体抗压强度标准值（以 N/mm^2 即MPa为单位)，根据《混凝土结构设计规范》将混凝土强度等级划分为C15、C20、C25、C30、C35、C40、C45、C50、C55、C60、C65、C70、C75、C80共十四个等级。如C20表示混凝土立方体抗压强度标准值 $f_{cu,k}=20$MPa。

2）混凝土的轴心抗压强度（棱柱体抗压强度)：棱柱体抗压强度规定采用150 mm×150 mm×300 mm棱柱体试块，在标准条件下养护28d，测其抗压强度值，即为轴心抗压强度，亦称棱柱体抗压强度，用 f_c 表示。

3）混凝土的抗拉强度：测定混凝土抗拉强度的试验方法可用轴心抗拉试验或劈裂抗拉试验。经大量试验比较，混凝土的抗拉强度 f_{ts} 与立方体抗压强度 f_{cu} 的关系为：$f_{ts}=0.35f_{cu}^{3/4}$。

(2）影响混凝土强度的主要因素。

1）水泥强度和水胶比：混凝土的强度主要取决于水泥石与粗集料界面的黏结强度，而黏结强度主要是由水泥浆凝结硬化而产生的。试验证明，在其他条件相同时，水泥强度越高，混凝土的强度也越高。

2）骨料质量和施工质量：碎石表面粗糙，与水泥石的黏结力较强，在相同条件下，碎石混凝土的强度比卵石混凝土稍高一些。使用级配良好、质地坚硬、杂质含量少的砂石，才能保证混凝土的密实度和强度。

3）养护的温度和湿度：为了保证混凝土的正常硬化，应按《混凝土结构工程施工质量验收规范》规定进行养护。

4）龄期：浇筑后的混凝土在正常养护下，其强度随龄期的增加而不断增长，早期（3～7d）发展较快，以后渐慢，在标准养护下28d可达到设计的强度，以后显著缓慢，但只要有水供给，强度仍有所增长，且延续很长时间。

5）其他：混凝土的搅拌、运输、浇筑、振捣、现场养护是一复杂的施工过程，受到各种不确定性随机因素的影响。配料的准确、振捣密实程度、拌合物的离析、现场养护条件的控制，以及施工单位的技术和管理水平都会造成混凝土强度的变化。

此外，测试条件对混凝土强度测值也会有一定的影响，试件的形状和大小、加荷速度的影响、试件平整度如何，试件与夹板的接触面有无碎片砂粒，荷载是否施加于轴线上，都对强度测值产生影响，这在测试时均应注意。

3. 耐久性

混凝土在各种物理和化学因素的破坏作用（如温度湿度变化、冻融循环、压力水或其他液体的渗透、环境水和土壤中有害介质以及有害气体的侵蚀等破坏因素）下能否经久耐用的性质，称为混凝土的耐久性。

混凝土的耐久性。主要表现在耐蚀、抗渗、抗冻、抗碳化和碱-骨料反应等几个方面。

提高混凝土耐久性的措施主要有：

（1）根据工程所处环境及要求，合理选用水泥品种，以适应抗蚀、抗渗或抗冻的要求。

（2）改善骨料级配，从严控制骨料中的有害杂质含量，注意是否含有活性骨料，保证水泥石和骨料不被腐蚀。

三、常用混凝土外加剂的种类及应用

在混凝土拌和过程中掺入的能按要求改善混凝土性能，且一般情况下掺量不超过水泥质量5%的材料，称为混凝土外加剂。

1. 减水剂

在混凝土坍落度基本相同的条件下，能减少拌和用水量的外加剂称为减水剂。在混凝土中掺入减水剂，可以增大流动性、提高强度、改善耐久性、节约水泥。

减水剂按其效能分为普通减水剂、高效减水剂、早强减水剂、缓凝高效减水剂、缓凝减水剂、引气减水剂等。按其化学成分分为木质素系、萘系、树脂系、糖蜜系和腐植酸等几类。

2. 早强剂

早强剂是指能加速混凝土早期强度发展的外加剂。早强剂可促进水泥的水化和硬化进程，加快施工进度，提高模板周转率，特别适用于冬季施工或紧急抢修工程。

目前广泛使用的混凝土早强剂有3类，即氯盐类（如$CaCl_2$、NaCl等）、硫酸盐类（如Na_2SO_4等）和有机胺类，但更多的是使用以它们为基材的复合早强剂。其中，氯化物对钢筋有锈蚀作用，常与阻锈剂复合使用。

3. 引气剂

能使混凝土在搅拌过程中引入大量均匀分布、稳定而封闭微小气泡的外加剂称为引气剂。混凝土中掺入引气剂可以改善其工作性、增强抗渗性和抗冻性但也会引起强度下降。

引气剂可用于抗渗混凝土、抗冻混凝土、抗硫酸侵蚀混凝土、泌水严重的混凝土、轻混凝土以及对饰面有要求的混凝土等，但引气剂不宜用于蒸养混凝土及预应力钢筋混凝土。

常用的引气剂有松香热聚物、松香酸钠、烷基磺酸钠、烷基苯磺酸钠及脂肪醇硫酸钠等。

4. 速凝剂

能使混凝土迅速凝结硬化的外加剂称为速凝剂。速凝剂与水泥加水拌和后，立即与水泥中的石膏发生反应，使水泥中的石膏变成硫酸钠，失去其缓凝作用，从而让C3A迅速水化并很快析出其水化物，导致水泥浆迅速凝固。

喷射混凝土施工应选用与水泥适应性好、凝结硬化快、回弹小、28d强度损失少、低掺量的速凝剂品种。速凝剂掺量一般为2%～8%，掺量可随速凝剂品种、施工温度和工程要求适当增减。

5. 缓凝剂

缓凝剂是指能延缓混凝土凝结时间，并对混凝土后期强度发展无不利影响的外加剂。缓凝剂主要有 4 类：糖类，如糖蜜；木质素磺酸盐类，如木钙、木钠；羟基羧酸及其盐类，如柠檬酸、酒石酸；无机盐类，如锌盐、硼酸盐等。常用的缓凝剂是木钙和糖蜜，其中糖蜜的缓凝效果最好。

缓凝剂具有缓凝、减水、降低水化热和增强作用，对钢筋也无锈蚀作用。主要适用于大体积混凝土、炎热气候下施工的混凝土，以及需长时间停放或长距离运输的混凝土。缓凝剂不宜用于在日最低气温 5℃以下施工的混凝土，也不宜单独用于有早强要求的混凝土及蒸养混凝土。

四、混凝土配合比

混凝土配合比是指混凝土中各组成材料的数量及其比例关系。混凝土配合比的表示方法有两种：一种是以每 1m³ 混凝土中各种材料的用量表示，如“每 1m³ 混凝土需用水泥 300 kg、砂子 660 kg、卵石 1 260 kg、水 180 kg”；另一种是以各种材料相互间的质量比表示（以水泥质量为 1），写成“水泥∶砂∶卵石∶水＝1∶2.20∶4.20∶0.60”。这两种表示方法，前者便于计算工程中各种材料的需要量，后者便于确定拌制混凝土时的称料数量，都是需要的。

混凝土配合比设计的任务，是根据所选原材料的技术性能和施工条件，设计出能满足所需混凝土技术要求的各组成材料的用料及其质量比。

混凝土配合比设计的基本要求是：

①要使混凝土拌合物具有良好的、适应施工要求的工作性。

②保证达到结构所要求的强度。

③符合结构所需的抗渗、抗冻、耐蚀等耐久性要求。

④在满足上述三项要求的前提下节省水泥、降低成本，达到经济的目的。

1. 初步计算配合比的步骤

（1）确定混凝土配制强度。

混凝土的配制强度应比要求的强度等级高，提高幅度的大小取决于要求的强度保证率和施工水平。

（2）计算混凝土水胶比。

根据混凝土配制强度和耐久性要求，按照经验公式计算混凝土的水胶比。

（3）确定单位用水量。

根据所需拌合物的稠度、石子的品种和最大粒径查表得出单位用水量。

（4）计算胶凝材料、矿物掺合料和水泥用量。

根据水胶比、单位用水量以及耐久性等要求计算胶凝材料、矿物掺合料和水泥用量。

（5）计算砂率。

根据水胶比、石子的品种和最大粒径查表得出砂率。

（6）计算粗、细骨料用量。

根据质量法或体积法计算粗、细骨料用量。

2. 试验配合比

初步计算配合比是借助一些综合经验计算而得，由于各地材料的差异，不一定都符合实际情况，必须经过试配，检验其工作性、强度、湿体积密度等指标，如有不符合要求，应予调整，最后得到工作性和强度都符合要求的配合比——实验室配合比。

3. 施工配合比——现场施工称料量

试验配合比是以干燥材料为基准的，而工地使用的砂石都含有一定的水分，且随着环境气候而变化。所以，现场材料的实际称量应按砂石含水情况进行修正——胶凝材料不变，补充砂石，扣除水量。

第三节　建筑砂浆

一、砌筑砂浆技术性质的测定

1. 和易性

砂浆应具有良好的和易性。砂浆的和易性是指新拌制的砂浆是否便于施工操作，并能保证质量的综合性质。新拌砂浆的和易性应包括流动性和保水性两方面的含义。

（1）流动性（稠度）。

砂浆的流动性是指砂浆在自重或外力作用下流动的性能，又称稠度。

砂浆流动性的大小以沉入度表示，即砂浆稠度测定仪的圆锥体沉入砂浆内深度的毫米数。影响砂浆流动性的因素有：

①所用胶结材料种类及数量。

②掺合料的种类与数量。

③砂的粗细与级配。

④用水量。

⑤塑化剂的种类与掺量。

⑥搅拌时间。

根据《砌筑砂浆配合比设计规程》（JGJ/T 98—2010），砌筑砂浆的稠度应按表 2-8 的规定选用。

表 2-8　砌筑砂浆的稠度

砌体种类	砂浆稠度/mm
烧结普通砖砌体	70～90
轻骨料混凝土小型空心砌块砌体	60～90
烧结多孔砖，空心砖砌体	60～80
烧结普通砖平拱式过梁空斗墙，筒拱普通混凝土小型空心砌块砌体加气混凝土砌块砌体	50～70
石砌体	30～50

（2）保水性。

保水性是指新拌砂浆保持水分的能力。保水性好的砂浆在存放、运输和使用过程中，能很好地保持水分不致很快流失，各组分不易分离，在砌筑过程中容易铺成均匀密实的砂浆层，能使胶结材料正常水化，最终保证了工程质量。

砂浆的保水性用分层度试验测定，将新拌砂浆测定其稠度后，再装入分层度测定仪中，静置 30 min 后取底部 1/3 砂浆再测其稠度，两次稠度之差值即为分层度（以 mm 表示）。分层度不得大于 30 mm，也不宜小于 10 mm。

2. 抗压强度及强度等级

砌筑砂浆在砌体中将砖石黏结成为整体，起传递荷载作用，并经受环境介质的作用。因此，砌筑砂浆除新拌制后应具有良好的和易性外，硬化后还应具有一定的强度。

砌筑砂浆的强度等级是以边长为 70.7 mm 立方体试件，在标准养护条件下［水泥砂浆的养护温度和湿度是温度（20±3)℃，相对湿度 90%以上］，用标准试验方法测得 28 d龄期的抗压强度值（MPa）来确定。根据《砌筑砂浆配合比设计规程》（JGJ/T98—2010）规定：砌筑砂浆的强度等级宜采用 M20、M15、M10、M7.5、M5、M2.5 六个等级。

3. 黏结强度

砂浆对于砖石应有足够的黏结力，以便能将砖石黏结成坚固的砌体。

砂浆的黏结力随其强度增大而增大，又与砖石的表面粗糙程度、清洁程度、湿润程度、养护条件有关。因此，为保证砂浆有足够的黏结力，选择砂浆的强度不能过低，砖石表面应该洁净，砖在使用前要浇水润湿，宜使砖内含水率在 10%～15%，以保证砌体的质量。

二、砌筑砂浆配合比

1. 砂浆配合比设计的基本要求

（1）砂浆拌合物的和易性应满足施工要求。

（2）砂浆的强度、耐久性应满足设计要求。

（3）砂浆拌合物的体积密度：水泥砂浆宜大于或等于 1 900 kg/m^3，水泥混合砂浆宜大于或等于 1 800 kg/m^3。

（4）经济上要求合理，控制水泥及掺合料的用量，降低成本。

2. 水泥混合砂浆的配合比设计

（1）计算砂浆的试配强度。

（2）计算每立方米砂浆的水泥用量。

（3）计算掺加料用量。

（4）确定砂子用量。

（5）估计用水量。

（6）砂浆配合比试配、调整并确定设计配合比。

（7）施工称料量。

3. 水泥砂浆的配合比

由于水泥的强度较高，而砂浆的强度较低，若按计算，水泥用量普遍偏少。为保证砂浆的质量，使用32.5级水泥配制砌砖用水泥砂浆时，其配合比可直接按表2-9采用。其试配强度应达到同等级的砌砖用水泥混合砂浆的配制强度的要求。

表2-9　砌砖用水泥砂浆的各料用量　　单位：kg/m^3

强度等级	32.5级水泥用量	砂子用量	用水量
M2.5～M5	200～230	$1m^3$ 砂子的堆积密度值	270～330
M7.5～M10	220～280		
M15	280～340		
M20	340～400		
说明	①大于32.5级的水泥用量宜取下限； ②根据施工水平合理选择水泥用量		①用细砂时，用水量取上限； ②用粗砂时，用水量取下限； ③稠度小于70 mm时，用水量可小于下限； ④炎热干燥时，用水量酌量增加

三、抹面砂浆

抹面砂浆主要起保护和美观作用，要求与基层有足够黏结力和防开裂。通常，胶凝材料用量比砌筑砂浆多，并在其中掺入麻刀、纸筋等纤维材料以增强抗拉性。

抹面砂浆不需进行配合比设计，常根据施工经验选择，以体积配合比表示。

抹面砂浆种类的选择，主要依据其使用的部位、所处环境以及所要求的性能。如水泥砂浆多用于易受碰击磨损和受水潮湿的环境，如室内外地面、受水作用的构件表面和容易潮湿的墙面等；水泥石灰混合砂浆多用于室内混凝土构件表面和墙柱表面抹灰的底层和中层；掺入纸筋的纸筋石灰浆，则用于干燥的墙柱表面和顶棚抹灰的面层。

四、防水砂浆

防水砂浆可用普通水泥砂浆制作；在水泥砂浆中掺入氯盐防水剂后，氯化物与水泥反应生成不溶性复盐填塞砂浆的毛细孔隙，提高抗渗能力；聚合物防水砂浆，可应用于地下工程的防渗防潮及有特殊气密性要求的工程中，具有较好成效。

第四节　砖和砌块

一、砖

1. 烧结普通砖的生产

烧结普通砖中，生产和应用最广泛的仍是烧结黏土砖。烧结黏土砖是以黏土、页岩、煤矸石和粉煤灰作为主要原料，经采土、配料调制、制坯、干燥、入窑焙烧、冷却制成的。

烧结普通砖的外形为直角六面体，其公称尺寸为：长 240 mm、宽 115 mm、高 53 mm。

2. 烧结普通砖的技术要求

强度、抗风化性能和放射性物质合格的砖，根据其尺寸偏差、外观质量、泛霜和石灰爆裂的程度分为优等品（A）、一等品（B）、合格品（C）三个质量等级。

（1）强度等级。

烧结普通砖的各项技术性质指标，应满足《烧结普通砖》（GB/T 5101—1998）和《砌墙砖试验方法》（GB 2542—2003）的规定。

烧结普通砖的强度是通过抽检的 10 块砖，测每块砖的抗压强度，计算 10 块砖的平均值 $\overline{f}$ 和变异系数，当变异系数 $\delta \leqslant 0.21$ 时，按抗压强度平均值 f_{cu}、强度标准值 f_k 指标评定砖的强度等级；变异系数 $\delta > 0.21$ 时，按抗压强度平均值 f_{cu}、单块最小抗压强度值 f_{min} 评定砖的强度等级。烧结普通砖按上述方法划分为 MU30、MU25、MU20、MU15 和 MU10 五个强度等级。

（2）外观质量。

烧结普通砖的外观质量是指厚度不匀、缺棱掉角、裂纹弯曲的程度等。此外，烧结普通砖中不允许有欠火砖、酥砖（有大量网状裂纹）和螺旋纹砖（有螺旋状裂纹）。

（3）抗风化性能。

抗风化性能是指砖对于温度、干湿、冻融等气候因素引起风化破坏的抵抗能力。

（4）泛霜。

泛霜是指可溶性盐类在砖表面的盐析现象，一般呈白色粉末、絮团或絮片状。严重泛霜的砖对建筑结构起破坏作用，不能使用。

（5）石灰爆裂。

烧结砖的原料或燃料中夹杂着石灰石等成分，烧结时被烧成过火生石灰，吸水后缓慢熟化产生体积膨胀，使砖发生爆裂的现象称为石灰爆裂。石灰爆裂不但影响砖的外观，而且会降低砌体的强度。

3. 烧结普通砖的应用

烧结普通砖具有一定强度和隔热、隔声、吸潮、耐久和价格低廉等特点。烧结普通砖在砌筑前一定要浇水润湿，其主要目的是保证砂浆能与砖牢固胶结。其中优等品适用于清水墙和墙体装饰，一等品和合格品用于混水墙，合格品不得用于潮湿部位。

烧结普通砖还可用于砌筑柱、拱、窑炉、烟囱、台阶、沟道及基础等，亦可砌成薄壳，修建跨度较大的屋盖。在砖砌体中配置适当的钢筋或钢筋网成为配筋砖砌体，可代替钢筋混凝土过梁。在现代建筑中，砖还可与轻骨料混凝土、加气混凝土、岩棉等复合，砌筑成各种轻体墙，以增大其保温隔热性能。

二、砌块

1. 粉煤灰砌块

以粉煤灰、石类、石膏为原料，经加水搅拌、振动成型、蒸汽养护制成。粉煤灰小型空心砌块中粉煤灰用量不应低于原材料重量的 20%，水泥用量不应低于原材料重量的 10%。

2. 中型空心砌块

按胶结料不同分为水泥混凝土型及煤矸石硅酸盐型两种。空心率大于或等于 25%。

3. 混凝土小型空心砌块

普通混凝土小型空心砌块是以水泥或无熟料水泥为胶结料，配以砂、石或轻骨料(浮石、陶粒等)，经搅拌、成型、养护而成的。其主规格尺寸为 390 mm×190 mm×190 mm，要求最小外壁的厚度不小于 30 mm，最小肋厚不小于 25 mm。

4. 蒸压加气混凝土砌块

以钙质或硅质材料，如水泥，石灰、矿渣、粉煤灰等为基础，以铝粉为发气剂，经蒸压养护而成，是一种多孔轻质的块状墙体材料，也可作绝热砌块建筑，是墙体技术改革的一条有效途径，可使墙体自重减轻，建筑功能改善，造价低这些突出优点为其广泛使用奠定了基础。蒸压加气混凝土砌块按尺寸偏差、外观质量、体积密度、抗压强度分为优等品（A)、一等品（B)、合格品（C)。

第五节　建筑钢材

一、建筑钢材的测定

1. 钢材的力学性质

工程用钢材的力学性质有抗拉性质、抗冲击性质、耐疲劳性质及硬度等，其中抗拉性质是钢材最主要的力学性质，通过拉伸试验测定的屈服强度、抗拉强度和伸长率等是钢材的重要技术指标。这里主要介绍抗拉性质和抗冲击性质的测定。

（1）抗拉性质。

拉伸试验测定钢筋的抗拉性质，其试样应使用原样钢筋，不允许进行车削加工。为了测定伸长率，用试样分划仪或其他工具标出标距 L_0。检查试验机是否正常完好，选择试验机的吨位，使试件的最大荷载在试验机量程的 50%～75%。将试件放入试验机夹紧，开动试验机缓慢加荷拉伸试件。接近屈服点时，加荷速度应控制为 3～30 MPa/s，一般宜用 10 MPa/s。测力度盘的指针第一次回转时的最小荷载，即为所测的屈服点荷载 P_s（N)。对试件继续加荷，直至拉断，记录最大荷载 P_b（N)。计算试件的屈服强度 $\sigma_s=\dfrac{P_s}{A_0}$ 和抗拉强度 $\sigma_b=\dfrac{P_b}{A_0}$。测定断后标距 L_1，根据公式 $\delta=\dfrac{L_1-L_0}{L_0}\times 100\%$ 计算伸长率。在两根试件所测的屈服强度、抗拉强度、伸长率均合格时，评为合格，若有一根达不到屈服强度、抗拉强度和伸长率中的任一项规定值时，则应再抽取双倍试件重做各项试验，若仍有一项不合格，则认为该批钢筋拉伸试验不合格。

（2）冲击韧性。

冲击韧性是钢材抵抗冲击荷载作用而不破坏的能力。冲击韧性指标是通过冲击试验确定的，冲击韧性值越大，说明钢材断裂前吸收的能量越多，钢材的冲击韧性越好。

常温冲击试验，应在 20℃±5℃下进行。首先应校正试验机，使摆锤旋转下落空摆，检查试验机的能量损失，记录初始读数。精确量出试件缺口处的尺寸，计算面积(A)。将试件置于基座上，使试件缺口的背部正对摆锤的打击中心。调整指针对准最大读数，将摆锤上扬定位，按动“冲击”按钮，使摆锤旋转下落冲击试件，摆锤击断试件后继续前摆至一定高度，同时带动指针转动，从度盘中读取读数，减去初始读数，即为试件的冲击吸收功 A_K。计算冲击韧性值。

2. 钢材的工艺性质

冷弯性质和焊接性质是钢材重要的工艺性质，钢材应具有良好的工艺性质，以满足施工工艺的要求。

（1）冷弯性能。

冷弯性能是指钢材在常温下承受弯曲变形的能力。建筑上常把钢材弯成要求的形状，因此要求钢材具有良好的冷弯性能。冷弯是通过检查试件按规定的弯转角度和弯心直径弯曲后，弯曲处的外侧和内面有无裂纹、起层、磷落、断裂等情况进行评定的，钢材的冷弯试验见图 2-3。

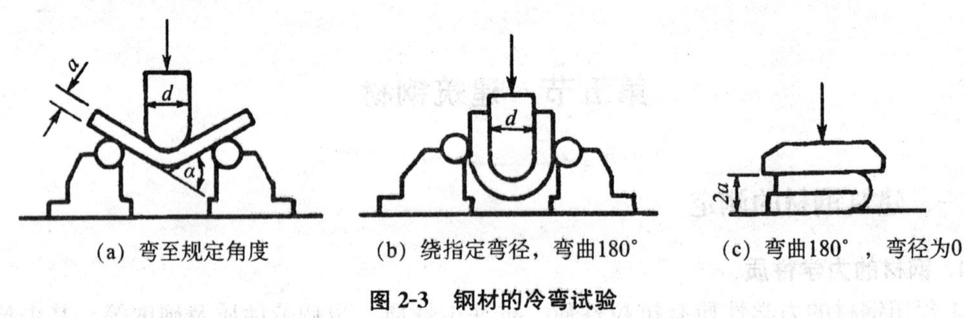

图 2-3 钢材的冷弯试验

若弯曲角度越大，弯心直径对试件直径（或厚度）的比值越小，则表明钢材的冷弯性质越好。

（2）焊接性质。

钢材的主要焊接方法有两种：焊接钢结构用的电弧焊和钢筋焊接用的接触对焊。焊接质量主要取决于选择正确的焊接工艺和适宜的焊接材料，以及钢材本身的焊接性能。

二、钢筋混凝土结构用钢材

1. 热轧钢筋

热轧钢筋是用加热的钢坯轧制的条型成品钢材，可分为热轧带肋钢筋和热轧光圆钢筋。热轧光圆钢筋的横截面为圆形，且表面光滑。热轧光圆钢筋有两个牌号，分别是 HPB235、HPB300，其中 H 表示热轧，P 表示光圆，B 表示钢筋的意思，后面的数字表示钢筋的屈服强度特征值。带肋钢筋的横截面为圆形，但表面通常带有两条纵肋和沿长度方向均匀分布的横肋，见图 2-4。热轧带肋钢筋可分为普通热轧钢筋及细晶粒热轧钢筋。普通热轧带肋钢筋有三个牌号，分别是 HRB335、HRB400、HRB500，其中 H 表示热轧，R 表示带肋，B 表示钢筋的意思，后面的数字表示钢筋的屈服强度特征值；细晶粒热轧带肋钢筋也有三个牌号，分别是 HRBF335、

图 2-4 带肋钢筋的外形

HRBF400、HRBF500，其中 H、R、B 表示的意思与普通热轧钢筋的规定相同，F 则表示细晶粒的意思，后面的数字表示钢筋的屈服强度特征值。

根据《混凝土结构设计规范》（GB50010—2010）规定：纵向受力普通钢筋宜采用 HRB400、HRB500、HRBF400、HRBF500 钢筋，也可采用 HPB300、HRB335、HRBF335、RRB400 钢筋；梁、柱纵向受力普通钢筋应采用 HRB400、HRB500、HRBF400、HRBF500 钢筋；箍筋宜采用 HRB400、HRBF400、HPB300、HRB500、HRBF500 钢筋，也可采用 HRB335、HRBF335 钢筋。

2. 冷轧带肋钢筋

冷轧带肋钢筋是以低碳钢或低合金钢的圆盘条经冷轧后，在其表面冷轧成沿长度方向均匀的三面或两面横肋的钢筋。冷轧带肋钢筋按抗拉强度分为五个牌号，分别是 CRB550、CRB650、CRB800、CRB970 和 CRB1170，其中 C 表示冷轧，R 表示带肋，B 表示钢筋，而后数值表示抗拉强度的最小值。

冷轧带肋钢筋强度高，塑性好，与混凝土黏结牢固，且质量稳定，使用中节约钢材，在普通钢筋混凝土构件及预应力混凝土构件中有广泛的应用。但冷轧带肋钢筋不宜使用在承受冲击荷载或强烈振动荷载的构件中，也不宜用焊接方法施工。

3. 冷拔低碳钢丝

工程实践中，一般将直径小于 6 mm 的线材归类为钢丝。冷拔低碳钢丝是用普通低碳钢的光圆盘条钢筋经冷拔制作而成，其性能与母材强度和冷拔后的压缩率有关。冷拔低碳钢丝分为甲、乙两级，甲级钢丝主要用作预应力筋，乙级钢丝主要用作焊接网、焊接骨架、箍筋和构造钢筋。

三、钢结构用钢

我国钢结构采用的钢材品种主要为热轧型钢、冷弯薄壁型钢、热（冷）轧钢板和钢管等。

1. 热轧型钢

热轧型钢有角钢、工字型钢、槽型钢、T 形钢、H 形钢及 Z 形钢等，其中以角钢、工字型钢、槽型钢的应用最为广泛。

我国建筑用热轧型钢主要采用碳素结构钢 Q235—A（含碳量为 0.14%～0.22%），其强度适中，塑性和可焊性较好，成本较低。在钢结构设计规范中，推荐使用的低合金高强度结构钢主要有 Q345 和 Q390，用于大跨度、承受动载的钢结构工程。

2. 冷弯型钢

土木工程中使用的冷弯型钢常用厚度为 1.5～6 mm 薄钢板或钢带（一般采用碳素结构钢或低合金结构钢）经冷轧（弯）或模压而成，故也称冷弯薄壁型钢。冷弯型钢属于高效经济截面，由于壁薄，刚度好，能高效地发挥材料的作用，节约钢材。

建筑用压型钢板是冷弯型钢的另一种形式，它是用厚度为 0.4～2 mm 的钢板、镀锌钢板、彩色涂层钢板（表面覆盖有彩色油漆）经冷轧（压）成的各种类型波形板。我国已制定了 26 种压型钢板型号。

3. 钢管和钢板

有热轧无缝钢管和焊接钢管两种，无缝钢管以优质碳素结构钢或低合金高强度结构钢为原材料，采用热轧或冷拔无缝方法制造；焊接钢管由钢板卷焊而成。

钢板是用碳素结构钢和低合金钢轧制而成的扁平钢材。以平板状态供货的称为钢板，以卷状供货的称为钢带。热轧钢板厚度大于4 mm以上的为厚板，厚度小于或等于4 mm的为薄板。冷轧钢板只有薄板一种，其厚度为0.2～4 mm。热轧碳素结构钢厚板是钢结构的主要用材。薄板用于屋面、墙面或压型板的原料等。低合金钢厚板用于重型结构、大跨度桥梁或高压容器等。

四、钢材的防腐与防火

1. 钢材的防腐

根据钢铁腐蚀过程的不同特点，可分为化学腐蚀和电化学腐蚀两类。在实际生产实践中，由单纯的化学腐蚀引起钢铁的损耗较少，更多的是电化学腐蚀。目前所采用的防腐蚀方法有合金化、金属覆盖、非金属覆盖等。

2. 钢材防火

裸露的、未作表面防火处理的钢结构，在温升500℃的环境下，强度迅速降低，甚至会垮塌。因此，对于钢结构，尤其是有可能经历高温环境的钢结构，需要作必要的防火处理。

钢结构防火的主要方法是涂敷防火隔热涂层，这些涂料导热系数小，附着力强，无毒，质轻，易于施工，防火效果好。

第六节　防水、保温隔热材料

一、防水材料

沥青是传统的防水材料，工程上常用石油沥青牌号是根据针入度指标来划分的，随着牌号的降低，其塑性降低。

防水卷材是一种可卷曲的片状防水材料。根据其组成和生产工艺不同，分为有胎卷材（纸胎、玻璃布胎、麻布胎）和辊压卷材（无胎、可以掺入玻璃纤维）两类。根据其主要防水组成材料可分为沥青防水卷材、高聚物改性沥青防水卷材和合成高分子防水卷材三类。防水卷材均应有良好的耐水性、温度稳定性，并应具有必要的机械强度、延伸率和抗断裂能力。

1. 防水卷材

（1）沥青防水卷材。

传统的沥青防水卷材是基胎上浸涂沥青后，在表面撒布粉状或片状的隔离材料而制成的防水卷材。沥青防水卷材的使用性能一般，存在低温柔韧性差、延伸率低、拉伸强度低、耐久性差等缺陷，通过在沥青胶中增加矿粉的掺量，能使其耐热性提高。

纸胎油毡（简称油毡）是将经浸渍的油纸，再用高软化点的热熔沥青涂盖两面，并在其两面撒布防止自黏的粉料或片料。撒布滑石粉的称为粉毡，撒布云母片的称为片毡。纸胎石油沥青油毡的牌号是按原纸的质量来划分的。

（2）聚合物改性沥青防水卷材。

聚合物改性沥青防水卷材是以合成高分子聚合物改性沥青为涂盖层，纤维织物或纤维毡为胎体，粉状、粒状、片状或薄膜材料为覆面材料制成的可卷曲片状防水材料。由于在沥青中加入了高聚物改性剂，它克服了传统沥青防水卷材温度稳定性差、延伸率较小的不足，具有高温不流淌、低温不脆裂、拉伸强度高、延伸率较大等优异性能，且价格适中。常用的有弹性体（SBS）改性沥青防水卷材和塑性体（APP）改性沥青防水卷材。

（3）合成高分子防水卷材。

合成高分子防水卷材是以合成橡胶、合成树脂或它们两者的共混体为基料，加入适量的化学助剂和填充料等，经混炼、压延或挤出等工序加工而制成的可卷曲的片状防水材料。其中又可分为加筋增强型与非加筋增强型两种。合成高分子防水卷材具有拉伸强度大、抗撕裂强度高，断裂伸长率大，耐热性和低温柔性好，耐腐蚀，耐老化等一系列优异的性能，是新型高档防水卷材。常用的有再生胶防水卷材、三元乙丙橡胶防水卷材、三元丁橡胶防水卷材、聚氯乙烯防水卷材、氯化聚乙烯防水卷材、氯化聚乙烯-橡胶共混防水卷材等。一般单层铺设，可采用冷粘法或自粘法施工。

2. 防水涂料

防水涂料由基料、填料、助剂等组成，是一种流态或半流态物质，可用刷、喷等工艺涂布在基层表面，经溶剂或水分挥发或各组分间的化学反应，形成具有一定弹性和一定厚度的连续薄膜，使基层表面与水隔绝，起到防水、防潮作用。因此，防水涂料广泛适用于工业与民用建筑的屋面防水工程、地下室防水工程和地面防潮、防渗等，特别有利于基层形状不规则部位的施工。

防水涂料按成膜物质的主要成分可分为聚合物改性沥青防水涂料和合成高分子防水涂料两类。

二、保温隔热材料

保温是防止热量散失，隔热是防止外热进入，两者都是为了减少热量的传递，常合称为保温隔热或简称绝热（热绝缘）。在建筑中，一般把 A 值小于 0.23W/（m·K）的材料叫做绝热材料。由于水的导热系数比封闭空气的导热系数大 20 倍，若绝热材料吸入了水分，其导热系数值会增大，绝热性能下降，因此，保温隔热材料在使用中应保持干燥。

1. 纤维状保温隔热材料

石棉是以含水硅酸镁和其他硅酸盐为主要成分的无机纤维材料，是由天然蛇纹石或角闪石经松解而成的柔软纤维。具有耐火、耐热、耐酸、耐碱、保温、隔热、吸声、防腐、绝缘等特性。

岩棉和矿棉统称为矿物棉，是由高温熔融的玄武岩或矿渣经高速离心或喷吹制成的棉丝状无机纤维材料。将矿棉、岩棉与有机胶黏剂黏合，可以制成矿棉或岩棉的板、毡、筒等保温隔热制品。矿棉还可以制成粒状棉，用作保温隔热墙体的填充材料。

2. 膨胀珍珠岩及其制品

膨胀珍珠岩是以珍珠岩、黑曜岩或松脂岩矿石，经过破碎、筛分、预热、焙烧至1 260℃左右，处于熔融状态的岩粒内部的结合水汽化，急剧膨胀（体积膨胀为10～20倍）而成的白色多孔颗粒状物质。具有轻质、吸湿性小、不燃烧、使用温度高达1 000℃、化学性质稳定、无毒、无味等特点，是良好的保温隔热材料。

3. 泡沫塑料

泡沫塑料的品种很多，通常用得较多的有三种：聚氨酯泡沫塑料、聚苯乙烯泡沫塑料和聚氯乙烯泡沫塑料。

第三章　建筑构造知识

第一节　基础和地下室构造

一、基础构造

1. 基础的埋置深度及其影响因素

（1）基础的埋置深度

室外设计地面到基础底面的垂直距离称为基础的埋置深度，简称基础埋深，见图 3-1。埋深大于 5 m 的称为深基础，埋深小于 5 m 的称为浅基础。为保证基础的稳定性，基础的埋置深度不能浅于 500 mm。

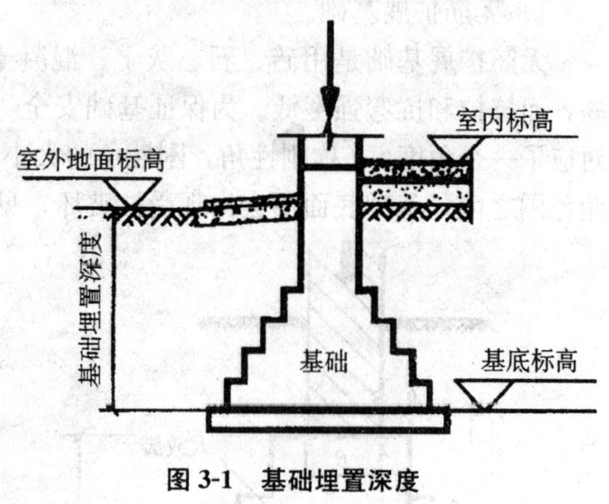

图 3-1　基础埋置深度

（2）影响基础的埋置深度的因素

1）建筑物自身的特性。

如建筑物的用途、有无地下室、设备基础和地下设施、基础的形式和构造、荷载的大小和性质等。

2）工程地质条件。

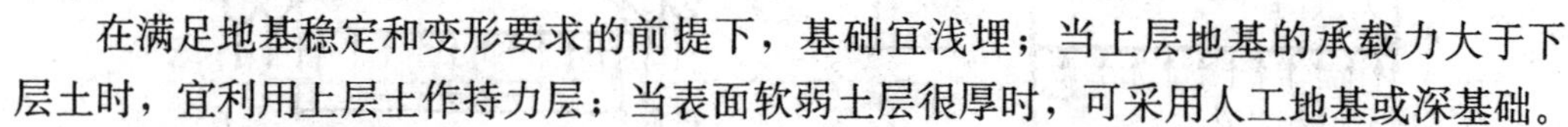

在满足地基稳定和变形要求的前提下，基础宜浅埋；当上层地基的承载力大于下层土时，宜利用上层土作持力层；当表面软弱土层很厚时，可采用人工地基或深基础。

3）水文地质条件。

一般情况下，基础应位于地下水位之上，以减少特殊的防水、排水措施。当地下水位很高，基础必须埋在地下水位以下时，则基础底面应伸入地下水位之下至少 200 mm。

4）地基土冻胀和融陷的影响。

对于季节冰冻地区，地基为冻胀土时，为避免建筑物受地基土冻融影响产生变形和破坏，应使基础底面处于冰冻线以下 200 mm 以上。

5）相邻建筑物基础埋深的影响。

当在已建的建筑物附近新建建筑物时，一般新建建筑物基础的埋深不应大于原有建筑基础，以保证原有建筑的安全；当新建建筑物基础的埋深必须大于原有建筑基础的埋深时，应与原基础保持一定的净距 L，见图 3-2。

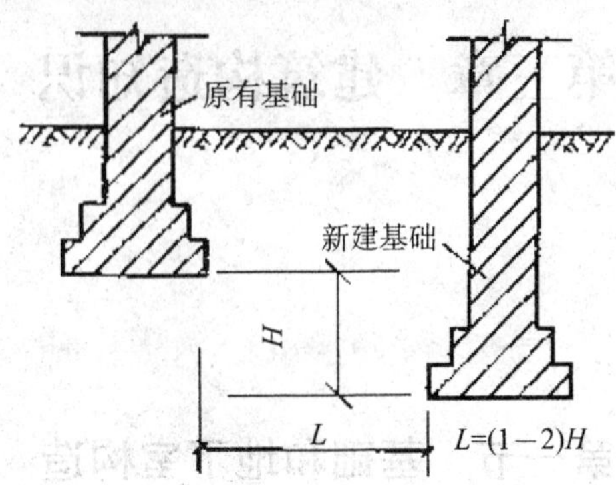

图 3-2　相邻基础埋置深度的影响

2. 基础的类型与构造

(1) 按照材料及受力特点分类。

基础按材料及其受力特点分为无筋扩展基础和扩展基础。

1）无筋扩展基础。

无筋扩展基础是用砖、石、灰土、混凝土等材料所做的基础。这类基础抗压强度高，而抗拉和抗弯强度低。为保证基础安全，基础的挑出宽度 $b(B)$ 与高度 $h(H)$ 之比对应了一个角度 α，称刚性角，刚性角的大小主要取决于基础材料的力学性质。在刚性角范围之内，基础底面不会出现受拉破坏，见图 3-3。

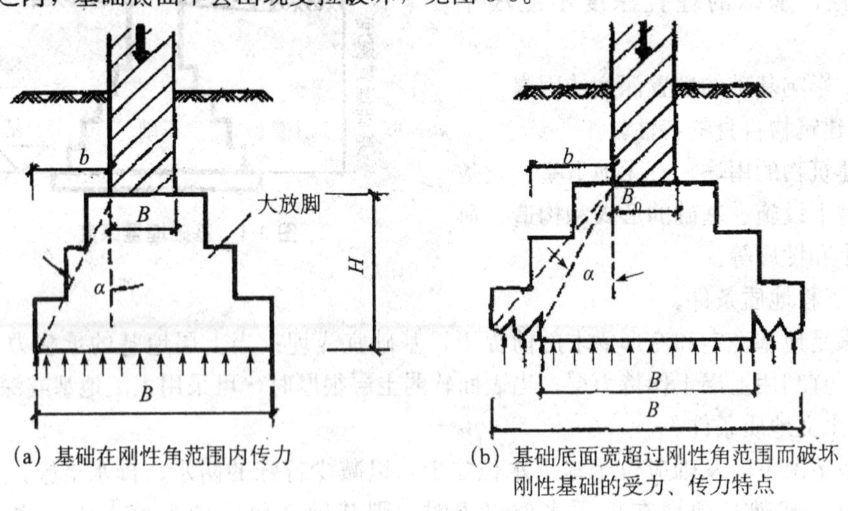

(a) 基础在刚性角范围内传力　　(b) 基础底面宽超过刚性角范围而破坏
刚性基础的受力、传力特点

图 3-3　刚性基础的受力特点

①砖基础：砖基础取材容易，构造简单，造价低廉，但其强度低，耐久性和抗冻性较差，所以只宜用于质量等级较低的小型建筑中。砖基础宽出部分一般做成台阶形逐级放大的形式，称为大放脚，有等高式和间隔式两种，砌筑时，一般需在基底下先

铺设砂、混凝土或灰土垫层，见图 3-4。

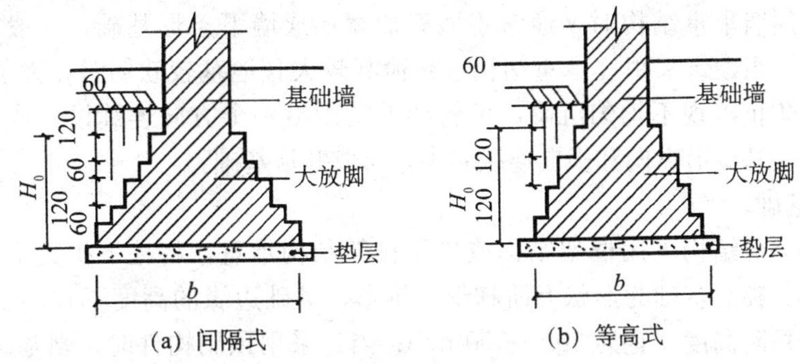

图 3-4　砖基础构造

②毛石基础：毛石基础由未加工的块石用水泥砂浆砌筑而成，毛石基础的强度高，抗冻、耐水性能好，适用于地下水位较高、冰冻线较深的产石区的建筑。毛石的厚度不小于 150 mm，宽度 200～300 mm。基础的剖面成台阶形，顶面要比上部结构每边宽出 100 mm，每个台阶的高度不宜小于 400 mm，挑出的长度不应大于 200 mm，见图 3-5。

③混凝土基础：混凝土基础断面有矩形、阶梯形和锥形，一般当基础底面宽度大于 2 000 mm 时，为了节约混凝土常做成锥形。

2）扩展基础。

当建筑物的荷载较大而地基承载能力较小时，基础底面 B 必须加宽，如果仍采用混凝土材料做基础，势必加大基础的深度，这样很不经济。如果在混凝土基础的底部配以钢筋，利用钢筋来承受拉应力，使基础底部能够承受较大的弯矩，基础宽度则不受刚性角的限制。钢筋混凝土基础又称为扩展基础或柔性基础。见图 3-6。

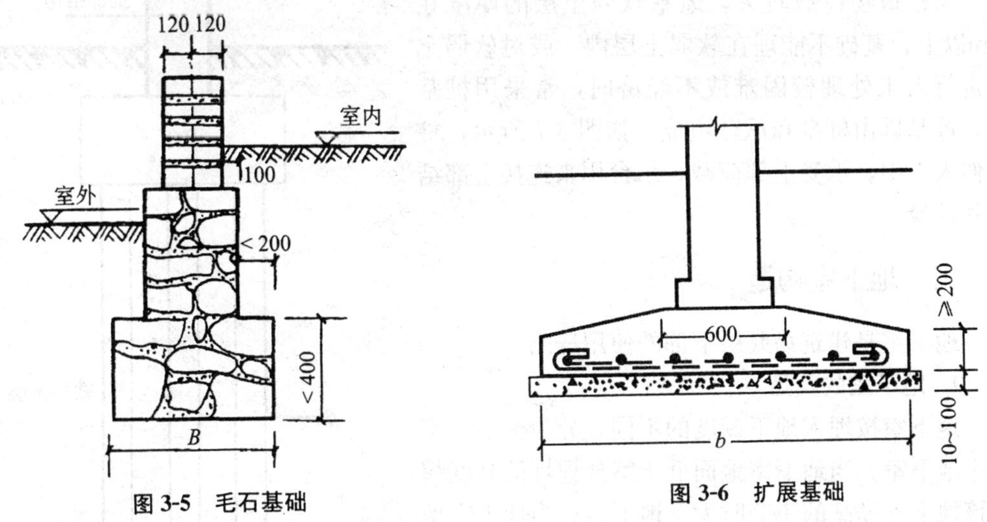

图 3-5　毛石基础　　**图 3-6　扩展基础**

钢筋混凝土基础的适用范围广泛，尤其是适用于有软弱土层的地基。

(2) 按照构造形式分类。

基础按构造形式分，有条形基础、独立基础、筏板基础、箱形基础和桩基础等。

1）条形基础。

当建筑采用墙承重结构时，通常将墙底加宽形成墙下条形基础。一般用于墙下，亦可用于柱下。当建筑采用柱承重结构，在荷载较大且地基较软弱时，为了提高建筑物的整体性，防止出现不均匀沉降，可将柱下基础沿一个方向连续设置成条形基础，或者将柱下独立基础沿纵向和横向连接起来，形成井格基础。

2）独立基础。

当建筑物上部结构采用框架结构或单层排架结构承重，将柱下扩大形成扩大头，即为独立基础。独立基础的形状有阶梯形、锥形，基础边缘的高度不宜小于 200 mm，阶梯形基础的每阶高度，宜为 300～500 mm；当柱采用预制构件时，则基础做成杯口形，然后将柱子插入并嵌固在杯口内。独立基础土方工程量少，便于地下管道穿越，节约基础材料，但基础相互之间无联系，整体刚度差，一般适用于土质均匀、荷载均匀的骨架结构建筑中。当建筑物上部为墙承重结构，并且基础要求埋深较大时，为了避免开挖土方量过大和便于穿越管道，墙下可采用独立基础。

3）满堂基础。

当建筑物上部荷载很大，地基较低软弱时，可采用满堂基础。满堂基础包括筏板基础和箱型基础。

①筏板基础：当建筑物上部荷载较大，地基软弱，承载力相对较低，可将基础连成整片，故也称为片筏基础。筏板基础可以用于墙下和柱下，有板式和梁板式两种。

②箱形基础：当建筑物荷载很大，或浅层地质情况较差，为了提高建筑物的整体刚度和稳定性，基础必须深埋，这时，常将钢筋混凝土顶板、底板、外墙和一定数量的内墙组成刚度很大的盒状基础，称为箱形基础。箱形基础具有刚度大、整体性好的特点，对其内部结构稍加调整即可形成地下室，提高了对空间的利用率。

4）桩基础。

当建筑物荷载较大，地基软弱土层的厚度在 5 m以上，基础不能埋在软弱土层内，或对软弱土层进行人工处理较困难或不经济时，常采用桩基础。桩基础由桩身和承台组成，如图 3-7 所示，桩身伸入土中，承受上部荷载，承台用来连接上部结构和桩身。

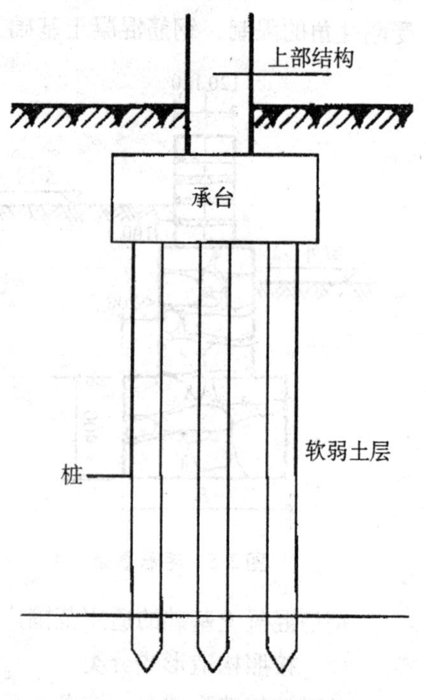

图 3-7　桩基础的组成

二、地下室构造

地下室是建筑物底层下部的使用房间。

1. 地下室的类型

地下室按埋入地下深度的不同，分为全地下室和半地下室。当地下室地面低于室外地坪的高度超过该地下室净高的 1/2 时为全地下室；当地下室地面低于室外地坪的高度超过地下室净高的 1/3，但不超过 1/2 时为半地下室。

2. 地下室的组成

地下室一般由墙体、底板、顶板、门窗、楼梯、采光井等部分组成。

3. 地下室的防潮与防水

（1）地下室的防潮。

当地下水的最高水位低于地下室底板时，地下室的墙体和底板会受到土中潮气的影响，需做防潮处理。墙体防潮做法是在外墙外表面做垂直防潮层，在所有墙体的上下设置两道水平防潮层。

墙体垂直防潮层的做法是：先在墙外侧抹 20 mm 厚 1∶2.5 的水泥砂浆找平层，延伸到散水以上 300 mm，找平层干燥后，上面刷一道冷底子油和两道热沥青，然后在墙外侧回填低渗透性的土壤，如黏土、灰土等，并逐层夯实，宽度不小于 500 mm；墙体水平防潮层中一道设在地下室地坪以下 60 mm 处，一道设在室外地坪以上 200 mm 处，见图 3-8。

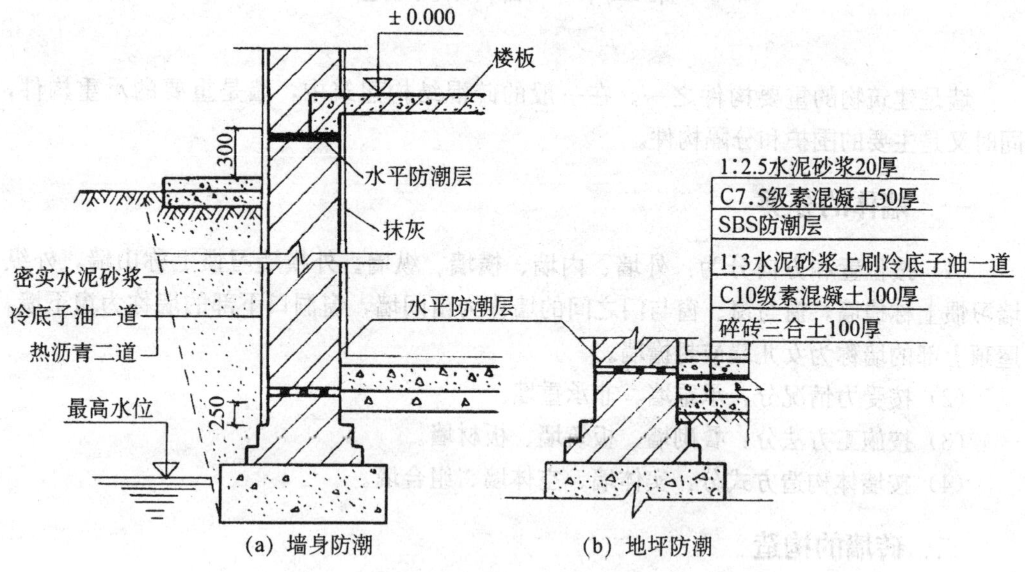

(a) 墙身防潮　　(b) 地坪防潮

图 3-8　地下室的防潮处理

（2）地下室的防水。

当地下水的最高水位高于地下室底板时，地下室的外墙和底板必须采取防水措施。具体做法有卷材防水、混凝土构件自防水和涂料防水等。

1）卷材防水：卷材防水层一般采用高聚物改性沥青防水卷材（如 SBS 改性沥青防水卷材、APP 改性沥青防水卷材）或合成高分子防水卷材（如三元乙丙橡胶防水卷材、再生胶防水卷材等）与相应的胶结材料黏结形成防水层。按照卷材防水层的位置不同，分外包防水和内包防水。

外包防水是将卷材防水层满包在地下室墙休和底板外侧的做法。防水效果易于保证，通常采用这种做法。内包防水是将卷材防水层满包在地下室墙体和地坪的结构层内侧的做法。内防水施工方便，但属于被动式防水，对防水不利，所以一般用于修缮工程。

2）混凝土构件自防水：当地下室的墙体和地坪均为钢筋混凝土结构时，可通过增加混凝土的密实度或在混凝土中添加防水剂、加气剂等方法，来提高混凝土的抗渗性能。地下室采用构件自防水时，外墙板的厚度不得小于 200 mm，底板的厚度不得小于 150 mm，以保证刚度和抗渗效果。

3）涂料防水：涂料防水是以刷涂、刮涂、滚涂等方式，将防水涂料在常温下涂盖于地下室结构表面的防水做法。防水涂料包括有机防水涂料和无机防水涂料，防水涂料要求基层表面干净、平整、无浮浆、无水珠、不渗水；并要对基层表面的气孔、缝隙、起砂等进行修补处理。基层阴阳角应做成圆弧形，阴角圆弧直径宜大于 50 mm，阳角圆弧直径宜大于 10 mm。

第二节　墙体的构造

墙是建筑物的重要构件之一。在一般的砖混结构建筑中，墙是重要的承重构件，同时又是主要的围护和分隔构件。

一、墙体的分类

（1）按位置和方向分为：外墙、内墙、横墙、纵墙。外横墙习惯上称山墙，外纵墙习惯上称檐墙，窗与窗、窗与门之间的墙称为窗间墙，窗洞口下部的墙称为窗下墙，屋顶上部的墙称为女儿墙或封檐墙。

（2）按受力情况分：承重墙、非承重墙。

（3）按施工方法分：叠砌墙、板筑墙、板材墙。

（4）按墙体构造方式分：实体墙、空体墙、组合墙。

二、砖墙的构造

1. 砖墙材料

（1）砖。

砖的种类较多，按制作材料分有黏土砖、页岩砖、粉煤灰砖和灰砂砖等；按形状分有实心砖、空心砖和多孔砖等。

普通实心砖是我国传统的墙体材料，其规格为 240 mm×115 mm×53 mm，强度等级有五个：MU30、MU25、MU20、MU15、MU10，砌墙用砖的强度等级一般为 MU10 和 MU15。

（2）砂浆。

常用的砌筑砂浆有水泥砂浆、混合砂浆、石灰砂浆三种。水泥砂浆强度高，和易性差，适合砌筑潮湿环境的砌体；石灰砂浆属气硬性砂浆，强度低，和易性好，适用于砌筑次要建筑地面以上的砌体；混合砂浆既有较高的强度，也有良好的和易性，所以在砌筑地面以上的砌体中被广泛应用。砌筑砂浆的强度等级有六个：M20、M15、M10、M7.5、M5、M2.5。

2. 砖墙的砌筑方式与尺寸

(1) 实心砖墙。

实心砖墙是用普通实心砖砌筑的实体墙。

砖墙的厚度除了考虑其在建筑物中的作用外，还应与砖的规格相适应。实心砖墙的厚度是按半砖的倍数确定的，如半砖墙、3/4 砖墙、一砖墙、一砖半墙、两砖墙等，相应的构造尺寸为 115 mm、178 mm、240 mm、365 mm、490 mm，习惯上称它们为 12 墙、18 墙、24 墙、37 墙、49 墙等。墙厚与砖规格的关系见图 3-9。在砌筑墙体时，当墙段长度在 1 500 mm 以下时，为了保证墙体质量同时做到不砍砖，可将墙体的长度设计成（115＋10）mm 即 125 mm 的倍数。

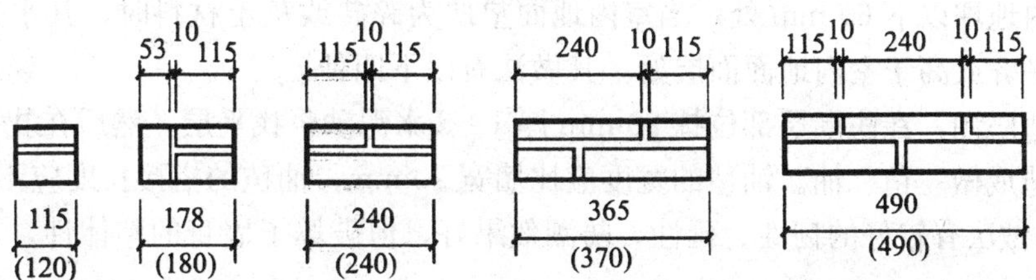

图 3-9　墙体的厚度与砖的规格

(2) 空斗墙。

空斗墙是用实心砖侧砌，或平砌与侧砌相结合砌成的空体墙。平砌的砖称为眠砖，侧砌的砖称为斗砖。空斗墙具有用料省、自重轻和隔热、隔声性能好等优点，适用于 1～3层民用建筑的承重墙或框架建筑的填充墙，但地基软弱或由抗震要求的房屋不能采用。空斗墙是一种非匀质砌体，坚固性较实砌墙差，因而墙体的重要部位须砌成实体。

3. 砖墙的细部构造

(1) 勒脚。

勒脚是外墙墙身与室外地面接近的部位。其主要作用是：加固和保护近地墙身，防止因外界机械碰撞而使墙身受损，常见的做法有以下几种：

1）抹灰勒脚：在勒脚部位抹 20～30 mm 厚 1∶2 或 1∶2.5 的水泥砂浆，或将墙加厚 60～120 mm 用水泥砂浆或水刷石罩面。

2）饰面板（砖）勒脚：在勒脚部位安装花岗岩、蘑菇石、瓷板等饰面板，或粘贴外墙面砖、陶瓷锦砖等。

3）用坚固材料做勒脚：用混凝土、天然石材等坚固耐水的材料做勒脚，见图 3-19（c）。

勒脚的高度一般不应低于 500 mm。在实际工程中，则应考虑立面美观，与建筑物的整体形象相结合而定。

(2) 散水和明沟。

为了防止室外地面水、墙面水及屋檐水对墙基的侵蚀，沿建筑物四周与室外地坪相接处宜设置散水或明沟，将建筑物附近的地面水及时排出。

1）散水：散水又称护坡，是沿建筑物外墙四周做坡度为 3%～5%的排水护坡，宽度一般不小于 600 mm，并应比屋檐挑出的宽度大 200 mm。

散水的做法通常有砖铺散水、块石散水、混凝土散水等。混凝土散水与外墙之间留置沉降缝，并沿长度每隔 6～12 m 设伸缩缝，缝内填充热沥青。

2）明沟：对于年降水量较大的地区，常在散水的外缘或直接在建筑物外墙根部设置的排水沟称明沟。明沟通常用混凝土浇筑成宽 180 mm、深 150 mm 的沟槽，也可用砖、石砌筑，沟底应设置不小于 1％的纵向排水坡度。

（3）墙身防潮。

为了防止地下土壤中的毛细水对墙体的侵蚀，提高墙体的坚固性与耐久性，保证室内干燥、卫生，应在墙身中采取防潮措施。

1）水平防潮层：墙身水平防潮层应沿着建筑物内、外墙连续交圈设置，一般设置于首层室内地坪以下 60 mm 处，当室内地面垫层为碎砖或灰土材料时，其水平防潮层的位置应平齐或高于室内地面面层处。其做法有以下四种：

①油毡防潮：在防潮层部位抹 20 mm 厚 1：3 水泥砂浆找平层，然后在找平层上干铺一层油毡或做一毡二油。油毡的宽度应比墙宽 20 mm，油毡的搭接长度应不小于 100 mm。这种做法有较好的韧性、延性，防潮效果好，但破坏了墙身的整体性，不宜在地震区采用。

②防水砂浆防潮：在防潮层部位用 1：2 的防水砂浆（防水剂的参量不超过水泥用量 5％）抹铺 20～30 mm 厚，或对勒脚处的墙身加厚 6～120 mm 后用水泥砂浆抹灰。也可以在防潮层部位用防水砂浆砌筑 3～5 皮砖。这种做法省工省料，且能保证墙身的整体性，但防潮层易因砂浆开裂而降低防潮效果。

③细石混凝土防潮：在防潮层部位浇筑 60 mm 厚与墙等宽的细石混凝土带，内配 3Φ6 或 3Φ8 钢筋。这种防潮层的抗裂性好，且能与砌体结合成一体，特别适用于刚度要求较高的建筑中。

④地圈梁兼做防潮层：当建筑物设有基础圈梁时，可调整其位置，使其位于室内地坪以下 60 mm 附近，以代替墙身水平防潮层。

2）水平防潮层与垂直防潮层相结合：当墙身两侧室内地坪出现高差或室内地坪低于室外地坪时，除了在室内地坪以下 60 mm 和高于室外地坪 150 mm 处设置水平防潮层外，还应在两道水平防潮层之间靠土壤的垂直墙面上做垂直防潮层。具体做法是先用水泥砂浆将墙面抹平，再涂一道冷底子油、两道热沥青或做一毡二油，见图 3-10。

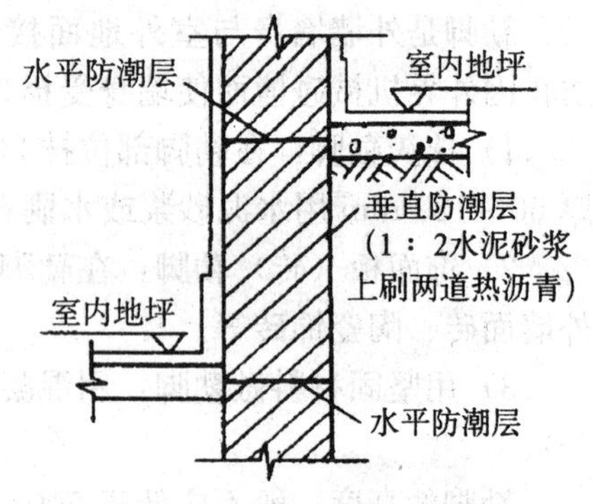

图 3-10　墙身垂直防潮层

（4）窗台。

窗台是下部的排水构造，窗台可以排出窗外侧流下的雨水和内侧的冷凝水，并起一定的装饰作用。

1）外窗台：外窗台面一般应低于内窗台面，并应形成 5％的外倾坡度，以利排水。外窗台的构造有悬挑窗台和不悬挑窗台两种。悬挑窗台常用砖平砌或侧砌挑出 60 mm，窗台表面的坡度可由斜砌的砖形成或用 1：2.5 水泥砂浆抹出，并在挑砖下缘前端抹出滴水槽或滴水线。

2）内窗台：内窗台可直接做抹灰层或铺大理石、预制水磨石、木窗台板等形成窗台面。北方地区墙体厚度较大时，常在内窗台下留置暖气槽，窗台的构造见图3-11。

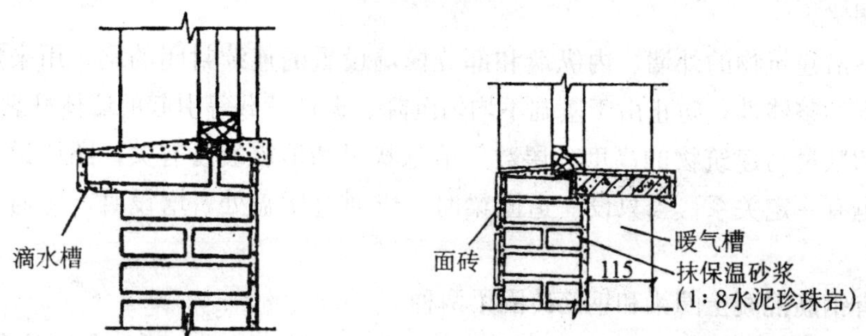

图 3-11　窗台的构造

（5）过梁。

过梁是指设置在门窗洞口上部的横梁，用来承受洞口上部墙体传来的荷载，并传给窗间墙。按照过梁的材料和构造形式有砖拱过梁、钢筋砖过梁和钢筋混凝土过梁。

1）砖拱过梁：砖拱过梁由普通砖侧砌和立砌形成，砖应为单数并对称于拱心砖向两边倾斜。灰缝呈上宽（不大于 15 mm）下窄（不小于 5 mm）的楔形，见图3-12。

平拱砖过梁的跨度不应超过 1.2m。能够节约钢材和水泥，但施工麻烦，整体性差，不宜用于上部有集中荷载、有较大振动荷载或可能产生不均匀沉降的建筑。

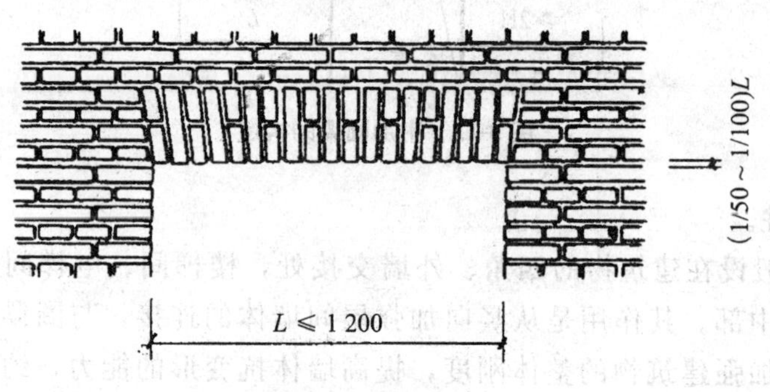

图 3-12　砖拱过梁

2）钢筋砖过梁：钢筋砖过梁是在门窗洞口上部的砂浆层内配置钢筋的平砌砖过梁。钢筋砖过梁砌法须在第一皮砖下设置不小于 30 mm 厚的砂浆层，并在其中放置钢筋，钢筋的数量为每 120 mm 墙厚不少于 1Φ6。钢筋两端伸入墙内 240 mm，并在端部做 60 mm 高的垂直弯钩，一般不少于 5 皮砖，且不少于洞口跨度的 1/5。钢筋砖过梁适用于跨度不超过 1.5m、上部无集中荷载的洞口。

3）钢筋混凝土过梁：当门窗洞口跨度超过 2m 或上部有集中荷载时，需采用钢筋混凝土过梁，它坚固耐久，施工简便，被广泛采用。钢筋混凝土过梁有现浇和预制两种。

钢筋混凝土过梁的截面尺寸及配筋应经计算确定，并应是砖厚的整数倍，宽度等于墙厚，两端伸入墙内不小于 240 mm。

（6）圈梁。

圈梁是沿建筑物的外墙、内纵墙和部分横墙设置的连续封闭的梁，用来加强房屋的空间刚度和整体性，防止由于基础不均匀沉降、振动荷载等引起的墙体开裂。

圈梁的数量与建筑物的高度、层数、地基状况和地震裂度有关；圈梁设置的位置与其数量也有一定关系，当只设一道圈梁时，应通过屋盖处，增设时，应通过相应的楼盖处。

圈梁有钢筋混凝土圈梁和钢筋砖圈梁两种。

钢筋混凝土圈梁：宽度宜与墙厚相同，当墙厚大于 240 mm 时，允许其宽度减小，但不宜小于墙厚的 2/3。圈梁高度应大于 120 mm，并在其中设置纵向钢筋和箍筋，如为八度抗震设防时，纵筋为 4Φ10，箍筋为Φ6@200。钢筋砖圈梁应采用不低于 M5 的砂浆砌筑，高度为 4～6 皮砖。纵向钢筋不宜少于 6Φ6，水平间距不宜大于 120 mm，分上下两层设在圈梁顶部和底部的灰缝内。

圈梁应连续地设在同一水平面上，并形成封闭状，当圈梁被门窗洞口截断时，应在洞口上部增设一道断面不小于圈梁的附加圈梁。附加圈梁的构造见图 3-13。附加圈梁的断面与配筋不得小于圈梁的断面与配筋。

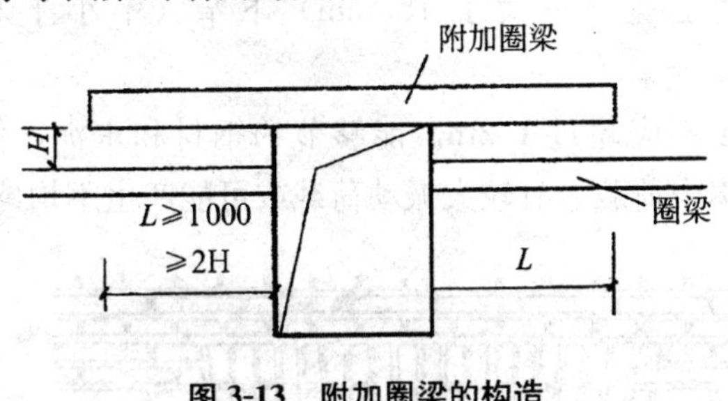

图 3-13　附加圈梁的构造

（7）构造柱。

构造柱一般设在建筑物的四角、外墙交接处，楼梯间、电梯间的四角以及某些较长墙体的中部。其作用是从竖向加强层间墙体的连接，与圈梁连接在一起构成空间骨架，加强建筑物的整体刚度，提高墙体抗变形的能力，约束墙体裂缝的开展。

构造柱的截面不宜小于 240 mm×180 mm，常用 240 mm×240 mm。纵向钢筋宜采用 4Φ12，箍筋为Φ6，间距 250 mm，并在柱的上下端适当加密。构造柱应先砌墙后浇柱，墙与柱的连接处宜留出五进五出的大马牙槎，进出 60 mm，并沿墙高每隔 500 mm 设 2Φ6 的拉结钢筋，每边伸入墙内不宜少于 1 000 mm，见图 3-14。构造柱一般不单独做基础，下端可伸入室外地面下 500 mm 或锚入浅于 500 mm 的地圈梁内；上端伸入到屋顶圈梁或女儿墙压顶里。

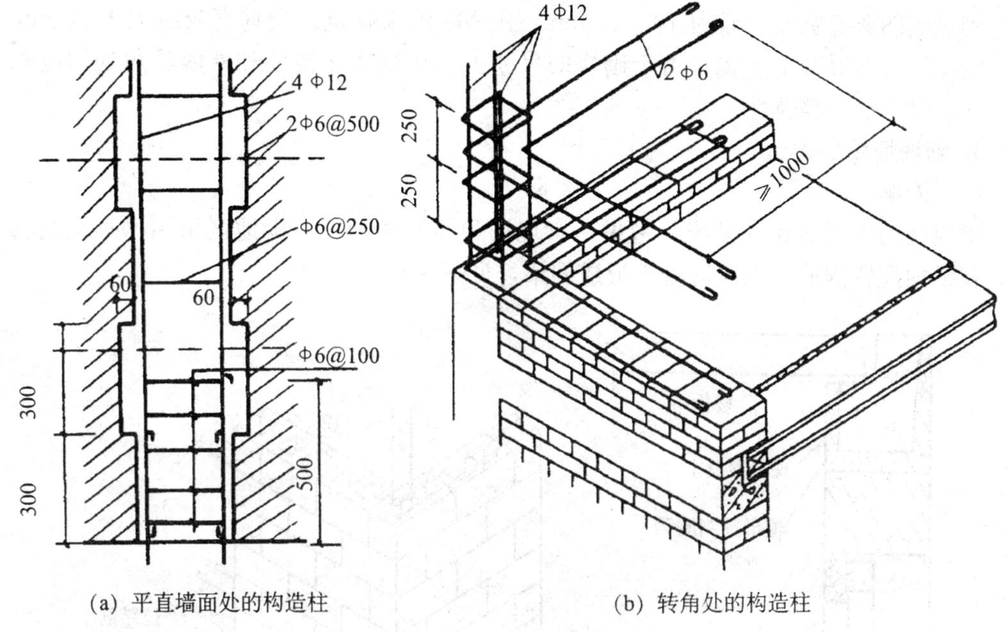

(a) 平直墙面处的构造柱　　(b) 转角处的构造柱

图 3-14　构造柱

三、常见砌块墙的构造

砌块墙是采用比实心黏土砖大的预制块材（称砌块）砌筑而成的墙体。具有生产效率高、热工性能好、减轻墙体的自重、减少环境污染等特点。

1. 砌块的类型

按单块重量和尺寸大小可分为小型砌块、中型砌块和大型砌块。小型砌块的高度为115～380 mm，单块重量不超过 20kg，便于人工砌筑；中型砌块的高度为 380～980 mm，单块重量在 20～350kg；大型砌块的高度大于 980 mm，单块重量超过了 350kg，中小型砌块目前在我国采用较多。

按砌块材料分：普通混凝土砌块、加气混凝土砌块、轻骨料混凝土砌块。

按砌块的构造分：空心砌块和实心砌块。

按功能分：承重砌块和保温砌块等。

2. 砌块的组砌

砌块墙在砌筑前，需要在建筑平面图和立面图上进行砌块的排列，注明每一砌块的型号。

排列设计的原则：正确选择砌块的规格尺寸，减少砌块的规格类型；优先选用大规格的砌块做主砌块，以加快施工速度；上下皮应错缝搭接，内外墙和转角处砌块应彼此搭接，以加强整体性；空心砌块上下皮应孔对孔、肋对肋，错缝搭接。尽量提高主块的使用率，避免镶砖或少镶砖。

砌块的排列上下皮错缝的搭接长度一般为砌块长度的 1/4，并且小型空心块不应小于 90 mm，中型砌块不应小于 150 mm。当无法满足搭接长度要求时，应在灰缝内设Φ 4钢筋网片连接。

砌块墙的灰缝宽度一般为 10～15 mm，用 M5 砂浆砌筑。当垂直灰缝大于 30 mm 时，则需用细石混凝土灌实。由于砌块的尺寸大，在纵横交接处和外墙转角处均应咬接，保证砌块墙的整体性。

3. 砌块墙细部构造

（1）圈梁。

砌块墙的圈梁常和过梁统一考虑，有现浇和预制两种。不少地区采用槽形预制构件，在槽内配置钢筋，浇灌混凝土形成圈梁，见图 3-15。

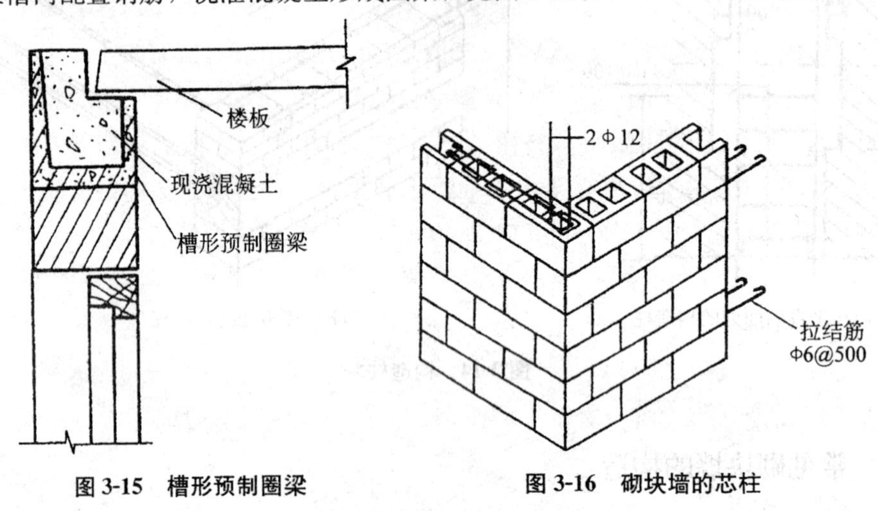

图 3-15 槽形预制圈梁　　图 3-16 砌块墙的芯柱

（2）构造柱与芯柱。

工程中，常通过在砌块墙中设置构造柱或芯柱来保证砌块墙的稳定性。

实心砌块墙一般是在框架梁之间设置构造柱来限制其长度。构造柱的断面与砌块的宽度相适应，并沿构造柱的高度每间隔 500 mm 设 2Φ6 的钢筋与砌块墙拉结，拉结筋长度为 500 mm。

空心砌块墙在外墙转角及某些内外墙相接的“T”字形接头处，利用空心砌块上下孔对齐，在孔内配置Φ10～Φ12 的钢筋，然后用细石混凝土分层灌实，形成芯柱，将砌块在垂直方向连成一体，见图 3-16。

第三节 楼地层构造

一、常见楼地面的构造组成

1. 楼地层的组成

楼地层是楼板层与地坪层的统称。

（1）楼板层的构造组成。

楼板层主要由面层、结构层和顶棚组成，见图 3-17。

（2）地坪层的构造组成。

地坪层主要由面层、垫层和基层组成，见图 3-18。

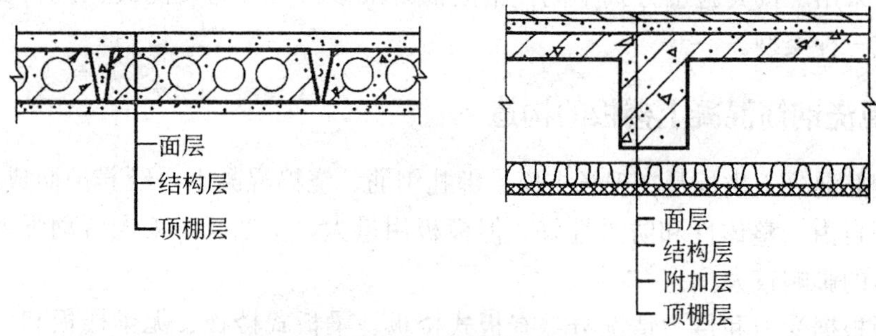

图 3-17　楼板层的组成

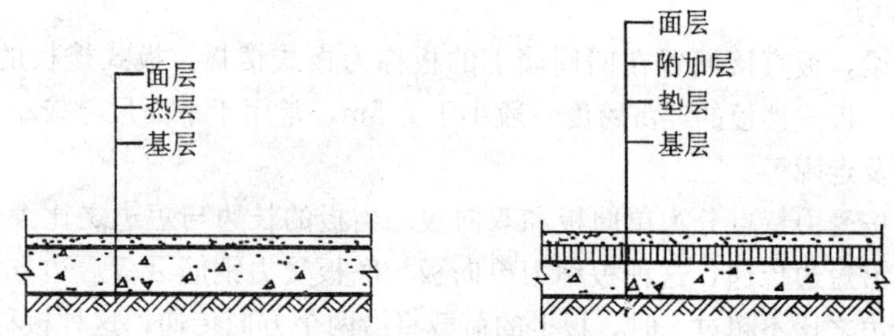

图 3-18　地坪层的组成

面层：楼板层和地层的面层部分，楼板层的面层称楼面，地层的面层称地面，其作用是保护楼板，承重并传递荷载，清洁及装饰室内。

结构层：又称楼板。它是楼板层的承重构件，承受楼板层上的全部荷载，并将其传给墙或柱，同时对墙体起水平支撑的作用，增强建筑物的整体刚度和墙体的稳定性。

顶棚层：它是楼板层下表面的面层，也是室内空间的顶界面，其主要功能是保护楼板、装饰室内、敷设管线及改善楼板在功能上的某些不足。

垫层：是地坪层的承重层。它必须有足够的强度和刚度，以承受面层的荷载并将其均匀地传给垫层下面的土层。

基层：垫层下面的支承土层。它也必须有足够的强度和刚度，以承受垫层传下来的荷载。

附加层：在楼地层中起隔声、保温、防水、防潮等作用的构造层。

2. 楼地层的设计要求

(1) 楼层和地层具有足够的强度和刚度，以保证结构的安全及变形要求。

(2) 根据不同的使用要求和建筑质量等级，要求具有不同程度的隔声、防火、防水、防潮、保温、隔热等性能。

(3) 具有经济合理性。应保证楼板层与房屋的等级标准、房间的使用要求相适应，以降低造价。

二、楼板的类型

楼板层按其结构层所用材料的不同，可分为木楼板、砖拱楼板、钢筋混凝土楼板及压型钢板组合楼板等多种形式。

钢筋混凝土楼板因其承载能力大、刚度好，且具有良好的耐久、防火和可塑性，目前被广泛采用。按其施工方式不同，钢筋混凝土楼板可分为现浇式、预制装配式和装配整体式三种类型。

三、现浇钢筋混凝土楼板的构造

现浇钢筋混凝土楼板是在现场支模、绑扎钢筋、浇捣混凝土，经养护而成的楼板。特点是成型自由、整体性和防水性好，但模板用量大，工期长，工人劳动强度大，且受施工季节的影响较大。

现浇板根据受力和传力情况分：有板式楼板、梁板式楼板、无梁楼板和压型钢板组合板等。

1. 板式楼板

板内不设梁，板直接搁置在四周墙上的板称为板式楼板。板式楼板的底面平整，便于支模施工。板式楼板的经济跨度一般小于 2.5m，常用于平面尺寸较小的房间，如厨房、卫生间及走廊等。

板式楼板按受力特点分为单向板和双向板。当板的长边与短边之比大于 2 时，板上的荷载主要沿短边传递，这种板称为单向板。底板受力钢筋沿板短边方向布置，当板的长边与短边之比不超过 2 时，板上的荷载将沿两个方向传递，这种板称为双向板。板内两个方向均配受力钢筋。

2. 梁板式楼板（肋梁楼板）

当房间平面尺寸较大时，为了避免楼板的跨度过大，可在楼板下设梁来减小板的跨度，这种由梁、板组成的楼板称为梁板式楼板。根据梁的布置情况，梁板式楼板分为单梁式楼板、复梁式楼板和井式楼板。

（1）单梁式楼板。

当房间有一个方向的平面尺寸相对较小时，可以只沿短向设梁，梁直接搁置在墙上，这种梁板式楼板属于单梁式楼板。单梁式楼板荷载的传递途径为：板→梁→墙，适用于教学楼、办公楼等建筑。

（2）复梁式楼板。

当房间两个方向的平面尺寸都较大时，则需要在板下沿两个方向设梁，称复梁式楼板，见图 3-19。一般沿房间的短向设置的为主梁，沿长向设置的为次梁。这种楼板荷载其传递途径为：板→次梁→主梁→墙。梁板式楼板适用于平面尺寸较大的建筑，如教学楼、办公楼、小型商店等。

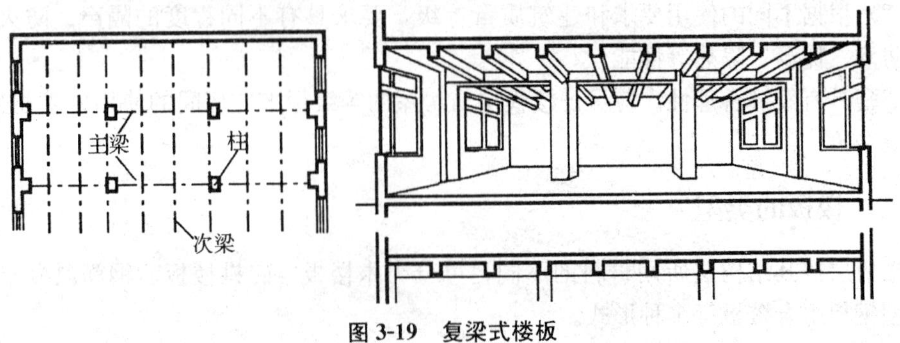

图 3-19　复梁式楼板

(3) 井式楼板。

当房间的跨度超过 10m，并且平面形状近似正方形时，常在板下沿两个方向设置等距离、等截面尺寸的“井”字形梁，这种楼板称井式楼板。井式楼板是一种特殊的双梁式楼板，梁无主次之分，梁通常采用正交正放和正交斜放的布置形式，分别称为正井式和斜井式。井式楼板的结构形式整齐，具有较强的装饰性，一般多用于公共建筑的门厅和大厅式的房间，如会议室、餐厅、小礼堂、歌舞厅等。

3. 无梁楼板

无梁楼板是不设置梁，用柱子直接支承楼板。

无梁楼板的柱距一般为 6m，成方形布置，板厚不宜小于 150 mm，一般为 160～200 mm。当楼面荷载较大时，为提高板的承载能力、刚度和抗冲切能力，应在柱顶设置柱帽和托板来增加柱对板的支托面积。

无梁楼板的板底平整，室内净空高度大，采光、通风条件好，便于采用工业化的施工方式，适用于楼面荷载较大的公共建筑（如商店、仓库、展览馆等）和多层工业厂房。

4. 压型钢板组合楼板

压型钢板组合楼板是在型钢梁上铺设压型钢板，再在其上整浇钢筋混凝土而构成的楼板结构，见图 3-20。其特点是：楼板整体性好，刚度大，抗震性能好；简化了施工程序，便于建筑工业化；可充分利用压型钢板肋间空间节约房间净高；可在钢衬板底部焊接钢架后悬吊管道、通风管和吊顶。多用于大空间建筑和高层建筑。

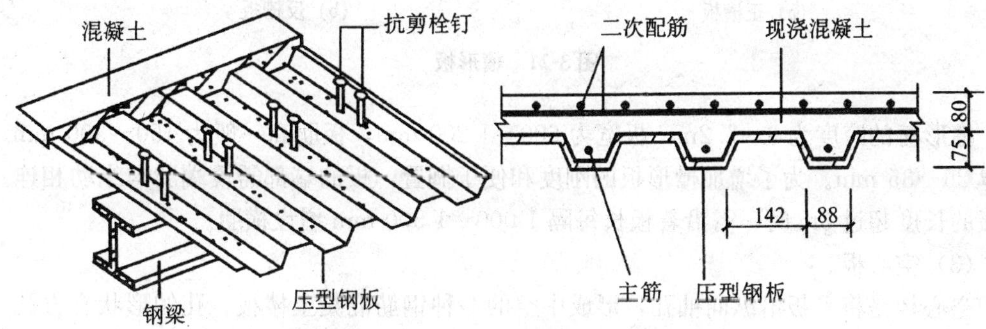

图 3-20　压型钢板组合楼板的构造

四、预制装配式钢筋混凝土楼板的构造

预制装配式钢筋混凝土楼板是指将钢筋混凝土楼板在预制厂或施工现场进行预先制作，而后进行现场吊装而成的楼板。这种楼板可节约模板、减少现场工序、缩短工期、提高施工工业化的水平，但由于其整体性能差，不利于抗震。

1. 预制装配式钢筋混凝土楼板的类型

预制装配式钢筋混凝土楼板按构造形式分有实心平板、槽形板、空心板三种。

(1) 实心平板。

实心平板上下板面平整，跨度一般不超过 2.4m，厚度约为 60 mm，宽度为 600～1 000 mm，由于板的厚度小，隔声效果差，多用作楼梯平台、走道板、搁板、阳台栏板、管沟盖板等。

（2）槽形板。

槽形板是一种梁板合一的构件，在板的两侧设有小梁（又叫肋），构成槽形断面，故称槽形板。槽形板具有自重轻、节省材料、造价低、便于开孔留洞等优点。当板肋位于板的下面时，槽口向下，结构合理，为正槽板；当板肋位于板的上面时，槽口向上，为反槽板，见图 3-21。

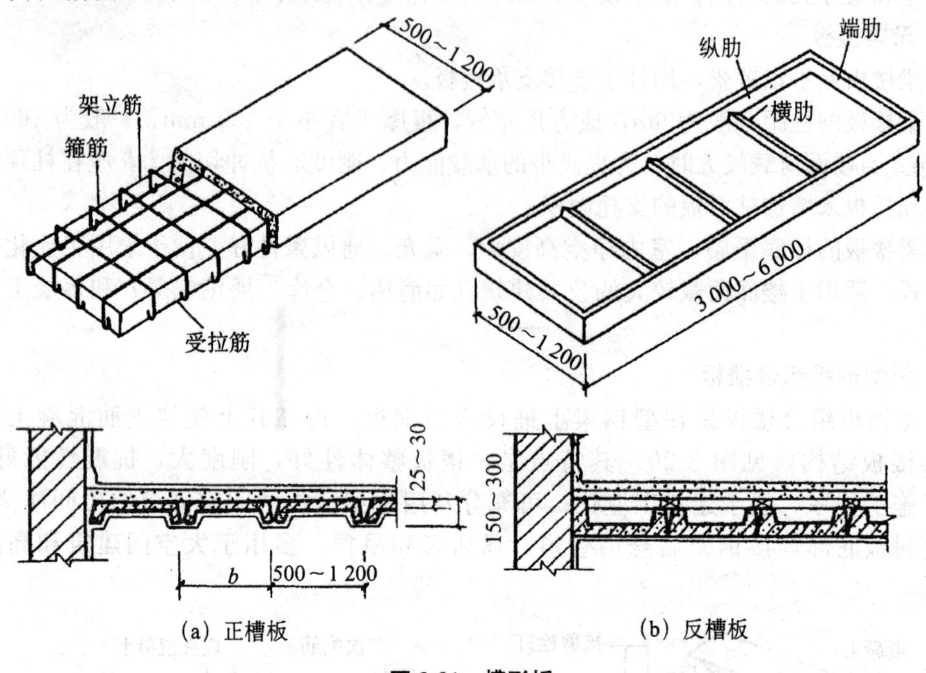

图 3-21　槽形板

槽形板的跨度为 3～7.2m，板宽为 600～1 200 mm，板肋高一般为 150～300 mm。板厚 25～35 mm。为了增加槽形板的刚度和便于搁置，板的端部需设端肋与纵肋相连。当板的长度超过 6m 时，需沿着板长每隔 1 000～1 500 mm 增设横肋。

（3）空心板。

空心板是将平板沿纵向抽孔，形成中空的一种钢筋混凝土楼板。孔的形状有方孔、椭圆孔和圆孔等。空心板的跨度一般为 2.4～7.2m，板宽通常为 500 mm、600 mm、900 mm、1 200 mm，板厚有 120 mm、150 mm、180 mm、240 mm 等。

2. 预制板的安装构造

（1）预制板的布置。

布置预制板时，应根据房间的平面尺寸，并结合所选板的规格来定。当房间的平面尺寸较小时，可采用板式结构，即将预制板直接搁置在墙上，由墙来承受板传来的荷载，当房间的开间、进深尺寸都较大时，需先在墙上搁置梁，由梁来支承楼板，这种楼板的布置方式为梁板式结构。

（2）预制板的支承端构造。

1）堵板端孔。空心板安装前，为了提高板端的承压能力，避免灌缝材料进入孔洞内，应用混凝土或砖填塞端部孔洞。

2）坐浆：预制板安装时，应先在墙或梁上铺 10～20 mm 厚的 M5 水泥砂浆进行坐浆，然后再铺板，以使板与墙或梁有较好的连接，也能保证墙或梁受力均匀。

3）支承长度：预制板在墙搁置长度应不小于 100 mm，在钢筋混凝土梁上的搁置长度应不小于 80 mm。

（3）预制板侧缝构造。

预制板铺设时，应留置 10～20 mm 宽的侧缝，侧缝的形式一般有“V”形缝、“U”形缝和凹槽缝三种。为提高其整体性，侧缝应用细石混凝土或水泥砂浆灌注，当侧缝大于 50 mm 时，须在缝内配纵向钢筋。

第四节　楼梯构造

一、楼梯的类型、组成及尺度要求

1. 楼梯的类型

按照楼梯的主要材料分，有钢筋混凝土楼梯、钢楼梯、木楼梯等。

按照楼梯在建筑物中所处的位置分，有室内楼梯和室外楼梯。

按照楼梯的使用性质分，有主要楼梯、辅助楼梯、疏散楼梯、消防楼梯等。

按照楼梯的形式分，有单跑楼梯、双跑折角楼梯、双跑平行楼梯、双跑直楼梯、三跑楼梯、四跑楼梯、双分式楼梯、双合式楼梯、八角形楼梯、圆形楼梯、螺旋形楼梯、弧形楼梯、剪刀式楼梯、交叉式楼梯等。但螺旋楼梯由于踏步是扇形的，交通能力差，一般不作为疏散楼梯。

按照楼梯间的平面形式分，有封闭式楼梯、非封闭式楼梯、防烟楼梯等，见图 3-22。

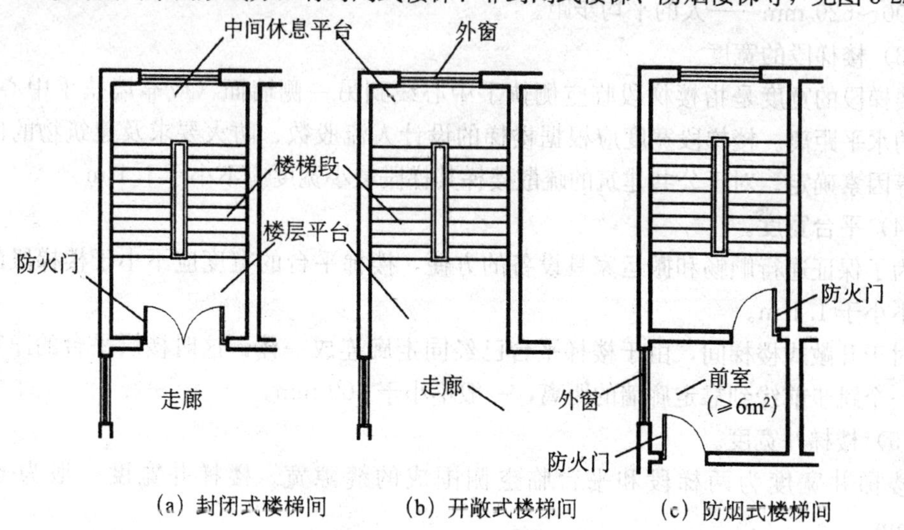

图 3-22　楼梯间的类型

2. 楼梯的组成

楼梯由梯段、平台、栏杆和扶手三部分组成。

(1) 楼梯段。

楼梯段由若干个踏步组成，考虑到人上楼的疲劳感和行走习惯，一个梯段的踏步数 3～18 级为宜。

(2) 平台。

包括楼层平台和中间平台。平台可避免上下楼梯时过于疲劳，又起到联系楼梯段的作用。

(3) 栏杆和扶手。

楼梯栏杆和扶手起着安全防护作用，一般设置在梯段的边缘及平台临空的一边，要求坚固可靠并有安全高度，上部供人们倚扶的配件称扶手。

3. 楼梯尺度

(1) 楼梯的坡度。

楼梯的坡度即楼梯段的倾斜角度。楼梯的坡度有两种表示法，即角度法和比值法。一般楼梯的坡度在 23°～45°，30°为适宜坡度。坡度超过 45°时，应设爬梯；坡度小于 23°时，应设坡道。

(2) 楼梯的踏步尺寸。

楼梯的踏步尺寸包括踏面宽和踏面高，踏面宽度一般为 250～320 mm。踏面高与踏面宽有关，根据人上一级踏步相当于在平地上的平均步距的经验，踏步尺寸可按下面的经验公式来确定：

$$2r+g=600\sim620$$

式中，r——踢面高度，mm；

g——踏面宽度，mm；

600～620 mm——人的平均步距。

(3) 楼梯段的宽度。

楼梯段的宽度是指楼梯段临空侧扶手中心线到另一侧墙面（或靠墙扶手中心线）之间的水平距离。楼梯段宽度应根据楼梯的设计人流股数、防火要求及建筑物的使用性质等因素确定。对于公共建筑的疏散楼梯其梯段最小宽度应不小于 1.1 m。

(4) 平台宽度。

为了保证通行顺畅和搬运家具设备的方便，楼梯平台的宽度应不小于楼梯段的宽度且不小于 1.1 m。

对于开敞式楼梯间，由于楼梯平台已经同走廊连成一体，这时楼层平台的净宽为最后一个跳步前缘到靠走廊墙的距离，一般不小于 500 mm。

(5) 楼梯井宽度。

楼梯井宽度为两梯段和平台临空侧围成的缝隙宽。楼梯井宽度一般为 60～200 mm。

(6) 楼梯的净空高度。

楼梯各部位的净空高度应满足人流通行和搬运家具的需求，并考虑人的心理感受。在平台处的净空高度应大于 2 m，梯段范围内净空高度应大于 2.2 m，见图 3-23。

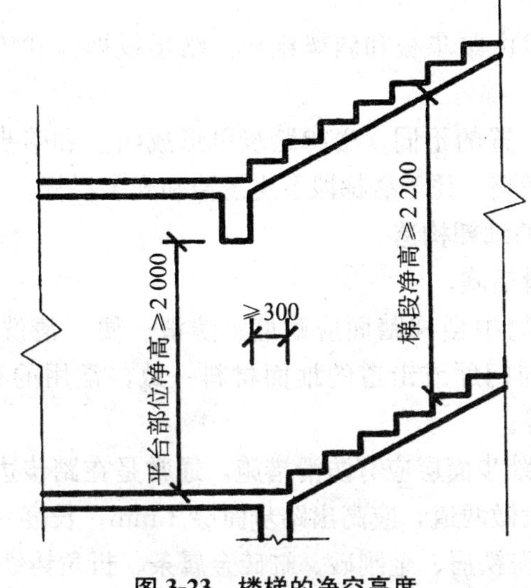

图 3-23 楼梯的净空高度

(7) 扶手高度。

扶手高度为自踏面前缘至扶手顶面的垂直距离，一般不小于 0.90 m，室外楼梯扶手高度应不小于 1.10 m，儿童使用的扶手高度一般为 0.60 m。楼梯栏杆垂直杆件间净空不应大于 0.11 m。

二、现浇钢筋混凝土楼梯的构造

按施工方法不同，钢筋混凝土楼梯分为现浇式和预制式两种。由于预制装配式钢筋混凝土楼梯消耗钢材量大，安装构造复杂，整体性差，不利于抗震，在实际工程中很少采用；现浇式钢筋混凝土楼梯是把楼梯段和平台整体浇筑在一起的楼梯。其特点是整体性好、刚度大、有利于抗震，但消耗模板量大，施工工序多，施工速度慢。

1. 现浇钢筋混凝土楼梯的类型

现浇式钢筋混凝土楼梯按结构形式不同，分为板式楼梯和梁板式楼梯。

(1) 板式楼梯。

板式楼梯是把楼梯段看做一块斜放的板，通常由平台梁、梯段板、平台板组成，见图 3-24 (a)，个别情况，为了保证平台过道处的净空高度，也有不设平台梁的。即将楼梯段和平台板组合成一块折板，故称为折板式楼梯。见图 3-24 (b)。

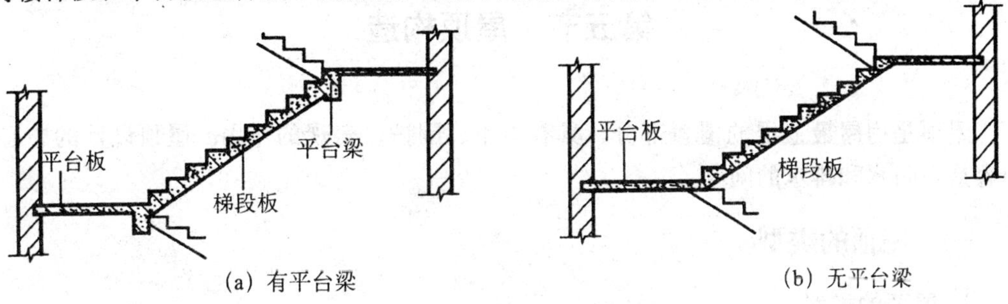

(a) 有平台梁　(b) 无平台梁

图 3-24 现浇钢筋混凝土板式楼梯

（2）梁板式楼梯。

梁板式楼梯的楼梯段由踏步板和斜梁组成，踏步板把荷载传给斜梁，斜梁两端支承在平台梁上。

根据斜梁和踏步板位置的不同，楼梯踏步可形成明步和暗步。明步受力合理，但板底不平整，暗步板底平整，便于楼梯段卫生清洁和安装栏杆。

2. 钢筋混凝土楼梯的细部构造

（1）踏步面层及防滑措施。

1）踏步面层：建筑物中楼梯踏面应耐磨、防滑、便于清洗，并应有较强的装饰性。楼梯踏面材料一般与门厅或走道的地面材料一致，常用的有水泥砂浆、水磨石、花岗岩、大理石、瓷砖等。

2）防滑措施：楼梯踏步面层应有防滑措施，通常是在踏步边缘做防滑条、防滑槽或防滑包口，防滑条一般做两道，应高出踏步面层 3 mm，长度一般按踏步长度每边减 150 mm，材料可采用水泥铁屑、金刚砂、缸砖金属条、折角铸铁等。

（2）楼梯栏杆和栏板。

1）楼梯的栏杆、栏板的形式：栏杆一般采用方钢、圆钢、扁钢、钢管等制作成各种图案，既起安全防护作用，又有一定的装饰效果；栏板多采用钢筋混凝土或配筋的砖砌体；组合栏杆是将栏杆和栏板组合在一起的一种栏杆形式。

2）栏杆与踏步板的连接：栏杆与踏步的连接方式；有插接、焊接和螺栓连接三种。

插接是在踏步上预留孔洞，然后将钢条插入孔内，预留孔一般为 50 mm×50 mm，插入洞内至少 80 mm，洞内浇注水泥砂浆或细石混凝土嵌固。焊接则是在浇注楼梯踏步时，在需要设置栏杆的部位，沿踏面预埋钢板或在踏步内埋套管，然后将钢条焊接在预埋钢板或套管上。栓接是指利用螺栓将栏杆固定在踏步上。

（3）扶手。

扶手材料一般有硬木、金属管、塑料、水磨石、天然石材等。

木扶手、塑料扶手与栏杆顶部的压条一般用螺钉固定，金属扶手可与栏杆焊接，顶层平台上的水平扶手端部与墙体的连接一般是在墙上预留孔洞，用细石混凝土或水泥砂浆填实，也可将扁钢用木螺丝固定在墙内预埋的防腐木砖上，当为钢筋混凝土墙或柱时，则可预埋铁件焊接。

第五节　屋顶构造

屋顶是房屋最上层的覆盖部分，具有承重、围护、美观的作用。屋顶设计的中心内容是：防水和排水的问题。

一、屋顶的类型

1. 屋顶的类型

屋顶按照外形和坡度可以分为：平屋顶、坡屋顶、曲面屋顶等类型。

平屋顶的坡度一般＜5%，常用的屋面坡度为 2%～3%；上人屋顶屋面坡度为 1%～2%；坡屋顶屋面坡度在 10%以上。

2. 屋顶的设计要求

(1) 结构布置合理、坚固耐久、整体性好。

(2) 具有良好的防水、排水、保温、隔热、隔声等隔绝性，能抵御自然界对室内使用空间的不良影响。而防水和排水是屋顶设计最核心的要求。

(3) 构造简单、自重轻、取材方便、经济合理。

(4) 具有良好的色彩和造型，满足建筑装饰艺术要求。

二、屋顶的基本构造组成

平屋顶一般由屋面、承重结构、顶棚、保温隔热层等基本层次组成。

1. 屋面

屋面是屋顶最上面的表面层次，要承受施工荷载和使用时的维修荷载，以及自然界风吹、日晒、雨淋、大气腐蚀等作用，因此，屋面材料应有一定的强度、良好的防水性和耐久性能。

2. 承重结构

承受屋面传来的各种荷载和屋顶自重，考虑到防水的要求平屋顶屋顶承重结构宜采用现浇钢筋混凝土楼板。

3. 顶棚

位于屋顶的底部，用来满足室内对顶部的平整度和美观要求。

4. 保温隔热层

当对屋顶有保温隔热要求时，需要设置相应的保温隔热层，以防止外界温度变化对建筑物室内空间带来影响。

三、平屋顶的排水构造

1. 屋顶的排水坡度

(1) 屋顶排水坡度的表示方法有：百分比法、斜率法、角度法等。坡屋顶多用斜率法，平屋顶常用百分比法。

(2) 屋顶排水坡度的形成方法：

平屋顶排水坡度可采用结构找坡或材料找坡形成。

结构找坡亦称搁置找坡，即将屋面板按一定的坡度倾斜搁置，使结构本身形成排水所需的坡度。结构找坡的优点是不需另设找坡层，省工省料，经济简便，但室内空间高度不相等，需做吊顶，平屋顶用结构找坡时，适宜坡度为 3%；材料找坡亦称垫置找坡，即将屋面板水平放置，用炉渣等轻质材料垫置形成坡度。找坡层的厚度最薄处应符合设计要求，一般不小于 30 mm，平屋顶材料找坡的坡度宜为 2%。

2. 屋顶的排水方式

屋面排水方式有无组织排水和有组织排水两大类。

(1) 无组织排水：又称为自由落水，屋面雨水顺坡由屋檐自由落下的排水方式。无组织排水的檐口应向外挑出，做成挑檐。

（2）有组织排水：设置与屋面排水方向垂直的纵向天沟（檐沟），雨水顺坡流向檐沟，把雨水汇集起来，经雨水口和雨水管等排水装置引导至地面或排入下水系统中。有组织排水适用降水量大的地区或房屋较高的情况，有组织排水又分为外排水和内排水两种方式。

1）外排水：是屋面雨水经安装在外墙面上的雨水管排至室外地面的一种排水方式。平屋顶外排水根据檐口构造不同又分为挑檐沟外排水、女儿墙外排水、女儿墙挑檐沟外排水。

2）内排水：屋面雨水顺坡流向檐沟或中间天沟，经雨水斗，由室内雨水管（或经室内一定距离后再转向室外）排往地下雨水管网。

3. 排水装置

（1）天沟：汇集屋顶雨水的沟槽，有矩形天沟和三角形天沟两种形式。

（2）雨水口：雨水口是将天沟的雨水汇集至雨水管的连通构件，雨水口有设在檐沟底部的直管式雨水口和设在女儿墙根部的弯管式雨水口两种，见图 3-25。

（3）雨水管：雨水管应与雨水口配套，目前多采用塑料雨水管，直径有 50 mm、75 mm、100 mm、125 mm、150 mm、200 mm 几种规格，一般民用建筑最常用的雨水管直径 100 mm，面积较小的阳台可用 75 mm 的雨水管。一般情况下，当雨水管的口径为 100 mm 左右，每根雨水管所承担的屋面排水面积为 100～200 m^2。雨水管的间距不宜过大，一般为 10～15 m，最大不超过 24 m。雨水管和墙面之间应留 20 mm 的距离，便于雨水管和墙面之间的固定。

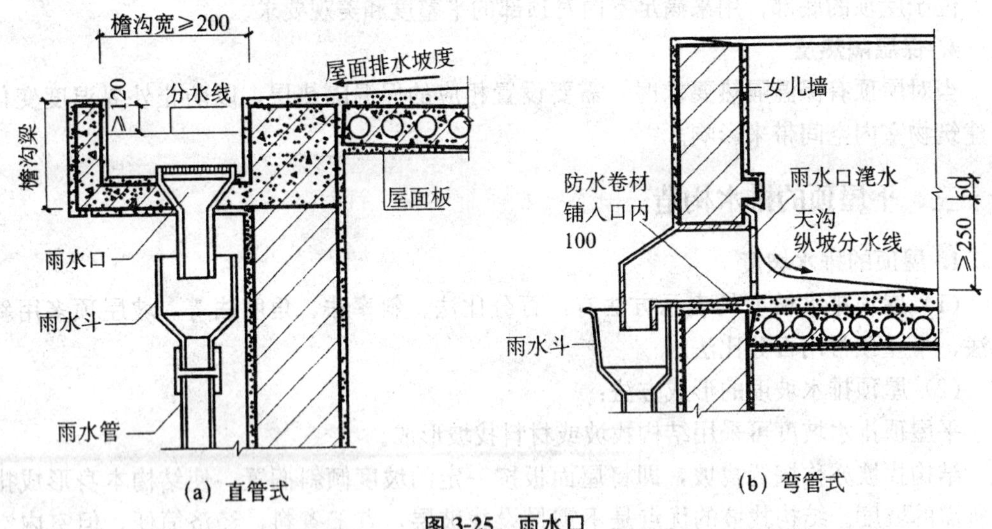

图 3-25　雨水口

四、平屋顶的防水构造

屋顶防水构造是屋顶构造做法的关键，根据建筑物的性质、重要程度、使用功能要求以及防水层合理使用年限，按不同等级进行防水设防。

根据防水材料不同，平屋顶的防水构造分为柔性防水屋面，如卷材防水屋面、涂膜防水屋面；刚性防水屋面，如混凝土或砂浆类防水屋面等。

1. 卷材防水屋面

卷材防水屋面是指以防水卷材和黏合剂分层粘贴而构成防水层的屋面。由于防水卷材具有一定的韧性和适应变形的能力，又称做柔性防水屋面。

（1）卷材防水屋面的构造层次：基本构造层次有结构层、找平层、结合层、防水层、保护层，另外根据需要还设有找坡层、保温层等，见图 3-26。

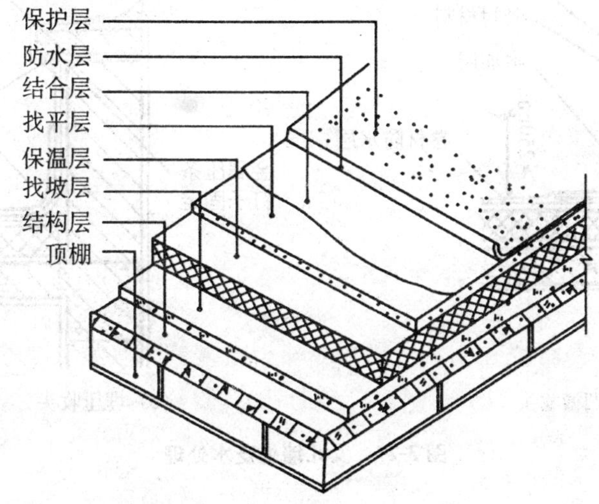

图 3-26　卷材防水屋面的构造组成

1）结构层：采用钢筋混凝土屋面板，可预制也可现浇。采用预制装配式钢筋混凝土板时，应采用细石混凝土灌缝，其强度等级不应小于 C20。

2）找坡层：当屋顶采用材料找坡时，应选用轻质材料以减轻屋面的自重，当建筑物跨度超过 18m 时，应考虑采用结构找坡，以避免造成屋面过大的自重。

3）保温层：有保温隔热要求的建筑，屋面应设置保温层。保温材料一般多选空隙多，表面密度轻、导热系数小的材料。

4）找平层：为保证基底平整，一般用 20～30 mm 厚的 1∶3 水泥砂浆、细石混凝土或沥青砂浆做找平层，表面应压实平整。

5）结合层：结合层的作用是使基层与防水层黏结牢固。高分子卷材人多用配套的基层处理剂，也可采用冷底子油或稀释乳化沥青做结合层。

6）防水层：由防水卷材与胶结材料黏合而成，是屋面防水的主要部分。卷材主要采用沥青类卷材、高聚物改性沥青防水卷材和合成高分子防水卷材等。

7）保护层：不上人屋面保护层的做法是：在卷材表面涂刷水溶型或溶剂型的浅色保护着色剂，如氯丁银粉胶等，也可以用热沥青黏结一层粒径 3～5 mm 的粗砂（俗称绿豆砂），其厚度约 7 mm；上人屋面保护层的做法通常可采用水泥砂浆铺贴缸砖、大阶砖、混凝土板（块）等，也可现浇 40 mm 厚 C20 细石混凝土。

（2）卷材防水屋面的细部：卷材防水屋面在檐口，屋面与突出构件之间、变形缝、上人孔等处特别容易产生渗漏，所以应加强这些部位的防水处理。

1）泛水：泛水是指屋面防水层与突出构件之间的防水构造。如女儿墙、上人屋面的楼梯间、突出屋面的电梯机房、高低屋面交接处等都需做泛水。泛水高度不应小于

250 mm，转角处应将找平层做成半径 $R=50\sim100$ mm 的圆弧或 135°斜面，以防止粘贴卷材时因直角转弯而折断或不能铺实。女儿墙处的泛水卷材的收头有三种情况：在女儿墙内设立面凹槽作为卷材的收头，见图 3-27（a）；当女儿墙较低时可采用埋压收头，见图 3-27（b）。

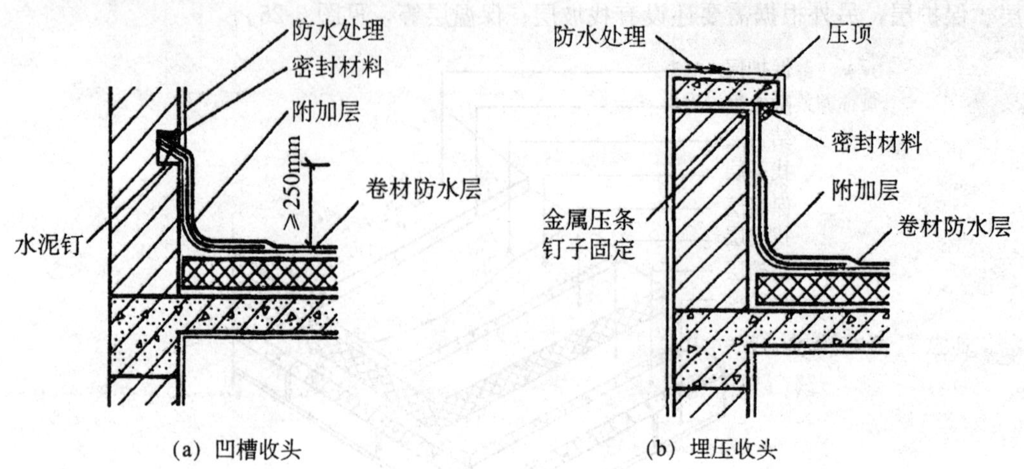

图 3-27　女儿墙处泛水处理

2）檐口：檐口的形式由屋面的排水方式和建筑物的立面造型要求来确定，一般有无组织排水檐口、挑檐沟檐口、女儿墙檐口和斜板挑檐檐口等。

无组织排水檐口的挑檐板一般与屋顶圈梁整体浇筑，屋面防水层的收头压入距挑檐板前端 40 mm 处的预留凹槽内，先用钢压条固定，然后用密封材料进行密封，见图 3-28。

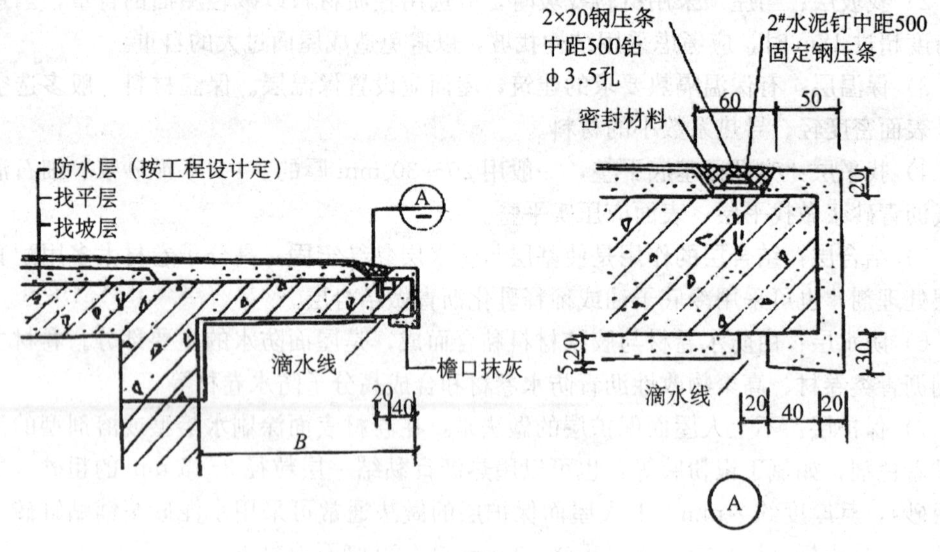

图 3-28　自由落水檐口

有组织排水檐口通常可有挑檐沟排水和女儿墙排水，挑檐沟可采用钢筋混凝土制作，见图 3-29。

女儿墙的檐口，檐沟可设于外墙内侧，并在女儿墙上每隔一段距离设雨水口，檐

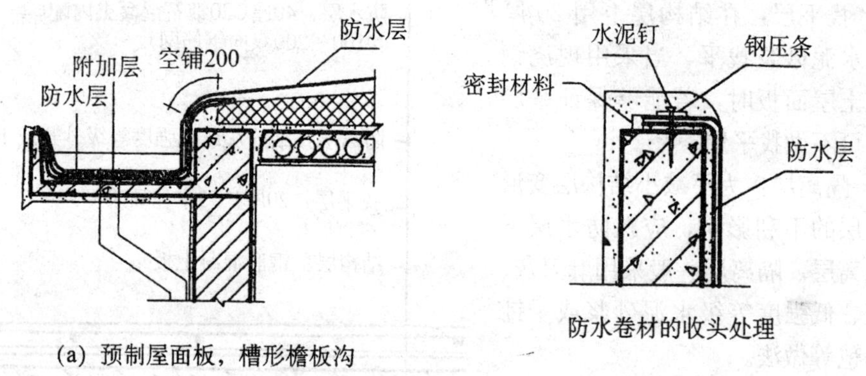

(a) 预制屋面板，槽形檐板沟

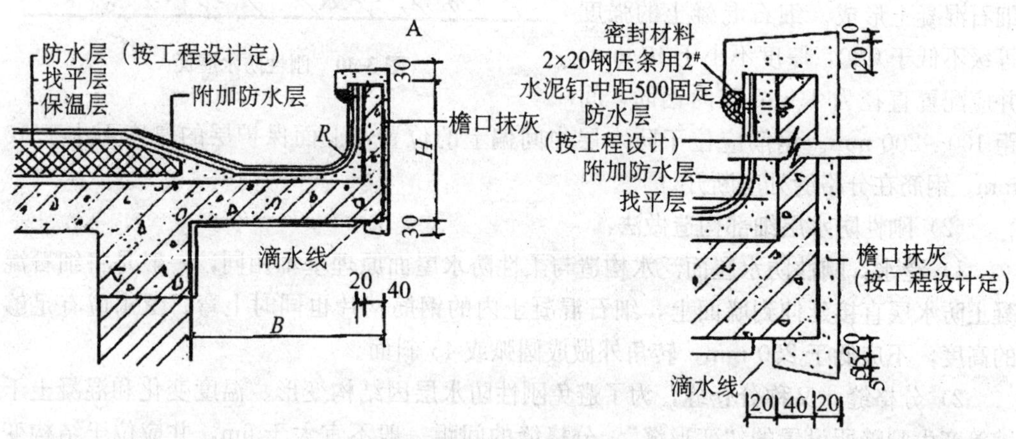

(b) 现浇板屋面板与檐沟板整浇

图 3-29　挑檐沟檐口

沟内的水经雨水口流入雨水管中。也有不设檐沟，雨水顺屋面坡度直通至雨水口排出女儿墙外，或借弯头直接通至雨水管中，注意防水层与女儿墙应做泛水处理。

3）雨水口：雨水口是屋面雨水排至落水管的连接构件，通常为定型产品，多用铸铁、钢板制作。雨水口分直管式和弯管式两大类。直管式用于内排水中间天沟、外排水挑檐等；弯管式只适用女儿墙外排水天沟。雨水口周围直径 500 mm 范围内屋面坡度不应小于 5%，并应用厚度不小于 2 mm 的防水涂料或粘贴卷材附加层加强。

2. 刚性防水屋面

指用刚性防水材料，如防水砂浆、细石混凝土、配筋的细石混凝土等做防水层的屋面。刚性防水屋面构造简单、施工方便、造价经济；对温度变化和结构变形较敏感，容易产生裂缝而渗漏；不适合温差变化大、有振动荷载、基础有较大不均匀沉降的建筑。

（1）刚性防水屋面的基本构造：刚性防水屋面是由结构层、找平层、隔离层和防水层组成。对于不同要求的屋面其构造做法是有所不同的，具体由设计确定，见图 3-30。

1）结构层：一般采用现浇钢筋混凝土屋面板，当采用预制钢筋混凝土屋面板时，应加强对板缝的处理。

2）找平层：在结构层上用 20 厚 1∶3的水泥砂浆找平，当采用现浇钢筋混凝土屋面板时，若能够保证基层平整，可不做找平层。

3）隔离层：为了减小结构层变形对防水层的不利影响，应在防水层下设置隔离层。隔离层一般采用麻刀灰、纸筋灰、低强度等级水泥砂浆或干铺一层油毡等做法。

4）刚性防水层：一般采用配筋的细石混凝土形成。细石混凝土的强度等级不低于 C20，厚度不小于 40 mm，并应配置直径为 4 mm 双向钢筋，间距 100～200 mm。钢筋应位于防水层中间偏上的位置，上面保护层的厚度不小于 10 mm。钢筋在分格缝处应断开。

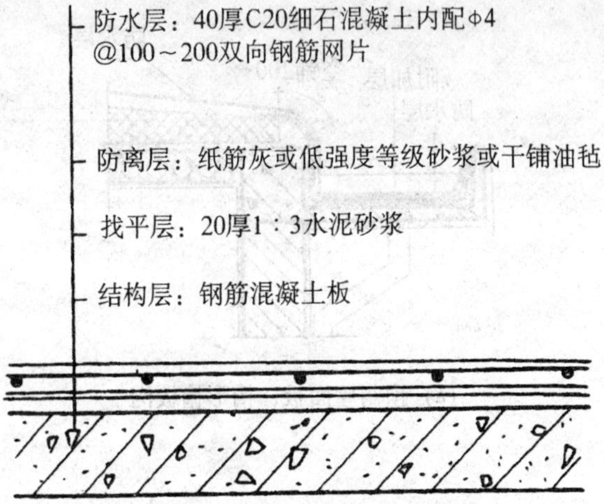

防水层：40厚C20细石混凝土内配ф4 @100～200双向钢筋网片

防离层：纸筋灰或低强度等级砂浆或干铺油毡

找平层：20厚1∶3水泥砂浆

结构层：钢筋混凝土板

图 3-30　刚性防水屋面

（2）刚性防水层细部构造做法：

1）泛水：刚性防水屋面泛水构造与柔性防水屋面原理基本相同，一般是将细石混凝土防水层直接延伸到墙面上，细石混凝土内的钢筋网片也同时上弯。泛水应有足够的高度，不应低于 250 mm，转角外做成圆弧或 45°斜面。

2）分格缝：又称分仓缝，为了避免刚性防水层因结构变形、温度变化和混凝土干缩等产生裂缝所设置的“变形缝”。分格缝的间距一般不宜大于 6m，并应位于结构变形的敏感部位，如预制板的支承端，不同屋面板的交接处、屋面与女儿墙的交接处等，并与板缝上下对齐，其构造见图 3-31。

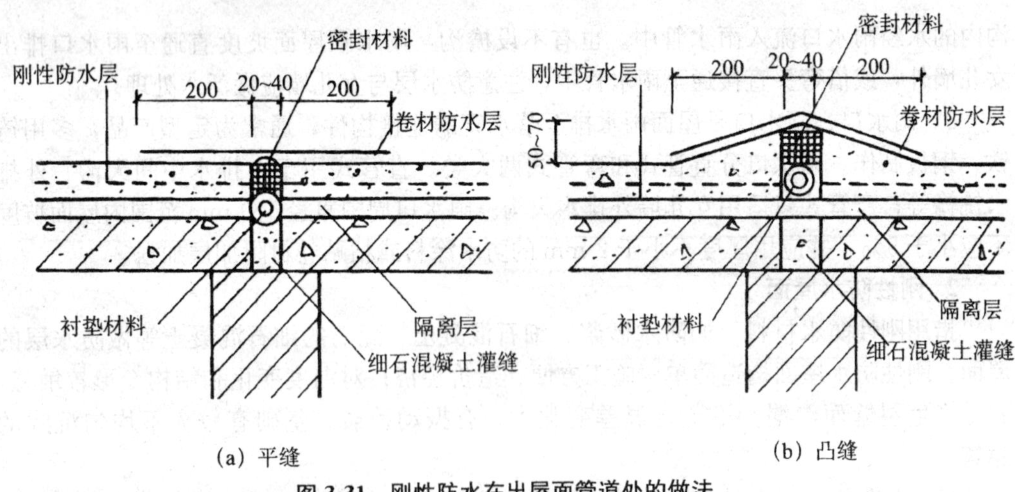

图 3-31　刚性防水在出屋面管道处的做法

3）檐口：刚性防水屋面的檐口形式分为无组织排水檐口和有组织排水檐口。无组织排水檐口通常直接由刚性防水层挑出形成，挑出尺寸一般不大于 450 mm，也可设置挑檐板，刚性防水层伸到挑檐板之外；有组织排水檐口有挑檐沟檐口、女儿墙檐口和斜板挑檐檐口等。

3. 涂膜防水屋面

涂膜防水屋面是指在屋面找平层上涂刷防水涂料，经固化后形成一层具有一定厚度和弹性的整体薄膜，使基层表面与水隔绝，起到防水密封作用。涂膜防水层单独使用时只能用于防水等级为Ⅲ级、Ⅳ级的屋面防水。

五、平屋顶保温与隔热

1. 平屋顶保温

在寒冷地区或使用空调设备的建筑中，为防止屋顶热损失过大或顶棚出现冷凝水，需在屋顶设置保温层。

（1）保温材料：屋面保温材料一般可分为松散材料、板块材料和整体材料。

（2）保温构造：保温层的位置有正铺（正置）、倒置式两种形式。保温层放在防水层之下，结构层之上，称为正置式保温屋面；倒置式保温屋面将保温层设置在防水层上，坡度不宜大于3%。

2. 平屋顶的隔热

（1）通风隔热屋面：在结构层与悬吊顶棚之间设置通风间层或在屋面上铺设预制板、大阶砖与屋面之间形成架空屋面，见图3-32。

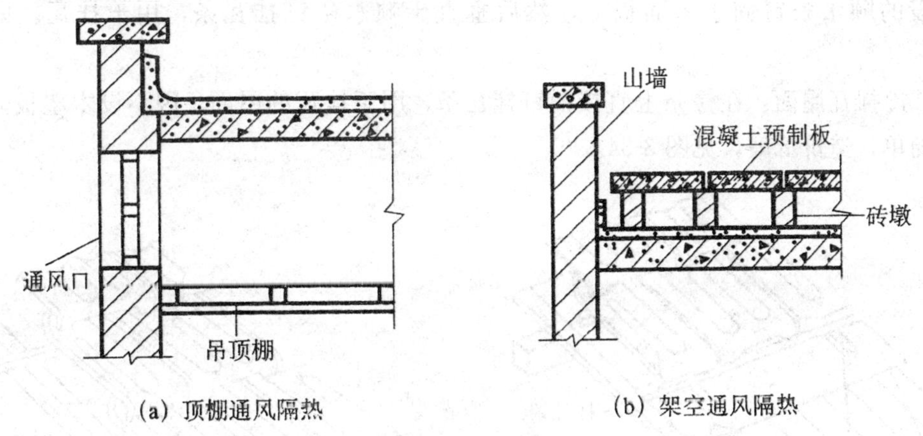

(a) 顶棚通风隔热　　(b) 架空通风隔热

图 3-32　架空屋面

（2）蓄水隔热屋面：在屋顶上设置蓄水池，利用水分子蒸发带走大量的热，从而达到降温隔热的目的。这种屋面构造复杂，投资较高，特别是后期维修管理费用高。

（3）植被隔热屋面：在屋顶上种植植物，利用植物的蒸腾和光合作用，吸收太阳辐射热，不仅能有效地隔热，同时可以美化绿化环境。

（4）反射隔热屋面：利用材料对阳光的反射作用，以减少接受的辐射热，从而达到隔热的目的。一般做法是在屋面上铺设浅色砂砾，或在屋面上涂刷白色涂料。

六、坡屋顶构造

1. 坡屋顶的承重结构

坡屋顶中常用的承重结构类型有屋架承重、横墙承重、梁架承重、钢筋混凝土板承重等。

2. 坡屋顶的屋面构造

坡屋顶层面坡度较大，层面材料一般多用瓦材，如平瓦、小青瓦、波形瓦、油毡瓦等。由于瓦材尺寸小，不能直接搁置在承重结构上，它下面必须设置基层，故坡屋顶的屋面由基层和面层组成。

（1）屋面基层：按照是否设檩条，分为有檩体系和无檩体系。

①无檩体系：是将屋面板（钢筋混凝土板层面板或木望板）直接搁在横墙、屋架或屋面梁上，上部铺瓦，瓦在排水和防水同时，还起到造型和装饰的作用。

②有檩体系：有檩体系的屋面基层包括檩条、椽条、屋面板、顺水条、挂瓦条等。檩条支承在横墙或屋架上，所用材料有木材、钢材及钢筋混凝土。当檩条间距较大，不宜在上面直接铺设木望板时，可垂直与檩条方向架立椽条，椽条用木制成，间距一般为 400 mm 左右，截面为 50 mm×50 mm 或 40 mm×40 mm。屋面板（又叫木望板）在坡屋顶中形成整体覆盖层，能提高坡屋顶的保温、隔热和防风沙能力，一般为 20 mm左右的实木板，或胶合板。

（2）屋面面层构造：

①木望板瓦屋面：在檩条或椽条上直接铺钉木望板，板上铺防水卷材，卷材用顺坡而设的顺水条钉固于屋面板上，然后垂直于顺水条钉挂瓦条，用于挂瓦。见图 3-33。

②冷摊瓦屋面：在椽条上直接铺钉挂瓦条，用于挂瓦的屋面。因不设木望板，其构造简单，造价低廉，见图 3-34。

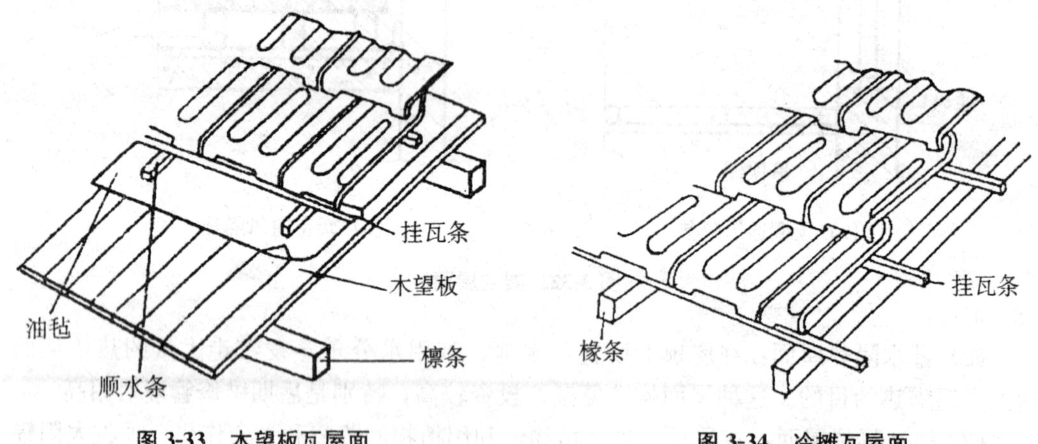

图 3-33　木望板瓦屋面　　**图 3-34　冷摊瓦屋面**

③挂瓦板瓦屋面：挂瓦板为预应力或非预应力混凝土构件，板的基本断面形式见图 3-35。板的长度可达 6 m，搁置在横墙或屋架上，然后在挂瓦板上直接挂设平瓦。这种做法可节约大量木材，减少施工程序。

④钢筋混凝土板瓦屋面：这是无檩条体系瓦屋面的做法，在现代坡屋顶建筑中应用广泛。预制钢筋混凝土空心板或现浇平板作为瓦屋面的基层，在其上盖瓦。

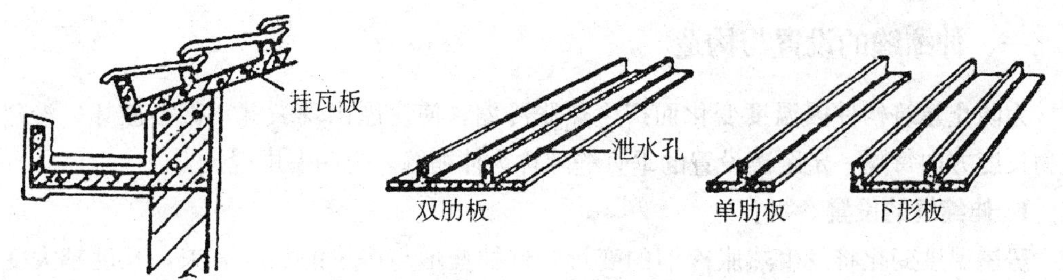

图 3-35　挂瓦板瓦屋面

（3）坡屋顶的泛水。

坡屋面的泛水宜采用聚合物水泥砂浆或掺有纤维的混合砂浆分次抹成，烟囱与屋面的交接处的泛水，在迎水面中部应抹出分水线，并应高出两侧各 30 mm；油毡瓦屋面和金属板材屋面的泛水板，与突出屋面的墙体搭接高度不应小于 250 mm。

（4）坡屋顶的保温与隔热。

坡屋顶构造高度大，可在内部形成较大的敞通空间，有利于采取保温与隔热措施。坡屋顶的保温层一般布置在瓦材与檩条之间或吊顶棚上面，保温材料可采用木屑、矿棉或柴泥等。坡屋顶隔热一般是在坡屋顶中设进气口和排气口，进气口一般设在檐墙上、屋檐部位或室内顶棚上，出气口最好设在屋脊处，以增大高差，有利加速空气流通，如图 3-36 所示。

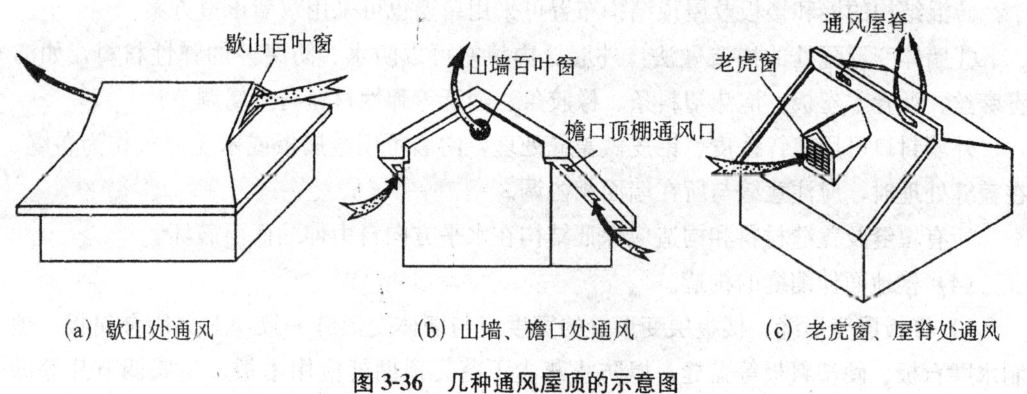

（a）歇山处通风　　（b）山墙、檐口处通风　　（c）老虎窗、屋脊处通风

图 3-36　几种通风屋顶的示意图

第六节　变形缝的构造

建筑物由于温度变化、地基不均匀沉降以及地震力的影响，会导致结构产生开裂以致破坏，设计时用缝隙将建筑物分为若干相对独立的部分允许其自由变形，这种缝隙称为变形缝。

变形缝包括伸缩缝、沉降缝和防震缝三种。

一、伸缩缝的设置与构造

为防止建筑构件因温度变化而产生热胀冷缩，使房屋出现裂缝，甚至破坏，沿建筑物长度方向每隔一定距离设置的垂直缝隙称为伸缩缝，也叫温度缝。

1. 伸缩缝的设置

房屋温度变化将发生热胀冷缩的变形，这种变形与房屋的长度有关，长度越大变形越大。变形受到约束，就会在房屋的某些构件中产生应力，从而导致破坏。伸缩缝的最大间距与建筑的结构类型、屋面保温材料有直接关系。

2. 伸缩缝构造

（1）伸缩缝的宽度。

根据建筑物的材料、构配件的最大膨胀率而确定的，一般是 20～40 mm 即可，为方便施工，一般取 30 mm。

（2）伸缩缝设置的位置。

从基础以上（不包括基础）至屋顶全部垂直断开，基础因埋在地面以下，受温度影响小，因此基础可以不断开。

（3）墙体伸缩缝的构造。

①缝的形式：墙体伸缩缝一般做成平缝、错口缝、企口缝。

②墙体变形缝的结构处理。

砖混结构的墙和楼板及屋顶结构布置可采用单墙也可采用双墙承重方案。

③墙体变形缝处的构造做法：外墙缝内填塞可以防水、防腐蚀的弹性材料，如沥青麻丝、沥青木丝板、泡沫塑料条、橡胶条、油膏等弹性材料与金属调节片。

外墙封口可用镀锌铁皮、铝皮做盖缝处理，内墙可用金属板或木盖缝板作为盖缝。在盖缝处理时，应注意缝与所在墙面相协调。

所有填缝及盖缝材料和构造应保证结构在水平方向自由伸缩而不破坏。

（4）楼地面伸缩缝的构造。

1）楼板层变形缝：楼板层变形缝的宽度应与墙体变形缝一致，上部用金属板、预制水磨石板、硬塑料板等盖缝，以防止灰尘下落。顶棚处应用木板、金属调节片等做盖缝处理，盖缝板应与一侧固定，另一侧自由，以保证缝两侧结构能够自由变形。

2）地坪层变形缝：当地坪层采用刚性垫层时，变形缝应从垫层到面层处断开，垫层处缝内填沥青麻丝或聚苯板，面层处理同楼面。当地坪层采用非刚性垫层时，可不设变形缝。

（5）屋顶变形缝构造。

1）等高屋面变形缝：等高屋面变形缝的构造分为上人屋面做法和不上人屋面做法。

上人屋面变形缝需考虑人活动的方便，变形缝处在保证不渗漏、满足变形需求时，应保证平整，以利于行走，见图 3-37（a）。不上人屋面变形缝不考虑人的活动，从有利于防水考虑，变形缝两侧应避免因积水导致渗漏。一般构造为：在缝两侧的屋面板上砌筑半砖矮墙，高度应高出屋面至少 250 mm，屋面与矮墙之间按泛水处理，矮墙的顶部用镀锌铁皮或混凝土压顶进行盖缝，见图 3-37（b）。

2）不等高屋面变形缝：不等高屋面变形缝，应在低侧屋面板上砌筑半砖矮墙，与高侧墙体之间留出变形缝。矮墙与低侧屋面之间做好泛水，变形缝上部用由高侧墙体挑出的钢筋混凝土板或在高侧墙体上固定镀锌钢板进行盖缝。

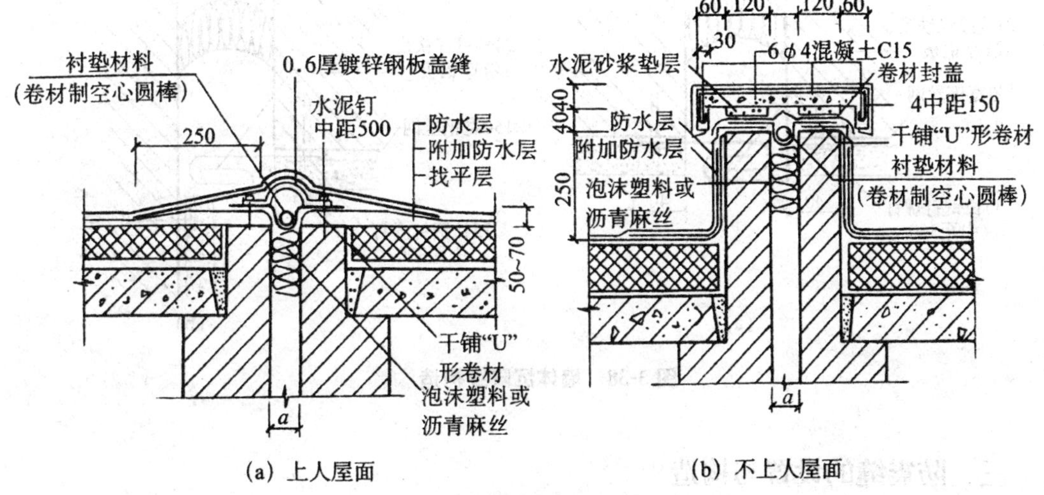

图 3-37 屋面变形缝构造

二、沉降缝的设置与构造

沉降缝是在房屋适当位置设置的垂直缝隙，把房屋划分为若干个刚度较一致的单元，使相邻单元可以自由沉降，而不影响房屋整体。

沉降缝与伸缩缝的最大区别在于伸缩缝只需保证建筑物在水平方向的自由伸缩变形，而沉降缝主要应满足建筑物各部分在垂直方向的自由变形，故应将建筑物从基础到屋顶全部断开。同时沉降缝也可兼顾伸缩缝的作用，在构造上应满足伸缩与沉降的双重要求。

1. 设置原则

1）建筑物两组成部分高差两层或 6m 以上处。

2）建筑长度较大的适当部位。

3）建筑平面形状复杂。

4）建筑两部分地基承载力相差较大。

5）建筑两部分荷载相差较大。

2. 沉降缝构造

（1）沉降缝的宽度。

一般沉降缝的宽度与地基、建筑物高度有关，宽度为 30～70 mm，较弱地基为50～120 mm。

(2) 墙体沉降缝构造。

墙体沉降缝的盖缝处应满足水平伸缩和垂直变形的要求，同时，也要满足抵御外界影响以及美观的要求。墙体沉降缝构造见图 3-38。

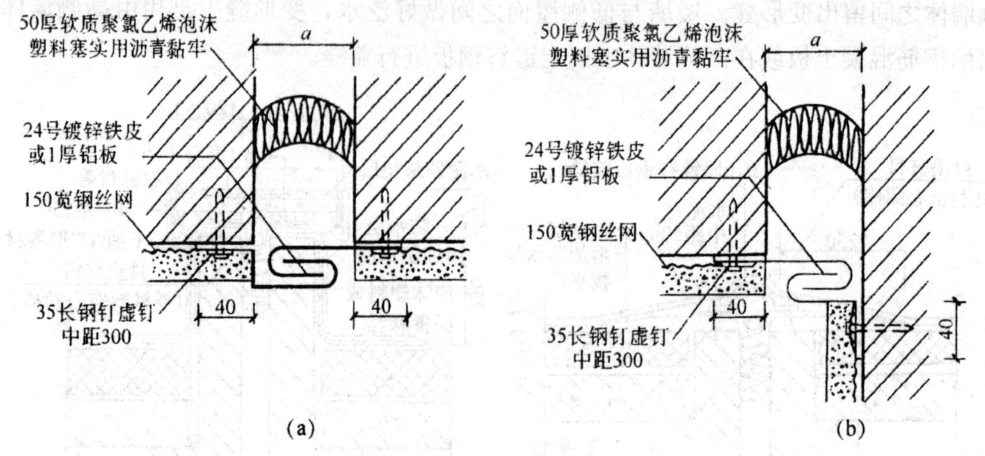

图 3-38 墙体沉降缝构造

三、防震缝的设置与构造

建造在抗震设防烈度为 6～9 度地区的房屋，为避免破坏，按抗震要求设置的垂直缝隙即防震缝。

在地震设防烈度为 7～9 度的地区，当建筑物体形复杂或各部分的结构刚度、高度、重量相差较大时，应在变形敏感部位设置防震缝，将建筑物分成若干个体形简单、结构刚度较均匀的独立单元。

1. 防震缝设置原则

(1) 建筑物平面体型复杂，凹角长度过大或突出部分较多，应用防震缝将其分开，使其形成几个简单规整的独立单元。

(2) 建筑物立面高差在 6m 以上，在高差变化处应设缝。

(3) 建筑物毗连部分的结构刚度或荷载相差悬殊的应设缝。

(4) 建筑物有错层，且楼板错开距离较大，须在变化处设缝。

2. 防震缝的构造

防震缝应沿建筑物全高设置，一般基础可不断开，但平面复杂或结构需要时也可断开。防震缝的最小宽度与地震设计烈度、房屋的高度有关。由于防震缝的宽度比较大，构造上应注意做好盖缝防护构造处理，以保证其牢固性和适应变形的需要，防震缝的构造和伸缩缝类似。

防震缝一般与伸缩缝、沉降缝协调布置，做到一缝多用或多缝合一，但当地震区需设置伸缩缝和沉降缝时，须按防震缝构造要求处理。

第四章　建筑力学与结构知识

第一节　建筑力学知识

一、平面力系的平衡条件及应用

1. 力的概念

力是物体之间的相互作用，力不能脱离物体而单独存在。并且，有受力体必定有施力体。

力对物体的作用效果取决于力的三要素：力的大小、力的方向、力的作用点。

2. 静力学基本公理

（1）二力平衡公理。

作用在同一物体上的两个力，使刚体平衡的必要和充分条件是：这两个力的大小相等，方向相反，且作用在同一直线上。简言之，两力等值、反向、共线。

（2）加减平衡力系公理。

在受力刚体上加上或去掉任何一个平衡力系，并不改变原力系对刚体的作用效果。

（3）作用力与反作用力公理。

作用力与反作用力大小相等，方向相反，沿同一直线且分别作用在两个相互作用的物体上。

（4）力的平行四边形法则。

如果一个力与一个力系等效，则该力称为此力系的合力。而力系中的各个力称为这个合力的分力。

当两个力作用在物体上的同一点时，该两力可以合成为一个合力，这个合力也作用在该点上，合力的大小和方向用这两个力为邻边的平行四边形的对角线来确定。这就是力的平行四边形法则。

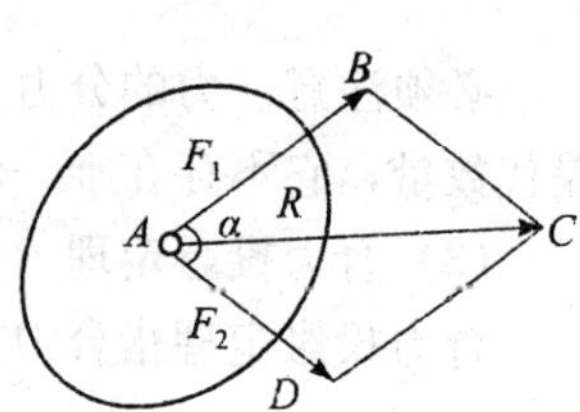

图 4-1　力的分解

力的平行四边形法则是力的合成与分解的基础。如图4-1所示，已知 F_1、F_2 两力作用在某一物体上的 A 点，两力的夹角为 α，则过 A 点按比例画 F_1、F_2，以 F_1、F_2 为边作平行四边形

ABCD。那么，对角线 AC 线段的长度就是合力的大小，其方向就是合力 R 的方向。即矢量 R 就是合力。

3. 力的投影

（1）力在坐标轴上的投影。

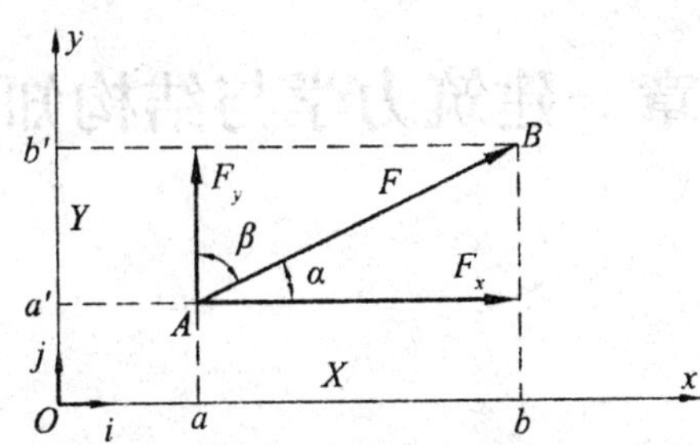

图 4-2　力在直角坐标轴上的投影

如图 4-2，设力 **F** 作用于物体上的 **A** 点，用箭头 AB 表示，通过力 **F** 所在的平面的任意点 o 建立直角坐标系 xoy。从力 **F** 的起点 A 及端点 B 分别向 x 轴作垂线，得垂足 a 和 b。则线段 ab 的长度并加以正负号称为力 **F** 在 x 轴上的投影，用 X 表示。用同样方法得力 **F** 在 y 轴上的投影（线段 a′，b′，的长度并加以正负号），用 Y 表示。

力在坐标轴上的投影是代数量，投影与力的大小及方向有关。其正负号规定为：从力的始端 A 的投影 a（或 a′）到末端 B 的投影 b（或 b′）的指向与轴的正向相同时为正；反之为负。则由图 4-2 可得出投影的计算公式：

$$\left.\begin{aligned} X &= \pm F\cos\alpha \\ Y &= \pm F\sin\alpha \end{aligned}\right\} \tag{4-1}$$

式中 α 为力 F 与 x 轴所夹的锐角。显然，当力与轴垂直时，投影为零；力与轴平行时，投影的绝对值等于该力的大小。

反之，若已知力 F 在坐标轴上的投影 X、Y，亦可求出该力的大小和方向为

$$\left.\begin{aligned} F &= \sqrt{X^2+Y^2} \\ \tan\alpha &= \left|\frac{Y}{X}\right| \end{aligned}\right\} \tag{4-2}$$

这时力 F 的方向由 X、Y 的正负号确定。

（2）力沿直角坐标轴的分解。

由图 4-2 可知，按照力的平行四边形法则，将力 F 沿直角坐标轴 x、y 可分解为 F_x 与 F_y，且与力的投影之间有下列关系

$$F = F_x + F_y = xi + yj \tag{4-3}$$

必须注意：力的分力是矢量，具有确切的大小、方向和作用点（线）；而力的投影是代数量，它不存在唯一作用线问题，二者不可混淆。

（3）合力投影定理。

合力投影定理指合力在某一轴上的投影等于各分力在同一轴上投影的代数和。

$$\left.\begin{aligned} R_x &= X_1 + X_2 + \cdots + X_n = \sum X \\ R_y &= Y_1 + Y_2 + \cdots + Y_n = \sum Y \end{aligned}\right\} \tag{4-4}$$

合力的大小和方向为

$$\left.\begin{aligned} R &= \sqrt{R_x^2+R_y^2} = \sqrt{\left(\sum X\right)^2+\left(\sum Y\right)^2} \\ \tan\alpha &= \left|\frac{R_y}{R_x}\right| = \left|\frac{\sum Y}{\sum X}\right| \end{aligned}\right\} \tag{4-5}$$

式中，α 为合力 R 与 x 轴所夹的锐角，合力的指向由 $\sum X$ 和 $\sum Y$ 的正负号决定，合力作用线通过原力系的汇交点。应用式（4-4）和式（4-5）求平面汇交力系合力的方法称为解析法。

4. 力对点之矩

（1）力矩的概念。

力学中以乘积 $F\cdot d$ 并冠以适当的正负号为度量力 F 使物体绕 O 点转动效应的物理量，这个量称为力 F 对 O 点之矩，简称力矩，记作 $M_O(F)$ 或 $m_O(F)$，即

$$M_O(F) = \pm F\cdot d \tag{4-6}$$

其中点 O 称为矩心，垂直距离 d 称为力臂，力 F 与矩心 O 所确定的平面称为力矩作用面，乘积 $F\cdot d$ 称为力矩大小。

平面问题中力矩作用面是固定不变的，所以力对点之矩是一个代数量。它的正负通常规定为：力使物体绕矩心逆时针转动时，力矩为正；反之为负。

力矩的常用单位是牛顿·米（N·m）或千牛顿·米（kN·m）。

（2）力矩的性质。

由力矩的定义可得出力矩具有如下性质：

1）力 F 对 O 点之矩不仅取决于力 F 的大小，同时还与矩心的位置即力臂 d 有关。

2）力 F 对任一点之矩，不因该力的作用点沿其作用线移动而改变。

3）力的作用线通过矩心时，力矩等于零。

4）互成平衡的两个力对于同一点之矩的代数和为零。

5）平面力系的合力对作用面内任一点之矩等于各分力对同一点之矩的代数和，即

$$M_O(R) = M_O(F_1) + M_O(F_2) + \cdots + M_O(F_n) = \sum M_O(F)$$

这就是平面力系的合力矩定理。

5. 力偶

（1）力偶的概念。

两个等值、反向、不共线平行力 F、F' 对物体只产生转动效应，而不产生移动效应，称为力偶，用符号（F，F'）表示。

力偶所在的平面称为力偶的作用面，力偶的两个力作用线间的垂直距离称为力偶臂。

力学上将力偶的力 F 的大小与力偶臂 d 的乘积冠以适当的正负号，作为力偶对物体转动效应的度量，称为力偶矩，记作 M（F，F'），也可简记为 M 或 m，即

$$M(F,F') = M = \pm Fd \tag{4-7}$$

力偶矩是代数量，式中的正负号规定为：力偶的转向是逆时针时为正；反之为负。

力偶矩的单位与力矩的单位相同，也是 N·m 或 kN·m。

综上所述，力偶对物体的转动效应与力偶矩的大小、力偶的转向和力偶的作用面

有关，称为力偶的三要素。

（2）力偶的性质。

力偶是由两个具有特殊关系的力组成的力系，虽然力偶中的每个力仍具有一般力的性质，但作为整体，却表现出与单个力不同的特性。

1）力偶无合力。由于组成力偶的两个平行力在任意轴上的投影之和为零，故力偶不能与一个力等效，也不能与一个力平衡，力偶只能与力偶等效或平衡。因此力和力偶是组成力系的两个基本物理量。

2）力偶对其作用面内任一点之矩恒等于力偶矩，而与矩心的位置无关。

3）作用在刚体同一平面内的两个力偶，若力偶矩大小相等、转向相同，则两个力偶彼此等效。

由此可以得出推论：只要保持力偶矩大小和转向不变，力偶可在其作用面内任意移动，且可同时改变力偶中力的大小和力偶臂的长短，而不改变它对刚体的作用效应。

（3）平面力偶系的合成。

作用在物体上同一平面内的多个力偶称为平面力偶系。平面力偶系可合成为一个合力偶，合力偶矩等于各个力偶矩的代数和，即

$$M = M_1 + M_2 + \cdots + M_n = \sum M_i \tag{4-8}$$

（4）力的平移定理。

定理：作用于刚体上的力可以平行移至刚体内任一点，欲不改变该力对刚体的作用效应，则必须在该力与新作用点所确定的平面内附加一力偶，其力偶矩等于原力对新作用点之矩。这就是力的平移定理。

根据力的平移定理，可以将一个力等效为一个力和一个力偶；反之，也可以将同一平面内的一个力F'和一个力偶M合成为一个合力F，该合力F与力F'大小相等，方向相同，作用线相距$d = \dfrac{|N|}{F'}$。合成的过程就是图 4-3 表示的逆过程。

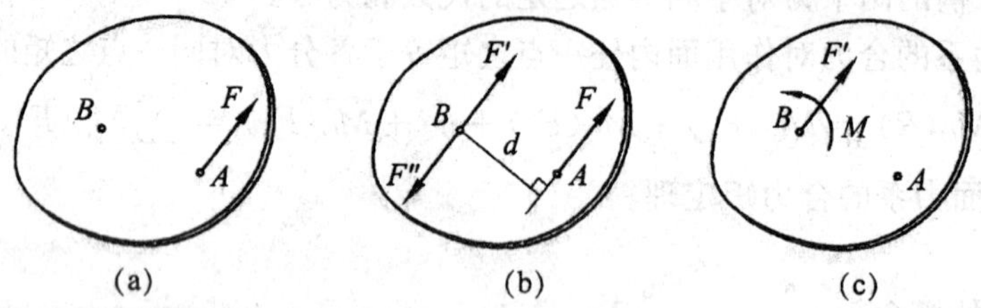

图 4-3　力的平移定理

6. 平面力系的平衡方程及其应用

（1）平面任意力系的平衡方程。

平面任意力系向平面内任一点简化后，若主矢和主矩皆为零，则力系必定平衡。因此平面任意力系平衡的必要与充分条件是：力系的主矢和对于任一点的主矩都等于零，即

$$R' = 0, M_O = 0 \tag{4-9}$$

由此平衡条件可导出不同形式的平衡方程：

1）基本形式：由力系平衡条件可知

$$\left.\begin{array}{l}\sum X = 0 \\ \sum Y = 0 \\ \sum M_O = 0\end{array}\right\} \tag{4-10}$$

式（4-10）是平面任意力系平衡方程的基本形式，也称为一矩式方程。

2）二矩式：三个平衡方程中有两个力矩方程和一个投影方程，即

$$\left.\begin{array}{l}\sum X = 0（或\sum Y = 0） \\ \sum M_A = 0 \\ \sum M_B = 0\end{array}\right\} \tag{4-11}$$

其中 A、B 是平面内任意两点，投影轴不能与矩心 A、B 的连线垂直。

3）三矩式：三个平衡方程皆为力矩方程，即

$$\left.\begin{array}{l}\sum M_A = 0 \\ \sum M_B = 0 \\ \sum M_C = 0\end{array}\right\} \tag{4-12}$$

其中 A、B、C 必须是平面内不共线的任意三点。

上述三组平衡方程都可以解决平面任意力系的平衡问题。计算时依照哪组方程使计算简便而选用。一般原则是：使列出的方程各自独立，避免求解联立方程。无论采用哪组方程，但只有三组方程是独立的，只能求解三个未知量。

（2）平面特殊力系的平衡方程。

平面汇交力系、平面平行力系和平面力偶系，皆可看做平面任意力系的特殊情况，它们的平衡方程皆可由平面任意力系的平衡方程导出。

1）平面汇交力系的平衡方程：若选平面汇交力系的汇交点 O 为矩心，显然有 $\sum M_O = 0$，故其平衡方程为

$$\left.\begin{array}{l}\sum X = 0 \\ \sum Y = 0\end{array}\right\} \tag{4-13}$$

即平面汇交力系平衡的必要与充分条件是：力系中各力在任意两个相互垂直的坐标轴上投影的代数和均为零。利用式（4-13）求解平面汇交力系的平衡问题，至多可求解两个未知量。

2）平面平行力系的平衡方程：如图 4-4 所示，设物体受平面平行力系 F_1、F_2、…、F_n 作用。如选取 y 轴与各力平行，则有 $\sum X = 0$。于是，平行力系的独立平衡方程的数目只有两个，即

$$\left.\begin{array}{l}\sum Y = 0 \\ \sum M_O = 0\end{array}\right\} \tag{4-14}$$

式（4-14）表明平面平行力系平衡的必要与充分条件为：力系中各力在平行于力作用线方向上投影的代数和以及各力对平面内任一点之矩的代数和均为零。

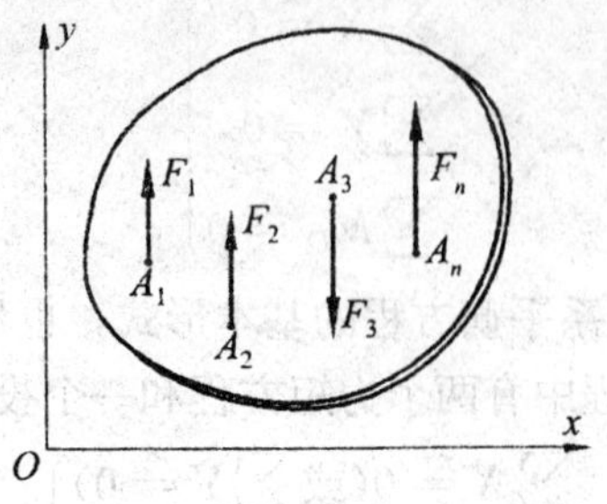

图 4-4　平面平行力系

平面平行力系的平衡方程也可表示为二矩式，即

$$\left.\begin{aligned}\sum M_A = 0\\ \sum M_B = 0\end{aligned}\right\} \tag{4-15}$$

3）平面力偶系的平衡方程：由于平面力偶系合成的结果为一合力偶，所以平面力偶系平衡的必要与充分条件是：力偶系中各力偶矩的代数和等于零。即

$$M = \sum M_i = 0 \tag{4-16}$$

称为平面力偶系的平衡方程。由此方程可求解一个未知力偶或组成力偶的一对未知力（当力偶臂已知时）。

二、静定梁内力分析及内力图

1. 静力结构内力分析

（1）轴向拉伸和压缩时的内力。

1）轴力的性质：当作用在杆件上的外力（或外力的合力）作用线与杆件的轴线重合时，称为轴向外力。在轴向力的作用下，杆件伸长为轴向拉伸，称为拉杆；若杆件缩短称为轴向压缩，此杆称为压杆。仅受轴向外力作用的杆件，截面上产生的内力称为轴向内力，简称轴力，一般用代号 N 表示。

轴力符号的规定为：截面受拉时，轴力为拉力，用正号表示，方向背离截面；截面受压时，轴力为压力，用负号表示，其方向指向截面。

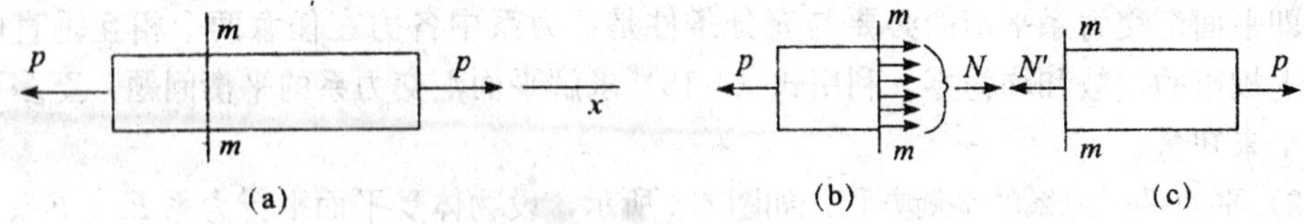

图 4-5　截面法求拉、压杆内力示意图

2）轴力的计算：截面法是求解各种受力构件截面内力的惯用方法，故通常用截面法求轴向拉压杆内力。

如图 4-5（a）所示某轴拉杆件，欲求任一横截面的内力，可假想在该处用 $m—m$ 截面将杆件截为两部分，保留左段作为脱离体进行分析，如图 4-5（b）所示。则 $m—m$ 截面上的内力以外力形式显示出来。设其合力为 N，因原杆件在力 P 作用下，处于平衡

状态，所以脱离体（左段）也处于平衡状态。令杆件轴线方向为 x 坐标方向，对左段建立平衡方程式

$$\sum X = 0\text{；}N - P = 0$$

得 m—m 截面上的内力　$N=P$

若用同样的方法研究右段的平衡，同样可得 $N=P$，见图 4-5（c）。

上述截面法求内力的过程可归纳为三步：

1）截开两半：在求内力的截面处切开，任意保留一部分（即脱离体）。

2）内力代换：用内力代替弃去部分对保留部分的作用。

3）内外平衡：对脱离体建立静力平衡方程式求解内力。

截面法是求解各种受力构件截面内力的惯用方法，今后会经常用到，必须熟练掌握。

（2）梁的内力。

1）梁的内力组成：梁受外力作用后，在各个横截面上一般会产生下列两种内力：

①剪力：平行于横截面，一般用 V 表示。

②弯矩：是与横截面互相垂直的纵向对称平面内的力偶矩，用 M 表示。

例如，图 4-6（a）所示梁，其Ⅰ－Ⅰ截面的内力见图 4-6（b）。

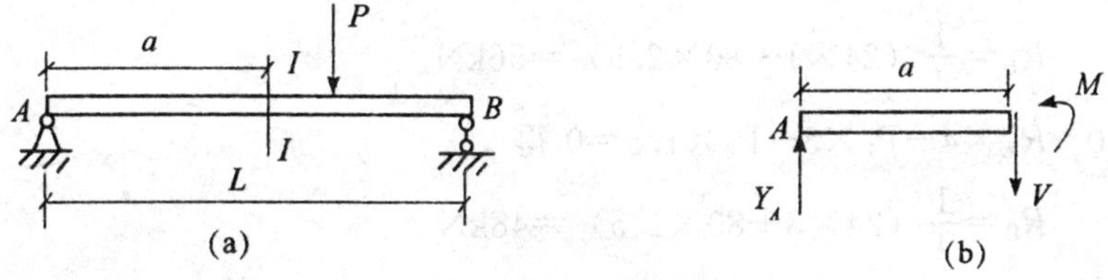

图 4-6　梁的内力示意图

2）剪力、弯矩的符号规定：

①剪力 V 的正负号规定：当截面上的剪力绕梁段上任意一点有顺时针转动的趋势时为正，反之为负值，见图 4-7（a）。

②弯矩 M 的正负号规定：当截面上的弯矩使梁产生下凸的变形为正，反之为负，见图 4-7（b）。

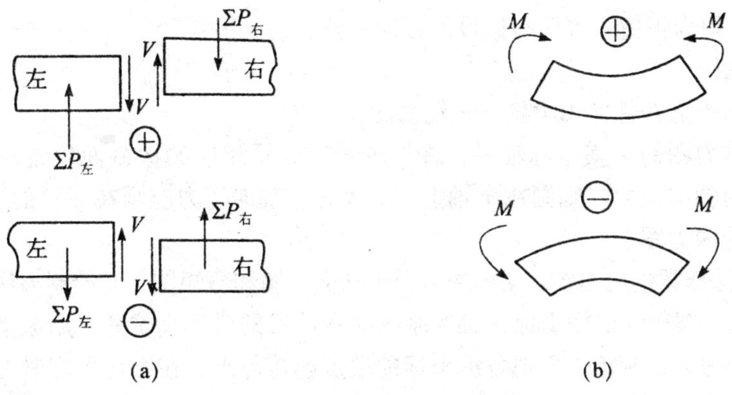

图 4-7　梁的内力符号示意图

3）梁的内力计算。

如上所述，梁横截面上的内力包括剪力和弯矩。这两种内力同样也由截面法求出。现举例予以说明。

【例 4-1】 如图 4-8（a）所示简支梁，荷载 $P_1=24\text{kN}$，$P_2=80\text{kN}$，求梁跨中截面 E 处的剪力 V_E 和弯矩 M_E。

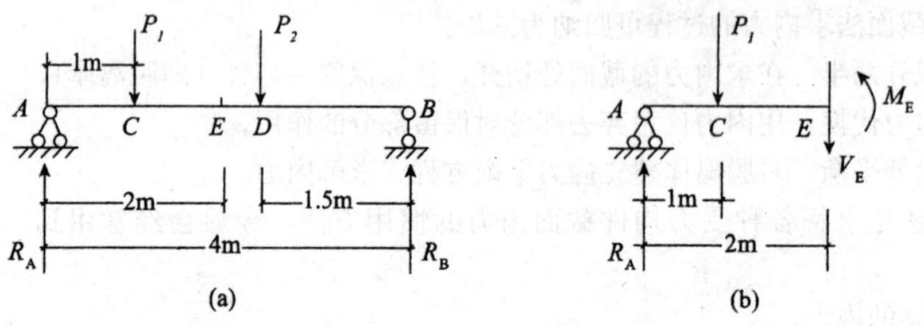

图 4-8 例 4-1 图

解 1. 求支反力。由于梁上无水平力，故只有垂直方向支座反力 R_A、R_B，设方向向上。由平衡条件

$\Sigma M_A=0$ $R_B\times4-P_1\times1-P_2\times2.5=0$ 得

$$R_B=\frac{1}{4}(24\times1+80\times2.5)=56\text{kN}$$

$\Sigma M_A=0$ $R_A\times4-P_1\times3-P_2\times1.5=0$ 得

$$R_B=\frac{1}{4}(24\times3+80\times1.5)=48\text{kN}$$

2. 在 E 截面处假想切开，以左段梁为分离体。

3. 画出所选梁段的受力图，如图 4-8（b）所示。先假定该截面的剪力 V 和弯矩 M 的方向均为正方向。

由 $\Sigma Y=0$ $R_A-P_1-V_E=0$

$$V_E=R_A-P_1=48-24=24\text{ kN}$$

$\Sigma M_E=0$ $M_E-R_A\times2+P_1\times1=0$

$$M_E=R_A\times2-P_1\times1=48\times2-24\times1=72\text{ kN}\cdot\text{m}$$

V_E、M_E 均为正值，说明与假设的方向一致。

2. 内力图

（1）轴向受力杆件的内力图——轴力图。

一般以轴力图的 x 横坐标轴平行杆件轴线，表示相应的横截面位置；纵坐标表示内力值。如为轴向拉力，则画在 x 轴上方；反之，轴向压力应画在 x 轴的下方。

（2）梁的内力图。

1）截面法作梁的内力图：梁的内力图包括剪力图和弯矩图，其绘制方法与轴力图相似，即用平行于梁轴线的横坐标 x 轴为基线表示该梁的横坐标位置，用纵坐标的端点表示相应截面的剪力或弯矩，再把各纵坐标的端点连接起来。在绘剪力图时习惯上将正剪力画在 x 轴的上方，负剪力画在 x 轴的下方，并标明正负号。而绘弯矩图时则规定画在梁受拉一侧，即正弯矩画在 x 轴的下方，负弯矩画在 x 轴的上方，可以不标明正负号。

2）利用内力图的规律绘制内力图：事实上，荷载、剪力和弯矩之间的关系具有一定的规律，将它们之间的关系进行归纳，列于表 4-1 中，利用这些规律绘制内力图既可大大简化计算工作量，又可帮助检查所画内力图的正确性。特别值得提醒的是：利用表 4-1 的结论绘制内力图时，应遵照 x 轴以向右为正，内力图的绘制必须从左到右的原则进行，否则就会出现错误。

表 4-1　梁上荷载与剪力图、弯矩图之间的关系

项次	梁段上荷载情况	剪力图	弯矩图
1	无荷载区段	特征：V 图为水平直线	特征：M 图为斜直线
		$V=0$ 时　V　x 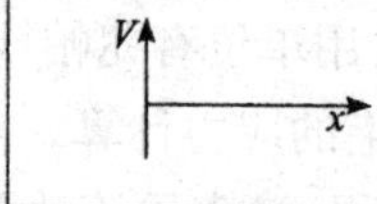	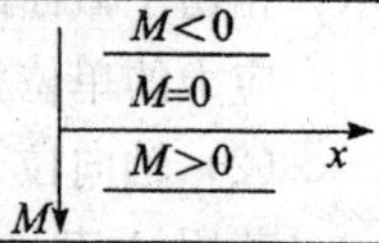 $V=0$ 时　$M<0$　$M=0$　$M>0$　x　M
		$V>0$ 时　V　⊕　x 	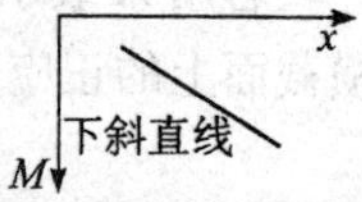 $V>0$ 时　x　下斜直线　M
		$V<0$ 时　V　⊖　x	 $V<0$ 时　x　上斜直线　M
2	均布荷载向上作用 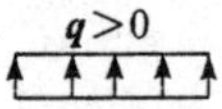 $q>0$	特征：上斜直线 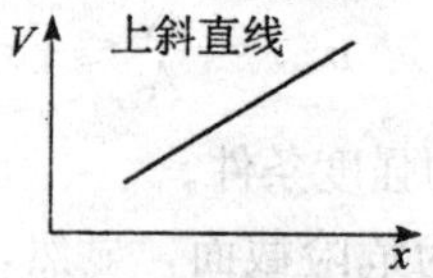 V　上斜直线　x	特征：上凸曲线 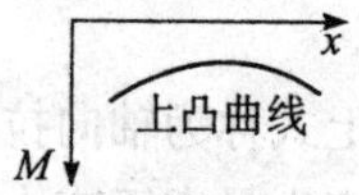 x　上凸曲线　M
3	均布荷载向下作用 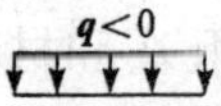 $q<0$	特征：下斜直线 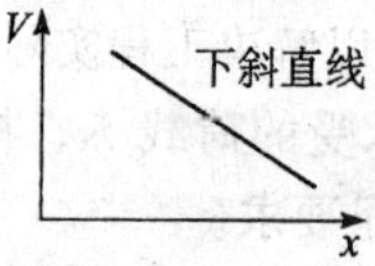 V　下斜直线　x	特征：下凸曲线  x　下凸曲线　M
4	集中力作用处 C P C 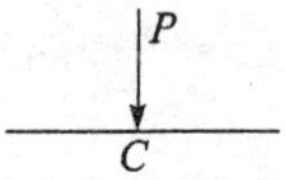	特征：C 截面处有突变，突变值等于 P ⊕　⊖　P 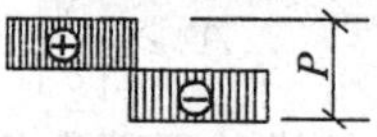	特征：C 处有尖点，尖点方向同荷载方向 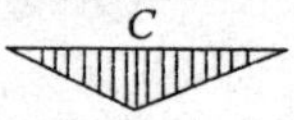 C
5	集中力偶作用处 C	特征：C 截面处无变化	C 截面处有突变，突变值等于 m C　m 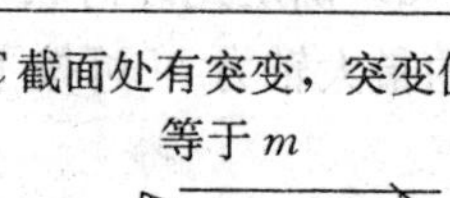

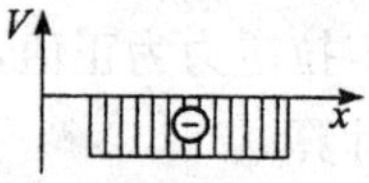

为了便于记忆表 4-1 中的规律，可以用下面的口诀简述：

对剪力图：没有荷载水平线，均布荷载斜直线，

力偶荷载无影响，集中荷载有突变。

对弯矩图：没有荷载斜直线，均布荷载抛物线，

集中荷载有尖点，力偶荷载有突变。

三、强度、刚度、稳定性概念，应力应变概念

1. 轴向拉、压杆件的强度

（1）应力概念。

内力在一点处的集度称为应力。构件上应力的大小才是影响构件强度的主要因素，因此，要判断杆件承载力的大小尚需进一步研究内力集度。一般将应力分解为垂直于截面和相切于截面的两个分量，垂直于截面的应力分量称为正应力或法向应力，用σ表示；相切于截面的应力分量称为剪应力或切向应力，用τ表示。

应力的单位为帕（Pa），常用单位有兆帕（MPa）或吉帕（GPa）。

（2）轴向拉、压杆横截面上的应力计算。

若用A表示杆件横截面面积，N表示该截面的轴力，则等直杆轴向拉伸（或压缩）时横截面上的正应力σ计算公式为：

$$\sigma=\frac{N}{A} \tag{4-17}$$

正应力的正负号规定为：拉应力为正值，压应力为负值。

（3）轴向拉压杆的强度计算。

为保证杆件的安全正常工作，杆内最大工作应力不得超过材料的许用应力，即：

$$\sigma_{\max}=\frac{N}{A}\leqslant[\sigma] \tag{4-18}$$

上式称为轴向拉（压）杆的强度条件。

产生最大正应力的截面称为危险截面，显然，对于等截面直杆，轴力最大的截面便是危险截面；对于轴力不变而截面变化的杆，则截面面积最小的截面为危险截面。

利用强度条件式（4-18），可以解决工程实际中有关构件强度的三类问题：

1）强度校核：已知构件所承受的荷载N、构件横截面面积A和材料的许用应力$[\sigma]$，可检查构件的强度是否满足要求。

2）设计截面：已知材料的许用应力$[\sigma]$及构件所承受的荷载N，则构件所需的面积A可按下式计算：

$$A\geqslant\frac{N}{[\sigma]} \tag{4-19}$$

3）确定允许荷载：已知构件的横截面面积A及材料许用应力$[\sigma]$，则构件所能承受的最大轴力N可按下式计算：

$$N\leqslant A\cdot[\sigma] \tag{4-20}$$

2. 梁的强度

（1）梁弯曲时横截面上的应力。

1）弯曲正应力：

①正应力分布规律：

a. 平面假设：各横向线代表横截面，变形前后都是直线，表明截面变形后仍保持平面，且仍垂直于弯曲后的梁轴线。

b. 单向受力假设：将梁看成由无数纤维组成，各纤维只受到轴向拉伸或压缩，不

存在相互挤压。

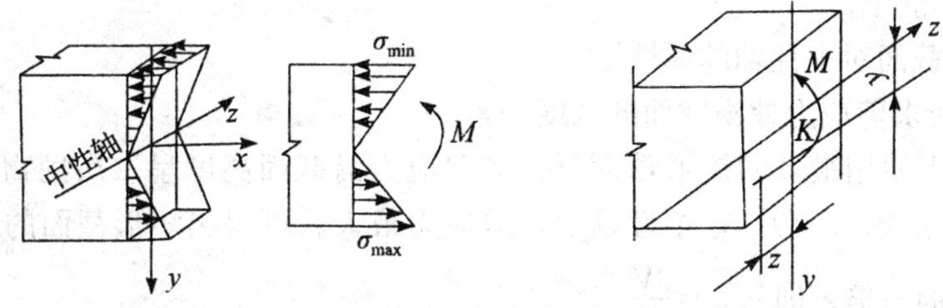

图 4-9　正应力分布规律示意图

②正应力计算公式

经过推导，如图 4-9 所示，平面弯曲的梁横截面上任一点的正应力计算公式为：

$$\sigma = \frac{M \cdot y}{I_z} \tag{4-21}$$

式中，M—— 横截面上的弯矩；

I_z—— 截面对中性轴的惯性矩；

y—— 所求应力点到中性轴的距离。

在计算时，可将 M 与 y 的绝对值代入公式，正应力的正负（拉或压）由弯矩的正负号及所求点的位置来判断。当 M 为正时，中性轴以上各点为压应力，取负值；中性轴以下各点为拉应力，取正值；当 M 为负时则相反。

2）弯曲剪应力：

①剪应力分布规律假设：对于高度 h 大于宽度 b 的矩形截面梁，其横截面上的剪力 V 沿 y 轴方向，见图 4-10，现假设剪应力的分布规律如下：

a. 横截面上各点处的剪应力 τ 都与剪力 V 方向一致；

b. 横截面上距中性轴等距离各点处剪应力大小相等，即沿截面宽度均匀分布。

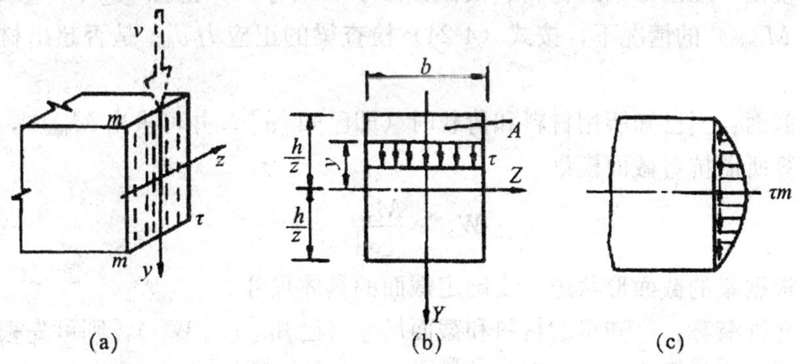

图 4-10　剪应力分布规律示意图

②剪应力计算公式

如图 4-10 所示，平面弯曲的梁，横截面上任一点处的剪应力计算公式为：

$$\tau = \frac{VS_z^*}{I_z b} \tag{4-22}$$

式中，V—— 横截面上的剪力；

S_z^* —— 横截面上所求剪应力处的水平线以下（或以上）部分面积 A^* 对中性轴的静矩；

I_z—— 截面对中性轴的惯性矩；

b ——所求剪应力处横截面的宽度。

对于工程上使用最多的矩形截面梁，其剪应力沿截面高度呈二次抛物线变化，在截面的上下边缘处，$\tau=0$；在中性轴上，剪应力最大。可得出矩形截面的最大剪应力是平均剪应力的$\frac{3}{2}$倍，即 $\tau_{max}=\frac{3V}{2A}$。

（2）梁的正应力强度计算。

1）梁的正应力强度条件：在进行梁的正应力强度计算时，必须画出梁的弯矩图，找出最大弯矩值 M_{max} 及其所在的截面。对于等直杆梁，弯矩最大的截面就是危险截面。危险截面上最大正应力处称为危险点。如前所述危险点发生在距中性轴最远的上、下边缘处。危险点的正应力为：

$$\sigma_{max}=\frac{M_{max}\cdot y_{max}}{I_z} \qquad 令\ \frac{I_z}{y_{max}}=W_z$$

则
$$\sigma_{max}=\frac{M_{max}}{W_z} \tag{4-23}$$

为了保证梁的安全持久工作，并有一定的安全储备，应使梁的最大正应力不超过材料弯曲时的许用正应力，即得梁的正应力强度条件为：

$$\sigma_{max}=\frac{M_{max}}{W_z}\leqslant[\sigma] \tag{4-24}$$

式中，$[\sigma]$ ——材料许用应力；

W_z——截面对中性轴的抗弯截面模量。

应用正应力强度条件可解决有关强度方面的三类问题。

①强度校核：在已知梁的材料、横截面形状和尺寸（即已知 $[\sigma]$ 、W_z ）及所受荷载（可求出 M_{max} ）的情况下，按式（4-24）检查梁的正应力 σ_{max} 是否超出材料的许用应力 $[\sigma]$ 。

②设计截面：当已知所用材料和荷载时（即已知 $[\sigma]$ ，并可求出 M_{max} ），可根据强度条件，计算所需抗弯截面模量。

$$W_z\geqslant\frac{M_{max}}{[\sigma]} \tag{4-25}$$

然后再根据梁的截面形状进一步确定截面的具体尺寸。

③确定允许荷载：已知梁的材料和截面尺寸（已知 $[\sigma]$ 、W_z ），则可先根据强度条件计算梁所能承受的最大弯矩，即：

$$M_{max}\leqslant W_z[\sigma] \tag{4-26}$$

然后，再由 M_{max} 与荷载间的关系计算允许荷载。

2）提高梁抗弯强度的措施：一般情况下，梁的弯曲强度是由正应力控制的，由等截面梁的正应力强度条件式（4-24）可知，梁横截面上最大正应力与最大弯矩成正比，与抗弯截面模量成反比。所以提高梁的弯曲强度主要从提高 W_z 与降低 M 这两方面着手。

(3) 梁的剪应力强度计算。

剪应力强度计算的危险点是在剪力(绝对值)最大截面的中性轴上，可由下式计算：

$$\tau_{\max} = \frac{V_{\max} \cdot S_{z\max}}{I_z \cdot b} \tag{4-27}$$

因此，梁的剪应力强度条件为：

$$\tau_{\max} = \frac{V_{\max} \cdot S_{z\max}^*}{I_z \cdot b} \leqslant [\tau] \tag{4-28}$$

式中，$S_{z\max}^*$ ——截面中性轴以上(或以下)的面积对中性轴的静矩；

$[\tau]$ ——许用剪应力。

必须指出，在梁的强度计算中，应该同时满足正应力与剪应力两个强度条件。但在一般情况下，梁很少发生剪切破坏，往往都是弯曲破坏。所以，在实际计算中，通常都是以梁的正应力强度条件选择截面，再用剪应力强度条件进行校核。对于细长梁，一般都能满足剪应力强度条件，可不必再作剪应力强度校核。但在以下几种情况下，需作剪应力强度校核：

1) 梁的跨度较短，或在支座附近作用有较大荷载时，梁内可能出现弯矩较小而剪力很大的情况。

2) 使用组合截面钢梁时，横截面的腹板厚度很小，横截面上的剪应力数值又很大时。

3) 使用某些抗剪能力相对较差的材料制作梁时，如木梁。

3. 刚度计算

(1) 刚度的概念。

我们把构件抵抗变形的能力称为构件的刚度。构件在外力作用下将会产生两种不同性质的变形：一种是弹性变形，即变形随外力的消除而消失；另一种是塑性变形，即变形不会随外力的消除而全部消失。在这里我们只研究弹性变形。

(2) 轴向拉压杆的变形。

由实验研究证明，在材料的弹性范围之内，其纵向变形 Δl 与杆所受的外力 N、杆的原长 l 及横截面面积 A 之间有如下的比例关系：

$$\Delta l = \frac{Nl}{EA} \tag{4-29}$$

上式称为胡克定律，式中 EA 称为杆的抗拉(抗压)刚度，对于长度 l 相等，轴力 N 相同的受拉(受压)杆，其抗拉(压)刚度 EA 越大，则所发生的伸长(或缩短)的变形 Δl 越小，因此 EA 反映了杆件抵抗拉伸(压缩)变形的能力。

可以看出，材料截面积及轴向力均相同的两个杆件，长度大者纵向变形也大，所以式(4-29)只能反映杆件的绝对伸长。对于轴力为常量的等截面杆，其纵向变形在杆内均匀分布，故线应变为：

$$\varepsilon = \frac{\Delta l}{l}$$

在拉伸时，ε 为正，压缩时 ε 为负，显然线应变是无量纲的量。

若以 l 除以式（4-29）两边，得 $\frac{\Delta l}{l}=\frac{Nl}{EAl}=\frac{1}{E}\cdot\frac{N}{A}=\frac{\sigma}{E}$

这样，可得出胡克定律的另外一种表达形式

$$\varepsilon=\frac{\sigma}{E}\text{ 或 }\sigma=E\varepsilon \tag{4-30}$$

故胡克定律可简述为：当杆内应力不超过比例极限时，应力与应变成正比。

（3）梁的刚度条件。

在工程设计中，对梁的挠度，其允许值通常用挠度与梁的跨长的比值 $[\frac{f}{l}]$ 作为标准，土建工程方面 $[\frac{f}{l}]$ 的值通常限制在 $\frac{1}{200}\sim\frac{1}{1\,000}$，根据构件的不同用途在有关规范中有具体规定。因此梁的刚度条件可写为：

$$\frac{f}{l}\leqslant[\frac{f}{l}] \tag{4-31}$$

梁的挠度和转角与梁的抗弯刚度 EI，梁的跨度 l，荷载作用情况有关，为了提高梁的弯曲刚度可以采取以下措施：

1）增大梁的抗弯刚度 EI，如采用合理的截面形状。增大截面尺寸，尤其是增大梁高最有效。

2）改善荷载作用情况，如将较大集中力尽量分散，甚至改为分布荷载，减以少梁内弯矩。

3）减小跨度或增加支座。梁的变形与其跨度的 n 次幂成正比，减小梁的跨度，可有效地减小梁的变形。

4）采用反拱做法：在施工时预先使梁产生与使用荷载作用下相反方向的变形，以抵消一部分使用荷载作用下的变形。

4. 压杆稳定

（1）压杆稳定的概念。

在工程实践中，某些长压杆并非由于强度不足而突然发生弯曲导致折断破坏。这种现象就是压杆丧失稳定现象，简称失稳。杆件失稳破坏时的压力比发生强度不足破坏的压力要小得多，并且由于失稳而造成破坏之前没有任何先兆，所以这种破坏形式在工程上具有很大的危险性。因此，对细长杆必须进行稳定性计算。

实际工程中的压杆总是有缺陷的（初始曲率、偏心荷载、材料的不均性），使得压杆在发生轴向压缩之外还有微小的弯曲变形。这些因素都可当作一种干扰力，且是不可避免的。所以当压杆上的荷载超过临界力 P_{cr} 时，就会使平衡状态变成不稳定性的，即发生“丧失稳定”的破坏。所以，临界力就是压杆稳定的破坏荷载。对于细长压杆，可采用欧拉公式 $P_{cr}=\frac{\pi^2 EI}{(\mu l)^2}$ 来计算临界力（式中，μ——杆件长度系数，它反映了杆端支承情况对临界力的影响；l——压杆长度；其余符号意义同前）。

因此，研究压杆的稳定性问题，关键是使杆上的压力不要超过其临界力 P_{cr}，确保杆件不发生因丧失稳定而破坏。

（2）提高压杆稳定的措施。

提高压杆稳定性的关键在于提高压杆的临界力或临界应力。影响压杆的临界力或临界应力大小的因素有压杆的材料性质、截面的形状和尺寸，压杆的长度，杆端支承等。因此，要提高压杆的稳定性，就必须从这几方面采取措施。

1）材料方面：在其他条件相同的情况下，选择高弹性模量的材料，可以提高压杆的稳定。由于压杆的临界应力与材料的强度无关，因此，在弹性模量 E 相同的材料中，为保证压杆的稳定性，不应选用强度过高的材料。

2）结构形式方面：如条件允许，也可以从结构形式方面采取措施，把受压杆改为受拉杆，从而避免了失稳问题。

3）柔度方面：我们将 $\lambda=\frac{\mu l}{i}$（i——压杆的回转半径，$i=\sqrt{\frac{I}{A}}$）称为压杆的长细比或柔度。它综合反映了压杆的长度、支承情况、截面形状和尺寸等因素对临界应力的影响。柔度越小，稳定性越好。因此，为减少压杆的柔度来提高压杆稳定性可采取如下措施：

①减小压杆的长度。如可能时，在杆的中间增加支座，可以起到有效作用。

②改善支承条件，降低长度系数。压杆两端支承越牢固，则柔度也小，从而临界应力就越大。可以提高压杆的稳定性。

③选择合理的截面形状。当截面面积 A 一定时，应尽可能选用材料远离截面形心的几何形状，即可以加大惯性矩，从而提高压杆的稳定性。例如，采用空心环形截面，要比采用实心圆形截面好。

第二节　建筑结构知识

一、建筑结构基础知识

1. 结构的功能要求

工程结构设计的基本目的是：在一定的经济条件下，结构在预定的使用期限内满足设计所预期的各项功能。结构的功能要求包括安全性、适用性、耐久性三个方面。

2. 结构的极限状态

整个结构或结构的一部分超过某一特定状态就不能满足设计规定的某一功能要求，此特定状态称为该功能的极限状态。极限状态是区分结构工作状态可靠或失效的标志。极限状态可分为两类：承载能力极限状态和正常使用极限状态。

（1）承载能力极限状态。

这种极限状态对应于结构或结构构件达到最大承载能力或不适于继续承载的变形。结构或结构构件出现下列状态之一时，应认为超过了承载能力极限状态：

1）整个结构或结构的一部分作为刚体失去平衡（如倾覆、过大的滑移等）。

2）结构构件或连接因超过材料强度而破坏（包括疲劳破坏），或因过度变形而不适于继续承载。

3）结构转变为机动体系（如超静定结构由于某些截面的屈服，使结构成为几何可变体系）。

4）结构或结构构件丧失稳定（如细长柱达到临界荷载发生压屈失稳而破坏等）。

（2）正常使用极限状态。

这种极限状态对应于结构或结构构件达到正常使用或耐久性能的某项规定限值。结构或结构构件出现下列状态之一时，应认为超过了正常使用极限状态：

1）影响正常使用或外观的变形（如过大的挠度）。

2）影响正常使用或耐久性能的局部损坏（如不允许出现裂缝结构的开裂；对允许出现裂缝的构件，其裂缝宽度超过了允许限值）。

3）影响正常使用的振动。

4）影响正常使用的其他特定状态。

3. 结构的设计状况

设计状况指代表一定时段的一组物理条件，设计应做到结构在该时段内不超越有关的极限状态。结构设计时，应根据结构在施工和使用中的环境条件和影响，区分下列三种设计状况：

（1）持久状况。

在结构使用过程中一定出现，其持续期很长的状态。持续期一般与设计使用年限为同一数量级。

（2）短暂状况。

在结构施工和使用过程中出现概率较大，而与设计使用年限相比持续期很短的状况，如结构施工和维修等。

（3）偶然状况。

在结构使用过程中出现概率很小，且持续期很短的状况，如火灾、爆炸、撞击等。

对于不同的设计状况，可采用相应的结构体系、可靠度水准和基本变量等。对三种设计状况均应进行承载力极限状态设计；对持久状况，尚应进行正常使用极限状态设计；对短暂状况，可根据需要进行正常使用极限状态设计。

4. 结构的设计使用年限

设计使用年限为设计规定的结构或结构构件不需进行大修即可按其预定目的使用的时期，它是房屋建筑的地基基础工程和主体结构工程“合理使用年限”的具体化。设计使用年限划分为四类，见表 4-2。结构在规定的设计年限内应具有足够的可靠度。结构的可靠度可以用以概率理论为基础的极限状态设计方法分析确定。

表 4-2　设计使用年限分类

类别	设计使用年限/a	示例
1	5	临时性结构
2	25	易于替换的结构构件
3	50	普通房屋和构筑物
4	100	纪念性建筑和特别重要的建筑结构

5. 结构上的作用、作用效应及结构抗力

（1）结构上的作用。

结构上的作用是指施加在结构或构件上的力（直接作用，也称为荷载，如恒荷载、活荷载、风荷载和雪荷载等）以及引起结构外加变形或约束变形的原因（间接作用，如地基不均匀沉降、温度变化、混凝土收缩、焊接变形等）。

结构上的作用可按下列性质分类：

1）按随时间的变异分类：

①永久作用，在设计基准期内其量值不随时间变化，或其变化与平均值相比可以忽略不计的作用，如结构自重、土压力、预加应力等。

②可变作用，在设计基准期内其量值随时间变化，且其变化与平均值相比有不可忽略的作用，如安装荷载、楼面活荷载、风荷载、雪荷载、吊车荷载和温度变化等。

③偶然作用，在设计基准期内不一定出现，而一旦出现其量值很大且持续时间很短的作用，如地震、爆炸、撞击等。

2）按随空间位置的变异分类：

①固定作用，在结构上具有固定分布的作用，如结构上的位置固定的设备荷载、结构构件自重等。

②自由作用，在结构上一定范围内可以任意分布的作用，如楼面上的人员荷载、吊车荷载等。

3）按结构的反应特点分类：

①静态作用，使结构产生的加速度可以忽略不计的作用，如结构自重、住宅和办公楼的楼面活荷载等。

②动态作用，使结构产生的加速度不可忽略不计的作用，如地震、吊车荷载、设备振动等。

（2）作用效应。

作用效应是指由结构上的作用引起的结构或构件的内力（如轴力、剪力、弯矩、扭矩等）和变形（如挠度、侧移、裂缝等）。当作用为集中力或分布力时，其效应可称为荷载效应。

由于结构上的作用是不确定的随机变量，所以作用效应一般也是一个随机变量。以下主要讨论荷载效应，荷载 Q 与荷载效应 S 之间，可以按近似线性关系考虑，即

$$S = CQ \tag{4-32}$$

式中，常数 C 为荷载效应系数。例如，集中荷载 P 作用在 $\frac{1}{2}l$ 处的简支梁，最大弯矩为 $M=\frac{1}{4}Pl$，M 就是荷载效应，$\frac{1}{4}l$ 就是荷载效应系数，其中 l 为梁的计算跨度。

由于荷载是随机变量，根据式（4-32）可知，荷载效应也应为随机变量。

（3）结构抗力。

结构抗力 R 是指结构或构件承受作用效应的能力，如构件的承载力、刚度、抗裂度等。影响结构抗力的主要因素是材料性能（材料的强度、变形模量等物理力学性能）、几何参数（截面形状、面积、惯性矩等）以及计算模式的精确性等。考虑到材料

性能的变异性、几何参数及计算模式精确性的不确定性，所以由这些因素综合而成的结构抗力也是随机变量。

6. 结构的安全等级

建筑结构设计时，应根据结构破坏可能产生的后果（危及人的生命、造成经济损失、产生社会影响等）的严重性，采用不同的安全等级。建筑结构的安全等级划分见表 4-3。具体表现在计算时对结构允许可靠指标的取值不同。

表 4-3　建筑结构的安全等级

安全等级	破坏后果	建筑物类型
一级	很严重	重要的房屋
二级	严重	一般的房屋
三级	不严重	次要的房屋

7. 荷载的代表值

对应于直接作用按随时间的变异分类，结构上的荷载可分为三类：①永久荷载，也称恒荷载，如结构自重、土压力、预应力等；②可变荷载，也称活荷载，如楼面活荷载、屋面活荷载、积灰荷载、吊车荷载、风荷载和雪荷载等；③偶然荷载，如爆炸力、撞击力等。

荷载代表值是指设计中用以验算极限状态所采用的荷载量值。

建筑结构设计时，对不同荷载应采用不同的代表值。永久荷载采用标准值作为代表值；可变荷载应根据设计要求采用标准值、组合值或准永久值作为代表值；偶然荷载应按建筑结构使用的特点确定其代表值。

8. 抗震基本知识

在建筑抗震设计中，所指的地震是由于地壳构造运动（岩层构造状态的变动）使岩层发生断裂、错动而引起的地面振动，这种地面振动称为构造地震，简称地震。

（1）地震波。

地震引起的振动以波的形式从震源向四周传播，这种波就称为地震波。地震波按其在地壳传播的位置不同，分为体波和面波。

（2）震级。

地震的震级是衡量一次地震大小的等级，用符号 M 表示。地震的震级 M，一般称为里氏震级。

当震级相差一级，地面振动振幅增加约 10 倍，而能量增加近 32 倍。

一般来说，$M<2$ 的地震，人们感觉不到，称为微震；$M=2\sim4$ 的地震称为有感地震；$M>5$ 的地震，对建筑物就要引起不同程度的破坏，统称为破坏性地震；$M>7$ 的地震称为强烈地震或大地震；$M>8$ 的地震称为特大地震。

（3）地震烈度和烈度表。

地震烈度是指某一地区的地面及建筑遭受到一次地震影响的强弱程度。用 I 表示。相对震源而言，地震烈度也可以把它理解为地震场的强度。

地震的震级与地震烈度是两个不同的概念，对于一次地震，只能有一个震级，而有多个烈度。一般来说离震中越远地震烈度越小，震中区的地震烈度最大，并称为

"震中烈度"。

同一地震中，具有相同地震烈度地点连线称为等震线。可通过地震烈度表进行评定。

(4) 抗震设防烈度。

抗震设防烈度是指按国家规定的权限批准作为一个地区抗震设防依据的地震烈度。

一个地区的基本烈度是指该地区今后一定时间内（一般指 50 年），在一般场地条件下可能遭遇的超越概率为 10%的地震烈度值。

(5) 抗震设防类别、抗震设防标准、抗震设防目标。

1) 抗震设防类别：从抗震防灾的角度，根据建筑物使用功能的重要性，按其受地震破坏时产生的后果严重程度，国家标准《建筑抗震设防分类标准》(GB50223)，将建筑工程抗震设防分为甲、乙、丙、丁四类。

2) 抗震设防标准：所谓建筑抗震设防是对建筑物进行抗震设计，包括地震作用、抗震承载力计算和采取抗震措施，以达到抗震的效果。

建筑物的抗震设防标准是衡量抗震设防要求的尺度，它是指各类工程按照规定的可靠性要求和技术经济水平所统一确定的抗震技术要求。

3) 抗震设计目标：《建筑抗震设计规范》(GB 50011—2010) 规定以"三个水准"来表达抗震设计目标，通俗理解为"小震不坏，中震可修，大震不倒"。

4) 小震和大震：小震应是发生机会较多的地震，因此，可将小震定义为烈度概率密度曲线上的峰值所对应的烈度，即众值烈度或称多遇烈度时的地震，50 年内众值烈度的超越概率为 63.2%，这就是第一水准的烈度。

各地的基本烈度，即第二水准的烈度。50 年内的超越概率大体为 10%。

大震是罕遇的地震，它所对应的烈度在 50 年内的超越概率为 2%～3%，这个烈度又可称为罕遇烈度，作为第三水准的烈度。

众值烈度比基本烈度约低 1.55 度，而基本烈度比罕遇烈度大致低 1 度。

二、岩土与地基基本知识

1. 土的物理性质指标

(1) 土的三相草图。

如前所述，土由固体颗粒（固相）、水（液相）和气体（气相）组成。为了便于说明和计算，通常用土的三相组成图，见图 4-11，表示它们之间的数量关系。

(2) 基本试验指标。

为了确定三相草图诸量中的三个量，就必须通过实验室的试验测定。通常做三个基本物理性质试验。它们是：土的密度试验、土粒比重或相对密度试验、土的含水量试验。

1) 土的密度和重度：土的密度定义为在天然状态时单位体积土的质量，用 ρ 表示，以 g/cm^3 计：

$$\rho = \frac{m}{V} \tag{4-33}$$

土的重度定义为在天然状态时单位体积土的重量，是重力的函数，用 γ 表示，以

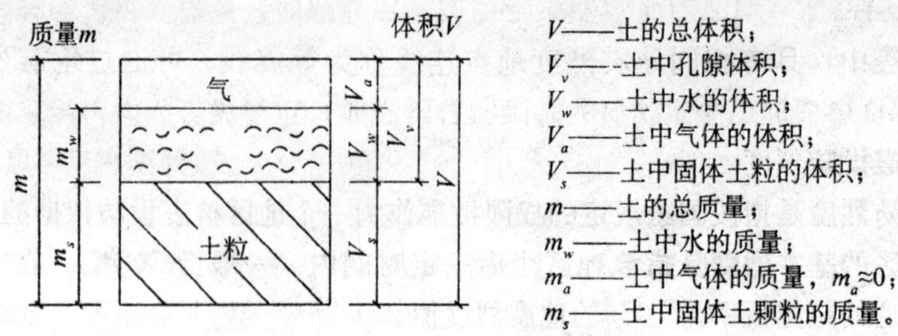

图 4-11　土的三相图

kN/m³ 计：

$$\gamma = \frac{G}{V} = \rho \cdot g \tag{4-34}$$

2）土粒相对密度：土粒密度（单位体积土粒的质量）与 4℃时纯水密度之比，称为土粒相对密度（过去习惯上叫比重），用 d_s 表示，为无量纲量，即

$$d_s = \frac{m_s}{V_s} \times \frac{1}{\rho_{w1}} = \frac{\rho_s}{\rho_{w1}} \tag{4-35}$$

3）土的含水量：土的含水量定义为土中水的质量与土粒质量之比，用 w 表示，以百分数计，即：

$$w = \frac{m_w}{m_s} \times 100\% = \frac{m - m_s}{m_s} \times 100\% \tag{4-36}$$

（3）推出指标：

1）表示土中孔隙含量的指标：工程上常用孔隙比 e 或孔隙率 n 表示土中孔隙的含量。

孔隙比 e 定义为土中孔隙体积 V_v 与土粒体积 V_s 之比，即

$$e = \frac{V_v}{V_s} \tag{4-37}$$

孔隙率 n 定义为土中孔隙体积 V_v 与土总体积 V 之比，以百分数计，即：

$$n = \frac{V_v}{V} \times 100\% \tag{4-38}$$

孔隙比和孔隙率均反映土的密实程度，一般 $e<0.6$ 的土是密实的低压缩性土，$e>1$ 的土是疏松的高压缩性土。容易证明两者之间具有以下关系：

$$e = \frac{n}{1-n} \tag{4-39}$$

$$n = \frac{e}{1+e} \times 100\% \tag{4-40}$$

2）表示土中含水程度的指标：土的饱和度 S_r 定义为土中被水充满的孔隙体积 V_w 与孔隙总体积 V_v 之比，即

$$S_r = \frac{V_w}{V_v} \times 100\% \tag{4-41}$$

2. 土的物理状态指标

所谓土的物理状态，对于无黏性土是指土的密实度；对于黏性土是指土的软硬程

度或称黏性土的稠度。

（1）无黏性土的密实度。

判别砂土密实状态的指标通常有下列三种。

1）孔隙比 e：一般当 $e<0.6$ 时，属密实的砂土，是良好的天然地基；当 $e>0.95$ 时，为松散状态，不宜作天然地基。

2）相对密实度 D_r：当砂土处于最密实状态时，其孔隙比称为最小孔隙比 e_{min}；而当砂土处于最疏松状态时的孔隙比则称为最大孔隙比 e_{max}；砂土在天然状态下的孔隙比用 e 表示，相对密实度 D_r 用下式表示，即

$$D_r = \frac{e_{max} - e}{e_{max} - e_{min}} \tag{4-42}$$

判定砂土密实度的标准如下：

$0 < D_r \leqslant 0.33$　　疏松

$0.33 < D_r \leqslant 0.66$　　中密

$0.66 < D_r \leqslant 1$　　密实

3）标准贯入锤击数 N：在实际工程中，利用标准贯入试验、静力触探、动力触探等原位测试方法来评价砂土的密实度得到了广泛应用。天然砂土的密实度可根据标准贯入试验的锤击数进行评定，表 4-4 给出了《建筑地基基础设计规范》（GB 50007—2011）的判别标准。

表 4-4　按锤击数 N 划分砂土密实度

密实度	松散	稍密	中密	密实
标准贯入试验锤击数	$N\leqslant10$	$10<N\leqslant15$	$15<N\leqslant30$	$N>30$

（2）黏性土的物理状态指标。

黏性土由于其含水量的不同，而分别处于固态、半固态、可塑状态及流动状态。

1）黏性土的界限含水量：黏性土从一种状态过渡到另一种状态的分界含水量称为界限含水量。黏性十由流动状态转到可塑状态的界限含水量称为液限 w_L；由半固态转到可塑状态的界限含水量称为塑限 w_p，由固态转到半固态的界限含水量称为缩限 w_s。

2）黏性土的塑性指数 I_P 和液性指数 I_L：

①塑性指数：塑性指数是指液限和塑限的差值，即黏性土处在可塑状态的含水量的变化范围，用 I_P 表示。即

$$I_P = w_L - w_p \tag{4-43}$$

式中，w_L、w_p ——黏性土的液限和塑限，用百分率表示，计算塑性指数时去掉百分符号。

塑性指数 $I_P>10$ 的土为黏性土，其中 $10< I_P \leqslant17$ 为粉质黏土；$I_P>17$ 为黏土。

②液性指数：液性指数是指土的天然含水量 w 和塑限 w_p 的差值与塑性指数 I_P 之比，用 I_L 表示。即

$$I_L = \frac{w - w_p}{I_P} = \frac{w - w_p}{w_l - w_p} \tag{4-44}$$

根据液性指数 I_L 将黏性土划分为坚硬、硬塑、可塑软塑和流塑五种状态，见

表4-5。

表 4-5 黏性土状态的划分

状态	坚硬	硬塑	可塑	软塑	流塑
液性指数	$I_L \leqslant 0$	$0 < I_L \leqslant 0.25$	$0.25 < I_L \leqslant 0.75$	$0.75 < I_L \leqslant 1$	$I_L > 1$

3. 地基岩土的工程分类

岩土的分类方法很多，《建筑地基基础设计规范》（GB 50007—2011）把作为建筑地基的岩土分为岩石、碎石土、砂土、粉土、黏性土和人工填土六类。

（1）岩石。

岩石应为颗粒间牢固联结，呈整体或具有节理裂隙的岩体。作为建筑物地基除应确定岩石的地质名称（如强风化花岗岩、微风化砂岩等）外，尚应按下列规定划分其坚硬程度和完整程度。

1）岩石的坚硬程度按表 4-6 划分为坚硬岩、较硬岩、较软岩、软岩、极软岩。

表 4-6 岩石坚固程度的划分

坚硬程度类别	坚硬岩	较硬岩	较软岩	软岩	极软岩
饱和单轴抗压强度标准值/MPa	$f_{rk}>60$	$60 \geqslant f_{rk}>30$	$30 \geqslant f_{rk}>15$	$15 \geqslant f_{rk}>5$	$f_{rk} \leqslant 5$

2）岩体完整程度按表 4-7 划分为完整、较完整、较破碎、破碎和极破碎。

表 4-7 岩石按风化程度分类

完整程度等级	完整	较完整	较破碎	破碎	极破碎
完整性指数	>0.75	0.75～0.55	0.55～0.35	0.35～0.15	<0.15

注：完整性指数为岩体纵波波速与岩块纵波波速之比的平方。选定岩体、岩块测定波速时应有代表性。

（2）碎石土。

碎石土为粒径大于 2 mm 的颗粒含量超过全重 50%的土，可分为漂石、块石、卵石、碎石、圆砾和角砾，见表 4-8。

表 4-8 碎石土的分类

土的名称	颗粒形状	粒组含量
漂石 块石	圆形及亚圆形为主 棱角形为主	粒径大于 200 mm 的颗粒超过总质量的 50%
卵石 砾石	圆形及亚圆形为主 棱角形为主	粒径大于 20 mm 的颗粒超过总质量的 50%
圆砾 角砾	圆形及亚圆形为主 棱角形为主	粒径大于 2 mm 的颗粒超过总质量的 50%

注：完整性指数为岩体纵波波速与岩块纵波波速之比的平方。选定岩体、岩块测定波速时应有代表性。

（3）砂土。

砂土为粒径大于 2 mm 的颗粒含量不超过全重 50%、粒径大于 0.075 mm 的颗粒含量超过全重 50%的土，可分为砾砂、粗砂、中砂、细砂和粉砂，见表 4-9。

表 4-9　砂土的分类

土的名称	粒组含量	土的名称	粒组含量
砾砂	粒径大于 2 mm 的颗粒占总质量的 25%～50%	细砂	粒径大于 0.075 mm 的颗粒占总质量的 85%
粗砂	粒径大于 0.5 mm 的颗粒占总质量的 50%	粉砂	粒径大于 0.075 mm 的颗粒占总质量的 50%
中砂	粒径大于 0.25 mm 的颗粒占总质量的 50%		

注：分类时应根据粒组含量由大到小以最先符合者确定。

（4）粉土。

粉土为介于砂土与黏性土之间，塑性指数 $I_P \leqslant 10$ 且粒径大于 0.075 mm 的颗粒含量不超过全重 50%的土。具有砂土和黏性土的某些特征。

（5）黏性土。

黏性土为塑性指数 $I_P > 10$ 的土，可分为黏土和粉质黏土，见表 4-10。根据液性指数 I_L 黏性土划分为坚硬、硬塑、可塑、软塑和流塑五种状态。

表 4-10　黏性土的分类

塑性指数 I_P	$10 < I_P \leqslant 17$	$I_P > 17$
土的名称	粉质黏土	黏土

（6）人工填土。

由于人类活动堆填的土称为人工填土。人工填土根据其组成和成因，可分为素填土、压实填土、杂填土、冲填土。

4. 土中自重应力

假定地基土为均质、连续、各向同性的弹性半空间无限体。在此条件下，受自身重力作用的地基土只能产生竖向变形，而不能产生侧向位移和剪切变形。则地基土中任意深度 z 处的竖向自重应力等于单位面积上土柱的重量，见图4-12，即

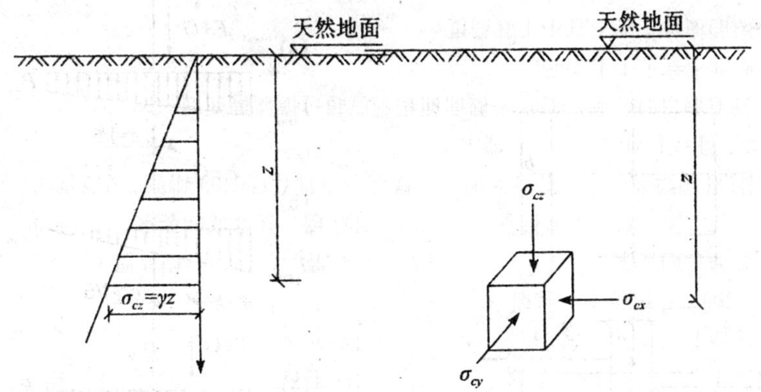

图 4-12　土的竖向自重应力

$$\sigma_{cz} = \gamma \cdot z \tag{4-45}$$

式中，σ_{cz} ——土的竖向自重应力，kPa；

γ——土的天然重度，kN/m^3；

z——天然地面算起的深度，m。

由上式可见，土的竖向自重应力随着深度直线增大，呈三角形分布。

（1）若计算点在地下水位以下，由于水对土体有浮力作用，则水下部分土柱的有效重量应采用土的浮容重 γ' 或饱和容重 γ_{sat} 计算。

（2）当深度 z 范围内有多层土组成时，则深度 z 处土的竖向自重应力为各土层竖向自重应力之和。

$$\sigma_{cz} = \gamma_1 h_1 + \gamma_2 h_2 + \gamma_3 h_3 + \cdots + \gamma_i h_i = \sum \gamma_i h_i \tag{4-46}$$

5. 基底压力

（1）中心荷载作用下基底压力。

中心荷载作用下的矩形基础如图 4-13 所示。

$$p = \frac{F+G}{A} \tag{4-47}$$

式中，F——上部荷载传来的轴向力设计值，kN；

G——基础自设计值及其上回填土重总和，$G=\overline{\gamma}A\overline{h}$，kN；

$\overline{\gamma}$——基础及基础上土的平均重度，取 $\overline{\gamma}=20\ kN/m^3$；

A——基础底面积，m^2；

$\overline{h}$——计算自重 G 的高度，当室内外标高不同时取平均高度，m。

（2）偏心荷载下的基底压力。

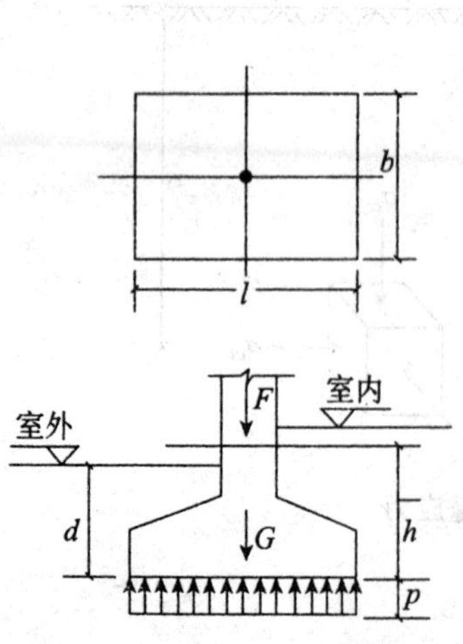

图 4-13　轴心受压基础基底压力

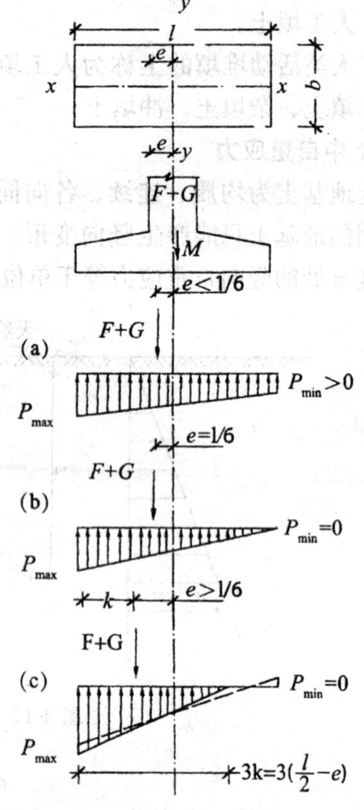

图 4-14　偏心受压基础基底压力分布图

单向偏心荷载下的矩形基础如图 4-14 所示。设计时通常取基底长边方向与偏心方向一致，此时两短边边缘最大压力设计值 p_{max} 与最小压力设计值 p_{min}（kPa）按材料力学短柱偏心受压公式计算：

$$\left.\begin{matrix} p_{max} \\ p_{min} \end{matrix}\right\} = \frac{F+G}{lb} \pm \frac{M}{W} \tag{4-48}$$

式中，M——作用于矩形基底的力矩设计值，kN・m；

W——基础底面的抵抗矩，$W = \frac{bl^2}{6}$，m。

把偏心荷载（如图 4-14 虚线所示）的偏心矩 $e = \frac{M}{F+G}$ 引入上式得：

$$\left.\begin{matrix} p_{max} \\ p_{min} \end{matrix}\right\} = \frac{F+G}{lb}\left(1 \pm \frac{6e}{l}\right) \tag{4-49}$$

当 $e<1/6$ 时，基底压力分布图呈梯形；

当 $e=1/6$ 时，则呈三角形；

当 $e>1/6$ 时，距偏心荷载较远的基底边缘反力为负值，即 $p_{min}<0$。由于基底与地基之间不能承受拉力，此时基底与地基局部脱开，使基底压力重新分布。因此，根据偏心荷载应与基底反力相平衡的条件，荷载合力应通过三角形反力分布图的形心，由此可得基底边缘的最大压力 p_{max} 为：

$$p_{max} = \frac{2(F+G)}{3bk}$$

式中，k——单向偏心荷载作用点至具有最大压力的基底边缘的距离，m。

6. 基底附加压力

建筑物自身荷载或其他外载（如车辆、堆放在楼地面的设备、材料等重力）等各种作用在地基内产生的应力称为基底附加应力。故建筑物建造后的基底压力中应扣除基底标高处原有的土中自重应力后，才是基底平面处新增加于地基的基底附加压力，基底平均附加压力设计值 p_0 值（kPa）按下式计算

$$p_0 = p - \sigma_c = p - \gamma_0 d \tag{4-50}$$

式中，p——基底平均压力设计值，kPa；

σ_{cz}——土中自重应力标准值，基底处 $\sigma_{cz} = \gamma_0 d$，kPa；

γ_0——基础底面标高以上天然土层的加权平均重度，$\gamma_0 = \frac{\sum r_i h_i}{\sum h_i}$，其中地下水位下土层的重度取有效重度；

d——基础埋深，必须从天然地面算起，对于新填土场地则应从老天然地面起算，$d = \sum h_i$，m。

7. 土体的抗剪强度

法国学者（库仑）通过对砂土的一系列试验研究，于 1776 年首先提出了砂土的抗剪强度规律，其数学表达式如下：

$$\tau_f = \sigma \mathrm{tg}\varphi \tag{4-51}$$

黏性土的抗剪强度规律，其数学表达式如下：

$$\tau_f = \sigma\ \mathrm{tg}\varphi + c \tag{4-52}$$

式中，τ_f ——土的抗剪强度，kPa；

σ ——剪切滑动面上的法向总应力，kPa；

c——土的黏聚力，kPa；

φ——土的内摩擦角，度。

式（4-51）和式（4-52）统称为库仑定律。它表明在一般荷载范围内土的法向应力和抗剪强度之间呈直线关系。

库仑定律表明，影响抗剪强度的外在因素是剪切面上的法向应力，而当法向应力一定时，抗剪强度则取决于土的黏聚力 c 和内摩擦角 φ 。因此 c 和 φ 是影响土的抗剪强度的内在因素，它反映了土抗剪强度变化的规律性，称为土的强度指标。

通过对土中某一点的剪应力 τ 及其抗剪强度 τ_f 进行比较，可以判断该点是否达到强度破坏，即：$\tau < \tau_f$ ，弹性平衡，安全；$\tau = \tau_f$ ，极限平衡，临界状态；$\tau > \tau_f$ ，塑性破坏。

8. 土的压缩性与压缩指标

（1）土的压缩原因。

土在压力作用下体积减小的特性称为土的压缩性，土的压缩主要原因是土中水和气体从孔隙中被挤出，土中固体颗粒本身被压缩和土孔隙中水与封闭气体被压缩可略去不计。土的压缩随时间而增长的过程称为土的固结。土体的压缩主要由压缩系数 a_{1-2} 来表示，用压缩系数 a_{1-2} 判定土体的压缩性如下：①当 $a_{1-2} \geqslant 0.5$ 时，高压缩性土；②当 $0.1 < a_{1-2} \leqslant 0.5$ 时，中压缩性土；③当 $a_{1-2} < 0.1$ 时，低压缩性土。

（2）压缩模量 E_s 。

土在完全侧限条件下竖向应力与相应的应变增量的比值即为压缩模量 E_s 。E_s 与 a 成反比，即 a 越小，E_s 越大，E_s 越大土越硬，压缩性越低。

（3）变形模量 E_0。

土体在无侧向约束条件下，竖向应力与竖向应变的比值称为土的变形模量，其大小由载荷试验结果求得。

三、建筑基础基本结构知识

一般将设置在天然地基上，埋置深度小于 5 m，只需普通施工工艺可以建造起来的基础称为浅基础。而把埋置深度大于等于 5 m，并需借助一些特殊的施工方法来完成的基础称为深基础。

1. 无筋扩展基础

无筋扩展基础是指由抗压强度高但抗拉、抗剪强度低的砖、毛石、混凝土或毛石混凝土、灰土和三合土等材料做成的，且不需配置钢筋的墙下条形基础或柱下独立基础。它适用于多层民用建筑和轻型厂房。因此需通过限制基础的外伸宽度与基础高度的比值来限制其悬臂长度，防止弯曲拉裂破坏如图 4-15 所示。由于受构造要求的影响，无筋扩展基础的相对高度都比较大，几乎不发生挠曲变形，所以此类基础也常被称为刚性基础或刚性扩展基础。

采用无筋扩展基础的钢筋混凝土柱，其柱脚高度 h_1 不得小于 b_1 ［图 4-15（b）］，并不应小于 300mm 且不小于 $20d$。当柱纵向钢筋在柱脚内的竖向锚固长度不满足锚固要求时，可沿水平方向弯折，弯折后的水平锚固长度不应小于 10d 也不应大于 20d（d——柱纵向钢筋直径）。

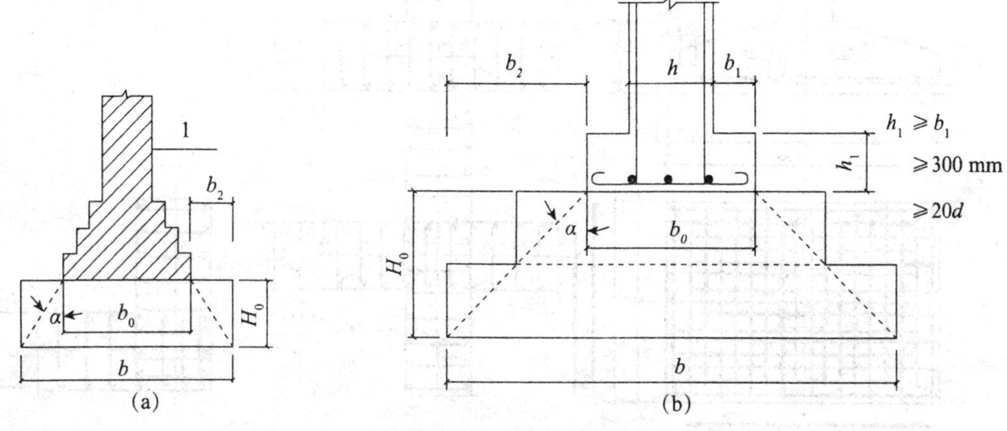

图 4-15　无筋扩展基础构造示意图

2. 扩展基础

扩展基础包括墙下钢筋混凝土条形基础和柱下钢筋混凝土独立基础。

（1）锥形基础的边缘高度不宜小于 200 mm；阶梯形基础的每阶高度，宜为 300～500 mm。

（2）混凝土垫层的厚度不宜小于 70 mm；垫层混凝土强度应不小于 C10。

（3）扩展基础底板受力钢筋的最小直径不宜小于 10 mm，间距不宜大于 200 mm 也不宜小于 100 mm。墙下钢筋混凝土条形基础纵向分布钢筋的直径不应小于 8 mm；间距不应大于 300 mm；每延米分布钢筋的面积应不小于受力钢筋面积的 1/10。当有垫层时，钢筋保护层的厚度不宜小于 40 mm，无垫层时不宜小于 70 mm。

（4）混凝土强度等级不应低于 C20。

（5）柱下钢筋混凝土独立基础的边长和墙下钢筋混凝土条形基础的宽度大于或等于2.5 m 时，底板受力钢筋的长度可取边长或宽度的 0.9 倍，并宜交错布置，见图 4-16（a）。

（6）钢筋混凝土条形基础底板在 T 形及十字形交接处，底板横向受力钢筋仅沿一个主要方向通长布置，另一方向的横向受力钢筋可布置到主要受力方向底板宽度 1/4 处，见图 4-16（b），在拐角处底板横向受力钢筋应沿两个方向布置，见图 4-16（c）。

钢筋混凝土扩展基础通过钢筋来承受弯曲产生的拉应力，其高度不受宽高比的限制，构造高度可以较小，但需要满足抗弯、抗剪和抗冲切破坏的要求。

3. 桩基础

（1）桩基础分类。

1）按桩的受力情况，桩可分为摩擦型桩和端承型桩。

端承桩是由桩的下端阻力承担全部或主要荷载，桩尖进入岩层或硬土层；摩擦桩是指桩顶荷载全部由桩侧摩擦力或主要由桩侧摩擦力和桩端的阻力共同承担。

2）按桩的施工方法可分成预制桩和灌注桩。

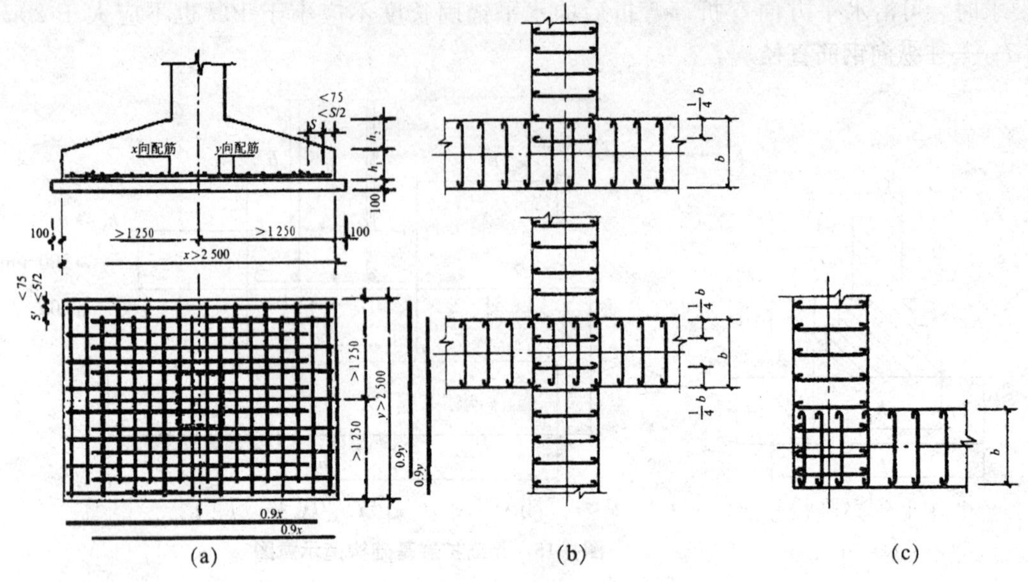

图 4-16 扩展基础底板受力钢筋布置示意图

3）按成桩影响可分成挤土桩（挤土灌注桩、挤土预制桩）、非挤土桩（人工挖孔桩、干作业法桩、泥浆护壁法桩、套筒护壁法桩）、部分挤土桩（部分挤土灌注桩、预钻孔打入式预制桩、螺旋成孔桩等）。

（2）桩与桩基础的构造。

1）有关尺寸：

①摩擦型桩的中心距不宜小于桩身直径的 3 倍；扩底灌注桩的中心距不宜小于扩底直径的 1.5 倍，当扩底直径大于 2m 时，桩端净距不宜小于 1m。在确定桩距时尚应考虑施工工艺中挤土等效应对邻近桩的影响；

②扩底灌注桩的扩底直径，不应大于桩身直径的 3 倍；

③桩底进入持力层的深度，根据地质条件、荷载及施工工艺确定，宜为桩身直径的 1～3 倍。在确定桩底进入持力层深度时，尚应考虑特殊土、岩溶以及震陷液化等影响。嵌岩灌注桩周边嵌入完整和较完整的未风化、微风化、中风化硬质岩体的最小深度，不宜小于 0.5m。

2）混凝土桩：

①桩身混凝土强度等级。设计使用年限不少于 50 年时，非腐蚀环境中预制桩的混凝土强度等级不应低于 C30，预应力桩不应低于 C40，灌注桩的混凝土强度等级不应低于 C25；二类环境及三类及四类、五类微腐蚀环境中不应低于 C30；水下灌注混凝土的桩身混凝土强度等级不宜高于 C40。

②桩身配筋。桩的主筋配置应经计算确定。腐蚀环境中的灌注桩主筋直径不宜小于 16mm，非腐蚀性环境中灌注桩主筋直径不应小于 12mm。

③桩身纵向钢筋配筋长度。受水平荷载和弯矩较大的桩，配筋长度应通过计算确定；桩基承台下存在淤泥、淤泥质土或液化土层时，配筋长度应穿过淤泥、淤泥质土层或液化土层；坡地岸边的桩、8 度及 8 度以上地震区的桩、抗拔桩、嵌岩端承桩应通长

配筋；钻孔灌注桩构造钢筋的长度不宜小于桩长的 2/3；桩施工在基坑开挖前完成时，其钢筋长度不宜小于基坑深度的 1.5 倍。

④桩与承台的连接。桩顶嵌入承台内的长度不应小于 50mm；主筋伸入承台内的锚固长度不应小于钢筋直径（HPB235）的 30 倍和钢筋直径（HRB335 和 HRB400）的 35 倍。对于大直径灌注桩，当采用一柱一桩时，可设置承台或将桩和柱直接连接。

⑤混凝土保护层厚度。灌注桩中不应小于 50mm；预制桩不应小于 45mm；预应力管桩不应小于 35mm；腐蚀环境中的灌注桩不应小于 55mm。

3）桩基承台的构造：

①承台尺寸。承台宽度不应小于 500mm。边桩中心至承台边缘的距离不宜小于桩的直径或边长，且桩的外边缘至承台边缘的距离不小于 150mm。对于条形承台梁，桩的外边缘至承台梁边缘的距离不小于 75mm；承台的最小厚度不应小于 300mm。

②承台的配筋。矩形承台其钢筋应按双向均匀通长布置，钢筋直径不宜小于 10mm，间距不宜大于 200mm；承台主筋直径不宜小于 12mm，架立筋不宜小于 10mm，箍筋直径不宜小于 6mm；柱下独立桩基承台的最小配筋率不应小于 0.15%。锚固长度不应小于 35 倍钢筋直径，当不满足时应将钢筋向上弯折，此时钢筋水平段的长度不应小于 25 倍钢筋直径，弯折段的长度不应小于 10 倍钢筋直径。

③承台混凝土强度等级不应低于 C20。

④纵向钢筋的混凝土保护层厚度不应小于 70mm，当有混凝土垫层时，不应小于 40mm。

⑤承台之间的连接要求。单桩承台，宜在两个互相垂直的方向上设置联系梁；两桩承台，宜在其短向设置联系梁；有抗震要求的柱下独立承台，宜在两个主轴方向设置联系梁。

⑥承台之间的联系梁。联系梁顶面宜与承台位于同一标高。联系梁的宽度不应小于 250mm，梁的高度可取承台中心距的 1/10--1/15，且不小于 400mm；联系梁的主筋应按计算要求确定。联系梁内上下纵向钢筋直径不应小于 12mm 且不应少于 2 根，并应按受拉要求锚入承台。

四、砌体结构的受力特点和构造要求

1. 混合结构房屋的结构布置方案

根据荷载传递路径的不同，砌体结构房屋的结构布置分为横墙承重、纵墙承重、纵横墙承重及内框架承重。

（1）横墙承重。

屋盖或楼盖构件均搁置在横墙上，横墙承担屋盖或楼盖传来的荷载，纵墙仅承受自重和起围护作用，此为横墙承重结构。横墙承重方案能有效增大房屋的横向刚度，从结构受力和整体刚度方面考虑，宜优先采用。横墙荷载传递路径为：楼盖（屋盖）→板→横墙→基础→地基。

（2）纵墙承重。

屋盖或楼盖构件主要搁置在纵墙上，纵墙承担屋盖或楼盖传来的荷载，横墙承受自重和一小部分楼（屋）盖荷载，此为纵墙承重结构。纵墙荷载传递路径为：楼盖（屋盖）→板→梁→纵墙→基础→地基。纵墙承重方案，房屋的横向刚度往往较差。

（3）纵横墙承重。

楼（屋）盖传来的荷载主要由纵墙、横墙共同承受，形成纵横墙承重结构。纵横墙荷载传递路径为：

$$荷载\rightarrow楼盖（屋盖）\rightarrow\left\{\begin{matrix}梁\rightarrow纵墙\\横墙\end{matrix}\right\}\rightarrow基础$$

（4）内框架承重。

屋（楼）传来的荷载主要由混凝土框架结构和外墙、柱共同承受的结构称为内框架结构。内框架结构荷载传递路径为：

$$荷载\rightarrow楼盖（屋盖）\rightarrow\left\{\begin{matrix}板\rightarrow梁\rightarrow柱\rightarrow柱基础\\外纵墙\rightarrow纵墙基础\end{matrix}\right\}\rightarrow地基$$

内框架承重结构的特点：

1）内部空间较大，平面布置灵活，与全框架结构比较，较经济。

2）横墙少，房屋的整体刚度较差。

3）砌体和钢筋混凝土是两种力学性能的材料。在结构受力作用下容易产生不同的压缩变形，从而引起较大的附加内力，并产生裂缝。

2. 房屋的静力计算方案

混合结构房屋的静力计算方案，根据房屋的空间工作性能分为刚性方案、刚弹性方案和弹性方案三类。

（1）刚性方案。

当房屋的横墙间距较小、屋（楼）盖的水平刚度较大时，房屋的空间刚度则大，因此在水平荷载作用下，墙、柱顶端的相对位移很小，在确定内力计算简图时，可按屋（楼）盖与墙、柱顶端为不动铰支座支承的竖向构件计算，这种方法进行静力计算的方案称为刚性方案。这种方案多应用于多层住宅、办公楼、教学楼医院等房屋中。

（2）弹性方案。

当房屋横墙间距较大，屋（楼）盖的水平刚度较小时，房屋的空间刚度则小，因此在水平荷载作用下，墙、柱顶端的相对位移较大，在确定内力计算简图时，可按屋（楼）盖与墙、柱顶端为铰接的、不考虑空间工作性能的平面排架计算，这种方法进行静力计算的方案称为弹性方案。这种方案多应用于单层厂房、仓库、礼堂、食堂等房屋中。

（3）刚弹性方案。

介于“刚性”与“弹性”两种方案之间的进行静力计算的方案称为刚弹性方案。在水平荷载作用下，房屋的水平位移也介于两者之间。在确定计算简图时，按屋（楼）盖与墙、柱顶端为铰接的、考虑空间工作性能的平面排架计算。

可根据横墙间距、横墙刚度和屋盖（楼盖）的类别这两个影响房屋刚度的主要因素，按表 4-11 确定房屋的静力计算方案。

表 4-11 房屋的静力计算方案

	屋盖或楼盖类别	刚性方案	刚弹性方案	弹性方案
1	整体式、装配整体和装配式无檩体系钢筋混凝土屋盖或钢筋混凝土楼盖	$s<32$	$32\leqslant s\leqslant 72$	$s>72$
2	装配式有檩体系钢筋混凝土屋盖、轻钢屋盖和有密铺望板的木屋盖或木楼盖	$s<20$	$20\leqslant s\leqslant 48$	$s>48$
3	瓦材屋面的木屋盖和轻钢屋盖	$s<16$	$16\leqslant s\leqslant 36$	>36

注：①表中 s 为房屋横墙间距，其长度单位为 m；

②当屋盖、楼盖类别不同或横墙间距不同时，可按《砌体结构设计规范》第 4.2.7 条的规定确定房屋的静力计算方案；

③对无山墙或伸缩缝处无横墙的房屋，应按弹性方案考虑。

作为刚性和刚弹性静力计算方案的房屋横墙，应具有足够的刚度。规范规定，刚性和刚弹性方案房屋的横墙应符合下列要求：

1）横墙中开有洞口时，洞口的水平截面面积不应超过横墙截面面积的 50%。

2）横墙的厚度不宜小于 180 mm。

3）单层房屋的横墙长度不宜小于其高度，多层房屋的横墙长度不宜小于 $\frac{H}{2}$（H 为横墙总高度）。

当横墙不能同时符合上述要求时，应对横墙的刚度进行验算。如其最大水平位移值 $u_{max}\leqslant\frac{H}{4\,000}$ 时，仍可视做刚性或刚弹性方案房屋的横墙。

3. 墙、柱的构造要求

砌体结构的构造措施主要包括三个方面：墙、柱高厚比的要求；墙、柱的一般构造要求；防止或减轻墙体开裂的主要措施。

（1）墙、柱高厚比。

墙、柱高厚比 β 是指墙、柱的计算高度 H_0 和墙厚或柱截面尺寸 h 的比值。墙、柱高厚比越大，构件稳定性越差。因此规范规定采用允许高厚比来限制墙、柱的高厚比，这是保证混合结构稳定和刚度的重要构造措施之一。

1）墙柱高厚比验算：墙柱高厚比应按下式验算：

$$\beta=\frac{H_0}{h}\leqslant\mu_1\mu_2[\beta] \tag{4-53}$$

式中，H_0 ——墙、柱的计算高度；按《砌体结构设计规范》表 5.1.3 采用；

h ——墙厚或矩形柱与 H_0 相对应的边长；

μ_1 ——自承重墙允许高厚比的修正系数，按下列规定采用：

当 $h=240$ mm 时，$\mu_1=1.2$；

当 $h=90$ mm 时，$\mu_1=1.5$；

当 90 mm$<h<$240 mm 时，μ_1 可按插入法取值。

μ_2 ——有门窗洞口墙允许高厚比的修正系数；应按下式计算：

$$\mu_2=1-0.4\frac{b_s}{S} \tag{4-54}$$

其中，b_s—— 在宽度 s 范围内的门窗洞口总宽度见图 4-17；

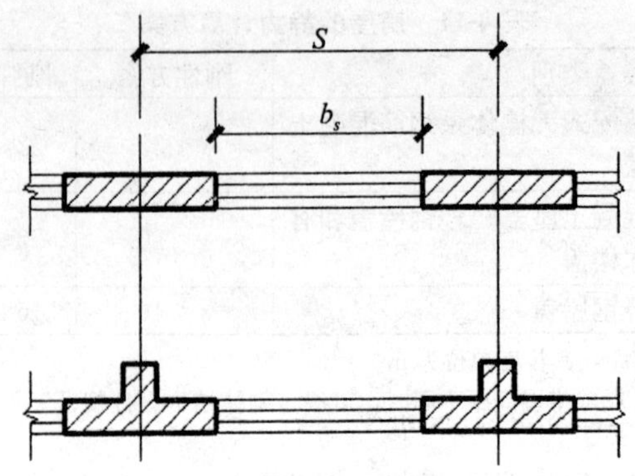

图 4-17 门窗洞口宽度

S——相邻窗间墙或壁柱之间的距离。

当按公式（4-54）算得 μ_2 的值小于 0.7 时，应采用 0.7；当洞口高度等于或小于墙高的 1/5 时，可取 $\mu_2 = 1.0$；当洞口高度大于或等于墙高的 4/5 时，可按独立墙段验算高厚比。

[β]——墙、柱的允许高厚比，应按表 4-12 采用。

表 4-12 墙、柱的允许高厚比［β］值

砂浆强度等级	墙	柱
M2.5	22	15
M5.0	24	16
≥M7.5	26	17

注：①毛石墙、柱允许高厚比应按表中数值降低 20%；

②组合砖砌体构件的允许高厚比，可按表中数值提高 20%，但不得大于 28；

③验算施工阶段砂浆尚未硬化的新砌砌体高厚比时，允许高厚比对墙取 14，对柱取 11。

2）带壁柱墙的高厚比验算：

①带壁柱整片墙验算：一般的混合结构在纵墙上设有壁柱，带壁柱的墙截面为 T 形截面，按下式进行验算：

$$\beta = \frac{H_0}{h_T} < \mu_1 \mu_2 [\beta] \tag{4-55}$$

式中，h_T ——带壁柱墙截面的折算厚度，$h_T = 3.5i$；

i——带壁柱墙截面的回转半径，$i = \sqrt{\frac{I}{A}}$；

I、A——分别为带壁柱墙截面的惯性矩和截面面积。

计算 I 和 A 时，墙体计算截面翼缘宽度 b_f 按如下采用：多层房屋，当有门窗洞口时，取门或窗间墙的宽度；无门窗洞口时，每侧翼墙宽度可取壁柱高度的 1/3；单层房屋，取$b_f = b + \frac{2}{3}H$（b 为壁柱宽度，H 为墙高），但不大于窗间墙宽或相邻壁柱间的距离。

②壁柱间墙的高厚比验算：验算壁柱之间墙体的局部高厚比时，按公式（4-53）验算，墙的长度 S 取壁柱间的距离。不论带壁柱墙的静力计算方案采用哪一种，壁柱间

墙 H 的计算，一律按刚性方案考虑。

（2）墙、柱一般构造要求。

混合结构房屋墙柱除满足高厚比要求外，还应满足一般的构造要求，以保证砌体房屋的耐久性和整体性。

1）预制钢筋混凝土板在混凝土圈梁上的支承长度不应小于 80mm，板端伸出的钢筋应与圈梁可靠连接，且同时浇筑；预制钢筋混凝土板在墙上的支承长度不应小于 100mm，并按下列方法进行连接：

①板端钢筋与支座处沿墙配置的纵筋绑扎，用强度等级不低于 C25 的混凝土浇筑成板带。板端钢筋伸出长度为：板支承于内墙时，不应小于 70mm；板支承于外墙时，伸出长度不应小于 100mm。

②预制钢筋混凝土板与现浇板对接时，预制板端应伸入现浇板中进行连接后，再浇筑现浇板。

2）墙体转角处和纵横墙交接处宜沿竖向每隔 400～500mm 设拉结钢筋，其数量为每 120mm 墙厚不少于 1Φ6 或焊接钢筋网片，拉结钢筋和钢筋网片埋入砌体的长度，从转角墙或交接墙内侧算起，对实心砖墙每边不小于 500mm，对多孔砖墙和砌块墙不小于 700mm。

3）承重的独立砖柱截面尺寸不应小于 240mm×370mm。毛石墙的厚度不宜小于 350mm，毛料石柱较小边长不宜小于 400mm。当有振动荷载时，墙、柱不宜采用毛石砌体。

4）支承在墙、柱上的吊车梁、屋架及跨度大于或等于下列数值：对砖砌体为 9m；砌块和料石砌体为 7.2m 的预制梁的端部，应采用锚固件与墙、柱上的垫块锚固。

5）跨度大于 6m 的屋架和跨度大于下列数值的梁：对砖砌体为 4.8m；砌块和料石砌体为 4.2m；毛石砌体为 3.9m，应在支承处砌体上设置混凝土或钢筋混凝土垫块；当墙中设有圈梁时，垫块与圈梁宜浇成整体。

6）当梁跨度大于或等于下列数值：240mm 厚的砖墙为 6m；180mm 厚的砖墙为 4.8m；对砌块、料石墙为 4.8m，其支承处宜加设壁柱，或采取其他加强措施。

7）在砌体中留槽洞及埋设管道时，应遵循：不应在截面长边小于 500mm 的承重墙体、独立柱内埋设管线；不宜在墙体中穿行暗线或预留、开沟槽，当无法避免时应采取必要的措施或按削弱后的截面验算墙体的承载力。

8）填充墙、隔墙应采用拉结钢筋等措施来加强其与周边构件可靠连接。

9）山墙处的壁柱宜砌至山墙顶部，屋面构件应与山墙可靠拉结。

10）砌块砌体应分皮错缝搭砌，上下皮搭砌长度不应小于 90mm。当搭砌长度不满足该要求时，应在水平灰缝内设置不少于 2 根直径不小于 4mm 的焊接钢筋网片（横向钢筋间距不应大于 200mm，网片每端应伸出该垂直缝不小于 300mm）。

（3）防止或减轻墙体开裂的构造措施。

1）房屋顶层墙体宜根据情况采取下列措施：

①屋面应设保温、隔热层。

②屋面保温（隔热）层或屋面刚性面层及砂浆找平层应设置分隔缝，分隔缝间距不宜大于 6m，其缝宽不小于 30mm，并与女儿墙隔开。

③顶层屋面板下设置现浇钢筋混凝土屋盖和瓦材屋盖。

④顶层屋面板下设置现浇钢筋混凝土圈梁，并沿内外墙拉通，房屋两端圈梁下的墙体内宜设置水平钢筋。

⑤顶层女儿墙砂浆强度等级不低于 M7.5（Mb7.5、Ms7.5）。

⑥为防止或减轻房屋顶层墙体的裂缝，女儿墙应设置构造柱间距不宜大于 4m，构造柱应伸至女儿墙顶并与现浇钢筋混凝土压顶整浇在一起。

2）房屋底层墙体宜根据情况采取下列措施：

①增大基础圈梁的刚度。

②在底层的窗台下墙体灰缝内设置 3 道焊接钢筋网片或 2Φ6 钢筋，并伸入两边窗间墙内不小于 600mm。

3）在每层门、窗过梁上方的水平灰缝内及窗台下第一道和第二道水平灰缝内设置焊接钢筋网片或 2Φ6 钢筋，焊接钢筋网片或钢筋应伸入两边窗间墙内不小于 600mm；当实体墙长大于 5m 时，宜在每层墙高度中部设置 2～3 道焊接钢筋网片或 3Φ6 的通长水平钢筋，竖向间距宜为 500mm。

4）房屋两端和底层第一、第二开间门窗洞处，可采取下列措施：

①在门窗洞口两边墙体的水平灰缝中，设置长度不小于 900mm、竖向间距为 400mm 的 2 根直径 4mm 焊接钢筋网片。

②在顶层和底层设置通长钢筋混凝土窗台，窗台梁高宜为块材高度模数，梁内纵筋不小于 4 根，直径不小于 10mm，箍筋直径不小于 6mm，间距不大于 200mm，混凝土强度等级不低于 C20。

③在混凝土砌块砌体房屋加强部位在门窗洞口两侧不少于一个孔洞中设置不小于 1Φ12 钢筋，钢筋应在楼层圈梁或基础锚固，并采用不低于 Cb20 灌孔混凝土灌实。

5）填充墙砌体与梁、柱或混凝土墙体结合的界面处（包括内外墙），宜在粉刷前设置钢丝网片，网片宽度可取 400mm，并沿界面缝两侧各延伸 200mm，或采取有效的防裂、盖缝措施。

五、钢筋混凝土基本构件的受力特点和构造要求

1. 梁的受力特点和构造要求

钢筋混凝土梁是典型的受弯构件。在外荷载作用下，构件截面内产生弯矩和剪力。由于混凝土的抗拉强度很低，钢筋混凝土受弯构件可能沿弯矩最大截面的受拉区出现垂直裂缝（或称正裂缝），并且随着荷载的增加沿正截面发生破坏，这种破坏称为正截面破坏。钢筋混凝土受弯构件也可能沿剪力最大或弯矩和剪力都比较大的截面出现裂缝，这种裂缝是由于主拉应力超过混凝土抗拉强度所引起的，因此裂缝走向是倾斜的，这种裂缝称为斜裂缝。随着荷载的增大，梁也可能沿斜裂缝发生破坏，这种破坏称为沿斜截面破坏。如图 4-18 所示。

因此，在确定梁的承载力时，既要计算其正截面的承载力又要计算其斜截面的承载力。为保证梁有足够的正截面的承载力需要配置纵向受力钢筋；为保证梁有足够的

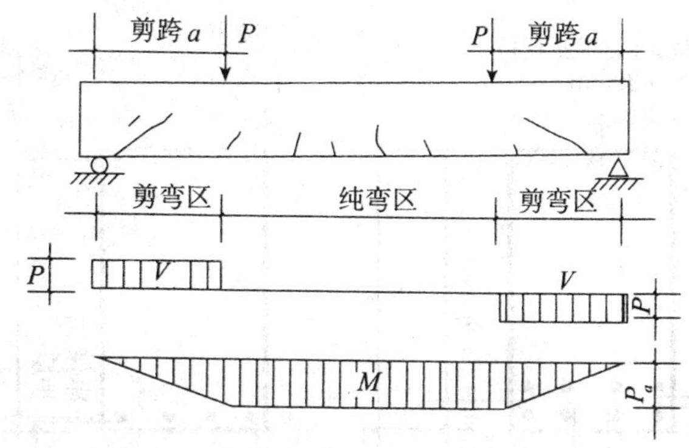

图 4-18　梁的垂直裂缝与斜裂缝

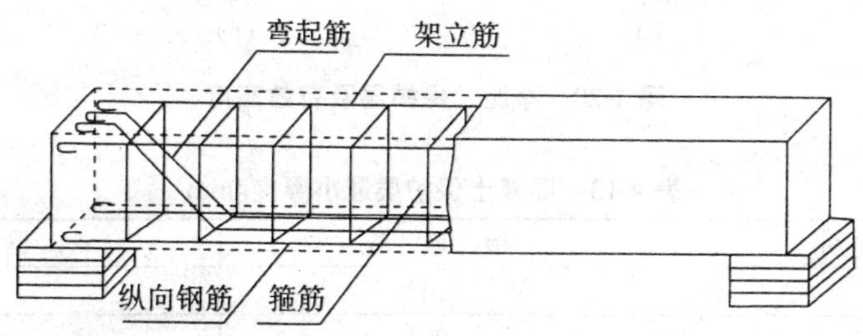

图 4-19　钢筋配筋骨架图

斜截面的承载力则需要配置腹筋（包括箍筋和弯起钢筋）。故梁中通常配有纵向受拉钢筋、箍筋、弯起钢筋和架立钢筋等。梁的配筋骨架如图 4-19 所示。钢筋混凝土梁通常是带裂缝工作的，裂缝出现后，钢筋通过与混凝土之间良好的黏结力，有效地阻止裂缝的开展，裂缝不至于贯穿全梁。

（1）纵筋布置。

梁中纵向受拉钢筋的作用是承受弯矩在梁内所产生的拉力。故应布置于受拉区的外边缘。纵向受拉钢筋直径常采用 10～28 mm。当梁高 $h \geqslant 300$ mm，纵筋直径不小于 10 mm；当梁高 $h < 300$ mm，纵筋直径不小于 8 mm。伸入梁支座范围内的纵向受力钢筋根数，当梁宽 $b \geqslant 100$ mm 时，不宜少于两根；当梁宽 $b < 100$ mm 时，可为一根。若需要用两种不同直径，钢筋直径相差至少 2 mm，以便于在施工中能用肉眼识别。

为了便于浇筑混凝土以保证钢筋周围混凝土的密实性，纵筋的净间距应满足图4-20所示要求。若钢筋必须排成两排时，上、下两排钢筋应对齐。截面有效高度 h_0 为梁截面受压区的外边缘至受拉钢筋合力点的距离，$h_0 = h - a_s$，此处 a_s 为受拉钢筋合力点至受拉区边缘的距离。纵筋为一排钢筋时，$a_s = c + \frac{d}{2} + d_1$；纵筋为两排钢筋时，$a_s = c + d + \frac{e}{2} + d_1$，此处 c 为混凝土保护层厚度，e 为上下两排钢筋的净距，d_1 为箍筋直径。截面设计时，一般取 $d = 20$ mm、$e = 25$ mm 计算 a_s。

混凝土保护层厚度是指箍筋外表面到混凝土表面的距离。受力钢筋的混凝土保护层最小厚度应按表 4-13 采用。

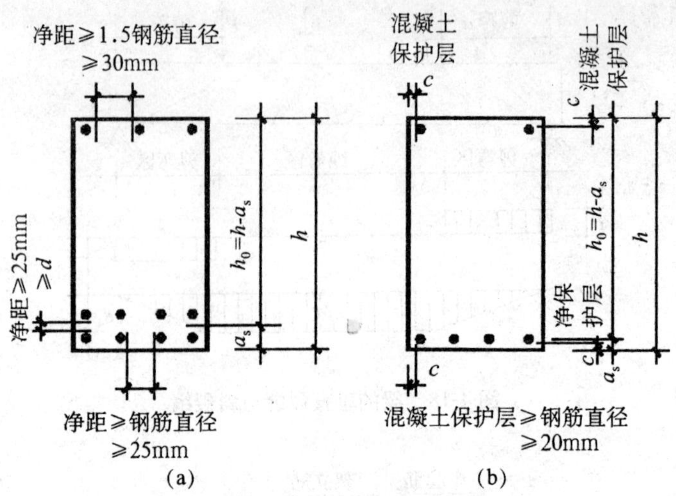

图 4-20 净距、保护层及有效高度

表 4-13 混凝土保护层最小厚度/mm

环境类别		板、墙、壳	梁、柱
一		15	20
二	a	20	25
	b	25	35
三	a	30	40
	b	40	50

注：1. 混凝土强烈等级不大于 C25 时，表中保护层厚度数值应增加 5mm；

2. 基础中纵向受力钢筋的保护层厚度不应小于 40mm；当无垫层时不应小于 70 mm。

（2）梁正截面承载力。

1）正截面的破坏形式：根据试验研究，梁正截面的破坏形式与配筋率 ρ、钢筋和混凝土的强度等级有关。配筋率 $\rho=\frac{A_s}{bh_0}$，此处 A_s为受拉钢筋截面面积，b 为梁的截面宽度；h_0为截面的有效高度，是从受压边缘至纵向受力钢筋截面重心的距离。在常用的钢筋级别和混凝土强度等级情况下，其破坏形式主要随配筋率 ρ 的大小而异。

梁的破坏形式可分为以下三类：

①适筋梁：破坏始于受拉区钢筋的屈服。

②超筋梁：破坏始于受压区混凝土的压碎，而此时纵向钢筋往往未屈服。

③少筋梁：少筋梁混凝土一旦开裂，受拉钢筋立即到达屈服强度并迅速经历整个流幅而进入强化阶段工作。

由于超筋梁和少筋梁都具有不能充分利用材料，梁破坏时没有明显预兆，属于“脆性破坏”的性质，故实际工程中不允许设计成超筋梁和少筋梁，只能设计成适筋梁。

2）单筋矩形截面梁正截面承载力：

①基本公式：单筋矩形截面梁正截面承载力基本公式是依据适筋破坏形态建立的；单筋矩形截面受弯构件正截面承载力计算简图见图 4-21。

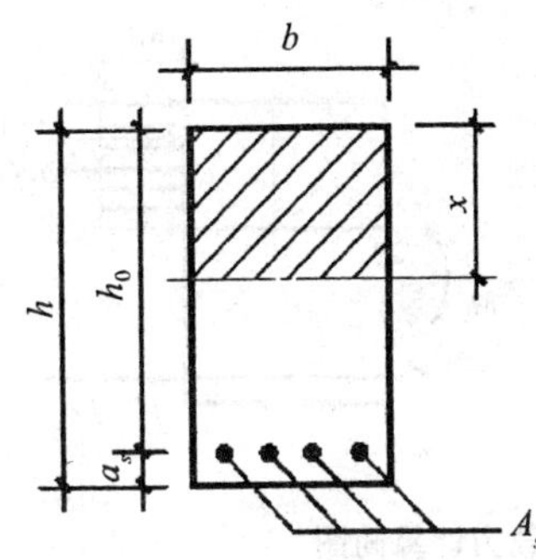

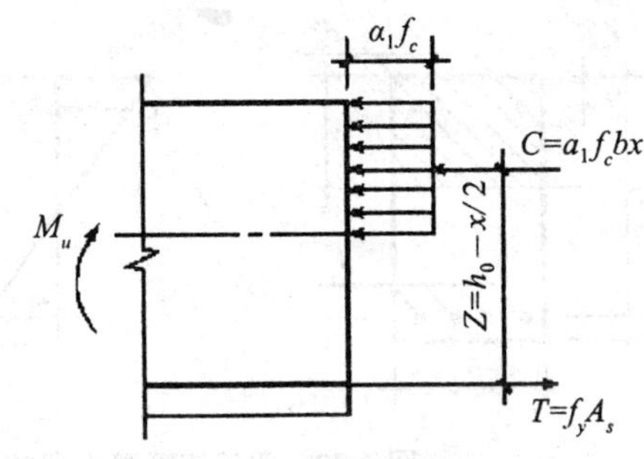

图 4-21　单筋矩形截面受弯构件正截面承载力计算简图

根据力的平衡条件，可列出其基本方程

$$\sum X = 0 \qquad \alpha_1 f_c bx = f_y A_s \tag{4-56}$$

$$\sum M_C = 0 \quad M \leqslant M_u = f_y A_s (h_0 - \frac{x}{2}) \tag{4-57a}$$

$$\sum M_{A_s} = 0 \qquad M \leqslant M_u = \alpha_1 f_c bx (h_0 - \frac{x}{2}) \tag{4-57b}$$

式中，h_0——截面的有效高度，$h_0 = h - a_s$；

a_s——受拉区边缘到受拉钢筋合力作用点的距离；

A_s——受拉钢筋截面面积；

b——截面宽度；

x——混凝土受压区高度；

M——构件正截面弯矩设计值；

M_u——构件正截面抗弯承载力设计值。

②适用条件：

a. 为了防止超筋破坏，保证构件破坏时纵向受拉钢筋首先屈服，应满足 $\xi \leqslant \xi_b$ 或 $x \leqslant \xi_b h_0$ 或 $p \leqslant p_{max}$。

b. 为了防止少筋破坏，应满足 $A_s \geqslant p_{min} bh$ 。

此处 $\xi = \frac{x}{h_0}$，称为相对受压区高度；ξ_b 称为界限相对受压区高度；ρ_{min} 为梁的最小配筋率，由《混凝土结构设计规范》查取。钢筋混凝土梁正截面抗弯能力受配筋率、混凝土强度等级、截面尺寸等因素影响，但增加抗弯能力最经济有效的措施是增加截面高度。

3）双筋矩形截面梁的正截面承载力：双筋矩形截面受弯构件是指在截面的受拉区和受压区都配有纵向受力钢筋的矩形截面梁。一般利用受压钢筋来帮助混凝土承受压力是不经济的，所以应尽量少用，一般只在弯矩很大，按单筋矩形截面计算所得的 $\xi > \xi_b$，而梁的截面尺寸和混凝土强度等级受到限制时或梁在不同荷载组合下（如地震）承受变号弯矩作用这两种情况下采用。

①基本公式：双筋矩形截面受弯构件正截面承载力计算简图，见图 4-22。

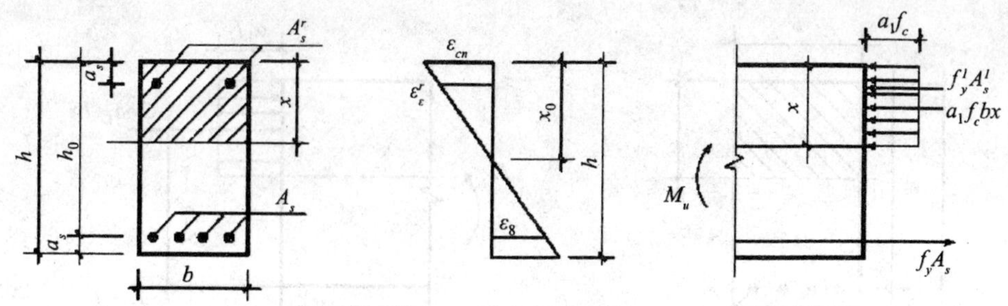

图 4-22　双筋矩形截面梁的正截面承载力计算简图

根据力的平衡条件，列出其基本公式

$$\sum x = 0 \qquad \alpha_1 f_c bx + f'_y A'_s = f_y A_s \tag{4-58}$$

$$\sum M_{As} = 0 \quad M \leqslant \alpha_1 f_c bx(h_0 - \frac{x}{2}) + f'_y A'_s (h_0 - a'_s) \tag{4-59}$$

式中，f'_y—— 钢筋的抗压强度设计值；

A'_s—— 受压钢筋截面面积；

a'_s—— 受压钢筋合力作用点至截面受压边缘的距离，取值方法同 a_s；

其他符号意义同前。

②适用条件：应用上述计算公式时，必须满足以下条件：

a. 为了防止超筋破坏，保证构件破坏时纵向受拉钢筋首先屈服，应满足

$$\xi \leqslant \xi_b \text{ 或 } x \leqslant \xi_b h_0 \text{ 或 } p \leqslant p_{max}$$

b. 为了保证受压钢筋在构件破坏时达到屈服强度，应满足

$$x \geqslant 2a'_s$$

当条件 b 不满足时，表明受压钢筋应力还未达到 f'_y，因应力值未知，可近似地取 $x = 2a'_s$，并对受压钢筋的合力作用点取矩（图 4-23），则正截面承载力可直接根据下式确定

$$M \leqslant f_y A_s (h_0 - a'_s) \tag{4-60}$$

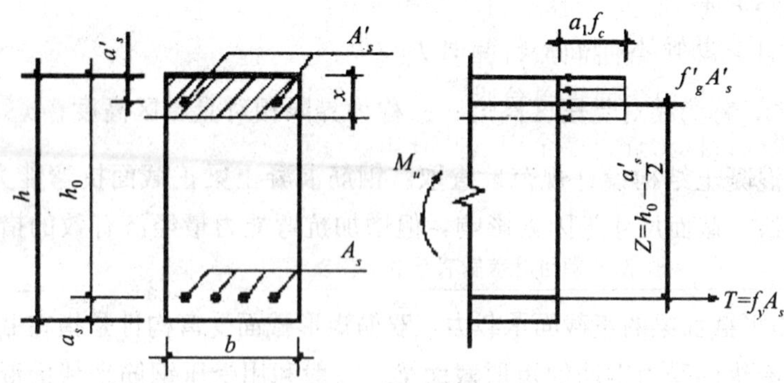

图 4-23　当 $x < 2a'_s$ 时双筋矩形截面受弯构件正截面承载力计算简图

值得注意的是，按上式求得的 A_s 可能比不考虑受压钢筋而按单筋矩形截面计算的 A_s 还大，这时应按单筋矩形截面的计算结果配筋。

（3）斜截面梁承载力。

如前所述，为了防止梁沿斜截面破坏，就需要在梁内设置足够的抗剪腹筋，通常由与梁轴线垂直的箍筋和与主拉应力方向平行的斜筋共同组成。斜筋常利用正截面承载力多余的纵向钢筋弯起而成，所以又称弯起钢筋。

1）斜截面破坏的三种形态：

①斜拉破坏。若腹筋数量配置很少，或剪跨比 λ 较大（$\lambda>3$）时，斜裂缝一开裂，腹筋的应力就会很快达到屈服，腹筋不能起到限制斜裂缝开展的作用，从而产生斜拉破坏。

②剪压破坏。若腹筋数量配置适当，且剪跨比 $1<\lambda\leqslant3$ 时，在斜裂缝出现后，由于腹筋的存在，限制了斜裂缝的开展，使荷载仍能有较大的增长，直到腹筋屈服不再能控制斜裂缝开展，而使斜裂缝顶端混凝土余留截面发生剪压破坏。

③斜压破坏。当腹筋数量配置很多时，斜裂缝间的混凝土因主压应力过大而发生斜向受压破坏时，腹筋应力达不到屈服，腹筋强度得不到充分利用。

2）影响梁斜截面受剪承载力的因素：有腹筋梁斜截面受剪承载力影响因素，包括腹筋用量、剪跨比、混凝土的强度和纵向钢筋用量。

箍筋用量以配箍率 ρ_{sv} 来表示，它反映了梁沿纵向单位水平截面含有的箍筋截面面积

$$\rho_{sv}=\frac{A_{sv}}{bs} \tag{4-61}$$

$$A_{sv}=nA_{sv_1} \tag{4-62}$$

式中，A_{sv} ——同一截面内的箍筋截面面积；

n ——同一截面内箍筋的肢数；

A_{sv_1} ——单肢箍筋截面面积；

s ——沿梁轴线方向箍筋的间距；

b ——矩形截面的宽度，T 形或工形截面的腹板宽度。

3）斜截面受剪承载力组成：当钢筋混凝土梁即将发生斜截面剪压破坏时，取出截面一侧为脱离体如图 4-24 所示，则脱离体上除作用有剪力外，其斜截面所具有的抗剪力包括：

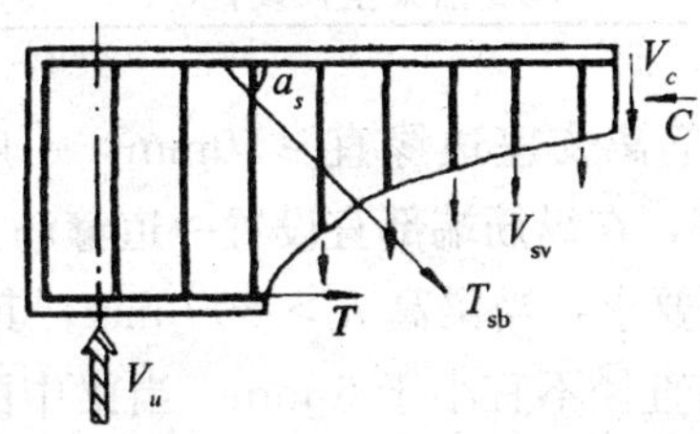

图 4-24　斜截面抗剪承载力的组成

a. 未开裂的剪压区混凝土抗剪力 V_c。

b. 与斜裂缝相交的箍筋抗剪力 V_{sv}。

c. 与斜裂缝相交的弯起钢筋抗剪力 V_{sb}。

d. 纵筋的销栓抗剪力 V_s。

e. 斜截面上混凝土的机械啮合力 V_a。

上述各项抗剪力中，纵筋的销栓抗剪力和混凝土的机械啮合力对斜截面抗剪能力的影响较小，故斜截面上的剪力只考虑由剪压区混凝土、箍筋以及可能配置的弯起钢筋承担。

斜截面抗剪强度计算公式是以剪压破坏形态为依据建立的，为计算方便，取线性和的表达式：

$$V_u = V_c + V_{sv} + V_{sb} \tag{4-63}$$

式中，V_u——梁斜截面抗剪承载力；

V_c——斜裂缝上端的剪压区混凝土所承受的剪力；

V_{sv}——与斜裂缝相交的箍筋所能承受的剪力；

V_{sb}——与斜裂缝相交的弯起钢筋承受的剪力。

4）保证梁斜截面承载力的措施：梁斜截面承载力实际上包括抗剪承载力和抗弯承载力。

①保证梁斜截面抗剪承载力的措施：如前所述，斜截面受剪可能会发生三种破坏，为避免这三种破坏的发生，在实际工程设计时的做法是：通过斜截面抗剪承载力计算公式，计算确定腹筋用量来保证梁有足够的斜截面承载力避免发生剪切破坏。同时，采用限制构件截面最小尺寸或混凝土最低强度等级的构造措施防止发生斜压破坏；通过规定最小配箍率、箍筋的最小直径和最大间距等构造措施来防止发生斜拉破坏。

a. 箍筋在梁内的布置要求：箍筋在梁内的布置要求及最小配箍率见表 4-14。

表 4-14　箍筋在梁内的布置要求及最小配箍率

条件	梁的高度/mm	配置要求	最小配箍率 $\rho_{sv,min}$
$V \leqslant 0.7 f_{tb} h_0$	$h \leqslant 150$	可不配箍筋	—
	$150 < h < 300$	可仅在构件端部各 1/4 跨度范围内设置箍筋	$0.24 \frac{f_t}{f_{yv}}$
	$h > 300$	应沿梁全长设置箍筋	
$V > 0.7 f_{tb} h_0$	各种高度	均应沿梁全长设置	

一般支座外的第一道箍筋离支座边缘宜≥50mm，一般取 50mm。支座范围内每 100～200mmm 设置一道箍筋，在纵筋端部宜设置一道箍筋。

b. 梁内箍筋的最小直径要求：当梁高 $h >$ 800 mm，其箍筋直径不宜小于 8 mm，当梁高 $h \leqslant$ 800 mm，其箍筋直径不宜小于 6 mm。当梁中配有计算需要的纵向受压钢筋时，箍筋直径尚不应小于纵向受压钢筋最大直径的 0.25 倍。

c. 腹筋间距要求：如腹筋间距过大，有可能在两根腹筋之间出现不与腹筋相交的斜裂缝，这时腹筋便无从发挥作用（图 4-25）。同时箍筋分布的疏密对斜裂缝开展宽度也有影响。采用较密的箍筋对抑制斜裂缝宽度有利。为此有必要对腹筋的最大间距 s_{max} 加以限制，见表 4-15。

表 4-15 梁中箍筋的最大间距 单位：mm

梁高 h	$V>0.7f_tbh_0$	$V\leqslant 0.7f_tbh_0$
$150<h\leqslant 300$	150	200
$300<h\leqslant 500$	200	300
$500<h\leqslant 800$	250	350
$h>800$	300	400

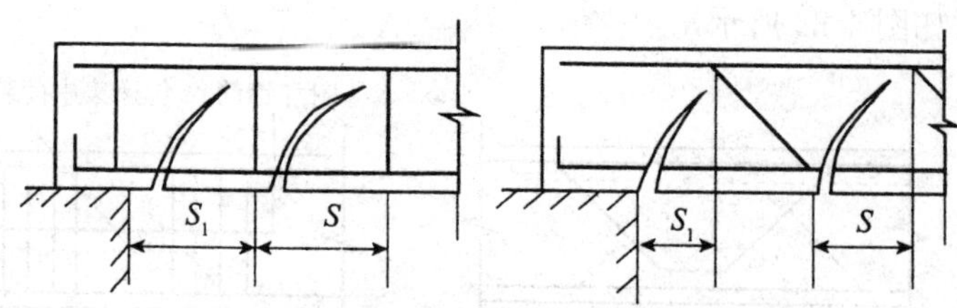

图 4-25 腹筋间距过大时产生的影响

S_1——支座边缘到第一根弯起钢筋或箍筋的距离；S——弯起钢筋或箍筋的间距

d. 弯起钢筋的构造：弯起钢筋的弯起角度宜取 45°或 60°；在弯终点外应留有平行于梁轴线方向的锚固长度，且在受拉区不应小于 $20d$，在受压区不应小于 $10d$，d 为弯起钢筋的直径；梁底层钢筋中的角部钢筋不应弯起，顶层钢筋中的角部钢筋不应弯下。因为弯起钢筋由纵向受力钢筋弯起而来，所以其直径大小要求同纵向受力钢筋，其根数由斜截面受剪计算确定。其最大间距同箍筋的最大间距。

②保证梁斜截面抗弯承载力的措施：若梁内的纵筋在梁的中部截断或弯起，会使梁的斜截面抗弯承载力降低，若其位置和数量不当，可能会造成梁的斜截面抗弯承载力不足而发生斜截面受弯破坏。故规范规定：梁的下部纵向受力钢筋必须伸入支座锚固或弯起，不允许在跨中截面截断；梁的支座负弯矩纵向受拉钢筋不宜在受拉区截断，当必须截断时，应满足从不需要该钢筋抗弯的截面以外延伸规定的锚固长度后再截断。

5）梁的裂缝宽度：《混凝土结构设计规范》定义的梁的裂缝宽度是指构件底面上混凝土的裂缝宽度；裂缝的开展是由于混凝土的回缩，钢筋的伸长，导致混凝土与钢筋之间产生相对滑移的结果；计算裂缝宽度时荷载取标准值；在保持钢筋用量不变的情况下，减少钢筋混凝土受弯构件的裂缝宽度，首先应考虑采用直径较细的钢筋；普通钢筋混凝土结构裂缝控制等级为三级。

6）梁纵向钢筋在支座处的锚固：

①简支梁和连续梁简支端的下部纵向受力钢筋的锚固：钢筋伸入梁支座内的锚固长度 l_{as}应符合下列规定：

当 $V\leqslant 0.7f_tbh_0$ 时， $l_{as}\geqslant 5d$

当 $V>0.7f_tbh_0$ 时， 光面钢筋 $l_{as}\geqslant 15d$

带肋钢筋 $l_{as}\geqslant 12d$

此处，d 为纵向受力钢筋的直径。

如纵向钢筋伸入梁支座范围内的锚固长度不符合上述要求时，应采取在钢筋上加焊横向锚固钢筋、锚固钢板，或将钢筋端部焊接在梁端的预埋件上等有效锚固措施。

②连续梁下部纵向受力钢筋伸入中间支座的锚固长度：当计算中不利用其强度时，其伸入长度与简支梁当 $V>0.7f_tbh_0$ 时的规定相同；当计算中充分利用钢筋的抗拉强度时，其伸入支座的锚固长度不应小于受拉钢筋的最小锚固长度 l_a；当计算中充分利用钢筋的抗压强度时，其锚固长度不应小于 $0.7l_a$。

7）主梁的横向附加钢筋：在主梁与次梁相交处，次梁的集中荷载有可能使主梁下部开裂，因此，应在主梁与次梁相交处设置横向附加钢筋，以承担次梁的集中荷载，防止局部破坏（如图 4-26 所示）。

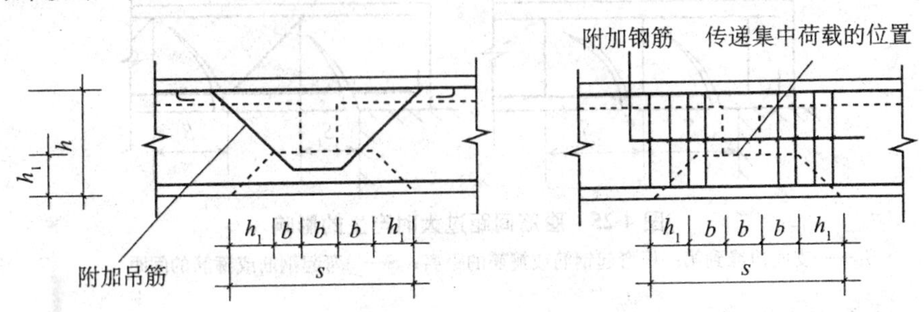

图 4-26　附加横向钢筋的布置

2. 板的受力特点和构造要求

（1）板的类型与受力特点。

钢筋混凝土楼盖按其施工方法可分为现浇整体式、装配式和装配整体式三种类型。

现浇整体式钢筋混凝土楼盖的优点是整体刚度好、抗震性强、防水性能好，缺点是模板用量多、施工作业量较大。

现浇钢筋混凝土楼盖按楼板受力和支承条件的不同，又可分为肋形楼盖、无梁楼盖和井式楼盖。

肋形楼盖一般由板、次梁、主梁组成，每一区格的板一般四边均有梁或墙体支承，形成四边支承板。板上的荷载传到四边支承的构件上。当区格板的长边 l_2，与短边 l_2 之比较大时，沿短方向传递的荷载较大，沿长边传递的荷载较小。因此，对于四边支承的板，当 $\frac{l_2}{l_1}>2$ 时按单向板设计，称为单向板肋形楼盖；当 $\frac{l_2}{l_1}\leqslant 2$ 时按双向板设计，称为双向板肋形楼盖。

（2）板的构造要求。

双向板中板底应配双向受力筋，单向板中一般配置受力钢筋、分布钢筋，见图 4-27。

1）受力钢筋：受力钢筋的作用主要是承受弯矩产生的拉力，沿受力方向设置在板的受拉区，且布置在板的外侧，其数量通过计算确定（设计时可取单位宽度 $b=1\ 000$ mm进行计算）。受力钢筋宜采用 HPB300 级钢筋，对于较大跨度的板也可采用 HRB335 钢筋。

①直径：常用钢筋直径为 6～12 mm；现浇板的板面钢筋直径不宜小于 8 mm，以便施工中能保证钢筋的正确位置。

②间距：为便于绑扎钢筋、保证混凝土的密实性，钢筋间距不宜太密；为使钢筋受力均匀，钢筋间距也不宜过大。板厚 $h\leqslant 150$ mm 时，钢筋间距不宜小于 70 mm，不宜大于 200 mm；板厚 $h>150$ mm 时，钢筋间距不宜小于 70 mm，不宜大于 $1.5h$，也不应大于 250 mm。

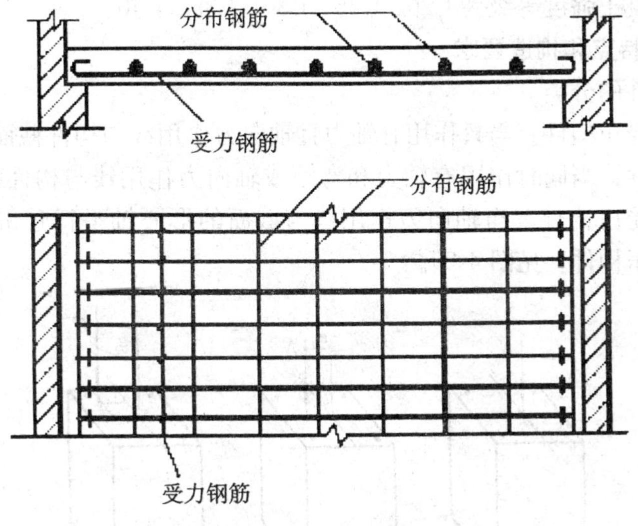

图 4-27　板的配筋

2）分布钢筋：当按单向板设计时，除沿受力方向布置受拉钢筋外，还应在受力钢筋的内侧布置与其垂直的分布钢筋；分布钢筋的作用是将板承受的荷载均匀地传给受力钢筋，承受温度变化及混凝土收缩在垂直板跨方向所产生的拉应力，在施工中固定受力钢筋的位置。

分布钢筋宜采用 HPB300 级或 HRB335 级热轧钢筋。常用直径为 6 mm 和 8 mm。单位长度上分布钢筋的截面面积不宜小于单位宽度上受力钢筋截面面积的 15%，且不宜小于该方向板截面面积的 0.15%；分布钢筋的间距不宜大于 250 mm，直径不宜小于 6 mm；对于集中荷载或温度变化较大的情况，分布钢筋的截面面积应适当加大，其间距不宜大于 200 mm。

3）板面构造钢筋：按简支边或非受力边设计的现浇混凝土板，当与混凝土梁、墙整体浇筑或嵌固在砌体墙内时，应设置垂直于板边的板面构造钢筋，并符合：直径不宜小于 8 mm，且单位长度内的总截面面积不宜小于板中单位宽度内受力钢筋截面面积的 1/3。该构造钢筋伸入板内的长度从梁边算起每边不宜小于板计算跨度 1/4，如图 4-28 所示。砌体墙支座处钢筋伸入板边的长度不宜小于板计算跨度的 1/7。其中计算跨度对单向板按受力方向考虑，对双向板按短边方向考虑。

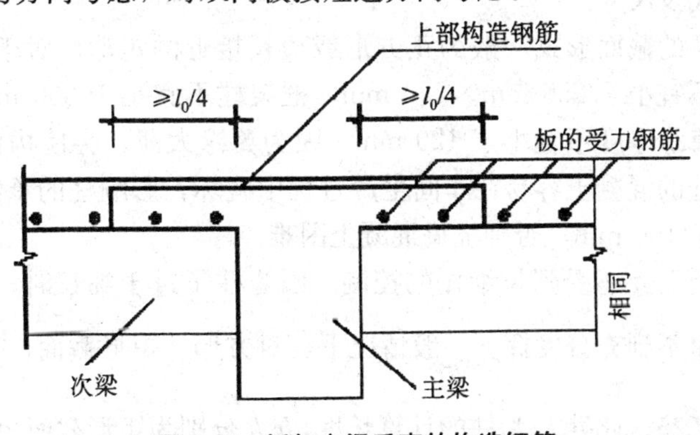

图 4-28　板与主梁垂直的构造钢筋

板常用的混凝土强度等级为 C20、C25、C30、C35、C40。

3. 柱的受力特点和构造要求

(1) 受压构件的分类。

柱是典型的受压构件。当只作用有轴力且轴向力作用线与构件截面形心轴重合时，称为轴心受压构件；当同时作用有轴力和弯矩或轴向力作用线与构件截面形心轴不重合时，称为偏心受压构件。当轴向力作用线与截面的形心轴平行且偏离两个主轴时，称为双向偏心受压构件，见图 4-29。

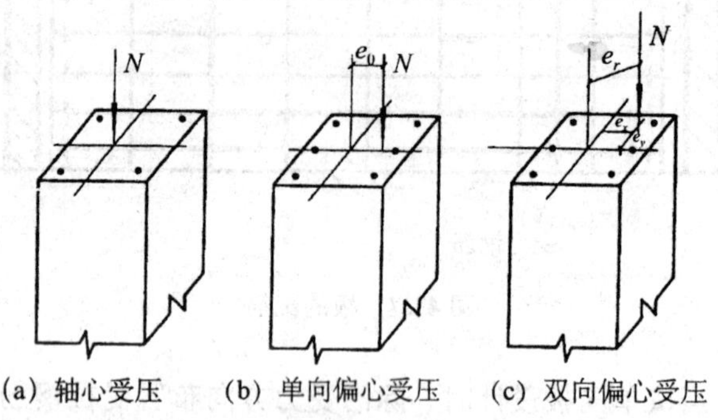

(a) 轴心受压 (b) 单向偏心受压 (c) 双向偏心受压

图 4-29 轴心受压与偏心受压

(2) 偏心受压构件的破坏形态及其特征。

根据钢筋混凝土偏心受压构件正截面的受力特点与破坏特征，偏心受压构件可分为大偏心受压构件和小偏心受压构件两种类型；不能简单地通过纵向力偏心距 e 来判定，而是通过相对受压区高度 ξ 来判定。当 $\xi \leqslant \xi_b$ 时，为大偏心受压；当 $\xi > \xi_b$ 时，为小偏心受压。

1) 大偏心受压（受拉破坏）：大偏心受压构件破坏时，远离轴向力一侧的钢筋先受拉屈服，近轴向力一侧的混凝土被压碎。这种破坏一般发生在轴向力的偏心距较大，且受拉钢筋配置不多的情况。

2) 小偏心受压（受压破坏）：相对大偏心受压，小偏心受压的截面应力分布较为复杂，可能大部分截面受压，也可能全截面受压。取决于偏心距的大小、截面的纵向钢筋配筋率等。其破坏特征都是构件截面一侧混凝土的应变达到极限压应变，混凝土被压碎，另一侧的钢筋处于受拉但不屈服或受压状态。

(3) 截面形式及尺寸。

轴心受压构件的截面形式一般为正方形或边长接近的矩形。对于方形和矩形独立柱的截面尺寸，不宜小于 250 mm×250 mm，框架柱不宜小于 300 mm×400 mm。对于工字形截面，翼缘厚度不宜小于 120 mm，因为翼缘太薄，会使构件过早出现裂缝，同时在靠近柱脚处的混凝土容易在车间生产过程中碰坏，影响柱的承载力和使用年限；腹板厚度不宜小于 100 mm，否则浇捣混凝土困难。

同时，柱截面尺寸还受到长细比的控制。因为柱子过于细长时，其承载力受稳定控制，材料强度得不到充分发挥。一般情况下，对方形、矩形截面，$\frac{l_0}{b} \leqslant 30$，$\frac{l_0}{h} \leqslant 25$；对圆形截面，$\frac{l_0}{d} \leqslant 25$。此处 l_0 为柱的计算长度，b、h 分别为矩形截面短边及长边尺寸，d

为圆形截面直径。

为施工制作方便，柱截面尺寸还应符合模数化的要求，柱截面边长在 800 mm 以下时，宜取 50 mm 为模数，在 800 mm 以上时，可取 100 mm 为模数。

(4) 材料强度等级。

为了充分利用混凝土承压，节约钢材，减小构件截面尺寸，受压构件宜采用较高强度等级的混凝土，一般设计中常用的混凝土强度等级为 C25～C50。

在受压构件中，钢筋与混凝土共同承压，两者变形保持一致，受混凝土峰值应变的控制，钢筋的压应力最高只能达到 400 N/mm^2，采用高强度钢材不能充分发挥其作用。因此，一般设计中常采用 HRB335 和 HRB400 或 RRB400 级钢筋作为纵向受力钢筋，采用 HPB300 级钢筋作为箍筋，也可采用 HRB335 级和 HRB400 级钢筋作为箍筋。

(5) 纵向钢筋。

柱中纵向钢筋的配置应符合下列规定：

1) 纵向受力钢筋直径不宜小于 12 mm；全部纵向钢筋的配筋率不宜大于 5%；

2) 柱中纵向钢筋的净间距不应小于 50 mm，且不宜大于 300 mm；

3) 偏心受压柱的截面高度不小于 600 mm 时，在柱的侧面上应设置直径不小于 10 mm的纵向构造钢筋，并相应设置复合箍筋和拉筋；

4) 圆柱中纵向钢筋不宜小于 8 根，不应小于 6 根；且宜沿周边均匀布置；

5) 在偏心受压柱中，垂直于弯矩形作用平面的侧面上的纵向受力钢筋以及轴心受压柱中各边的纵向受力钢筋，其中距不宜大于 300 mm。

(6) 箍筋。

受压构件中，一般箍筋沿构件纵向等距离放置，并与纵向钢筋构成空间骨架。箍筋除了在施工时对纵向钢筋起固定作用外，还给纵向钢筋提供侧向支点，防止纵向钢筋受压弯曲而降低承压能力。此外，箍筋在柱中也起到抵抗水平剪力的作用。密布箍筋还起约束核心混凝土改善混凝土变形性能的作用。

为了有效地阻止纵向钢筋的压屈破坏和提高构件斜截面抗剪能力，周边箍筋应做成封闭式；箍筋间距不应大于 400 mm 及构件截面短边尺寸，且不应大于纵向钢筋的最小直径的 15 倍；箍筋直径不应小于纵向钢筋的最大直径的 1/4，且不应小于 6 mm；当柱中全部纵向受力钢筋配筋率大于 3%时，箍筋直径不应小于 8 mm，间距不应大于纵向钢筋的最小直径的 10 倍，且不应大于 200 mm，箍筋末端应做成 135°弯钩且弯钩末端平直段长度不应小于纵筋最小直径的 10 倍；箍筋也可焊接成封闭环式；当柱截面短边尺寸大于 400 mm 且各边纵向钢筋多于 3 根时，或当柱截面短边尺寸不大于 400 mm 但各边纵向钢筋多于 4 根时，应设置复合箍筋，见图 4-30 (a)、(b)。

对于截面形状复杂的柱，为了避免产生向外的拉力致使折角处的混凝土破损，不可采用具有内折角的箍筋，而应采用分离式箍筋，见图 4-30 (c)。

4. 框架结构体系的构造要求

(1) 框架结构组成与类型。

框架结构是由梁、柱、节点及基础组成的结构形式，横梁和立柱通过节点连为一

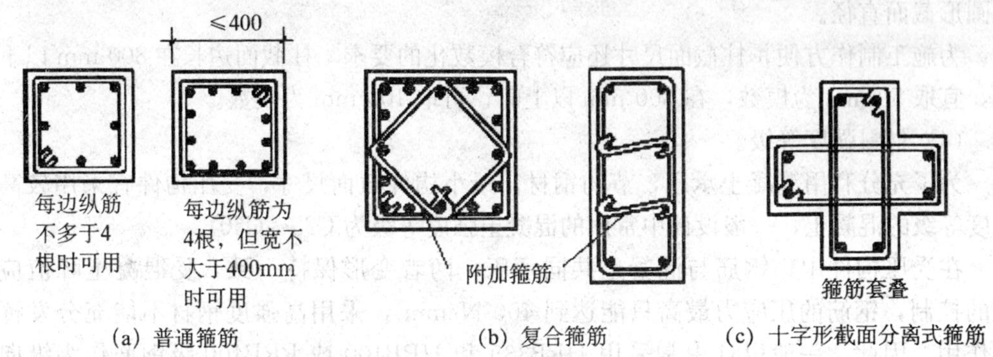

(a) 普通箍筋　　(b) 复合箍筋　　(c) 十字形截面分离式箍筋

图 4-30　柱的箍筋形式

体，形成承重结构，将荷载传至基础。

1）纯（全）框架结构：整个房屋全部采用框架结构的称为纯（全）框架结构。框架结构根据施工方法的不同可分为整体式、装配式和装配整体式三种。

2）底层框架结构：底层框架结构房屋是指底层为框架-抗震墙结构，上层为承重的砌体墙和钢筋混凝土楼板的混合结构房屋。

3）内框架结构：房屋内部由梁、柱组成的框架承重，外部由砌体承重，楼（屋）面荷载由框架与砌体共同承担。这种框架称为半框架或内框架结构。

4）框架结构布置：按照结构布置不同，框架结构可以分为横向承重、纵向承重和纵横双向承重三种布置方案。

（2）框架结构梁柱配筋。

1）框架梁纵向受拉钢筋：梁纵向受拉钢筋除应满足受弯承载力的要求外，还应考虑温度变化、混凝土收缩引起附加应力的影响。纵向受拉钢筋的最小配筋率在支座处不应小于0.25%，跨中处不应小于0.20%。梁跨中截面的上部架立筋不应小于2Φ12，架立筋与梁支座负筋的搭接长度为$1.2l_a$，l_a为非抗震锚固长度。

2）框架梁箍筋：梁的箍筋沿梁全长范围内设置，第一排箍筋一般设置在距离节点边缘50mm处。梁的配箍率不应小于$0.24f_t/f_{yv}$，f_t为混凝土抗拉强度设计值，f_{yv}为箍筋抗拉强度设计值；箍筋最小直径和最大间距的要求与一般梁相同。

3）框架柱纵向钢筋：

框架可能受到来自两个方向的水平荷载作用，框架柱的纵向钢筋宜采用对称配筋。框架柱纵筋的最小直径不应小于12mm，全部纵向钢筋的配筋率ρ不小于0.4%，也不大于5%。

为了对柱截面核心混凝土形成良好的约束，减小箍筋自由长度，纵向钢筋的间距不应大于350mm；为了保证纵向钢筋有较好的黏结能力，纵筋之间的净距不应小于50mm。

柱纵向钢筋搭接位置应在受力较小区域，搭接长度为$1.2l_a$。当柱每侧纵筋不超过4根时，可在同一截面搭接；每侧纵筋5～8根时，应分两个搭接截面，每侧纵筋9～12根时，应分三个搭接塔面。纵向钢筋直径大于22mm时，宜采用焊接接头。

4）框架柱箍筋：与前述普通柱相同。

（3）框架结构梁柱节点。

1）梁纵向钢筋在框架中间层端节点的锚固：

①梁上部纵向钢筋在端节点的锚固：

a. 当采用直线锚固形式时，不应小于 l_a（l_a ——钢筋的受拉锚固长度），且应伸过柱中心线。伸过的长度不宜小于 5 d,d 为梁上部纵向钢筋的直径。

b. 当柱截面尺寸不足时，梁上部纵向钢筋可采用钢筋端部加机械锚头的锚固方式。梁上部纵向钢筋宜伸至柱外侧纵筋内边，包括机械锚头在内的水平投影锚固长度不应小于 0.4 l_{ab}。

c. 梁上部纵向钢筋也可采用 90°弯折锚固的方式，此时梁上部纵向钢筋应伸至节点对边并向节点内弯折，其包含弯弧在内的水平投影长度不应小于 0.4 l_{ab}，弯折钢筋在弯折平面内包含弯弧段的投影长度不应小于 15 d，见图 4-31。

②梁下部纵向钢筋在端节点处的锚固：

a. 当计算中充分利用该钢筋的抗拉强度时，钢筋的锚固方式及长度应与上部钢筋的规定相同。

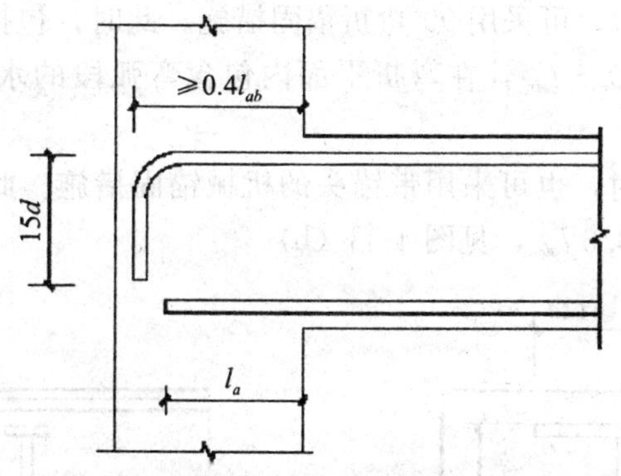

图 4-31　梁上部纵向钢筋在中间层端节点内的锚固

b. 当计算中不利用该钢筋的强度或仅利用该钢筋的抗压强度时，伸入节点的锚固长度应符合中间节点梁下部纵向钢筋锚固的规定。

2）梁纵筋在框架中间层中间节点或连续梁中间支座的锚固：

梁的上部纵向钢筋应贯穿节点或支座。梁的下部纵向钢筋应符合下列锚固要求：

①当计算中不利用该钢筋的强度时，其伸入节点或支座的锚固长度对带肋钢筋不小于 12 d，对光面钢筋不小于 15 d，d 为钢筋的最大直径。

②当计算中充分利用钢筋的抗压强度时，钢筋应按受压钢筋锚固在中间节点或中间支座内，其直线锚固长度不应小于 0.7 l_a。

③当计算中充分利用钢筋的抗拉强度时，钢筋可采用直线方式锚固在节点或支座内，锚固长度不应小于 l_a，如图 4-32（a）所示。

④当柱截面尺寸不足时，也可采用钢筋端部加锚头的机械锚固措施，或 90°弯折锚固的方式。

⑤钢筋也可在节点或支座外梁中弯矩较小处设置搭接接头，搭接长度的起始点至

节点或支座边缘的距离不应小于 1.5 h_0（h_0 ——梁的有效高度），见图 4-32（b）。

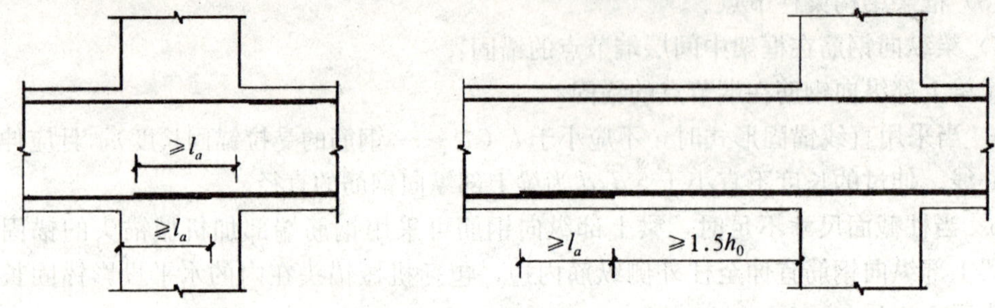

（a）下部纵向钢筋在节点中直线锚固　　（b）下部纵向钢筋在节点或支座范围外的搭接

图 4-32　梁下部纵向钢筋在中间节点或中间支座范围的锚固与搭接

3）柱纵向钢筋在中间层的锚固：柱纵向钢筋应贯穿中间层的中间节点或端节点，接头应设在节点区以外。

4）柱纵向钢筋在顶层中间节点的锚固：

①柱纵向钢筋应伸至柱顶，且自梁底算起的锚固长度不应小于 l_a 。

②当截面尺寸不足时，可采用 90°弯折锚固措施。此时，包括弯弧在内的钢筋垂直投影锚固长度不应小于 0.5 l_{ab} ，在弯折平面内包含弯弧段的水平投影长度不宜小于 12 d，见图 4-33（a）。

③当截面尺寸不足时，也可采用带锚头的机械锚固措施。此时，包含锚头在内的竖向锚固长度不应小于 0.5 l_{ab} ，见图 4-33（b）。

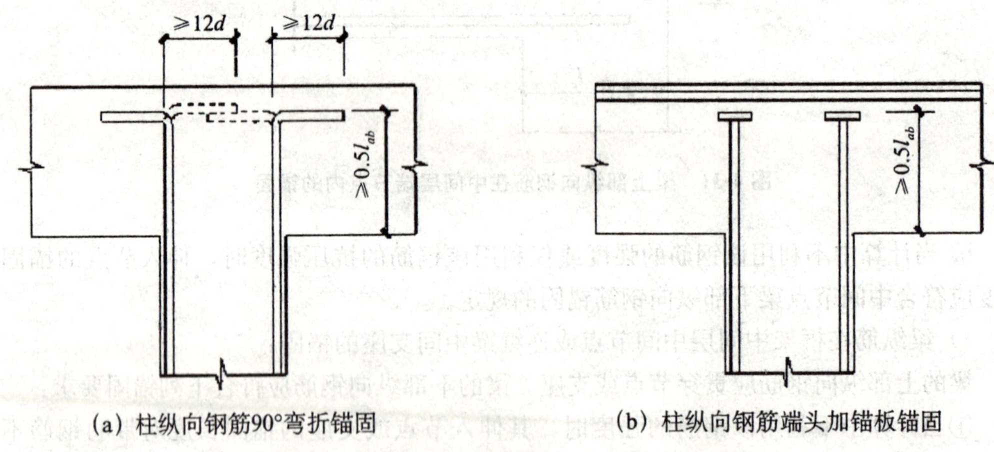

（a）柱纵向钢筋90°弯折锚固　　（b）柱纵向钢筋端头加锚板锚固

图 4-33　顶层节点中柱纵向钢筋在节点内的锚固

5）柱纵向钢筋在顶层端节点的锚固：顶层端节点柱外侧纵向钢筋可弯入梁内作梁上部纵向钢筋；也可将梁上部纵向钢筋与柱外侧纵向钢筋在节点及附近部位搭接，搭接可采用下列方式：

①搭接接头可沿顶层端节点外侧及梁端顶部布置，搭接长度不应小于 1.5 l_{ab} 。其中，伸入梁内的柱外侧钢筋截面面积不宜小于其全部面积的 65％；梁宽范围以外的柱外侧钢筋宜沿节点顶部伸至柱内边锚固。当柱钢筋位于柱顶第一层时，钢筋伸至柱内

边后宜向下弯折不小于 8 d 后截断（d 为柱纵向钢筋的直径），当柱纵向钢筋位于柱顶第二层时，可不向下弯折，梁宽范围以外的柱外侧纵向钢筋也可伸入现浇板内，其长度与伸入梁内的柱纵向钢筋相同，见图 4-34（a）。

②当柱外侧纵向钢筋配筋率大于 1.2%时，伸入梁内的柱纵向钢筋应满足上述规定且宜分两批截断，截断点之间的距离不宜小于 20 d，d 为柱外侧纵向钢筋的直径。梁上部纵向钢筋应伸至节点外侧并向下弯至梁下边缘高度位置截断。

③搭接接头也可沿节点外侧直线布置，此时，搭接长度自柱顶算起不应小于 1.7 l_{ab} 。当上部梁纵向钢筋的配筋率大于 1.2%时，弯入柱外侧的梁上部纵向钢筋应满足以上规定的搭接长度，且宜分两批截断，其截断点之间的距离不宜小于 20 d，d 为梁上部纵向钢筋的直径，见图 4-34（b）。

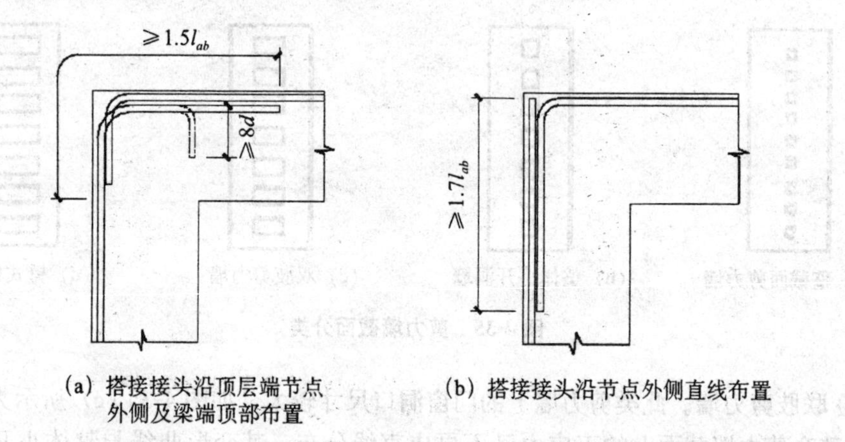

（a）搭接接头沿顶层端节点外侧及梁端顶部布置　　（b）搭接接头沿节点外侧直线布置

图 4-34　顶层端节点梁、柱纵向钢筋在节点内的锚固

④当梁的截面高度较大，梁柱钢筋相对较小，从梁底算起的直线搭接长度未延伸至柱顶即已满足 1.5 l_{ab} 的要求时，应将搭接长度延伸至柱顶并满足搭接长度 1.7 l_{ab} 的要求；当柱的截面高度较大时，梁柱钢筋相对较小，从梁底算起的弯折搭接长度未延伸至柱内侧边缘即已满足 1.5 l_{ab} 的要求时，其弯折后包括弯弧在内的水平段的长度不应小于 15 d，d 为柱纵向钢筋的直径。

⑤柱内侧纵向钢筋的锚固应符合顶层中节点的规定。

6）梁上部纵向钢筋与柱外侧纵向钢筋在节点角部的弯弧内半径，当钢筋直径不大于 25 mm 时，不宜小于 6 d；大于 25 mm 时，不宜小于 8 d。钢筋弯弧外的混凝土中应配置防裂、防剥落的构造钢筋。

7）在框架节点内应设置水平箍筋，箍筋应符合柱中箍筋的构造规定，但间距不宜大于 250 mm。对四边均有梁的中间节点，节点内可只设置沿周边的矩形箍筋。

5. 剪力墙的受力特点和构造要求

（1）剪力墙的分类与受力特点。

竖向构件截面高度 h 和厚度 b 比值大于 4 时，宜按墙的要求进行设计。一般剪力墙的墙肢截面高度 h 和厚度 b 之比大于 8；短肢剪力墙的墙肢高度与厚度之比为 5～8。该比值小于 5 时，称为小墙肢。

剪力墙根据墙面开洞大小情况，分为整截面墙、整体小开口墙、联肢墙和壁式框架。它们的受力特点如下：

① 整截面剪力墙。当剪力墙不开门窗洞口或虽开有洞口，但洞口很小时（洞口面积不大于剪力墙总面积的15%，且洞口净矩及洞口至墙边的净距都大于洞口长边的尺寸），把其看做整截面墙，见图4-35（a）。此时，它们的受力性能犹如一悬臂杆，截面上的正应力仍符合平截面假定，在墙肢的高度上，弯矩图既不发生突变也不出现反弯点，变形曲线以弯曲型为主。

② 整体小开洞墙。当剪力墙上的门窗洞口沿竖向成列布置，洞口的总面积虽超过了墙总面积的15%，但总的来说洞口仍很小时，称其为整体小开口墙，见图4-35（b）。它在荷载作用下，在连梁处的墙肢弯矩图有突变，但在整个墙肢的高度上，没有或仅在个别楼层中才出现反弯点，整个剪力墙的变形曲线仍以弯曲型为主。

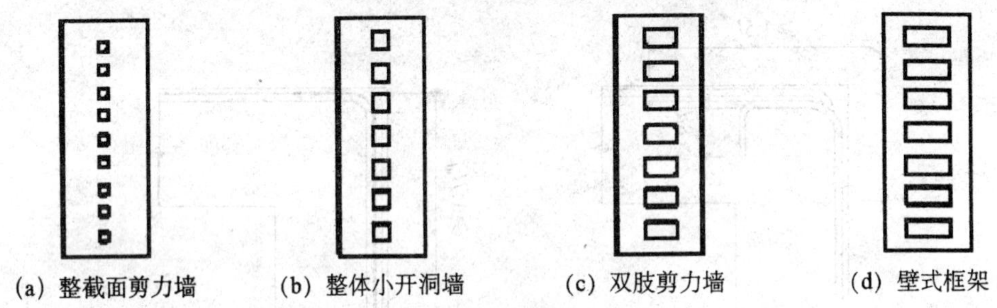

图4-35　剪力墙截面分类

③ 联肢剪力墙。此类剪力墙上的门窗洞口尺寸较大，如图4-35（c）所示为双肢剪力墙，整个剪力墙截面上的正应力已不再成直线分布，其变形曲线与整体小开口墙相近，仍以弯曲变形为主。

④ 壁式框架。当剪力墙具有多列洞口，且洞口尺寸较大，见图4-37（d），特别是当洞口上连梁的线刚度大于或接近于洞口侧边墙肢的线刚度时，则剪力墙的受力性能已接近于框架，宜按带刚域的“壁式框架”进行设计。此时，在水平荷载作用下其柱的弯矩图不仅在楼层处有突变，而且在大多数的楼层中都出现反弯点，整个框架的变形以剪切型为主。

（2）剪力墙结构的构造要求。

1）剪力墙截面厚度：规定剪力墙最小厚度的目的是为了保证剪力墙平面外的刚度和稳定性能。规范规定：

①非抗震设计时，剪力墙最小厚度不宜小于140 mm，对剪力墙结构尚不宜小于层高的1/25，对框架-剪力墙结构尚不宜小于层高的1/20。

②抗震设计时，抗震墙的厚度，一、二级不应小于160 mm且不宜小于层高或无支长度的1/20，三、四级不应小于140 mm且不宜小于层高或无支长度的1/25；无端柱或翼墙时，一、二级不宜小于层高或无支长度的1/16，三、四级不宜小于层高或无支长度的1/20。底部加强部位的墙厚，一、二级不应小于200 mm且不宜小于层高或无支长度的1/16，三、四级不应小于160 mm且不宜小于层高或无支长度的1/20；无端柱或翼墙时，一、二级不宜小于层高或无支长度的1/12，三、四级不宜小于层高或无支长度的1/16。

2）混凝土强度等级：剪力墙结构混凝土强度等级不应低于 C20；带有筒体和短肢剪力墙结构的混凝土强度等级应不低于 C25。

3）剪力墙钢筋布置

非抗震设计时，剪力墙钢筋布置应满足下列构造要求：

① 厚度大于 160 mm 的墙应配置双排分布钢筋网，结构中重要部位的剪力墙，当其厚度不大于 160 mm 时，也宜配置双排分布钢筋网。

②双排分布钢筋网应沿墙的两个侧面布置，且应采用拉筋连系，拉筋直径不宜小于 6 mm，间距不宜大于 600 mm。

③剪力墙水平分布钢筋直径不宜小于 8 mm，间距不宜大于 300 mm，可利用焊接钢筋网片进行墙内配筋。剪力墙水平分布钢筋的配筋率 ρ_h（$\rho_h=\dfrac{A_h}{bs}$，s 为水平分布钢筋的间距）和竖向分布钢筋的配筋率 ρ（$\rho=\dfrac{A}{bs_h}$，s_h 为竖向分布钢筋的间距）不宜小于 0.20%；重要部位的剪力墙，水平和竖向分布钢筋的配筋率宜适当提高。墙中温度、收缩应力较大的部位，水平分布钢筋的配筋率宜适当提高。

④竖向分布钢筋可在同一高度搭接，搭接长度不应小于 $1.2\,l_a$。

⑤墙水平分布钢筋的搭接长度不应小于 $1.2\,l_a$。同排水平分布钢筋的搭接接头之间以及上、下相邻水平分布钢筋的搭接接头之间，沿水平方向的净间距不宜小于 500 mm。

⑥墙中水平分布钢筋应伸至墙端，并向内水平弯折 $10\,d$，d 为钢筋直径。

⑦端部有翼缘或转角的墙，内墙两侧和外墙内侧的水平分布钢筋应伸至翼墙或转角外边，并分别向两侧水平弯折，弯折长度不宜小于 $15\,d$。在转角墙处，外墙外侧的水平分布钢筋应在墙端外角处弯入翼墙，并与翼墙外侧的水平分布钢筋搭接。

⑧ 带边框的墙，水平和竖向分布钢筋宜分别贯穿柱、梁或锚固在柱、梁内。

⑨剪力墙墙肢两端应配置竖向受力钢筋，并与墙内的竖向分布钢筋共同用于墙的正截面受弯承载力计算。每端的竖向受力钢筋不宜少于 4 根直径不小于 12 mm 的钢筋或 2 根直径不小于 16 的钢筋，并宜沿该竖向钢筋方向配置直径不小于 6 mm，间距 250 mm的箍筋或拉筋。

⑩墙洞口连梁应沿全长配置箍筋，箍筋直径应不小于 6 mm，间距不宜大于 150 mm。在顶层洞口连梁纵向钢筋伸入墙内的锚固长度范围内，应设置间距不大于 150 mm 的箍筋，箍筋直径宜与跨内箍筋直径相同。同时，门窗洞边的竖向钢筋应满足受拉钢筋锚固长度的要求。墙洞口上、下两边的水平钢筋除应满足洞口连梁正截面受弯承载力的要求外，尚不应少于 2 根直径不小于 12 mm 的钢筋。对于计算分析中可忽略的洞口，洞边钢筋截面面积分别不宜小于洞口截断的水平分布钢筋总截面面积的一半。纵向钢筋自洞口边伸入墙内的长度不应小于受拉钢筋的锚固长度。

六、砌体结构、多层钢筋混凝土框架结构抗震构造措施

1. 多层砌体房屋抗震构造

多层砌体房屋是指用普通砖（包括烧结、蒸压、混凝土普通砖）、多孔砖（包括烧

结、混凝土多孔砖）和混凝土小型空心砌块等砌体承重的多层房屋。

（1）一般规定。

1）多层砌体房屋的高度和层数应符合下列要求：

①一般情况下，砌体结构房屋的总高度和层数不应超过表 4-16 的规定。

表 4-16　砌体结构房屋的总高度和总层数限值

房屋类别		最小墙厚度/mm	烈度											
			6		7				8				9	
			0.05g	0.10g	0.15g		0.20g		0.30g		0.40g			
			高度	层数	高度	层数	高度	层数	高度	层数	高度	层数	高度	层数
多层砌体	普通砖	240	21	7	21	7	21	7	18	6	15	5	12	4
	多孔砖	240	21	7	21	7	18	6	18	6	15	5	9	4
	多孔砖	190	21	7	18	6	15	5	15	5	12	4	—	—
	小砌块	190	21	7	21	7	18	6	18	6	15	5	9	3

注：①房屋的总高度指室外地面到主要屋面板板顶或檐口的高度，半地下室从地下室室内地面算起，全地下室和嵌固条件好的半地下室应允许从室外地面算起；对带阁楼的坡屋面应算到山尖墙的 1/2 高度处；

②室内外高差大于 0.6 m 时，房屋总高度应允许比表中的数据适当增加，但增加量应少于 1.0 m；

③乙类的多层砌体房屋仍按本地区设防烈度查表，其层数应减少一层且总高度应降低 3 m；

④本表小砌块砌体房屋不包括配筋混凝土小型空心砌块砌体房屋。

②横墙较少的多层砌体房屋，总高度应比表 4-16 的规定降低 3 m，层数相应减少一层；各层横墙很少的多层砌体房屋，还应再减少一层。

注：横墙较少是指同一楼层内开间大于 4.2 m 的房间占该层总面积的 40%以上；其中，开间不大于 4.2 m 的房间占该层总面积不到 20%且开间大于 4.8 m 的房间占该层总面积的 50%以上为横墙很少。

③ 6、7 度时，横墙较少的丙类多层砌体房屋，当按规定采取加强措施并满足抗震承载力要求时，其高度和层数应允许仍按表 4-18 的规定采用。

④采用蒸压灰砂砖和蒸压粉煤灰砖的砌体的房屋，当砌体的抗剪强度仅达到普通黏土砖砌体的 70%时，房屋的层数应比普通砖房减少一层，总高度应减少 3 m；当砌体的抗剪强度达到普通黏土砖砌体的取值时，房屋层数和总高度的要求同普通砖房屋。

2）多层砌体承重房屋的层高，不应超过 3.6 m。

底部框架-抗震墙砌体房屋的底部，层高不应超过 4.5 m；当底层采用约束砌体抗震墙时，底层的层高不应超过 4.2 m。

注：当使用功能确有需要时，采用约束砌体等加强措施的普通砖房屋，层高不应超过 3.9m。

3）多层砌体房屋总高度与总宽度的最大比值，宜符合表 4-17 的要求。

表 4-17　砌体结构房屋最大高宽比

烈度	6	7	8	9
最大高宽比	2.5	2.5	2.0	1.5

注：单面走廊房屋的总宽度不包括走廊宽度。

4）房屋抗震横墙的间距，不应超过表 4-18 的要求。

表 4-18 房屋抗震横墙的最大间距/m

<table>
<tr><th colspan="2" rowspan="2">房屋类别</th><th colspan="4">烈 度</th></tr>
<tr><th>6</th><th>7</th><th>8</th><th>9</th></tr>
<tr><td rowspan="3">多层砌体</td><td>现浇或装配整体式钢筋混凝土楼、屋盖</td><td>15</td><td>15</td><td>11</td><td>7</td></tr>
<tr><td>装配式钢筋混凝土楼、屋盖</td><td>11</td><td>11</td><td>9</td><td>4</td></tr>
<tr><td>木楼、屋盖（不适用小砌体）</td><td>9</td><td>9</td><td>4</td><td>—</td></tr>
</table>

注：①多层砌体房屋的顶层，除木屋盖外的最大横墙间距应允许适当放宽，但应采取相应加强措施；

②多孔砖抗震横墙厚度为 190 mm 时，最大横墙间距应比表中数值减少 3 m。

5）多层砌体房屋中砌体墙段的局部尺寸限值，宜符合表 4-19 的要求。

表 4-19 房屋的局部尺寸限值

部位	6 度	7 度	8 度	9 度
承重窗间墙最小宽度	1.0	1.0	1.2	1.5
承重外墙尽端至门窗洞边的最小距离	1.0	1.0	1.2	1.5
非承重外墙尽端至门窗洞边的最小距离	1.0	1.0	1.0	1.0
内墙阳角至门窗洞边的最小距离	1.0	1.0	1.5	2.0
无锚固女儿墙的最大高度	0.5	0.5	0.5	0.0

注：①局部尺寸不足时，应采取局部加强措施弥补，且最小宽度不宜小于 1/4 层高和表列数据的 80%；

②出入口处的女儿墙应有锚固。

6）结构体系应优先采用横墙承重或纵横墙共同承重的结构体系。不应采用砌体墙和混凝土墙混合承重的结构体系。纵横向砌体抗震墙的布置宜均匀对称，沿平面内宜对齐，沿竖向应上下连续；且纵横向墙体的数量不宜相差过大。

（2）多层砖砌体房屋抗震构造措施。

1）各类多层砖砌体房屋，应按下列要求设置现浇钢筋混凝土构造柱：

①构造柱设置部位，一般情况下应符合表 4-20 的要求。

表 4-20 多层砖砌体房屋构造柱设置要求

<table>
<tr><th colspan="4">房屋层数</th><th colspan="2" rowspan="2">设置部位</th></tr>
<tr><th>6 度</th><th>7 度</th><th>8 度</th><th>9 度</th></tr>
<tr><td>四、五</td><td>三、四</td><td>二、三</td><td></td><td rowspan="3">楼、电梯间四角，楼梯斜梯段上下端对应的墙体处；外墙四角和对应转角；错层部位横墙与外纵墙交接处；大房间内外墙交接处；较大洞口两侧</td><td>隔 12m 或单元横墙与外纵墙交接处；楼梯间对应的另一侧内横墙与外纵墙交接处</td></tr>
<tr><td>五</td><td>六</td><td>四</td><td>二</td><td>隔开间横墙（轴线）与外墙交接处；山墙与内纵墙交接处</td></tr>
<tr><td>七</td><td>≥六</td><td>≥五</td><td>≥三</td><td>内墙（轴线）与外墙交接处；内墙的局部较小墙垛处；内纵墙与横墙（轴线）交接处</td></tr>
</table>

注：较大洞口，内墙指不小于 2.1m 的洞口；外墙在内外墙交接处已设置构造柱时允许适当放宽，但洞侧墙体应加强。

②外廊式和单面走廊式的多层房屋，应根据房屋增加一层的层数，按表 4-22 的要

求设置构造柱，且单面走廊两侧的纵墙均应按外墙处理。

③横墙较少的房屋，应根据房屋增加一层的层数，按表 4-22 的要求设置构造柱。

④各层横墙很少的房屋，应按增加二层的层数设置构造柱。

⑤采用蒸压灰砂砖和蒸压粉煤灰砖的砌体房屋，当砌体的抗剪强度仅达到普通黏土砖砌体的 70%时，应根据增加一层的层数设置构造柱；但 6 度不超过四层、7 度不超过三层和 8 度不超过二层时应按增加二层的层数对待。

2）多层砖砌体房屋的构造柱应符合下列构造要求：

①构造柱最小截面可采用 180 mm×240 mm（墙厚 190 mm 时为 180 mm×190 mm），纵向钢筋宜采用 4Φ12，箍筋间距不宜大于 250 mm，且在柱上下端应适当加密；6 度、7 度时超过六层、8 度时超过五层和 9 度时，构造柱纵向钢筋宜采用 4Φ14，箍筋间距不应大于 200 mm；房屋四角的构造柱应适当加大截面及配筋。

②构造柱与墙连接处应砌成马牙槎，沿墙高每隔 500 mm 设 2Φ6 水平钢筋和Φ4 分布短筋平面内点焊组成的拉结网片或Φ4 点焊钢筋网片，每边伸入墙内不宜小于 1m。6 度、7 度时底部 1/3 楼层，8 度时底部 1/2 楼层，9 度时全部楼层，上述拉结钢筋网片应沿墙体水平通长设置。

③构造柱与圈梁连接处，构造柱的纵筋应在圈梁纵筋内侧穿过，保证构造柱纵筋上下贯通。

④构造柱可不单独设置基础，但应伸入室外地面下 500 mm，或与埋深小于 500 mm 的基础圈梁相连。

⑤房屋高度和层数接近表 4-18 的限值时，纵、横墙内构造柱间距尚应符合下列要求：

横墙内的构造柱间距不宜大于层高的 2 倍；下部 1/3 楼层的构造柱间距适当减小；当外纵墙开间大于 3.9 m 时，应另设加强措施。内纵墙的构造柱间距不宜大于 4.2 m。

3）多层砖砌体房屋的现浇钢筋混凝土圈梁设置应符合下列要求：

①装配式钢筋混凝土楼、屋盖或木屋盖的砖房，应按表 4-21 的要求设置圈梁；纵墙承重时，抗震横墙上的圈梁间距应比表内要求适当加密。

②现浇或装配整体式钢筋混凝土楼、屋盖与墙体有可靠连接的房屋，允许不另设圈梁，但楼板沿抗震墙体周边均应加强配筋并应与相应的构造柱钢筋可靠连接。

表 4-21　多层砖砌体房屋现浇钢筋混凝土圈梁设置要求

墙类	烈　度		
	6、7	8	9
墙和内纵墙	屋盖处及每层楼盖处	屋盖处及每层楼盖处	屋盖处及每层楼盖处
内横墙	屋盖处及每层楼盖处； 屋盖处间距不应大于 4.5 m； 楼盖处间距不应大于 7.2 m； 构造柱对应部位	屋盖处及每层楼盖处； 各层所有横墙，且间距不应大于 4.5 m； 构造柱对应部位	屋盖处及每层楼盖处； 各层所有横墙

4）多层砖砌体房屋现浇混凝土圈梁的构造应符合下列要求：

①圈梁应闭合，遇有洞口圈梁应上下搭接。圈梁宜与预制板设在同一标高处或紧

靠板底。

②圈梁在间距内无横墙时，应利用梁或板缝中配筋替代圈梁。

③圈梁的截面高度不应小于 120mm，配筋应符合表 4-22 的要求。

表 4-22　多层砖砌体房屋圈梁配筋要求

配筋	烈　度		
	6、7	8	9
最 小 纵 筋	4Φ10	4Φ12	4Φ14
箍筋最大间距/mm	250	200	150

5）多层砖砌体房屋的楼、屋盖应符合下列要求：

现浇钢筋混凝土楼板或屋面板伸进纵、横墙内的长度，均不应小于 120 mm。装配式钢筋混凝土楼板或屋面板，当圈梁未设在板的同一标高时，板端伸进外墙的长度不应小于 120 mm，伸进内墙的长度不应小于 100 mm 或采用硬架支模连接，在梁上不应小于 80 mm 或采用硬架支模连接。当板的跨度大于 4.8 m 并与外墙平行时，靠外墙的预制板侧边应与墙或圈梁拉结。房屋端部大房间的楼盖，6 度时房屋的屋盖和 7～9 度时房屋的楼、屋盖，当圈梁设在板底时，钢筋混凝土预制板应相互拉结，并应与梁、墙或圈梁拉结。

6）楼、屋盖的钢筋混凝土梁或屋架应与墙、柱（包括构造柱）或圈梁可靠连接；不得采用独立砖柱。跨度不小于 6 m 大梁的支承构件应采用组合砌体等加强措施，并满足承载力要求。

7）6 度、7 度时长度大于 7.2 m 的大房间，以及 8 度、9 度时外墙转角及内外墙交接处，应沿墙高每隔 500 mm 配置 2Φ6 的通长钢筋和Φ4 分布短筋平面内点焊组成的拉结网片或Φ4 点焊网片。

8）楼梯间尚应符合下列要求：

①顶层楼梯间墙体应沿墙高每隔 500 mm 设 2Φ6 通长钢筋和Φ4 分布短钢筋平面内点焊组成的拉结网片或Φ4 点焊网片；7～9 度时其他各层楼梯间墙体应在休息平台或楼层半高处设置 60 mm 厚、纵向钢筋不应少于 2Φ10 的钢筋混凝土带或配筋砖带，配筋砖带不少于 3 皮，每皮的配筋不少于 2Φ6，砂浆强度等级不应低于 M7.5 且不低于同层墙体的砂浆强度等级。

②楼梯间及门厅内墙阳角处的大梁支承长度不应小于 500 mm，并应与圈梁连接。

③突出屋顶的楼、电梯间，构造柱应伸到顶部，并与顶部圈梁连接，所有墙体应沿墙高每隔 500 mm 设 2Φ6 通长钢筋和Φ4 分布短筋平面内点焊组成的拉结网片或Φ4 点焊网片。

9）门窗洞处不应采用砖过梁；过梁支承长度，6～8 度时不应小于 240 mm，9 度时不应小于 360 mm。

10）同一结构单元的基础（或桩承台），宜采用同一类型的基础，底面宜埋置在同一标高上，否则应增设基础圈梁并应按 1∶2 的台阶逐步放坡。

（3）多层砌块房屋抗震构造措施。

1）多层小砌块房屋应按表 4-23 的要求设置钢筋混凝土芯柱。

表 4-23　多层小砌块房屋芯柱设置要求

房屋层数				设置部位	设置数量
6 度	7 度	8 度	9 度		
四、五	三、四	二、三		外墙转角，楼、电梯间四角，楼梯斜梯段上下端对应的墙体处； 大房间内外墙交接处；错层部位横墙与外纵墙交接处； 隔 12 m 或单元横墙与外纵墙交接处	外墙转角，灌实 3 个孔； 内外墙交接处，灌实 4 个孔； 楼梯斜段上下端对应的墙体处，灌实 2 个孔
六	五	四		同上； 隔开间横墙（轴线）与外纵墙交接处	
七	六	五	二	同上； 各内墙（轴线）与外纵墙交接处； 内纵墙与横墙（轴线）交接处和洞口两侧	外墙转角，灌实 5 个孔； 内外墙交接处，灌实 4 个孔； 内墙交接处，灌实 4～5 个孔；洞口两侧各灌实 1 个孔
	七	≥六	≥三	同上； 横墙内芯柱间距不大于 2 m	外墙转角，灌实 7 个孔； 内外墙交接处，灌实 5 个孔； 内墙交接处，灌实 4～5 个孔；洞口两侧各灌实 1 个孔

注：外墙转角、内外墙交接处、楼电梯间四角等部位，应允许采用钢筋混凝土构造柱替代部分芯柱。

2）多层小砌块房屋的芯柱，应符合下列构造要求：

①小砌块房屋芯柱截面不宜小于 120 mm×120 mm。

②芯柱混凝土强度等级，不应低于 Cb20。

③芯柱的竖向插筋应贯通墙身且与圈梁连接；插筋不应小于 1Φ12，6 度、7 度时超过五层、8 度时超过四层和 9 度时插筋不应小于 1Φ14。

④芯柱应伸入室外地面下 500 mm 或与埋深小于 500 mm 的基础圈梁相连。

⑤为提高墙体抗震受剪承载力而设置的芯柱，宜在墙体内均匀布置，最大净距不宜大于 2.0 m。

⑥多层小砌块房屋墙体交接处或芯柱与墙体连接处应设置拉结钢筋网片，网片可采用直径 4 mm 的钢筋点焊而成，沿墙高间距不大于 600 mm，并应沿墙体水平通长设置。6 度、7 度时底部 1/3 楼层，8 度时底部 1/2 楼层，9 度时全部楼层，上述拉结钢筋网片沿墙高间距不大于 400 mm。

3）小砌块房屋中替代芯柱的钢筋混凝土构造柱，应符合下列构造要求：

①构造柱截面不宜小于 190 mm×190 mm，纵向钢筋宜采用 4Φ12，箍筋间距不宜大于 250 mm，且在柱上下端应适当加密；6 度、7 度时超过五层、8 度时超过四层和 9 度时，构造柱纵向钢筋宜采用 4Φ14，箍筋间距不应大于 200 mm；外墙转角的构造柱可适当加大截面及配筋。

②构造柱与砌块墙连接处应砌成马牙槎，与构造柱相邻的砌块孔洞，6 度时宜填实，

7 度时应填实，8 度、9 度时应填实并插筋。构造柱与砌块墙之间沿墙高每隔 600 mm 设置Φ 4 点焊拉结钢筋网片，并应沿墙体水平通长设置。6 度、7 度时底部1/3 楼层，8 度时底部 1/2 楼层，9 度全部楼层，上述拉结钢筋网片沿墙高间距不大于 400 mm。

③构造柱与圈梁连接处，构造柱的纵筋应再圈梁纵筋内侧穿过，保证构造柱纵筋上下贯通。

④构造柱可不单独设置基础，但应伸入室外地面下 500 mm，或与埋深小于 500 mm 的基础圈梁相连。

4）多层小砌块房屋的现浇钢筋混凝土圈梁的设置位置应按多层砖砌体房屋圈梁的要求执行，圈梁宽度不应小于 190 mm，配筋不应少于 4 Φ 12，箍筋间距不应大于 200 mm。

5）多层小砌块房屋的层数，6 度时超过五层、7 度时超过四层、8 度时超过三层和 9 度时，在底层和顶层的窗台标高处，沿纵横墙应设置通长的水平现浇钢筋混凝土带；其截面高度不小于 60 mm，纵筋不少于 2 Φ 10，并应有分布拉结钢筋；其混凝土强度等级不应低于 C20。水平现浇混凝土带亦可采用槽形砌块替代模板，其纵筋和拉结钢筋不变。

6）丙类的多层小砌块房屋，当横墙较少且总高度和层数接近表 4-21 规定限值时，墙体中部的构造柱可采用芯柱替代，芯柱的灌孔数量不应少于 2 孔，每孔插筋的直径不应小于 18 mm。

2. 框架结构抗震构造措施

（1）一般规定。

1）现浇框架结构的类型和最大高度应符合表 4-24 的要求。平面和竖向均不规则的结构，适用的最大高度宜适当降低。

表 4-24　现浇钢筋混凝土房屋适用的最大高度（m）

结构类型	烈度				
	6	7	8（0.2g）	8（0.3g）	9
框 架	60	50	40	35	24

注：①房屋高度指室外地面到主要屋面板板顶的高度（不包括局部突出屋顶部分）；

②表中框架，不包括异形柱框架；

③乙类建筑可按本地区抗震设防烈度确定其适用的最大高度。

2）钢筋混凝土房屋需要设置防震缝时，应符合下列规定：

①防震缝宽度应分别符合下列要求：

框架结构（包括设置少量抗震墙的框架结构）房屋的防震缝宽度，当高度不超过 15 m 时不应小于 100 mm；高度超过 15 m 时，6 度、7 度、8 度和 9 度分别每增加高度 5 m、4 m、3 m 和 2 m，宜加宽 20 mm。

防震缝两侧结构类型不同时，宜按需要较宽防震缝的结构类型和较低房屋高度确定缝宽。

②8度、9度框架结构房屋防震缝两侧结构层高相差较大时，防震缝两侧框架柱的箍筋应沿房屋全高加密，并可根据需要在缝两侧沿房屋全高各设置不少于两道垂直于防震缝的抗撞墙。

3）甲、乙类建筑以及高度大于24 m的丙类建筑，不应采用单跨框架结构；高度不大于24 m的丙类建筑不宜采用单跨框架结构。

4）采用装配整体式楼、屋盖时，应采取措施保证楼、屋盖的整体性及其与抗震墙的可靠连接。装配整体式楼、屋盖采用配筋现浇面层加强时，其厚度不应小于50 mm。

5）楼梯间应符合下列要求：

①宜采用现浇钢筋混凝土楼梯。

②对于框架结构，楼梯间的布置不应导致结构平面特别不规则；楼梯构件与主体结构整浇时，应计入楼梯构件对地震作用及其效应的影响，应进行楼梯构件的抗震承载力验算；宜采取构造措施，减少楼梯构件对主体结构刚度的影响。

③楼梯间两侧填充墙与柱之间应加强拉结。

（2）框架的基本抗震构造措施。

1）梁的截面尺寸及材料要求，宜符合下列各项要求：

截面宽度不宜小于200 mm；截面高宽比不宜大于4；净跨与截面高度之比不宜小于4。

一级抗震等级的框架梁、柱及节点，不应低于C30；其他各类结构构件，不应低于C20；梁、柱中的受力钢筋宜采用热轧带肋钢筋。

2）梁的钢筋配置，尚应符合下列规定：

①梁端纵向受拉钢筋的配筋率不宜大于2.5%。沿梁全长顶面、底面的配筋，一、二级不应少于2Φ14，且分别不应少于梁顶面、底面两端纵向配筋中较大截面面积的1/4；三、四级不应少于2Φ12。

②一、二、三级框架梁内贯通中柱的每根纵向钢筋直径，对框架结构不应大于矩形截面柱在该方向截面尺寸的1/20，或纵向钢筋所在位置圆形截面柱弦长的1/20；对其他结构类型的框架不宜大于矩形截面柱在该方向截面尺寸的1/20，或纵向钢筋所在位置圆形截面柱弦长的1/20。

③梁端加密区的箍筋肢距，一级不宜大于200 mm和20倍箍筋直径的较大值，二、三级不宜大于250 mm和20倍箍筋直径的较大值，四级不宜大于300 mm。

3）柱的截面尺寸，宜符合下列要求：

截面的宽度和高度，四级或不超过2层时不宜小于300 mm，一、二、三级且超过2层时不宜小于400 mm；圆柱的直径，四级或不超过2层时不宜小于350 mm，一、二、三级且超过层时不宜小于450 mm。剪跨比宜大于2。截面长边与短边的边长比不宜大于3。

除满足上述截面尺寸要求外，柱的轴压比也不宜超过《混凝土结构设计规范》的规定。

4）柱的纵向钢筋配置，应符合下列规定：

柱的纵向钢筋宜对称配置。截面边长大于400mm的柱，纵向钢筋间距不宜大于200mm。柱总配筋率不应大于5%；剪跨比不大于2的一级框架的柱，每侧纵向钢筋配筋率不宜大于1.2%。柱纵向受力钢筋的最小总配筋率应按表4-25采用，同时每一侧配筋率不应小于0.2%；对建造于Ⅳ类场地且较高的高层建筑，最小总配筋率应增加

0.1%。柱纵向钢筋的绑扎接头应避开柱端的箍筋加密区。

表 4-25　柱截面纵向钢筋的最小总配筋率　　单位：%

类　别	抗震等级			
	一	二	三	四
中柱和边柱	0.9（1.0）	0.7（0.8）	0.6（0.7）	0.5（0.6）
角柱、框支柱	1.1	0.9	0.8	0.7

注：①表中括号内数值用于框架结构的柱；

②钢筋强度标准值小于 400MPa 时，表中数值应增加 0.1，钢筋强度标准值为 400MPa 时，表中数值应增加 0.05；

③混凝土强度等级高于 C60 时，上述数值应相应增加 0.1。

5）柱的箍筋配置，应符合下列要求：

①柱的箍筋应在规定范围内加密，加密范围应按下列规定采用：

柱端，取截面高度（圆柱直径）、柱净高的 1/6 和 500mm 三者的最大值；底层柱的下端不小于柱净高的 1/3；刚性地面上下各 500mm；剪跨比不大于 2 的柱，因设置填充墙等形成的柱净高与柱截面高度之比不大于 4 的柱、框支柱、一级和二级框架的角柱，取全高。

②加密区的箍筋间距和直径，应符合表 4-26 的要求。

表 4-26　柱箍筋加密区的箍筋最大间距和最小直径

抗震等级	箍筋最大间距（采用较小值）/mm	箍筋最小直径/mm
一	6d，100	10
二	8d，100	8
三	8d，150（柱根 100）	8
四	8d，150（柱根 100）	6（柱根 8）

注：①d 为柱纵筋最小直径；

②柱根指底层柱下端。

③柱箍筋加密区的箍筋肢距，一级不宜大于 200mm，二、三级不宜大于 250mm，四级不宜大于 300mm。至少每隔一根纵向钢筋宜在两个方向有箍筋或拉筋约束；采用拉筋复合箍时，拉筋宜紧靠纵向钢筋并钩住箍筋。

④柱箍筋非加密区的箍筋配置，应符合下列要求：

柱箍筋非加密区的体积配箍率不宜小于加密区的 50%。箍筋间距，一、二级框架柱不应大于 10 倍纵向钢筋直径，三、四级框架柱不应大于 15 倍纵向钢筋直径。

（3）框架梁、柱纵向钢筋在节点核心区的锚固和搭接。

框架中间层中间节点处。框架梁的上部纵向钢筋应贯穿中间节点。贯穿中柱的每根梁纵向钢筋直径，对于 9 度设防烈度的各类框架和一级抗震等级的框架结构，当柱为矩形截面时，不宜大于柱在该方向截面尺寸的 1/25；当柱为圆形截面时，不宜大于纵向钢筋所在位置柱截面弦长的 1/25；对一、二、三级抗震等级，当柱为矩形截面时，不宜大于柱在该方向截面尺寸的 1/20；对圆柱形截面，不宜大于纵向钢筋所在位置柱截面弦长的 1/20。

七、预应力混凝土结构基本概念

1. 预应力结构的特点

(1) 具有抗裂性高、耐久性好、自重轻、材料省、造价低、能应用于较大跨径结构等优点。

(2) 由于对预应力混凝土构件中的钢筋产生了预拉应力，故预应力混凝土构件的延性比普通混凝土构件的延性小。

2. 施加预应力的方法

对混凝土施加预应力一般是靠张拉钢筋来实现的，根据张拉钢筋与浇筑混凝土的先后顺序，施加预应力的方法主要有先张法和后张法两种。

(1) 先张法。

在浇灌混凝土之前先张拉钢筋的方法，称为先张法。其主要工序如下：

1) 在台座上张拉钢筋，并将它临时锚固在台座上。

2) 支模、绑扎钢筋，并浇灌混凝土。

3) 待混凝土达到设计强度的 75%以上，切断并放松预应力钢筋，钢筋回缩挤压混凝土使混凝土受压。

先张法构件的预应力是靠预应力钢筋与混凝土之间的黏结力来传递的。

(2) 后张法。

在混凝土结硬后再张拉预应力钢筋的方法称为后张法。其主要工序为：

1) 先浇灌混凝土构件，并在构件中预留孔道。

2) 待混凝土到达规定的强度后，穿钢筋，并张拉钢筋，同时混凝土受到预压。

3) 当张拉预应力钢筋达到规定值后，在张拉端用锚具锚住，使构件保持预压状态。

4) 最后在预留孔道内灌浆，使预应力钢筋与混凝土形成整体。

3. 预应力混凝土材料

预应力混凝土结构的混凝土强度等级不宜低于 C30；当采用碳素钢丝，钢绞线、热处理筋作为预应力钢筋时，混凝土强度等级不宜低于 C40。

预应力钢筋宜采用碳素钢丝、刻痕钢丝、钢绞线和热处理钢筋，以及冷拉Ⅱ、Ⅲ、Ⅳ钢筋。

预应力混凝土所使用的钢筋应与混凝土间有足够的黏结强度，且有一定的塑性。

4. 预应力混凝土构件计算的一般规定

(1) 预应力钢筋的张拉控制应力 σ_{con}。

张拉控制应力是指张拉钢筋时预应力钢筋中达到的最大应力值，即用张拉设备所控制的总张拉力除以预应力钢筋截面面积所得出的应力值，以 σ_{con} 表示。

张拉控制应力的大小与钢种和施工方法有关，规范规定，预应力钢筋的张拉控制应力 σ_{con}，不宜超过表 4-27 规定的数值。

(2) 预应力损失。

预应力钢筋从张拉、锚固至运输、安装使用的各个过程中，由于张拉工艺和材料特性等种种原因，钢筋中的张拉应力将逐渐降低，称为预应力损失。故正确地认识预应力损失，是预应力混凝土结构设计、施工成败的重要影响因素。

表 4-27　张拉控制应力允许值

项次	钢种	张拉方法	
		先张法	后张法
1	碳素钢丝、刻痕钢丝、钢绞线	$0.75f_{ptk}$	$0.7f_{ptk}$
2	热处理钢筋、冷拔低碳钢丝	$0.7f_{ptk}$	$0.65f_{ptk}$
3	冷拉钢筋	$0.90f_{pyk}$	$0.85f_{pyk}$

常见的预应力损失包括：

①锚具变形损失 σ_{l1} ——通过减少垫板块数或增加台座长度的办法以减小损失。

②摩擦损失 σ_{l2} ——可通过两端张拉或超张拉的办法以减小损失。

③温差损失 σ_{l3} ——它可以通过两次升温的办法以减小损失。

④应力松弛损失 σ_{l4} ——通常采用超张拉的办法以减小损失。

⑤混凝土收缩、徐变所引起的预应力损失 σ_{l5} ——它可以参考减小混凝土收缩、徐变的办法以减少损失。

⑥用螺旋式预应力钢筋作配筋的环形构件，由于混凝土的局部挤压引起的预应力损失 σ_{l6}。

预应力构件在各阶段的预应力损失值宜按表 4-28 进行组合。

表 4-28　各阶段预应力损失值的组合

预应力损失值组合	先张法构件	后张法构件
混凝土预压前（第一批）的损失 $\sigma_{l\mathrm{I}}$	$\sigma_{l1}+\sigma_{l2}+\sigma_{l3}+\sigma_{l4}$	$\sigma_{l1}+\sigma_{l2}$
混凝土预压后(第二批)的损失 $\sigma_{l\mathrm{II}}$	σ_{l5}	$\sigma_{l4}+\sigma_{l5}+\sigma_{l6}$

如果求得的预应力总损失值 σ_l 小于下列数值时，则按下列数值取用：

先张法：100 N/mm^2

后张法：80 N/mm^2

八、钢结构构件的受力特点及构造、连接方式

钢结构是由钢板、型钢等轧制钢材或冷加工成型的薄壁型钢，通过焊接、铆接、螺栓连接等方式而形成的整体结构。

1. 钢结构的受力特点

相对钢筋混凝土结构而言，钢结构具有如下优点：

①强度高、截面尺寸小，故整个结构自重轻；②材质均匀、工作可靠性高；③施工、拆装方便；④有很好的塑性和韧性，一般不会突然断裂，故对动力荷载适应性比较强。

但钢材具有不耐腐蚀，需要经常油漆维护以及耐火性较差（当温度达到 500～600℃时会完全丧失抵抗外力作用的能力）等缺点。

钢结构在建筑工程中的应用范围比较广泛，根据上述特点，按照合理使用，充分

发挥其优点的原则，钢结构目前主要应用于大跨度结构、高层建筑、高耸结构、可动、可拆卸结构中。

用作钢结构的钢材必须具有下列性能：

（1）较高的强度。即抗拉强度和屈服点比较高。钢结构中所用钢材的设计强度是根据屈服点确定的，故屈服点高可以减小构件的截面，从而减轻自重，节约钢材，降低造价。钢材的抗拉强度与屈服点之比反映的是钢材的强度储备，故抗拉强度高，可以增加结构的安全性。

（2）足够的变形能力。即塑性和韧性性能好。塑性好则结构破坏前变形比较明显，从而减少脆性破坏的危险性；并且塑性变形还能调整局部高峰应力，使之趋于平缓，故钢结构不能用脆性材料如铸铁来制造。韧性好表示钢材有较好的抵抗冲击荷载的能力。

（3）良好的加工性能。既适合冷热加工，同时具有良好的可焊性，不因各种加工而对强度、塑性及韧性产生较大的不利影响。

此外，根据结构的具体工作条件，在必要时还应该具有适应低温、抵抗有害介质侵入以及疲劳荷载作用等性能。

建筑结构用钢材有普通碳素钢、优质碳素钢和普通低合金钢。实践证明，承重钢结构宜采用 Q235 钢、Q345 钢、Q390 和 Q420 钢。

在 Q235A 钢的保证项目中，碳含量、冷弯试验合格和冲击韧性值并未作为必要的保证条件，所以只宜用于不直接承受动力荷载的结构中，当用于焊接结构时，其质量证明书中注明的含碳量应不超过 0.22%。吊车工作级别为 A4～A8 的吊车梁、吊车桁架或类似结构的钢材，则应采用 Q235B。同样，对 Q345 钢、Q390、Q420 低合金高强度结构钢，一般结构构件可采用 A 级，直接承受工作级别为 A4～A8 吊车荷载的结构应根据使用时的环境温度选用 B、C、D、E 等级。

2. 钢结构构件的截面选型

（1）轴心受力构件的截面选型。

轴心受力构件包括轴心受拉构件与轴心受压构件，在建筑工程中应用广泛。如桁架、网架、塔架中的杆件，操作平台的支柱，支撑体系中许多杆件也是轴心受力构件。

钢结构轴心受力构件的截面形式很多，分为型钢截面和组合截面两类。见表 4-29。

表 4-29　轴心受力构件截面形式和应用

截面形式	截面图形	特点及应用
型钢截面	圆钢　圆管　方管　角钢	● 直接由市场购买后下料连接，不需另行加工，施工方便； ● 主要适用于受力较小的受拉构件
	槽钢　工字钢　H型钢　T型钢	● 截面宽展，经济合理，易满足稳定性要求，直接由市场购买后下料连接，不需另行加工，型号多样，适用性强，施工方便； ● 一般适用于受力较小的受压构件

截面形式		截面图形	特点及应用
组合截面	实腹式		● 由型钢或钢板连接而成，尺寸不受限制，可根据需要加工成合适的截面，节约钢材，但制作费工、费时； ● 一般适用于受力较大的受压构件
	格构式		● 由型钢作为分肢通过缀材（缀板或缀条）连成一体。与实腹式相比，在用量相同的情况下刚度和稳定性更好，但制作费工、费时； ● 一般适用于受力较大的受压构件，或压力虽不大但是很长的构件，如高压输电杆、塔吊、井架、电视塔等

（2）受弯构件的截面选型。

钢梁的截面形式一般可分为型钢梁和组合梁两种。型钢梁是由炼钢厂已加工成型的钢材，见图 4-36（a）、（b）。它构造简单、用料经济、施工方便。组合梁由钢板与钢板或钢板与型钢用焊接或铆接组合而成，常用截面类型见图 4-36（c）、（d）、（e）、（f），它需要对板材进行组合，另行加工。

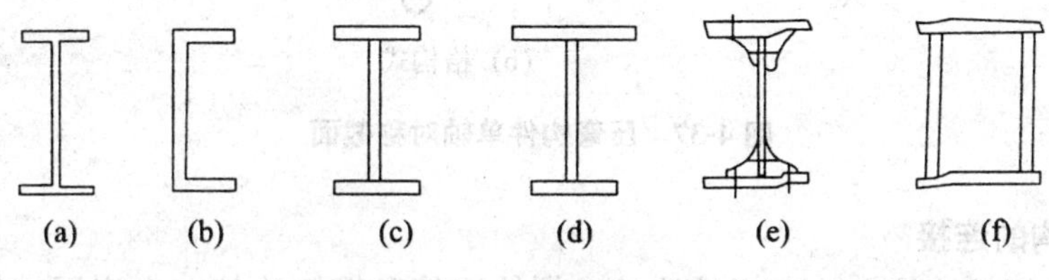

图 4-36 钢梁的截面类型

钢梁的截面形式应根据其受力情况（单向受弯和双向受弯）和梁的使用功能来选择。

1）单向受弯梁：单向受弯梁为在一个主平面内受弯的梁，此类梁的截面一般以采用双轴对称或加强受压的翼缘单轴对称工字形截面为宜。必要时，还可采用箱形截面。具体选择如下：

①荷载、跨度均较小的梁（如普通楼盖梁、平台梁），宜优先采用型钢中的工字钢和窄翼缘 H 型钢。

②荷载和跨度均较大时，若受型钢规格的限制，满足不了要求时，以采用焊接工字形截面为宜，它制造省工、连接方便，可调配截面尺寸。

③荷载小而跨度很大时，如城市人行天桥钢梁，某些高层房屋楼盖梁等，宜采用抗扭性能较好的箱形梁。

④蜂窝梁是单向受弯梁的一种经济合理截面形式。

2）双向受弯梁：双向受弯梁是在两个主平面内受弯的梁，如檩条、墙梁、吊车梁都是双向受弯梁。

（3）偏心受力构件的截面选型。

偏心受力构件分拉弯构件和压弯构件。

拉弯构件是轴心拉力和弯矩共同作用下的构件，也可视为拉弯构件。拉弯构件在钢结构中应用较少。轴心压力和弯矩共同作用下的构件称为压弯构件，压弯构件在钢结构中却应用广泛。

压弯构件的截面形式：当承受的弯矩较小而轴心压力相对较大时，可选用和一般轴心受压柱相同的双轴对称截面（如工字钢、H型钢、焊接工字形截面等）；当弯矩很大时，为提高构件在弯矩作用平面内的承载能力，应在弯矩作用方向采用较大的截面尺寸。当仅在一个方向承受较大的弯矩时，可采用如图 4-37 所示的单轴对称截面，加大压力较大一侧的截面面积及翼缘的宽度，这样既可降低该侧的压应力又可加强构件的侧向刚度。

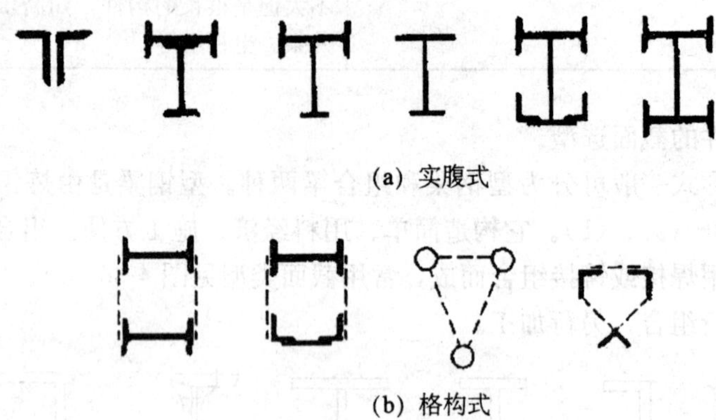

(a) 实腹式

(b) 格构式

图 4-37 压弯构件单轴对称截面

3. 钢结构的连接

钢结构常用的连接方法有焊接连接、螺栓连接和铆钉连接，在房屋结构中常用焊接连接，工地安装多采用螺栓连接，铆钉连接用得很少。

(1) 焊接连接。

1) 焊接连接的基本型式：

①焊接方法与电焊条：焊接连接有气焊、接触焊和电弧焊等方法。在电弧焊中又分为手工焊、自动焊和半自动焊三种。其中手工电弧焊设备简单，适应性强，但焊缝质量受人操作因素波动性大，不易保证，焊接效率也低，故对操作熟练技术要求严。

钢结构中最常用的焊接方法是手工电弧焊。它的优点是设备简单，适应性强，尤其是建筑装饰施工现场中的短焊缝、高空焊缝只能采用手工焊，但手工焊具有焊缝质量波动性大、效率低、操作技术要求严的缺点。

焊缝的质量直接受焊条的影响，一般碳钢焊条包括 E43××与 E50××系列，低合金钢焊条包括 E50××和 E55××系列，其中 E 表示焊条，后两位数字表示焊条熔敷金属抗拉强度的最小值（单位为 kgf/mm^2）。

焊条型号要与被焊钢材的钢种相适应，对于一般钢结构，焊接 Q235 采用 E43××型，焊接 Q345 钢（16 M_n）采用 E50××型，焊接 Q390 钢（16 M_nV）采用 E55××型焊条，当不同强度的两种钢材进行连接时，宜采用与低强度钢材相适应的焊条。

②接头型式和焊缝型式：焊接连接的接头型式是按两个被连接件间的相对位置来

区分的，基本型式有对接、搭接、T形连接和角连接四种。

焊缝型式是按焊缝截面的形状及焊缝对焊件的相互位置来划分的，分为对接焊缝和角焊缝。对接焊缝根据受力方向不同分为正对接和斜对接。角焊缝中平行受力方向的称为侧面角焊缝，垂直受力方向的为正面角焊缝（或称端焊缝），见图 4-38。

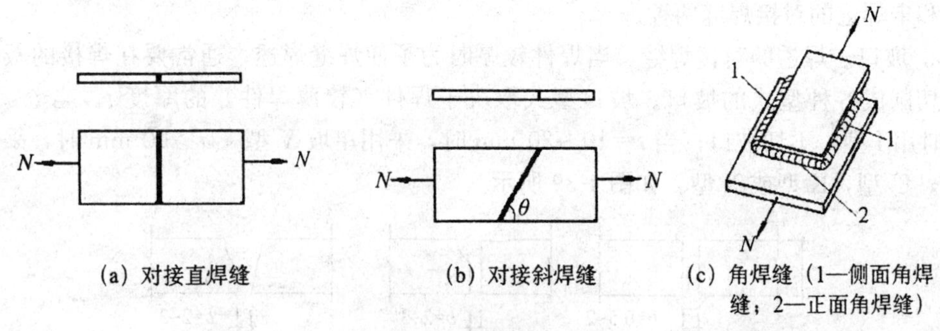

(a) 对接直焊缝　　(b) 对接斜焊缝　　(c) 角焊缝（1—侧面角焊缝；2—正面角焊缝）

图 4-38　焊缝型式

③焊缝位置：根据施焊人员所持焊条与焊件间的相对位置不同，焊缝可分为平焊、立焊、俯焊和仰焊四种平焊质量容易保证，仰焊因条件差，不易保证质量，应尽量避免。

④焊缝代号及标注：焊缝代号主要由图形符号、辅助符号和引出线三部分组成。《建筑结构制图标准》（GB/T 50105—2010）及《焊缝符号表示法》（GB 324—88）中对焊缝代号及标注作了相应的规定。表 4-30 列出了部分常用焊缝符号。

表 4-30　焊缝代号及标注

	角焊缝			坡口焊缝	塞焊缝	三面围焊	周围焊缝
	单面焊缝	双面焊缝	安装焊缝				
型式							
标注方法							

《焊缝符号表示方法》（GB 324—88）中规定，焊缝代号中：① 图形符号表示焊缝剖面的基本型式，如 V 表示 V 形坡口对接焊，表示单面角焊缝；② 辅助符号代表焊缝的辅助要求，如●表示溶透角焊缝，▸表示现场安装焊缝；③ 引出线由横线、斜线及箭头组成，由细线绘制。《建筑结构制图标准》（GB/T 50105—2010）规定，当引出线的单边箭头指向焊缝所在的一面时，应将图形符号和焊缝尺寸等标注在水平横线的上方，

当单边箭头指向对应焊缝所在的另一面时，则应将图形符号和焊缝尺寸标注在水平横线下方。

2）焊接连接的构造：

①对接焊缝的构造：

两个被连接件位于同一平面时采用对接焊缝。按焊件是否被焊透，分焊透的对接焊缝和未焊透的对接焊缝两种。

a. 坡口。焊透的对接焊缝，当焊件较厚时为了使焊缝焊透，通常要在焊接的板件边缘切削成各种型式的坡口。坡口型式取决于焊件（较薄焊件）的厚度 t。当 $t \leqslant 10$ mm 时用Ⅰ型，不切坡口；当 $t=10 \sim 20$ mm 时，采用单坡 V 型；$t>20$ mm 时，采用 V 型，U 型，K 型或 X 型。如图 4-39 所示。

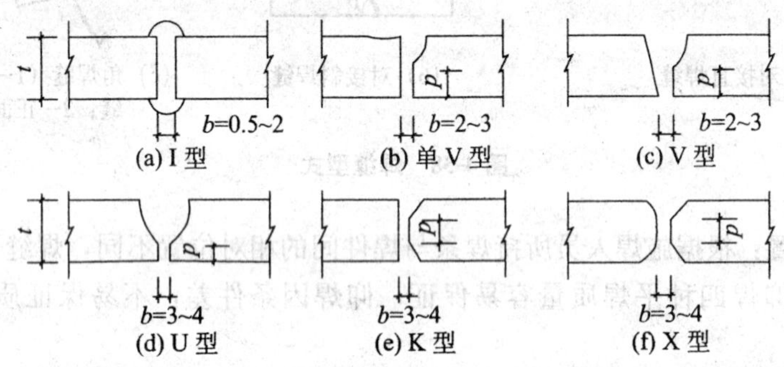

图 4-39　焊透的对接焊缝坡口型式

b. 对接焊缝的起点和终点，常因起落弧不能熔透而出现凹形的焊口，受力后凹形焊口容易开裂和引起应力集中。为了消除由此带来的影响，施焊时应将两端施焊至引弧板上。待焊成后再将多余部分切除，对于一般静力荷载作用下的结构，因某些特殊施工条件下，不能采用引弧板时，在计算时每条焊缝长度要减去 10 mm。

c. 对接焊缝的两钢板厚度或宽度不同时，应分别在厚度或宽度方向一侧或两侧作小于 1∶4 的斜角，形成平缓过渡，若板厚相差小于 4 mm 时可不作斜坡。

d. 不焊透的对接焊缝用于受力很小，主要起联系作用的焊缝，或焊缝受力虽然较大，但采用焊透的对接焊缝不能充分发挥其强度时。焊缝的有效厚度 h_e 不得小于 $1.5\sqrt{t}$，t 为坡口所在焊件的较大厚度（mm）。在承受动力荷载的结构中，垂直受力方向的焊缝不宜采用不焊透的对接焊缝。

②角焊缝的构造：

在相互搭接或丁字连接构件的边缘［图 4-38（c）］，所焊截面为三角形的焊缝，叫做角焊缝。

角焊缝两边夹角为直角的称为直角角焊缝（图 4-40），夹角为锐角或钝角的称为斜角角焊缝（图 4-41）。直角角焊缝受力性能好，应用广泛。钢结构规范规定，夹角 $a>120°$ 或 $a<60°$ 的斜角角焊缝不宜用作受力焊缝（钢管结构除外）。在这里主要介绍直角角焊缝的构造。

a. 焊脚尺寸。直角角焊缝的直角边称为焊脚尺寸，其中较小的焊角尺寸以 h_f（mm）表示。

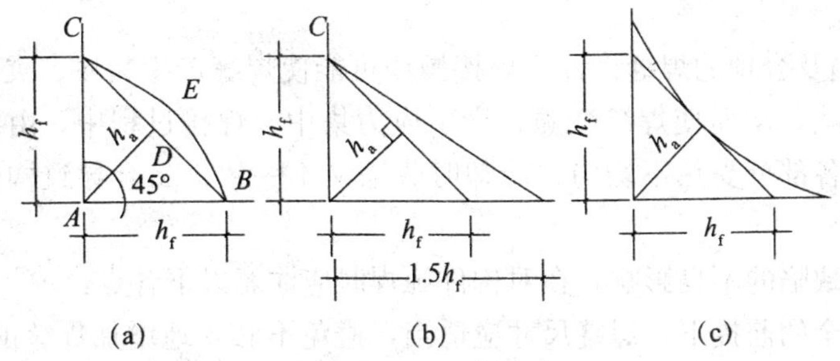

图 4-40　直角角焊缝

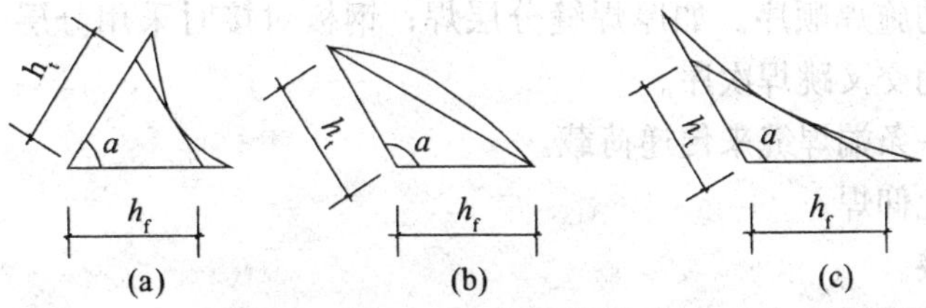

图 4-41　斜角角焊缝

角焊缝的焊角尺寸不得小于 $1.5\sqrt{t}$，t 为较厚焊件厚度（mm）［图 4-42（a)］。但对自动焊，最小焊角尺寸可减小 1mm；对 T 形连接的单面角焊缝，应增加 1mm。当焊件厚度等于或小于 4mm 时，则与焊件厚度相同。

角焊缝的焊脚尺寸也不宜大于较薄焊件厚度 t 的 1.2 倍（钢管结构除外），如图 4-42（a）所注。但板件边缘的角焊缝最大焊角尺寸应符合下列要求［图 4-42（b)］：

当 $t_1 \leqslant 6$mm 时，$h_f \leqslant t_1$

当 $t_1 > 6$mm 时，$h_f \leqslant t_1-$（1～2）mm

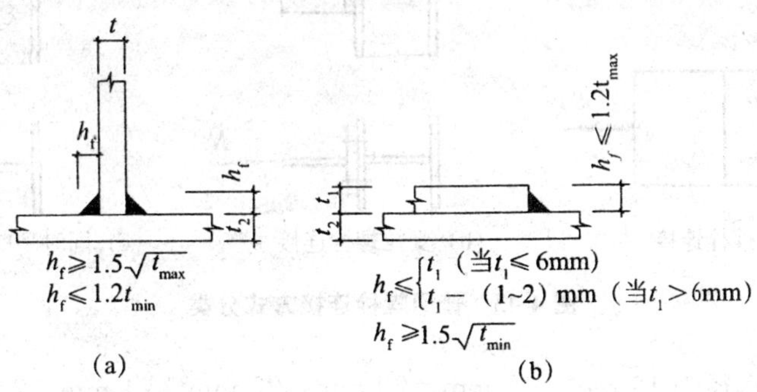

图 4-42　焊脚尺寸

b. 计算长度 l_ω。

角焊缝的计算长度一般取其实际长度减去 10mm。

角焊缝的最小计算长度为 8 h_f 和 40mm；侧面角焊缝的计算长度应满足：$l_\omega \leqslant 60h_f$（承受静力荷载或间接承受动力荷载）或 40 h_f（承受动力荷载）；当大于上述数值时，其超过部分在计算中不予考虑。若内力沿侧面角焊缝全长分布时，其计算长度不受此限。

c. 搭接长度：在搭接连接中，搭接长度不得小于较小焊件厚度 t 的 5 倍，且大于等于 25mm。

3）焊缝缺陷及合理的焊缝设计：焊接操作可能使焊缝产生裂纹、夹渣、弧坑、气孔、未焊合等缺陷，从而使焊缝变脆，产生应力集中。焊接过程中，由于局部受到剧烈的温度作用，各部分受热不均匀，冷却时收缩又不一致，又会导致构件产生焊接变形与焊接应力。

为减少焊缝缺陷的不良影响，在对构件施焊时应注意以下各点：

①在保证安全的前提下，焊缝尺寸应适当，避免不必要地增加焊缝的厚度和长度，尽可能减少焊缝数量，焊缝布置力求对称。

②焊缝不宜过分集中。

③采用适宜的施焊顺序。如厚焊缝分层焊；钢板对接时采用分层分段退焊；工字形顶接焊接时采用交叉跳焊次序。

④不能只用一条端焊缝来传递荷载。

⑤要尽量避免仰焊。

（2）螺栓连接。

螺栓连接分普通螺栓连接和高强螺栓连接。

1）普通螺栓连接：

①普通螺栓的应用：普通螺栓连接主要用于安装连接和可拆装的结构中，普通螺栓一般由低碳钢制成，其代号用字母 M 和公称直径的毫米数表示。

普通螺栓按力的方式可分为：受剪螺栓连接、受拉螺栓连接、同时受剪和受拉螺栓连接，见图 4-43。

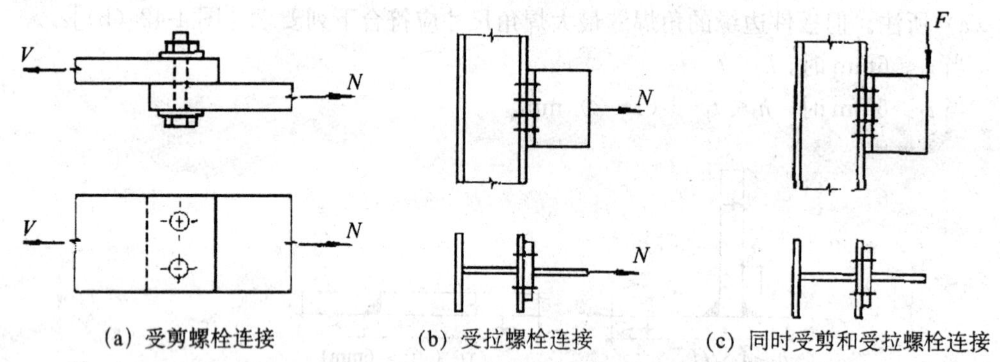

(a) 受剪螺栓连接　(b) 受拉螺栓连接　(c) 同时受剪和受拉螺栓连接

图 4-43　普通螺栓连接方式分类

粗制螺栓的直径为 16 mm、18 mm、20 mm、22 mm、24 mm、27 mm，常用的为 16 mm及 20 mm。

②普通螺栓连接的主要破坏形式：

a. 当螺栓杆较细、板件相对较厚时，螺栓杆可能被剪断。

b. 当螺栓杆较粗，板件相对较薄时，板件可能先被挤压而破坏。

c. 当螺栓孔对板的削弱过于严重时，板件可能在削弱处被拉断。

d. 当端距太小时，板端可能受冲剪而破坏。

e. 当螺栓杆细长，螺栓杆可能发生过大的弯曲变形而使连接破坏。

上述五种破坏中，第 a、b、c 三项需要通过计算来避免，而第 d、e 两项可以通过构造措施来保证不致发生。

③螺栓连接的构造要求：

a. 每一构件在节点上以及拼接接头的一端，永久性螺栓数不宜少于两个，但组合构件的缀条，其端部连接允许采用一个螺栓。

b. 螺栓排列有并列和错列两种形式，并列式因简单、整齐而较常用，螺栓排列要求见表 4-31。

表 4-31　螺栓排列的最大、最小容许距离

<table>
<tr><th>名称</th><th colspan="3">位置和方向</th><th>最大容许距离（取两者的较小值）</th><th>最小容许距离</th></tr>
<tr><td rowspan="5">中心间距</td><td colspan="3">外排（垂直内力方向或顺内力方向）</td><td>$8d_0$ 或 $12t$</td><td rowspan="5">$3d_0$</td></tr>
<tr><td rowspan="3">中间排</td><td colspan="2">垂直内力方向</td><td>$16d_0$ 或 $24t$</td></tr>
<tr><td rowspan="2">顺内力方向</td><td>构件受压力</td><td>$12d_0$ 或 $18t$</td></tr>
<tr><td>构件受拉力</td><td>$16d_0$ 或 $24t$</td></tr>
<tr><td colspan="3">沿对角线方向</td><td>—</td></tr>
<tr><td rowspan="4">中心至构件边缘的距离</td><td colspan="3">顺内力方向（端距）</td><td rowspan="4">$4d_0$ 或 $8t$</td><td>$2\ d_0$</td></tr>
<tr><td rowspan="3">垂直内力方向（边距）</td><td colspan="2">剪切边或手工气割边</td><td rowspan="2">$1.5\ d_0$</td></tr>
<tr><td rowspan="2">轧制边、自动气割或锯割边</td><td>高强螺栓</td></tr>
<tr><td>其他螺栓</td><td>$1.2\ d_0$</td></tr>
</table>

注：①d_0 为螺栓的孔径，t 为外层较薄板件的厚度；

②钢板缘与刚性构件（如角钢、槽钢等）相连的螺栓最大间距，可按中间排的数值采用。

螺栓在角钢上的排列要考虑螺帽和垫圈能布置在角钢肢的平整部分，并应使角钢肢不致过分削弱，对螺栓孔的最大直径也要作一定限制。当肢宽在 125 mm 以下时，应按单行排列；肢宽在 125 mm 以上时可排成双行错列；肢宽 160 mm 以上时可排成双行并列。螺孔至肢背边缘距离可参考钢结构设计手册。

2）高强螺栓连接：

高强螺栓与普通螺栓相比它具有受力性能好、可拆换、耐疲劳以及在荷载作用下不致松动的优点。

高强螺栓的受力与普通螺栓不同，普通螺栓是直接靠栓杆受拉或抗剪来传力的，而高强螺栓是依靠施工时紧固螺帽使螺栓产生预压力从而使连接板之间形成强大的摩擦阻力来传递剪力的。为达到这一目的，高强螺栓连接需满足下列几方面要求：

①螺栓必须采用高强度钢制造。高强螺栓所用材料强度为普通螺栓 4～5 倍，常用性能等级为 8.8 级和 10.9 级两种。8.8 级采用的是热处理后的碳素钢；10.9 级采用的是热处理后的优质合金钢。其中整数部分（8 和 10）表示螺栓成品的抗拉强度不低于 1 000N/mm^2 和 800 N/mm^2；小数部分（0.9 和 0.8）则表示其屈强比为 0.9 和 0.8。

②紧固螺帽。高强螺栓的预拉力是通过紧固螺帽来建立的，螺帽紧固的程度影响连接的传力。目前，我国普遍采用大六角头型和扭剪型两种型式的高强螺栓，紧固螺帽有下列三种方法：

a. 转角法——先用扳手将螺母“初拧”至不动位置后作标记线，再用长柄扳手将螺母转动 1/2～3/4 圈（终拧）拧至规定位置。此法用于大六角头型，使用工具简单，但不够精确。

b. 扭矩法——是用一种能直接显示施加扭矩大小的特别扳手来紧固，当拧至规定的扭矩值时会发出响声或亮灯，此法也常用于大六角头型。

c. 扭掉螺栓尾部梅花卡头法——利用特制机动扳手内外套，分别套住螺杆尾部的卡头和螺母，通过内外套的相对旋转，对螺母施加扭矩，最后螺栓尾部的梅花卡头被剪断扭掉。此法适用于扭剪型高强螺栓的紧固。

③接触面的处理。高强螺栓连接中，摩擦系数的大小对承载能力的影响也很大。为了增大接触面的摩擦系数，施工时应将连接范围内构件接触面进行处理，处理方法有喷砂、用钢丝刷清理、电动砂轮打磨等。

以上所述的是摩擦型高强螺栓，对于直接承受动力荷载的结构，最适宜采用这类螺栓。实际上还有一种承压型高强螺栓，它的受力特点与普通螺栓基本相同，但由于螺栓采用了高强材料，所以承载能力比普通螺栓相对提高很多。

高强螺栓的直径系列、排列及有关构件要求也与普通螺栓相同。

第五章 施工测量知识

工程测量是指工程建筑在设计、施工和管理阶段中所进行的测量工作。工程建筑在设计阶段需要测绘地形图，在施工阶段需要将设计的建筑物的位置在实地放样出来，前者称为“测绘”，后者称为“测设”，是工程测量的主要任务。另外，工程建筑物在施工和运营管理阶段需要监测其主要点位的空间位置的变化，称为“变形观测”。本章主要讨论工程建设所需要的测设和变形观测。

第一节 常用测量仪器

一、常用测量仪器的功能和使用

1. 水准仪和水准尺

(1) 水准仪。

我国的水准仪系列标准分为 DS_{05}、DS_1、DS_3 等几个等级。D是大地测量仪器的代号，S是水准仪的代号，下标数字表示每千米水准测量的误差（单位：mm）。其中 DS_{05} 和 DS_1，用于精密水准测量，DS_3用于一般普通水准测量。

1) 水准仪构造：水准仪由测量望远镜、水准器（或重力摆）和基座三个主要部分组成。图 5-1 所示是一种 DS_3 级水准仪。

①望远镜：望远镜一般是由物镜、物镜调焦镜、目镜和十字丝分划板组成。

十字丝分划板是安装在物镜与目镜之间的一块平板玻璃，上面刻有两条相互垂直的细线，称为十字丝。十字丝交点和物镜光心的连线称为视准轴，也就是视线方向，视准轴是水准仪的主要轴线之一。

②水准器：为了置平测量仪器一般使用水准器。水准器分为水准管和圆水准器两种，水准管置平精度较高。

水准管为圆柱形玻璃管，其内壁磨成一定半径的圆弧，灌注酒精后，加热封闭。冷却后形成酒精蒸汽的气泡，称为水准气泡。水准测量时，长水准管气泡居中时说明视准轴水平。

圆水准器是一个封闭的圆形玻璃容器，顶盖的内表面为一球面，容器内盛装乙醚类液体，且形成一小圆气泡。容器顶盖中央刻有一小圈，小圈的中心是圆水准器的零点。

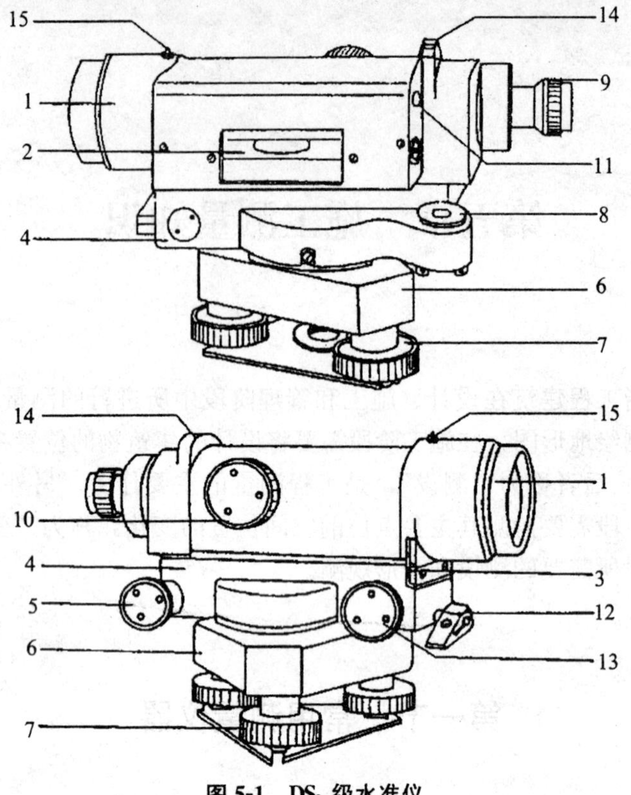

图 5-1　DS_3 级水准仪

1—望远镜；2—水准管；3—钢片；4—支架；5—微倾螺旋；6—基座；7—脚螺旋；8—圆水准器；9—目镜调焦螺旋；10—物镜调焦螺旋；11—气泡观察镜；12—制动扳手；13—微动螺旋；14—缺口；15—准星

通过零点的球面法线是圆水准器轴，当圆水准器气泡居中时，圆水准器轴处于铅垂位置。

2）水准仪的使用：测量仪器一般均安置在三脚架上使用。水准仪使用时，首先调节好三脚架腿的伸缩长度，把脚尖踩紧于地面，再从仪器箱中取出水准仪，用三脚架上的连接螺旋旋入水准仪基座中心螺孔内。然后按下列程序进行操作：粗平—瞄准—精平—读数。

①粗平：粗平即粗略置平仪器。转动脚螺旋，使圆水准器气泡居中。

②瞄准：旋松制动螺旋，望远镜转向水准尺方向，用望远镜上的瞄准器（例如缺口和准星）对准水准尺，旋紧制动螺旋。转动目镜调焦螺旋，使十字丝清晰；转动物镜调焦螺旋，使水准尺像清晰，检验和消除视差。旋转微动螺旋，使水准尺像靠近十字丝纵丝。

③精平：旋转微倾螺旋，使水准管气泡居中。有符合棱镜的水准管，则使水准管气泡两端的影像连成一个圆弧（符合），从而使望远镜的视准轴处于水平位置。当精平后，望远镜由后视转到前视时，有时会发现符合水准气泡偏歪较大，其主要原因是圆水准器整平精度低或竖轴与轴套之间油脂不适量等因素造成。

④读数：水准仪精平后，应立即用十字丝的横丝在水准尺上读数。读数应有 4 位

数，即读记米、分米、厘米、毫米。普通水准尺上米和分米数有注记、厘米为黑色和白色（或红色和白色）相间的分划，毫米数应进行估计。

（2）水准尺和尺垫。

水准尺最常用的一般有塔尺和双面水准尺两种，见图 5-2。塔尺能伸缩，故携带方便，但结合处容易产生误差。双面水准尺比较坚固可靠，其长度为 3 m，尺的一面为黑白相间刻画，称为黑面，尺底端起点为零；另一面为红白相间刻画，称为红面，尺底端起点不为零，而是一常数 K。每两根配为一对，其中一把尺常数为 4 687，与之相配的另一把尺常数为 4 787。

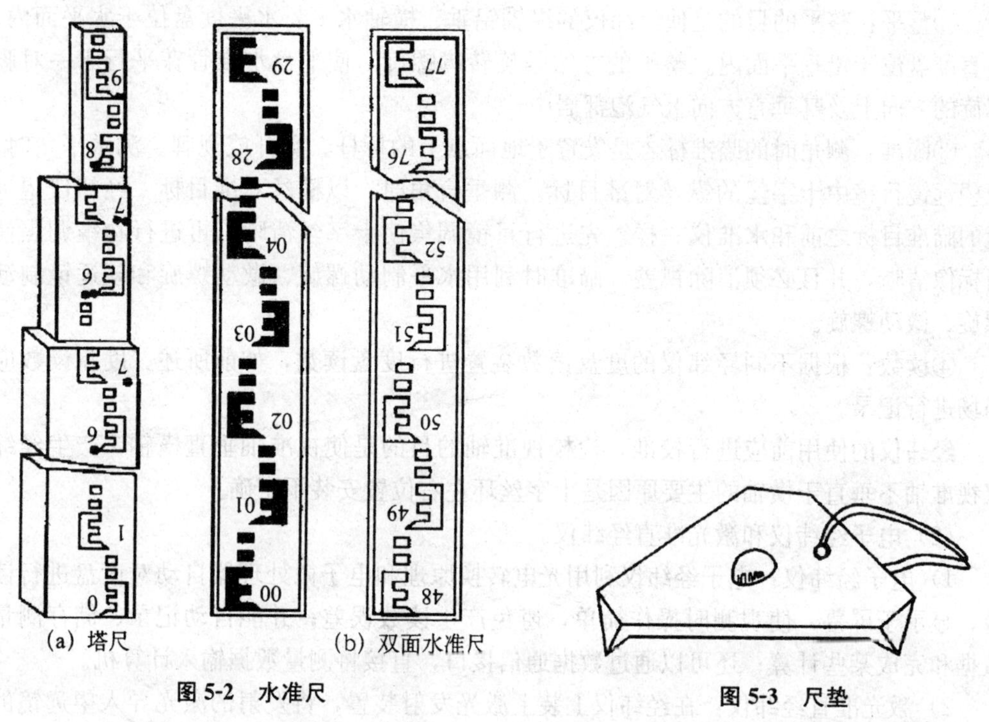

(a) 塔尺　(b) 双面水准尺

图 5-2　水准尺

图 5-3　尺垫

尺垫是一种用在转点上的辅助测量工具，用铜板或铸铁制成，见图 5-3。使用时把三个尖脚插入土中，把水准尺立在突出的圆顶上。依据尺垫可保证转点稳固，防止下沉。

2. 经纬仪

经纬仪按其精度和用途分为 DJ_1、DJ_2、DJ_6 等几种等级，其下标表示该仪器一测回方向观测中误差的秒数。DJ_1、DJ_2 级属于精密经纬仪；DJ_6级属于普通经纬仪，一般用于地形测量或工程测量。

经纬仪又分为光学经纬仪和电子经纬仪两种。

角度观测瞄准目标时，一般不可能直接看到地面点，因此要在地面点上竖立标杆、测钎或规牌，作为角度观测的照准标志。

（1）光学经纬仪。

1）光学经纬仪的构造：经纬仪从总体来说分为三部分：基座、水平度盘、照准部。

2）经纬仪的度盘读数装置：光学经纬仪的度盘读数装置包括光路系统和测微器。水平度盘和垂直度盘上的分划线（度盘刻度），经照明后通过一系列棱镜和透镜，最后成像在望远镜旁的读数显微镜内。

3）经纬仪的使用：经纬仪的使用包括对中、整平、瞄准、读数，具体操作方法分述如下：

①对中：经纬仪对中的目的是把仪器的纵轴安置到通过地面点的铅垂线上。可以用垂球对中或用光学对中器对中，垂球的对中误差可小于 3 mm，光学对中器的对中误差可小于 1 mm。

②整平：整平的目的是使经纬仪的纵轴铅垂、横轴水平、水平度盘位于水平面内、垂直度盘位于铅垂平面内。整平的方法是旋转脚螺旋，使平盘水准管在平行于一对脚螺旋的方向上及其垂直方向上气泡都居中。

③瞄准：测角时的瞄准标志是安置于地面点上的标杆、测钎或规牌。测水平角时，以望远镜目镜中十字丝的纵丝对准目标。测垂直角时，以横丝对准目标。经纬仪望远镜的瞄准目标之前和水准仪一样，先进行目镜调焦使十字丝清晰，再进行物镜调焦使目标像清晰，并且必须消除视差。瞄准时利用水平制动螺旋、微动螺旋和望远镜制动螺旋、微动螺旋。

④读数：根据不同经纬仪的度盘读数装置进行度盘读数，如前所述。度盘读数应当场进行记录。

经纬仪的使用前应进行校准，检校视准轴的目的是使视准轴垂直横轴，产生经纬仪视准轴不垂直于横轴的主要原因是十字丝环左右位置安装不正确。

（2）电子经纬仪和激光准直经纬仪。

1）电子经纬仪：电子经纬仪利用光电转换原理和电子微处理器自动对度盘进行读数，显示于屏幕，使观测时操作简单，避免产生读数误差；并能自动记录、储存测量数据和完成某些计算；还可以通过数据通信接口，直接将测量数据输入计算机。

2）激光准直经纬仪：在经纬仪上装上激光发射装置，将发射的激光导入望远镜的视准轴方向，向目标投射，称为激光准直经纬仪。激光是一束可见光，作用距离远，定位精度高，施工人员可以直接看到代表准直线的光斑，直观明确。

3. 测距仪

（1）卷尺的种类和量距工具。

卷尺有钢卷尺和皮尺，前者用薄钢带制成、量距精度较高；后者用麻织物或塑料加金属丝制成，量距精度较低。

卷尺长度有 20 m、30 m、50 m 数种，钢卷尺上有毫米分划，皮尺上一般只有厘米分划。

量距工具有标杆、测钎、垂球等。钢尺量距精度要求较高时，还需要有弹簧秤和温度计。标杆用于量距时的定直线，垂球用于不平地面悬空拉尺时的端点投影。

（2）光电测距仪。

光电测距的基本原理是利用已知光速 C，测定它在两点间往返传播时间 t，以计算距离 $S=\frac{1}{2}Ct$ 。红外光电测距仪采用 GaAs（砷化镓）发光二极管发出的红外光作为光源，其波长 $\lambda_g = 0.82 \sim 0.93$ cm，作为一台具体的测距仪，则 λ_g 为一固定数值。光电测距的野外观测值需要经过仪器常数改正、气象改正和倾斜改正方能得到正确的水平距离。

4. 全站仪

电子全站仪是主要由电子经纬仪和光电测距仪组合而成的测量仪器，用它可以同时进行角度测量和距离测量，并能完成多种测量计算。由于只要一次安置该仪器，便可以完成该测站上所有的测量工作，故称为“全站仪”（Total-station）。

二、水准、距离、角度测量的要点

1. 水准测量的方法

（1）水准点和水准路线。

1）水准点：水准点是通过水准测量测得其高程的固定点，按照水准测量的等级分为一、二、三、四等水准点。水准测量中的转点指的是为传递高程所选的立尺点。

2）水准路线：在水准点之间进行水准测量所经过的路线称为水准路线。水准路线一般布设成以下几种形式：

①闭合水准路线：从某一已知高程的水准点出发，沿某一路线，测定若干个高程待定的水准点，最后仍回到出发的水准点，构成一个闭合环，称为闭合水准路线。闭合水准路线测得的高差总和应等于零，作为观测的检核。

②附合水准路线：从某一已知高程的水准点出发，沿某一路线，测定若干个高程待定的水准点，并联测到另一个高程已知的水准点，称为附合水准路线。附合水准路线测得的高差总和应等于两端已知高程点的高差，作为观测的检核。

③支水准路线：从某一已知高程的水准点出发，沿某一路线，测定若干个高程待定的水准点，其路线既不闭合，又不附合，称为支水准路线。支水准路线用往、返观测进行检验。往测高差总和与返测高差总和应绝对值相等而符号相反。

（2）水准测量方法。

在进行连续水准测量时，为了能及时发现观测中的错误，通常在每一个测站上用“两次仪器高法”或“双面尺法”进行观测，以进行检核。

1）两次仪器高法：在每一个测站上用两次不同仪器高度的水平视线来测定相邻两点的高差。按理两次测得的高差应相等，据此检查观测中是否存在错误，采用往返观测，可以消除水准尺升沉的误差。

设在两点间第一次安置水准仪，读得后视、前视水准尺上的读数为 a'、b'，其高差 $h' = (a' - b')$；重新安置仪器，改变仪器的高度 10 cm 以上，读得前视、后视水准尺上的读数为 a''、b''，其高差 $h'' = (a'' - b'')$。对于普通水准测量 $|h' - h''| \leqslant 5$ mm，则认为该站观测合格，取其平均值 $h = \frac{1}{2}(h' + h'')$，作为该站的观测高差；否则，认为观测误差超限，该站应重新进行观测。

2）双面尺法：双面尺法水准测量的每一站观测为：先后视水准尺黑色面，再前视水准尺黑色面，计算得黑面高差；然后前视水准尺红色面，再后视水准尺红色面，计算得红面高差。两次所得高差之差的限差（允许的差数）同两次仪器高法，检验合格后取其平均数。其目的主要是消除仪器下沉误差的影响。

（3）水准测量成果整理。

1）高差闭合差计算：高差闭合差的计算随水准路线的形式而不同。

①闭合水准路线的高差闭合差：因为路线的起点和终点为同一水准点，所以路线的高差总和在理论上应等于0，即 $\sum h_{理}=0$，设闭合路线高差的总和为 $\sum h_{测}$，则闭合路线的高差闭合差：$f_h=\sum h_{测}$。

②附合水准路线的高差闭合差：在附合水准路线中，作为起点和终点的水准点的高程 $H_{终}$ 和 $H_{始}$ 是已知的，因此，起点、终点间高差总和的理论值：$\sum h_{理}=H_{终}-H_{始}$。附合路线测得的高差总和 $\sum h_{测}$ 和理论值的差数，即为附合路线的高度闭合差：$f_h=\sum h_{测}-(H_{终}-H_{始})$。

③支水准路线往返测的高差闭合差：支水准路线一般需要往、返观测。由于往返观测的进行方向相反，因此从理论上讲，往测的高差总和 $\sum h_{往}$ 与返测的高差总和 $\sum h_{返}$ 两者的绝对值相等而符号相反，故支水准路线往、返测的高差闭合差：$f_h=\sum h_{往}+\sum h_{返}$。

普通水准测量的允许高差闭合差一般规定为：$f_{h允}=\pm 40\sqrt{L}$（mm），式中 L 为水准路线长度，以km为单位。

2）高差闭合差的分配和高程计算：当高差闭合差的绝对值小于允许高差闭合差时，可以进行高差闭合差的分配（高差改正），然后计算待定点的高程。

对于闭合或附合水准路线，按与路线中各点间的距离或测站数成正比的原则，将高差闭合差反其符号进行分配，以改正各点间的高差，使满足理论上的数值。对于支水准路线，则取往、返测高差的平均值（正、负号按往测高差）作为改正后的高差。最后，按改正后的高差计算各待定点的高程。

2. 角度测量

（1）水平角观测。

水平角观测方法常用的有测回法和方向观测法两种。

1）测回法：见图5-4，在测站点 B 需要测出 BA、BC 两方向间的水平角，在 B 点安置经纬仪后，是先对中后整平，通过对中达到水平度盘中心与测站在同一铅垂线上，然后按下列步骤进行观测：

①盘左位置（竖盘在望远镜左边）瞄准左目标 C，得水平度盘读数 $c_{左}$；

②瞄准右目标 A，得水平度盘读数 $a_{左}$；则数盘左半测回水平角值为：$\beta_{左}=a_{左}-c_{左}$；

③倒转望远镜成盘右位置（竖盘在望远镜右边）瞄准右目标 A，得读数 $a_{右}$；

④瞄准左目标 C，得读数 $c_{右}$；则数盘右半测回水平角值为：$\beta_{右}=a_{右}-c_{右}$。

对于 DJ_6 级光学经纬仪，如果 $\beta_{左}$ 写 $\beta_{右}$ 差数不大于40″，取盘左、盘右半测回角值的平均值作为一测回观测的结果：$\beta=\frac{1}{2}(\beta_{左}+\beta_{右})$。

在一测回中，用盘左、盘右观测水平角而取其平均值，可以抵消仪器误差对测角

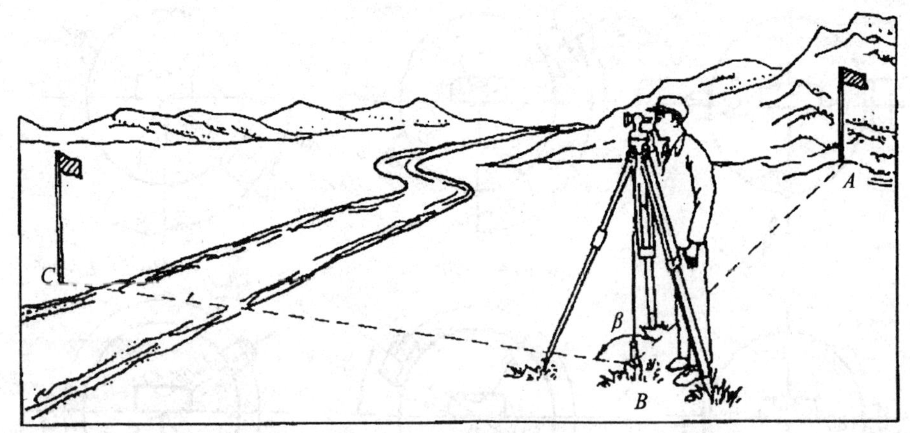

图 5-4　水平角测设

的影响。同时也可作为观测中有无错误的检核。

2）方向观测法：在一个测站上如果需要观测 2 个或 2 个以上的水平角，可采用方向观测法观测水平方向值。两个相邻方向的方向值之差，即为两方向间的水平角值。

方向观测法也用盘左、盘右进行观测。盘左按顺时针方向依次瞄准各个目标，进行水平度盘读数；盘右按逆时针方向依次瞄准各个目标，进行水平度盘读数。对于每个方向，度数取盘左的观测值，分、秒则取盘左、盘右读数的平均值，作为该方向的方向值。

水平角观测时，为减弱度盘刻画误差的影响，各测回间要求变换度盘位置；为了克服微动螺旋弹簧疲劳迟滞现象，观测时应采用每次转动微动螺旋最后以旋进结束。

（2）垂直角观测。

1）垂直度盘构造：经纬仪望远镜、竖盘和竖盘指标之间的关系是望远镜转动，竖盘跟着动，指标不动，竖盘刻度通常有 0°～ 360° 顺时针注记和逆时针注记两种形式，望远镜水平放置时，0°～ 180°的对径线位于水平方向。

2）垂直角计算：竖盘刻度的注记不同，则根据竖盘读数计算垂直角的公式也不同，如图 5-5 所示为 0°～ 360°逆时针注记的一种。盘左，视线水平时的竖盘读数 $L_0=90°$。盘右，视线水平时的竖盘读数 $R_0=270°$。

瞄准目标时的竖盘读数与视线水平时的竖盘读数之差，即为所求的垂直角。设盘左垂直角为 $\alpha_{左}$，瞄准目标时的竖盘读数为 L；盘右垂直角为 $\alpha_{右}$，瞄准目标时的竖盘读数为 R，则垂直角的计算公式为：$\alpha_{左}=L-90°$

$$\alpha_{右}=270°-R$$

根据竖盘读数计算垂直角的一般公式为：

物镜抬高时读数增加：α=（瞄准目标时读数）－（视线水平时读数）

物镜抬高时读数减小：α=（视线水平时读数）－（瞄准目标时读数）

3）竖盘指标差：由于竖盘水准管与竖盘读数指标的关系不正确（或由于补偿器与竖盘读数指标的关系不正确），使视线水平时的竖盘读数与应有读数有一个小的角度差 x，称为竖盘指标差，见图 5-6。存在指标差时，垂直角的计算公式应改为：

$$\alpha=L-90°-x=\alpha_{左}-x$$

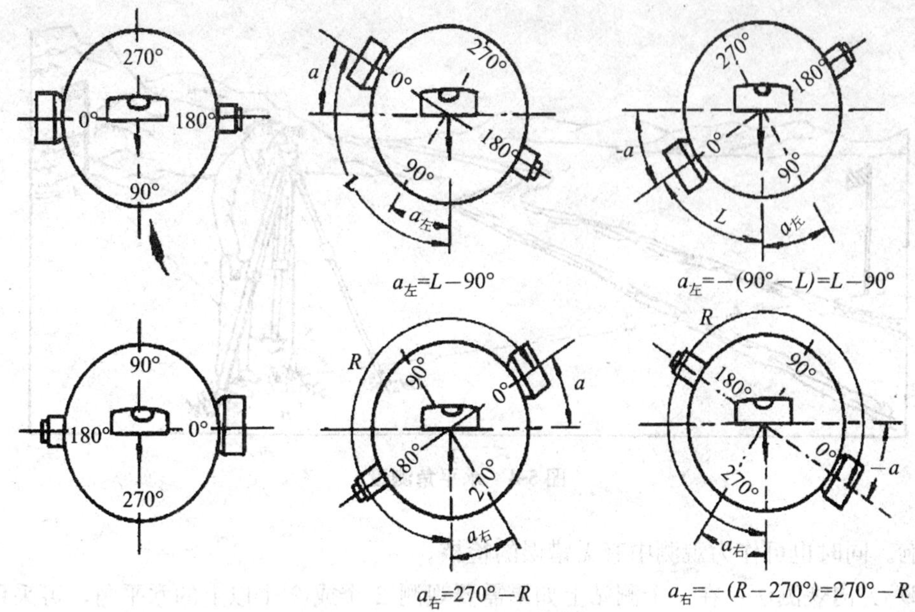

图 5-5　竖盘读数与垂直角读数

$\alpha=270^{\circ}-R+x=\alpha_{右}+x$

取盘左、盘右测得垂直角的平均值可以抵消竖盘指标差的影响：$\alpha=\dfrac{1}{2}(\alpha_{左}+\alpha_{右})$。

根据上述，可以得到竖盘指标差的计算公式：$x=\dfrac{1}{2}(\alpha_{左}-\alpha_{右})$。

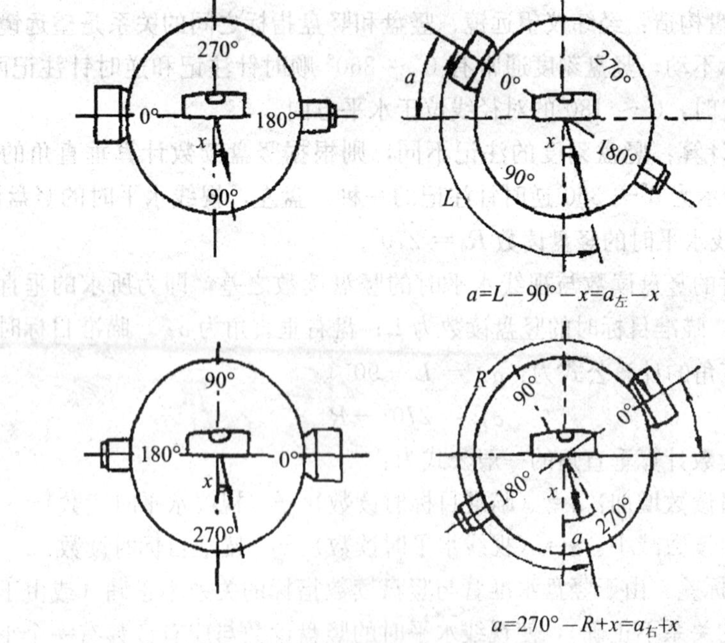

图 5-6　竖盘指标差

4）垂直角观测：垂直角观测时，用十字丝横丝瞄准目标的特定位置，例如标杆的顶部、规牌的中心，或标尺上的某一位置。具体观测方法如下：

①测站上安置好经纬仪，用钢卷尺量出仪器高（从地面点量至经纬仪横轴中心的高度）。

②盘左瞄准目标，转动竖盘水准管微动螺旋使气泡居中，读取竖盘读数，并量取目标高（从地面点量至横丝所瞄准部位的高度）。

③盘右瞄准目标，转动竖盘水准管微动螺旋使气泡居中，读取竖盘读数。

④按公式计算垂直角及竖盘指标差。

3. 距离

（1）卷尺丈量距离。

1）距离丈量：在平坦地面，卷尺沿直线，由前后尺手持卷尺两端，一般先量出 n 整尺段，在地面用测钎或画线标明，最后量余长、总的长度为：$n\times$尺段长＋余长。斜坡上丈量距离要加倾斜改正，其改正数符号恒为负，如果直线定线不准确，造成丈量偏离直线方向，其结果使距离偏大。

2）钢卷尺长度检定和尺长方程式：钢具有热胀冷缩的膨胀系数。需归算到一定的标准温度。另外，钢尺受到不同的拉力时尺长也有微小的变化。故检定钢尺或精密量距时，拉直卷尺也要用一定的拉力。因此，在一定的拉力下，用以温度为变量来表示尺长 l，称为尺长方程式（简称尺方程式）：

$$l = l_0 + \Delta k + \alpha l_0 (t - t_0)$$

式中，l_0 ——名义长度，m；

Δk ——尺长改正值，mm；

α ——钢的膨胀系数，其值为 0.011 5～0.012 5 mm/（m·℃）；

t_0 ——标准温度，℃，一般取 20℃；

t ——丈量时温度，℃。

3）钢卷尺量距的长度改正：钢卷尺量距的成果整理一般应包括计算每段距离的量得长度、尺长改正、温度改正和高差改正，最后算得经过各项长度改正后的水平距离。

如果距离丈量的相对精度不低于 1/3 000，则在下列情况下才需要进行有关项目的改正：

①尺长改正值大于尺长的 1/10 000 时，应加尺长改正。

②量距时温度与标准温度相差±10 ℃ 时，应加温度改正。

③沿地面丈量的地面坡度大于 1.5%时，应加高差改正。

（2）光电测距仪测量距离。

用经纬仪目镜中的十字丝中心瞄准目标点上的规牌中心，读竖盘读数，计算垂直角 α。上、下转动测距仪，使其目镜中的十字丝中心对准棱镜中。测距仪瞄准棱镜后，发射的红外光经棱镜反射回来，若仪器接收到足够的回光量，则显示窗中显示“*”。若不显示或显示暗淡，则表示未收到回光，或回光量不足，应重新仔细瞄准。显示回光信号后，按测距仪上“MEAS”键，进行测距，显示窗显示所测得斜距（因为测距仪和棱镜一般不处于同一高度）。这样的距离测量一般至少进行 2～3 次。

当测距精度要求较高时（例如相对精度为 1 ∶10 000 以上），则在测距同时应测定大气的气温和气压，进行气象改正。

第二节　建筑施工测量和变形观测

建筑施工测量的基本任务是将图纸上设计的建筑物、构筑物的平面位置和高程测设到实地上，又称建筑施工放样。建筑施工测量还包括竣工测量和变形观测。

一、建筑的定位与放线

施工测量和测绘地形图一样，也是遵循“由整体到局部”、“先控制后细部”的原则，首先在施工现场建立统一的平面控制网和高程控制网，然后以此为基础，测设各建筑物或构筑物的细部。

1. 建立施工控制网

建筑场地在施工以前要建立施工控制网。对于工业厂房和民用建筑一般是沿着建筑物轴线的平行和垂直方向布设建筑施工控制网。在大型厂房建筑工地，施工控制网一般布设成正方形或矩形格网，格网与建筑主轴线平行或垂直，称为建筑方格网。若建筑场地面积不大（例如市区的高层建筑），常布设平行于主要建筑物轴线的十字形建筑基线或单个矩形控制网作为平面控制，从邻近的水准点引测 2～3 个位于建筑场地的临时水准点作为高程控制。

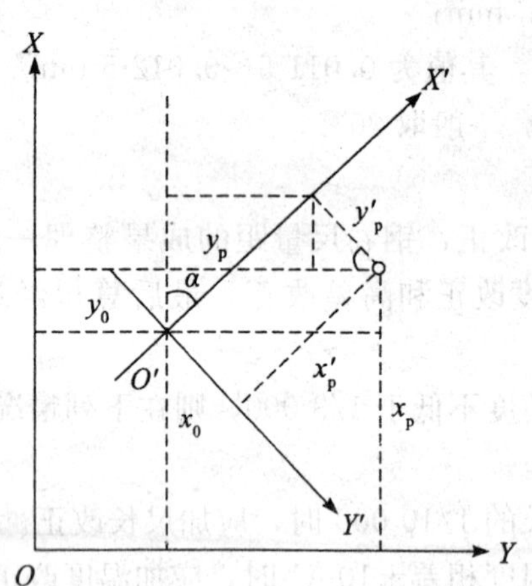

图 5-7　施工坐标和大地坐标的换算

建筑施工场地的平面控制网采用施工坐标系（亦称建筑坐标系），其坐标轴与建筑物主轴线相一致或平行，以便将建筑物的轴线点和细部点等设计数据换算为坐标。但是，建筑物又是位于城市或地区的统一坐标系（大地坐标系）中，建筑物的总体设计所采用的地形图也是按大地坐标系来定向和分幅的，建成后的建筑物的总平面图也需标绘于地形图中。因此，在建立施工坐标系时需要进行与大地坐标系的换算。如图 5-7 所示，XOY 为大地坐标系，$X'O'Y'$ 为施工坐标系，(x_0，y_0) 为施工坐标系的原点在大地坐标系中的坐标，α 为施工坐标系的 X' 轴在大地坐标中的坐标方位角。如果已知 P 点的施工坐标为（x'_p，y'_p），可按下式将其换算为大地坐标：

$$\left.\begin{aligned} x_p &= x_0 + x'_p\cos\alpha - y'_p\sin\alpha \\ y_p &= y_0 + x'_p\sin\alpha - y'_p\cos\alpha \end{aligned}\right\}$$

反之，如果已知 P 点的大地坐标，也可将其换算为施工坐标：

$$\left.\begin{aligned} x'_p &= (x_p - x_0)\cos\alpha + (y_p - y_0)\sin\alpha \\ y'_p &= (x_p - x_0)\sin\alpha + (y_p - y_0)\cos\alpha \end{aligned}\right\}$$

2. 建筑物轴线测设

建筑物轴线的测设方法依施工现场的情况和设计条件而不同，有以下几种方法：

（1）根据建筑方格网或建筑基线测设轴线。

根据建筑方格网的一条边、建筑基线或相当于建筑基线的法定拨地单位所定的建筑红线，用直角坐标法定出建筑轴线。如图 5-8 所示，PQ 为建筑基线，AB、CD 为建筑物轴线，安置经纬仪于 P 点，瞄准 Q 点，按设计数据在 PQ 直线上用钢尺测设长度，定出 A'、B' 点，在该两点上用经纬仪测设 90°，再在垂直方向线上用钢尺定出 A、C、B、D 点，并检查矩形各边的长度及直角，误差如果在允许范围内，则将点位作适当的调整。然后，在轴线的延长线上打控制桩（图 5-8 中黑圆点），以便基础开挖后作恢复轴线的依据。

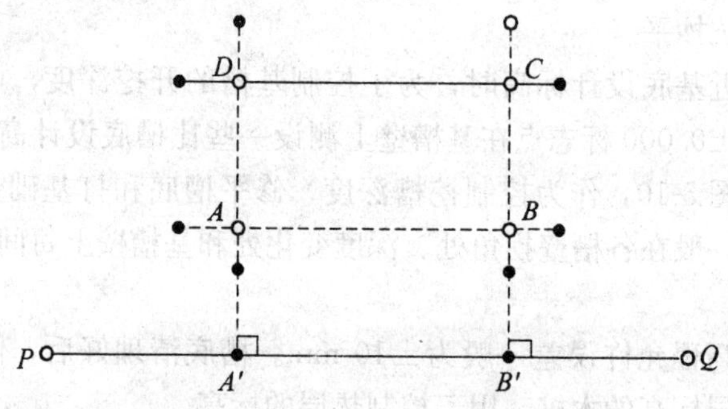

图 5-8 根据建筑基线测设建筑物轴线

（2）根据已有建筑物测设轴线。

与已有建筑物平行或垂直的设计建筑物的建筑轴线测设，可从已有建筑物的墙角点定出一条平行线作为建筑基线，然后再据此定出设计建筑物的轴线。

（3）龙门板和轴线控制桩的设置。

建筑物定位后，根据交点桩即可测定各内墙轴线交点桩（称为中心桩）。为在施工中恢复各交点位置，施工前必须将轴线延至开挖线外的龙门板和轴线控制桩上。

如图 5-14 所示，龙门板设置方法为：在建筑物四角和中间隔墙的两端基槽之外 1～2 m处，竖直钉设木桩，称为龙门桩，桩的外侧面应与基槽平行，并将±0 的高程（该建筑物室内地坪的设计高程）测设在龙门桩上，用横线表示。然后把龙门板钉在龙门桩上，要求板的上边水平，并恰好与±0 横线齐平。最后将轴线引测到龙门板上，钉小钉作标志，称中心钉。此外，在龙门板外还钉一轴线控制桩，见图 5-14（a），以便检查龙门板是否发生了变动。

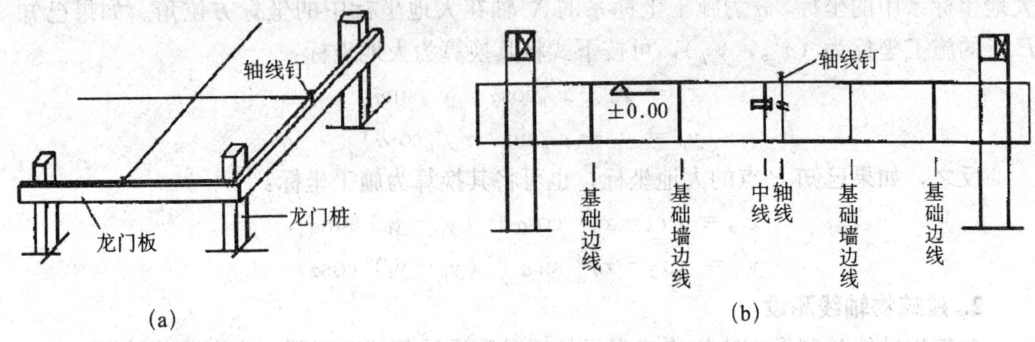

图 5-9　设置龙门板、龙门桩

二、基础施工、墙体施工、构件安装测量

1. 基础施工测量

在一般民用建筑物施工中，由于其基础多为条形基础或扩大基础，所以当完成建筑物轴线的定位和放线后，便可按照基础平面图上的设计尺寸，利用龙门板上所标示的基槽宽度，在地面上撒出白灰线，由施工人员进行破土开挖。为了控制好基础施工的质量，通常按如下步骤实施基础测量工作。

(1) 基槽与基坑抄平。

基槽开挖到接近基底设计标高时，为了控制基槽的开挖深度，可用水准仪根据地面（或龙门板）上±0.000 标志点在基槽壁上测设一些比槽底设计高程高 0.3 ～0.5 m 的水平小木桩，见图 5-10，作为控制挖槽深度、修平槽底和打基础垫层的依据。为了施工时使用方便，一般在各槽壁拐角处、深度变化处和基槽壁上每间隔 3～4 m 均应测设水平桩。

水平桩测设的高程允许误差一般为±10 mm。槽底清理好后，依据水平桩可在槽底测设顶面恰为垫层标高的木桩，用于控制垫层的标高。

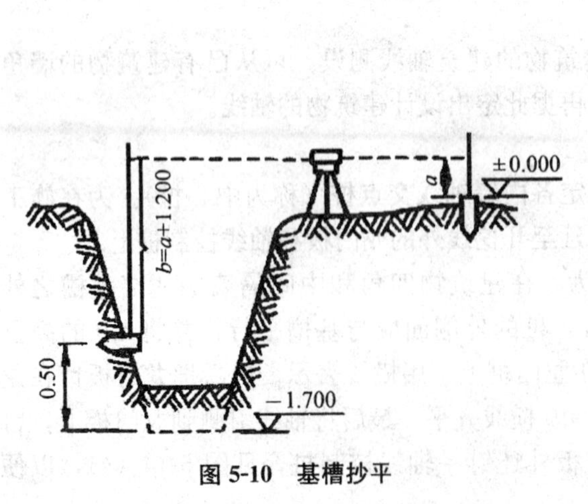

图 5-10　基槽抄平

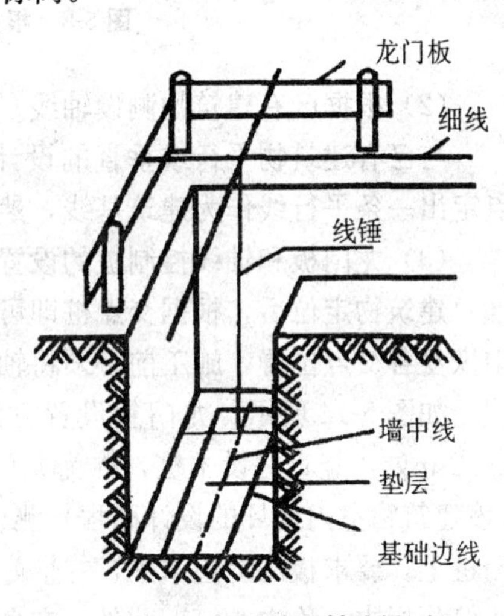

图 5-11　基础垫层轴线投测

为砌筑建筑物基础，所挖基槽呈深基坑状的叫基坑。若基坑过深，用一般方法不能直接测定坑底位置时，可用悬挂的钢尺代替水准尺，将地面高程控制点的高程传递到基坑内，以进行基坑抄平。

（2）基础垫层上墙体中线（建筑物轴线）的测设。

基础垫层打好后，根据龙门板上的轴线钉或轴线控制桩，用经纬仪或用拉绳挂垂球的方法，把轴线投测到垫层上，见图 5-11，并用墨线弹出墙中心线和基础边线（俗称撂底），以作为砌筑基础的依据。由于整个墙身砌筑以此线为准，这是确定建筑物位置的关键环节，所以务必严格校核后方可进行基础的砌筑施工。

（3）基础标高的控制。

建筑物基础墙（±0.000 以下的墙体部分）的高度是利用基础皮数杆来控制的，见图 5-12。事先在杆上按照设计尺寸，将砖、灰缝厚度画出线条，并标明±0.000 和防潮层等的位置。立皮数杆时，先在立杆处打木桩，并在木桩侧面定出一条高于垫层标高某一数值的水平线，然后将皮数杆高度与其相同的水平线与木桩上的水平线对齐，并将皮数杆与木桩钉在一起，作为基础墙的标高依据。

基础施工完后，应检查基础面的标高是否符合设计要求（也可检查防潮层）。一般用水准仪测出基础面上若干点的高程与设计高程相比较，允许误差为±10 mm。

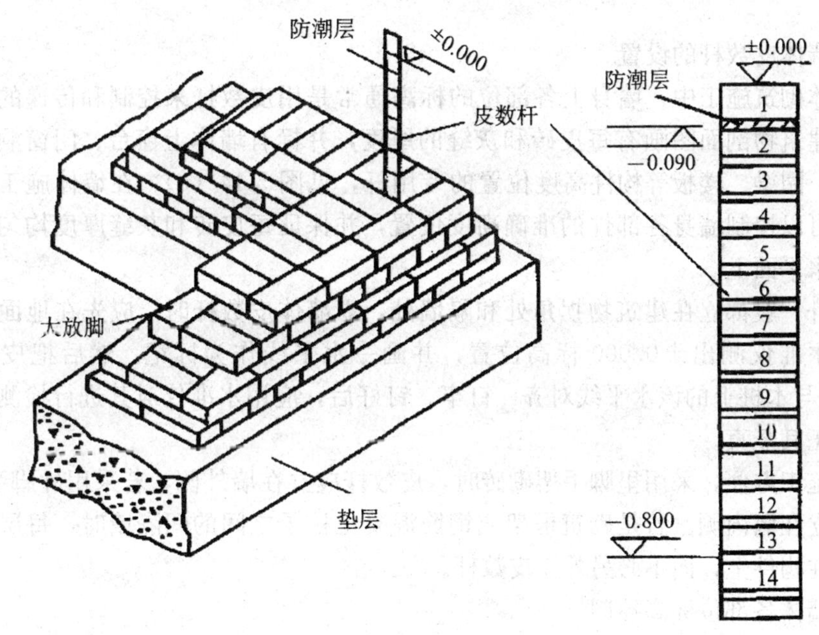

图 5-12　基础墙标高测设

2. 建筑物墙体施工测量

民用建筑物墙体施工中的测设工作，主要是墙体的定位和墙体各部位的标高控制。

（1）墙体定位。

在基础工程结束后，应对龙门板（或轴线控制桩）进行检查复核，以防基础施工时，由于土方及材料的堆放与搬运产生碰动移位。检查无误后，便可利用龙门板或引桩将建筑物轴线测设到基础或防潮层等部位的侧面，并用红三角标示，见图 5-13，这样就确定了建筑物上部砌体的轴线位置，施工人员可照此进行墙体的砌筑，也可作为向上投测轴线的依据。再将轴线投测到基础顶面上，并据此轴线弹出纵、横墙边线，同时定出门、窗和其他洞口的位置，并将这些线弹设到基础的侧面。

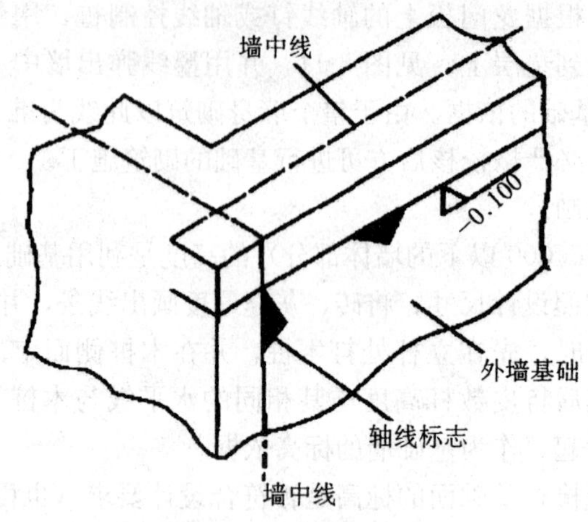

图 5-13　基础侧面轴线标志

（2）墙体皮数杆的设置。

在墙体砌筑施工中，墙身上各部位的标高通常是用皮数杆来控制和传递的。皮数杆是根据建筑物剖面图画有每皮砖和灰缝的厚度，并标有墙体上窗台、门窗洞口、过梁、雨篷、圈梁、楼板等构件高度位置的专用杆，见图 5-14（a），在墙体施工中，使用皮数杆可以控制墙身各部件的准确高度位置，并保证每皮砖和灰缝厚度均匀，且都处于同一水平面上。

皮数杆一般都立在建筑物拐角处和隔墙处，立墙体皮数杆时，应先在地面上打一木桩，用水准仪测出±0.000 标高位置，并画一水平线作为标记：然后把皮数杆上±0.000线与木桩上的该水平线对齐，钉牢。钉好后，应用水准仪对其进行检测，并用垂球来校正其竖直。

为了施工方便，采用里脚手架砌砖时，皮数杆应立在墙外侧，若采用外脚手架时，皮数杆应立在墙内侧。若是砌筑框架或钢筋混凝土柱子之间的间隔墙时，每层皮数杆可直接画在构件上，而不必另外立皮数杆。

（3）墙体各部位标高控制。

当墙体砌筑到 1.2 m 时，可用水准仪测设出高出室内地坪线＋0.500 m 的标高线于墙体上，此标高线主要用来控制层高，并作为设置门、窗、过梁高度的依据；同时也是后期进行室内装饰施工时控制地面标高、墙裙、踢脚线、窗台等的标高的依据。在楼板施工时，还应在墙体上测设出比楼板板底标高低 10 cm 的标高线，以作为吊装楼板（或现浇楼板）、楼板板底抹面施工找平的依据，同时在抹好找平层的墙顶面上弹出墙的中心线及楼板安装的位置线，以作为楼板吊装的依据。

楼板安装完毕后，应将底层轴线引测到上层楼面上，作为上层楼的墙体轴线。对于两层以上各层同样将皮数杆移到楼层，使杆上±0.000 标高线正对楼面标高线，以作

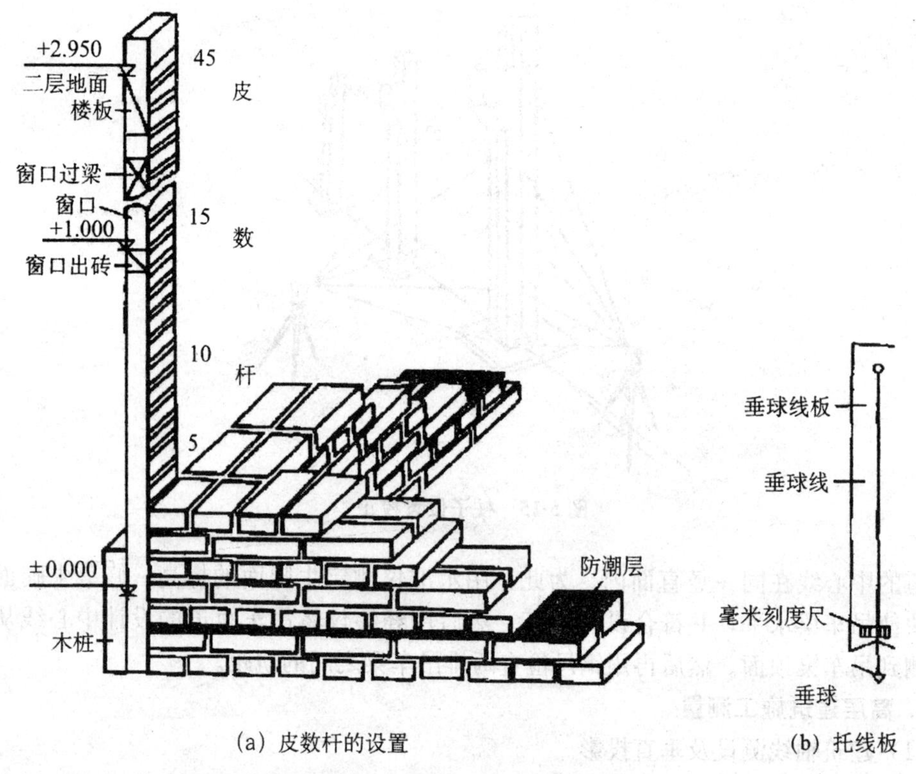

(a) 皮数杆的设置　　(b) 托线板

图 5-14　墙体各部件标高的控制

为各层墙体砌筑的依据。同样，在施工中，还应测设出控制墙体其他部位标高的标高线，以指导施工。

内墙面的垂直度一般用图 5-14（b）所示的 2 m 托线板检测，将托线板的侧面紧靠墙面，看板上的垂线是否与板的墨线一致。每层偏差不得超过 5 mm，同时，应用钢角尺检测墙壁阴角是否为直角。阴角及阳角线是否为一直线和垂直度一般也用托线板检测。

（4）轴线投测。

在多层建筑施工测量中，一般应每施工 2～3 层后用经纬仪投测轴线。

3. 建筑构件安装测量

（1）厂房柱子安装测量。

装配式厂房的钢筋混凝土柱子是预制后在施工现场安装的，在安装时应使其平面位置、高程及柱身的垂直度符合设计要求。如图 5-15 所示，预制的柱子用吊车插入杯形基础的杯口后，应使柱子的中心线与杯口的中线对齐，用木楔作临时固定，然后用 2 台经纬仪安置在离柱约 1.5 倍柱高的纵、横两条轴线附近，同时进行柱子位置及竖直校正。利用经纬仪的垂直投影功能，即利用经纬仪望远镜的视准轴上、下转动成一竖直平面的特点，先用纵丝瞄准杯口中心线校正柱子平面位置，然后缓缓抬高望远镜，观察柱子中心线偏离纵丝的方向，指挥用钢丝绳拉直柱子，使柱子中心线与纵丝重合。钢结构的厂房柱子也可用同样的方法校正柱位。

（2）吊车梁安装测量。

吊车梁安装于柱子的牛腿面上，梁顶标高应与设计标高一致，梁的中心线应与吊

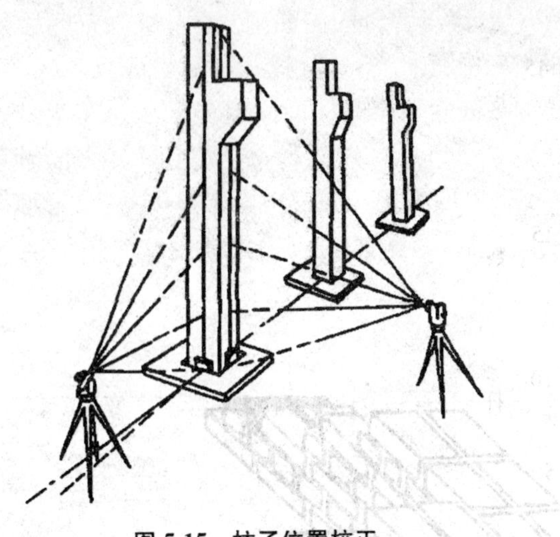

图 5-15　柱子位置校正

车轨道的中心线在同一竖直面内。为此，用水准仪测定牛腿面的标高，修平牛腿面或加垫块使吊车梁水平，并符合设计标高。然后用经纬仪将吊车轨道的设计中心线从地面投测到吊车梁顶面。然后再用钢尺检查两排吊车梁之间的轨距。

4. 高层建筑施工测量

（1）建筑轴线测设及垂直投影。

高层建筑物施工测量的主要任务是将建筑物基础轴线正确地向高层引测（垂直投影），以保证各层的相应轴线位于同一竖直面内。高层建筑物的基础工程完工以后，用经纬仪将建筑物主轴线精确地投测到建筑物的底层（地坪层），并设立轴线标志，供向上层投测之用。一般是用经纬仪在离开建筑物相当距离的轴线控制点上，瞄准轴线方向后向上用正、倒镜投测，同一层面上纵、横轴线的交点，即该层楼面的施工控制点。当建筑物楼层增加时，经纬仪投测的仰角增大，操作不方便，因此必须将主轴线控制桩引测到远处，以减小仰角。

高层建筑的轴线向上层或下层引测（垂直投影）的专用仪器为垂准仪，它有一个向上、一个向下的望远镜，其视准轴为同一轴线，两个目镜设置在水平方向，便于观测。当用水准管整平仪器后，望远镜的视准轴即处于铅垂线位置。用此仪器时可以将建筑轴线的控制点设在建筑物内，各层楼板上留一小方孔（称为垂准孔），使垂准仪能通过此孔向上或向下引测轴线控制点，使各层楼面可以据此正确测设柱、墙等位置。

（2）建筑物的高程测设。

高层建筑物施工中要由下层向上层测设高程（称为高程传递），使上层楼板、门窗口、室内装饰等工程的标高符合设计要求。传递高程的方法有以下几种：

①钢尺直接量法：从地坪层（底层）±0.000 标高线（代表地坪层的设计高程线，并假定其相对高程为零）垂直沿墙面或柱面直接向上量一层的高度，画出上一层的楼面设计标高线。有时为了操作上的方便，测设各层的标高线时，规定均离设计楼面高出 1 m，称为“ 1 米标高线”。根据各层的 1 米标高线，再测设其他各建筑部位的标高。

②水准测量法：在高层建筑的垂直通道（例如楼梯间、电梯井、垂准孔等）中悬

挂钢尺代替水准尺，用水准仪在下层与上层分别在钢尺上读数，再在立于楼面上的水准尺读数，按测设设计高程的原理，测设 1 米标高线。

③全站仪测高法：在垂直通道中，利用全站仪的测距功能，使望远镜垂直向上，在上层特设的铁支架上安置棱镜，测定垂直距离，以传递高程。

三、建筑变形观测

为保证工程建筑物在施工和使用过程中的安全，以及为建筑设计收集资料，需要进行建筑物的变形观测，包括沉降观测、倾斜观测和位移观测等。

1. 沉降观测

建筑物自基础施工开始，随着荷载加大，必然有向下的沉降。沉降观测可为判断正常沉降与非正常沉降、均匀沉降与不均匀沉降提供必要的数据。

（1）基准点和沉降观测点的设置。

沉降观测的基准点是 2～3 个埋设于建筑沉降影响范围以外的水准点，与城市水准点连测后获得基准点的高程，它们之间的高差应经常用水准测量检核，以确证其稳定性。

需要进行变形观测的建筑物上的部位应埋设沉降观测点，观测点的数量和位置应能全面反映建筑物的沉降情况。一般沿基础均匀布设，在沉降缝的两侧、重要的支柱和基础上均应布设观测点。当宽度大于 15 m 的建筑物在设置内墙体的监测标志时，应设在承重墙上，并且要尽可能布置在建筑物的纵横轴线上，监测标志上方应有一定的空间，以保证测尺直立。观测点一般用角钢、Φ 20 mm 以上的钢筋等埋设于墙、柱、台阶上，露出部分应有向上凸出的点，并便于竖立水准尺。

（2）沉降观测的方法、周期和精度要求。

沉降观测是用水准仪后视基准点、前视各沉降观测点，以测定沉降点在各时期的高程变化，观测时要尽可能使前、后视的距离大致相等，必要时中间可加设转点。

沉降观测的周期主要取决地基情况、施工进度等因素后确定。一般开始周期短，以后逐步延长。最短可为每天一次，竣工后每月一次，以后逐渐延长，直至沉降稳定为止。如浇筑地下室底板后，沉降观测可每隔 3～4 天观测一次，到支护结构变形稳定为止。

对于一般性建筑，可采用 DS_2、DS_3 级水准仪进行沉降观测。对于大型或重要建筑或高层建筑需要采用 DS_1 级精密水准仪。

（3）沉降观测的成果。

整理每个沉降观测点，每次观测应记录其日期时间、观测时的高程及施工情况（荷载情况），计算相连接的两次观测之间的高差（沉降量）和累计沉降量。过一段规定的时间，还要根据历次观测资料画出各观测点的时间、荷重、沉降关系曲线图。每次沉降监测工作，均需采用环形闭合方法或往返闭合方法进行检查，闭合差的大小应根据不同建筑物的监测要求确定。

2. 倾斜观测

倾斜观测是测定建筑物的基础和上部结构位置的倾斜变化，包括倾斜的方向、大小和速率等。引起建筑倾斜的原因主要是基础的不均匀沉降。

（1）基础倾斜观测。

用水准仪定期观测基础两端点 B_1、B_2 的差异沉降量 Δh，见图 5-16，再根据两点间的距离 L，即可算出基础的倾斜度：$i=\frac{\Delta h}{L}$。

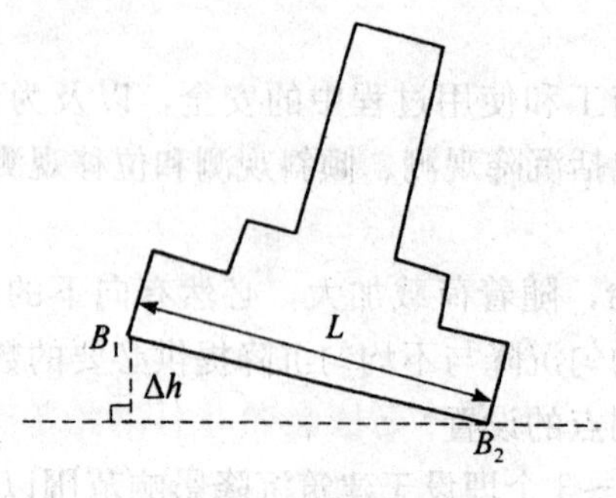

图 5-16　基础倾斜

（2）上部倾斜观测。

1）差异沉降量推算法：此法和观测基础倾斜一样，用水准仪测定建筑物两端基础的差异沉降量 Δh，再根据建筑物的宽度 L 和高度 H，推算建筑物顶部的倾斜位移值：$\Delta=\frac{\Delta h}{L}H$。

2）悬挂垂球法：本方法适合于建筑物内部有垂直通道时，从顶部穿过通道挂下大垂球，根据上、下应在同一位置的点，直接在底层测定位移值。此法也可以用垂准仪代替垂球。

3）经纬仪投测法：利用经纬仪在相互垂直的两个方向投测的方法，将建筑物外墙的上部角点投影至平地，量取与下面角点的倾斜位移值 Δ。

3. 位移观测

位移观测指根据平面控制点测定建筑物（构筑物）的平面位置随时间的变化移动的大小及方向。根据场地条件，可用基线法、小角法、导线法和前方交会法等测量水平位移。

（1）基线法。

基线法的原理是在垂直于水平位移方向上建立一条基线，在建筑物（构筑物）上埋设一些观测标志，定期测定各观测标志偏离基准线的距离，从而求得水平位移量。

（2）小角法。

小角法测量水平位移的原理与基线法基本相同，只不过小角法是通过测定目标方向线的微小角度变化来计算得到位移量。

（3）导线法和前方交会法。

对于非直线型（如曲线型）建筑物，有时需要测定任一方向上的水平位移（或位移的大小和方向），这就必须按时测定建筑物在两个相交方向上的水平位移。导线法和前方交会法是能满足这一要求的简单方法，观测时要尽可能选择较远的稳固的目标作为定向点。

4. 裂缝观测

当基础沉降过大时，建筑物就会出现剪切破坏而产生裂缝。建筑物出现裂缝时，除了要增加沉降观测的次数外，还应立即进行裂缝观测，以掌握裂缝发展趋势。同时，要根据沉降观测、倾斜观测和裂缝观测的数据资料，研究和查明变形的特性及原因，用以判定该建筑物是否安全。

当建筑物多处发生裂缝时，应先对裂缝进行编号，然后分别监测裂缝的位置、走向、长度及宽度等。

对于混凝土建筑物上裂缝的位置、走向及长度的监测，应在裂缝的两端用红色油漆画线作标志，或在混凝土表面绘制方格坐标，用钢尺丈量。

根据裂缝分布情况，在裂缝观测时，应在有代表性的裂缝两侧各设置一个固定的观测标志，然后定期量取两标志的间距，即可得出裂缝变化的尺寸（长度、宽度和深度）。埋设的观测标志是用直径为 20 mm，长约 80 mm 的金属棒，埋入混凝土内 60 mm，外露部分为标志点，其上各有一个保护盖。两标志点的距离不得少于 150 mm，用游标卡尺定期测量两个标志点之间距离变化值，以此来掌握裂缝的发展情况。墙面上的裂缝，可采取在裂缝两端设置石膏薄片，使其与裂缝两侧连接牢靠，当裂缝裂开或加大时石膏片亦裂开，监测时可测定其裂口的大小和变化。还可以采用两铁片，平行固定在裂缝两侧，使一片搭在另一片上，保持密贴。其密贴部分涂红色油漆，露出部分涂白色油漆。这样即可定期测定两铁片错开的距离，以监视裂缝的变化。对于比较整齐的裂缝（如伸缩缝），则可用千分尺直接量取裂缝的变化。

第六章　工程质量抽样统计分析

第一节　质量抽样、统计基本知识

一、抽样检验基本概念

1. 总体

总体也称母体，是所研究对象的全体。个体，是组成总体的基本元素。总体中含有个体的数目，通常用 N 表示。

2. 样本

样本也称子样，是从总体中随机抽取出来，并根据对其研究结果推断总体质量特征的那部分个体。被抽中的个体称为样品，样品的数目称样本容量，用 n 表示。

3. 统计推断工作过程

质量统计推断工作是运用质量统计方法在生产过程中或一批产品中，随机抽取样本，通过对样品进行检测和整理加工，从中获得样本质量数据信息，并以此为依据，以概率数理统计为理论基础，对总体的质量状况作出分析和判断。

4. 抽样检验方案

抽样检验方案是根据检验项目特性所确定的抽样数量、接受标准和方法。如在简单的计数值抽样检验方案中，主要是确定样本容量 n 和合格判定数，即允许不合格品件数 c，记为方案（n，c）。

5. 检验

检验是对检验项目中的性能进行量测、检查、试验等，并将结果与标准规定要求进行比较，以确定每项性能是否合格所进行的活动。它包括对每一个体的缺陷数目或某种属性记录的计数检验和对每一个体的某个定量特性的计量检验。

6. 检验批

检验批是按同一生产条件或按规定的方式汇总起来供检验用的，由一定数量产品组成的检验体，其中的产品数量称为批量，用 N 表示。组成检验批的基本原则是具有生产条件及时间基本相同、质量基本均匀的一定量同批次个体产品。

7. 批不合格品率

批不合格品率是指检验批中不合格品数占整个批量的比重。反映了批的质量水平，其计算公式为：由总体计算：$P=D/N$

由样本计算：$p=d/n$

式中，P、p ——分别由检验（总体）、样本计算的批不合格品率；

D、d ——分别为检验批、样本中的不合格品件数；

N、n —— 分别为检验批、样本中的产品件数。

对于计点值数据，若用 C 表示批中的缺陷数时，其质量水平可由下式计算：

批的每百单位缺陷数 $=100\ C/N$

8. 过程平均批不合格品率

过程平均批不合格品率是指对 k 批产品首次检验得到的 k 个批不合格品率的平均数。它可以衡量一个基本稳定的生产过程，在较长时间内所提供产品的质量水平。

9. 接受概率

接受概率又称批合格概率，是根据规定的抽样检验方案将检验批判为合格而接受的概率。一个既定方案的接受概率是产品质量水平，即批不合格品率 P 的函数，用 $L(p)$ 表示，检验批的不合格品率 p 越小接受概率 $L(p)$ 就越大。

二、质量数据的检验方法

1. 全数检验

全数检验是对总体中的全部个体逐一观察、测量、计数、登记，从而获得对总体质量水平评价结论的方法。

2. 随机抽样检验

抽样检验是按照随机抽样的原则，从总体中抽取部分个体组成样本，根据对样品进行检测的结果，推断总体质量水平的方法。抽样的具体方法有：

(1) 简单随机抽样：简单随机抽样又称纯随机抽样、完全随机抽样，是对总体不进行任何加工，直接进行随机抽样，获取样本的方法。

(2) 分层抽样：分层抽样又称分类或分组抽样，是将总体按与研究目的有关的某一特性分为若干组，然后在每组内随机抽取样品组成样本的方法。

(3) 等距抽样：等距抽样又称机械抽样、系统抽样，是将个体按某一特性排队编号后均分为 n 组，这时每组有 $K=N/n$ 个个体，然后在第一组内随机抽取第一件样品，以后每隔一定距离（K 号）抽选出其余样品组成样本的方法。

(4) 整群抽样：整群抽样一般是将总体按自然存在的状态分为若干群，并从中抽取样品群组成样本，然后在中选群内进行全数检验的方法。

(5) 多阶段抽样：多阶段抽样又称多级抽样。多阶段抽样是将各种单阶段抽样方法结合使用，通过多次随机抽样来实现的抽样方法。

三、质量数据分类、分布特征

1. 质量数据的分类

质量数据是指由个体产品质量特性值组成的样本（总体）的质量数据集，在统计上称为变量；个体产品质量特性值称为变量值。

根据质量数据的特点，可以将其分为计量值数据和计数值数据。

（1）计量值数据。

计量值数据是可以连续取值的数据，属于连续型变量。其特点是在任意两个数值之间都可以取精度较高一级的数值。

（2）计数值数据。

计数值数据是只能按 0，1，2，……数列取值计数的数据，属于离散型变量。它一般由计数得到。计数值数据又可分为计件值数据和计点值数据。

1）计件值数据，表示具有某一质量标准的产品个数。

2）计点值数据，表示个体上的缺陷数、质量问题点数等。

2. 质量数据的特征值

样本数据特征值是由样本数据计算的描述样本质量数据波动规律的指标。统计推断就是根据这些样本数据特征值来分析、判断总体的质量状况。常用的有描述数据分布集中趋势的算术平均数、中位数和描述数据分布离中趋势的极差、标准偏差、变异系数等。

（1）描述数据集中趋势的特征值。

1）算术平均数：算术平均数又称均值，是消除了个体之间个别偶然的差异，显示出所有个体共性和数据一般水平的统计指标，它由所有数据计算得到，是数据的分布中心，对数据的代表性好。其计算公式为：

①总体算术平均数：

$$\mu = \frac{1}{N}(X_1 + X_2 + \cdots + X_N) = \frac{1}{N}\sum_{i=1}^{N} X_i$$

式中，N—— 总体中个体数；

X_i—— 总体中第 i 个的个体质量特性值。

②样本算术平均数：

$$\overline{x} = \frac{1}{n}(x_1 + x_2 + \cdots + x_n) = \frac{1}{n}\sum_{i=1}^{n} x_i$$

2）样本中位数：样本中位数是将样本数据按数值大小有序排列后，位置居中的数值。当样本数 n 为奇数时，数列居中的一位数即为中位数；当样本数 n 为偶数时，取居中两个数的平均值作为中位数。

（2）描述数据离中趋势的特征值。

1）极差 R：极差是数据中最大值与最小值之差，是用数据变动的幅度来反映其分散状况的特征值。极差数值仅受两个极端值的影响，损失的质量信息多，不能反映中间数据的分布和波动规律，仅适用于小样本。其计算公式为：$R = x_{\max} - x_{\min}$。

2）标准偏差：标准偏差简称标准差或均方差，是个体数据与均值离差平方和的算术平均数的算术根，是大于 0 的正数。总体的标准差用 σ 表示；样本的标准差用 S 表示。标准差值小说明分布集中程度高，离散程度小，均值对总体（样本）的代表性好；标准差的平方是方差，有鲜明的数理统计特征，能确切说明数据分布的离散程度和波动规律，是最常用的反映数据变异程度的特征值。

①总体的标准偏差

$$\sigma=\sqrt{\frac{\sum_{i=1}^{N}(X_i-\mu)^2}{N}}$$

②样本的标准偏差

$$S=\sqrt{\frac{\sum_{i=1}^{n}(x_i-\overline{x})^2}{n-1}}\ (n<50)$$

$$S=\sqrt{\frac{\sum_{i=1}^{n}(x_i-\overline{x})^2}{n}}\ (n\geqslant 50)$$

样本的标准偏差 S 是总体标准差 σ 的无偏估计。

③变异系数 C_v：变异系数又称离散系数，是用标准差除以算术平均数得到的相对数。它表示数据的相对离散波动程度。变异系数小，说明分布集中程度高，离散程度小，均值对总体（样本）的代表性好。由于消除了数据平均水平不同的影响，变异系数适用于均值有较大差异的总体之间离散程度的比较，应用更为广泛。其计算公式为：

$$C_v=\frac{\sigma}{\mu}\text{（总体）}$$

$$C_v=\frac{S}{x}\text{（样本）}$$

3. 质量数据的分布特征

（1）质量数据的特性。

质量数据具有个体数值的波动性和总体（样本）分布的规律性。

（2）质量数据波动的原因。

影响产品质量主要有五方面因素，即人、材料、机械设备、方法、环境等；同时这些因素自身也在不断变化中。个体产品质量的表现形式的千差万别就是这些因素综合作用的结果，质量数据也因此具有了波动性。质量特性值的变化在质量标准允许范围内波动称为正常波动，是由偶然性原因引起的；若是超越了质量标准允许范围的波动则称为异常波动，是由系统性原因引起的。

（3）质量数据分布的规律性。

质量数据分布一般形成以质量标准为中心的质量数据分布，它可用一个“中间高、两端低、左右对称”的几何图形表示，即一般服从正态分布。正态分布概率密度曲线见图 6-1。

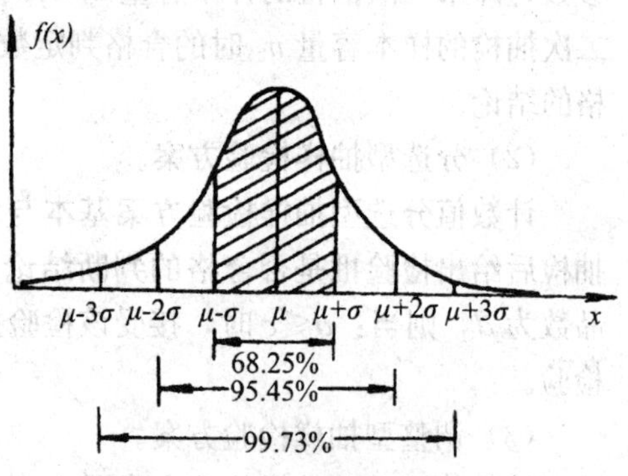

图 6-1 正态分布概率密度曲线

第二节　施工质量数据抽样和统计分析方法

一、施工质量抽样检验方案

1. 抽样检验方案类型

抽样检验方案的分类见图 6-2。

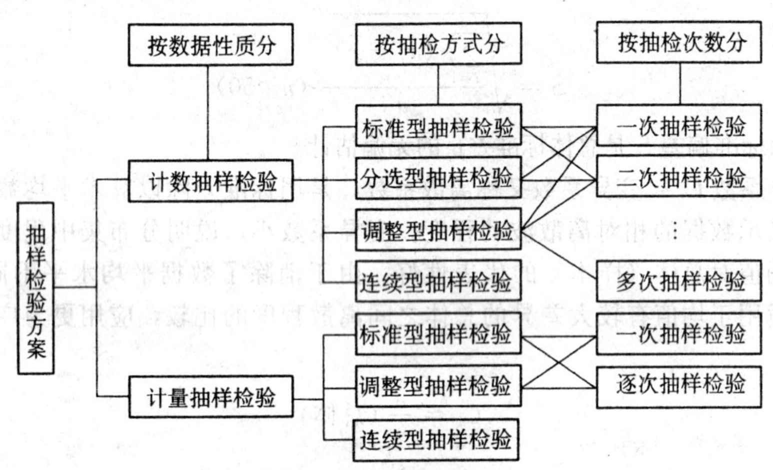

图 6-2　抽样检验方案类型图

2. 常用的抽样检验方案

（1）标准型抽样检验方案。

①计数值标准型一次抽样检验方案：计数值标准型一次抽样检验方案是规定在一定样本容量 n 时的最高允许的批合格判定数 c，记作（n，c），并在一次抽检后给出判断检验批是否合格的结论。

②计数值标准型二次抽样检验方案：计数值标准型二次抽样检验方案时规定两组参数，即第一次抽检的样本容量 n_1 时的合格判定数 c_1 和不合格判定数 r_1（$c_1<r_1$）；第二次抽检的样本容量 n_2 时的合格判定数 c_2。在最多两次抽检后就能判断检验批是否合格的结论。

（2）分选型抽样检验方案。

计数值分选型抽样检验方案基本与计数值标准型一次抽样检验方案相同，只是在抽检后给出检验批是否合格的判断结论和处理有所不同。即实际抽检时，检出不合格品数为 d，则当：$d\leqslant c$ 时，接受该检验批；$d>c$ 时则对该检验批余下的个体产品全数检验。

（3）调整型抽样检验方案。

计数值调整型抽样检验方案是在对正常抽样检验的结果进行分析后，根据产品质量的好坏，调整型抽样检验方案加严或放宽的规则，见图 6-3。

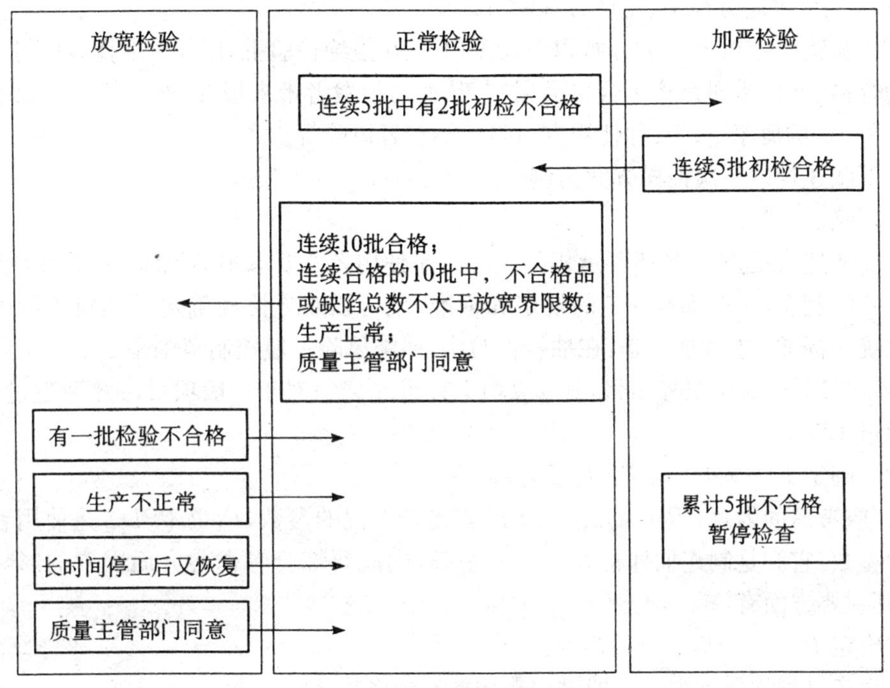

图 6-3　调整型抽样检验方案

3. 抽样检验方案参数的确定

实际抽样检验方案中也都存在两类判断错误。既可能犯第一类错误，将合格批判为不合格批，错误地拒收；也可能犯第二类错误，将不合格批判为合格批，错误地接收。错误的判断将带来相应的风险，这种风险的大小可用概率来表示，见图 6-4。

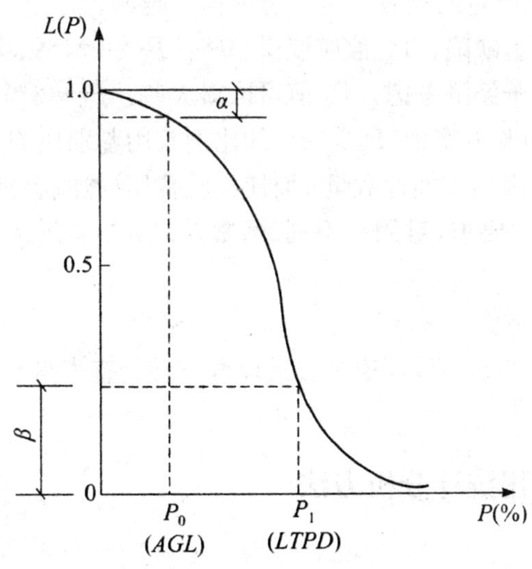

图 6-4　抽样检验特性——OC 曲线

第一类错误是当 $P=P_0$ 时，以高概率 $L_{(P)}=1-\alpha$ 接收检验批，以 α 为拒收概率将合格批判为不合格。由于对合格品的错判将给生产者带来损失，所以关于合格质量水平 P_0

的概率 α，又称供应方风险、生产方风险等。

第二类错误是当 $P = P_1$ 时，以高概率$(1-\beta)$ 拒绝检验批，以 β 为接收概率将不合格批判为合格。这种错误是将不合格品漏判，从而给消费者带来损失，所以关于极限不合格质量水平 P_1 的概率 β，又称使用方风险、消费者风险等。

以下叙述均以一次抽样方案为例。

(1) 确定 α 与 β 。

如前所述，α 是生产者所要承担的风险，β 是使用者所要承担的风险；为了保护消费者和生产者的利益，一般都有一定的规定和标准，也可以双方协商确定。《建筑工程施工质量验收统一标准》中的规定是：在抽样检验中，两类风险一般控制范围是 $\alpha = 1\% \sim 5\%$；$\beta = 5\% \sim 10\%$。对于主控项目，其 α、β 均不宜超过 5%；对于一般项目，α 不宜超过 5%，β 不宜超过 10%。

(2) 确定 $P_0(AQL)$ 与 $P_1(LTPD)$ 。

1) 应考虑的因素：$P_0(AQL)$ 是生产者比较重视的参数，$P_1(LTPD)$ 是使用者比较重视的参数，它们是制定抽样检验方案的基础，因此要综合考虑各方面因素的影响慎重确定。其主要方面有：

①确定 P_0、P_1 应以 α、β 为标准。

②生产过程的质量水平，即过程平均批不合格品率的大小。

③质量要求及不合格品对使用性能的影响程度。

④制造成本和检查费用。

2) 确定 P_0：一般由使用方和供应方协商确定；还可计算检验盈亏点 P_b 确定 P_0，计算公式为：

$$检验盈亏点\ P_b = 检验一件产品的成本(\alpha) / 一件不合格品造成的损失(b)$$

P_b 值越小表示产品质量问题越严重，造成损失越大。

对于致命缺陷、严重缺陷、P_0 值应取得小些：P_0=0.1%、0.3%、0.5%等；

对于轻微缺陷，出于经济考虑，P_0 值可取得大些：P_0=3%、5%、10%等。

3) 确定 P_1：抽样检验方案中，P_1 与 P_0 的比例常用鉴别比 P_1/P_0 表示，鉴别比值过小，如 $P_1/P_0 \leqslant 3$ 时，会因增加抽检数量 n 而使检验费用增加；鉴别比值过大，如 $P_1/P_0 > 20$ 时，又会放松对质量的要求，对用户不利。通常是以 $\alpha = 5\%$、$\beta = 10\%$ 为准，取 $P_1 = (4 \sim 10) P_0$ 。

(3) 确定抽样检验方案 (n,c)。

根据 α、β 与 P_0、P_1 和 P_1/P_0 可通过公式计算、查图、查表得到 n,c 数值。至此，抽样检验方案即已确定。

二、工程质量常用统计分析方法

1. 统计调查表法

统计调查表法又称统计调查分析法，它是利用专门设计的统计表对质量数据进行收集、整理和粗略分析质量状态的一种方法。

在质量控制活动中，利用统计调查表收集数据，简便灵活，便于整理，实用有效。它没有固定格式，可根据需要和具体情况，设计出不同的统计调查表。统计调查表往往同分层法结合起来应用，可以更好、更快地找出问题的原因，以便采取改进的措施。

2. 分层法

分层法又叫分类法，是将调查收集的原始数据，根据不同的目的和要求，按某一性质进行分组、整理的分析方法。针对工程质量影响因素多的特点，可以用分层法进行质量问题分析。

分层法是质量控制统计分析方法中最基本的一种方法。其他统计方法一般都要与分层法配合使用，如排列图法、直方图法、控制图法、相关图法等，常常是首先利用分层法将原始数据分门别类，然后再进行统计分析的。

3. 排列图法

排列图又叫帕累托图或主次因素分析图，主要作用是分清影响质量的主次因素。排列图具有直观性，它是由两个纵坐标、一个横坐标、几个连起来的直方形和一条曲线所组成。实际应用中，通常按累计频率划分为（0%～80%）、（80%～90%）、（90%～100%）三部分，与其对应的影响因素分别为A、B、C三类，A类为主要问题，B类为次要问题，C类为一般问题。

（1）排列图的绘制步骤。

1）收集整理数据：首先收集数据资料，然后对数据资料进行整理，计算各项的频率和累计频率。

2）排列图的绘制：

①画横坐标。将横坐标按项目数等分，并按项目频数由大到小顺序从左至右排列。

②画纵坐标。左侧的纵坐标表示项目不合格点数即频数，右侧纵坐标表示累计频率。要求总频数对应累计频率100%。

③画频数直方形。以频数为高画出各项目的直方形。

④画累计频率曲线。从横坐标左端点开始，依次连接各项目直方形右边线及所对应的累计频率值的交点，所得的曲线即为累计频率曲线。

⑤记录必要的事项。如标题、收集数据的方法和时间等。

（2）排列图观察与分析。

1）观察直方形，大致可看出各项目的影响程度。排列图中的每个直方形都表示一个质量问题或影响因素。影响程度与各直方形的高度成正比。

2）利用ABC分类法，确定主次因素。将累计频率曲线按（0%～80%）、（80%～90%）、（90%～100%）分为三部分，各曲线下面所对应的影响因素分别为A、B、C三类因素。

（3）排列图的应用。

排列图可以形象、直观地反映主次因素。其主要应用有：

1）按不合格点的内容分类，可以分析出造成质量问题的薄弱环节。

2）按生产作业分类，可以找出生产不合格品最多的关键过程。

3）按生产班组或单位分类，可以分析比较各单位技术水平和质量管理水平。

4）将采取提高质量措施前后的排列图对比，可以分析措施是否有效。

5）此外还可以用于成本费用分析、安全问题分析等。

4. 因果分析图法

因果分析图法又称为质量特性要因分析法，基本原理是对每一个质量特性或问题逐层深入排查可能原因。因果分析图也称特性要因图，又因其形状常被称为“树枝图”或“鱼刺图”，见图 6-5。

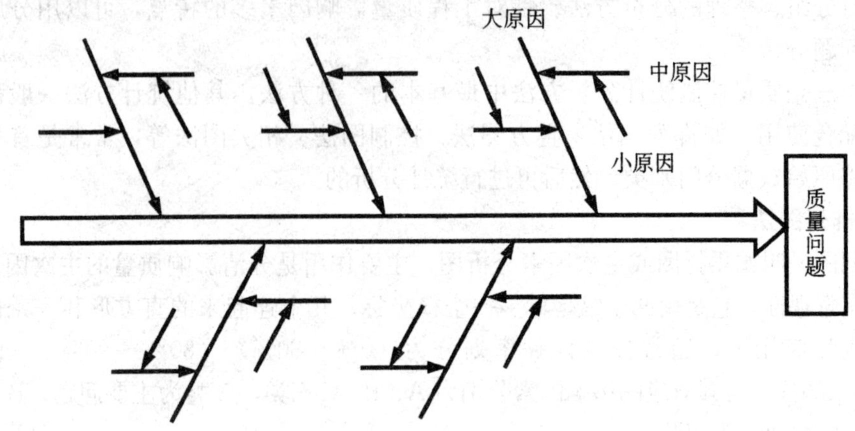

图 6-5　因果分析图的基本形式

从图 6-5 可见，因果分析图由质量特性（即质量结果指某个质量问题）、要因（产生质量问题的主要原因）、枝干（指一系列箭线表示不同层次的原因）、主干（指较粗的直接指向质量结果的水平箭线）等所组成。

（1）因果分析图的绘制。

因果分析图的绘制步骤与图中箭头方向恰恰相反，是从“结果”开始将原因逐层分解的，具体步骤如下：

1）明确质量问题及结果。作图时首先由左至右画出一条水平主干线，箭头指向一个矩形框，框内注明研究的问题，即结果。

2）分析确定影响质量特性大的方面原因。一般来说，影响质量因素有五大方面，即人、机械、材料、方法、环境等。另外还可以按产品的生产过程进行分析。

3）将每种大原因进一步分解为中原因、小原因，直至分解的原因可以采取具体措施加以解决为止。

4）检查图中的所列原因是否齐全，可以对初步分析结果广泛征求意见，并作必要的补充及修改。

5）选择出影响大的关键因素，做出标记“△”，以便重点采取措施。

（2）绘制和使用因果分析图时应注意的问题。

1）集思广益：绘制时要求绘制者熟悉专业施工方法技术，调查、了解施工现场实际条件和操作的具体情况。要以各种形式，广泛收集现场工人、班组长、质量检查员、工程技术人员的意见，集思广益，相互启发、相互补充，使因果分析更符合实际。

2）制订对策：绘制因果分析图不是目的，而是要根据图中所反映的主要原因，制订改进的措施和对策，限期解决问题，保证产品质量。具体实施时，一般应编制一个对策计划表。

5. 直方图法

直方图法即频数分布直方图法，直方图法是一种根据观察生产过程质量稳定与否，并可用于制定质量控制公差标准的数理统计方法。它是将收集到的质量数据进行分组整理，绘制成频数分布直方图，用于描述质量分布状态的一种分析方法，所以又称质量分布图法。

通过直方图的观察与分析，可分析生产过程质量是否处于稳定状态、生产过程质量是否处于正常状态、质量水平是否保持在公差允许的范围内。

（1）直方图的绘制方法。

1）收集整理数据：用随机抽样的方法抽取数据，一般要求数据在50个以上。

2）计算极差R。

3）对数据分组：包括确定组数、组距和组限。

①确定组数k。一般可参考表6-1的经验数值确定。

表6-1　数据分组参考值

数据总数n	分组数k	数据总数n	分组数k	数据总数n	分组数k
50～100	6～10	100～250	7～10	250以上	10以上

②确定组距h，组距是组与组之间的间隔，也即一个组的范围。各组距应相等，于是有：

$$\text{级差} \approx \text{组距} \times \text{组数}$$

即

$$R \approx h \cdot k$$

因而组数、组距的确定应结合级差综合考虑，适当调整，还要注意数值尽量取整，使分组结果能包括全部变量值，同时也便于以后的计算分析。

4）确定组限：每组的最大值为上限，最小值为下限，上、下限统称组限。确定组限时应注意使各组之间连续，即较低组上限应为相邻较高组下限，这样才不致使有的数据被遗漏。对恰恰处于组限值上的数据，其解决的办法有两个：一是规定每组上（或下）组限不计在该组内，而计入相邻较高（或较低）组内；二是将组限值较原始数据精度提高半个最小测量单位。

5）编制数据频数统计表：统计各组频数，可采用唱票形式进行，频数总和应等于全部数据个数。

6）绘制频数分布直方图：某混凝土强度分布见图6-6。

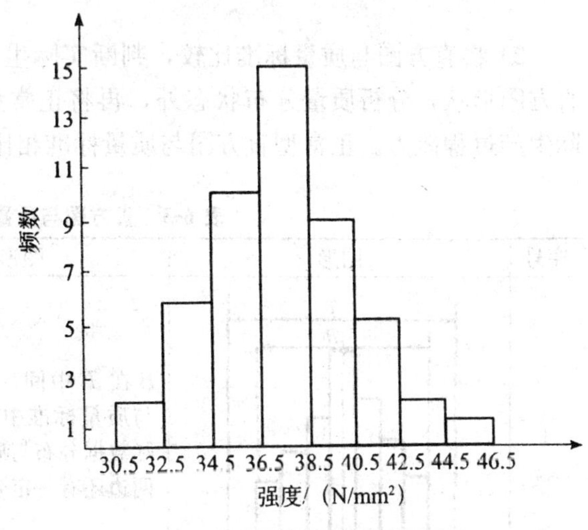

图6-6　混凝土强度分布图

（2）直方图的观察与分析。

1）作完直方图后，首先要认真观察直方图的整体形状，看其是否是属于正常型直方图。出现非正常型直方图时，表明生产过程或收集数据作图有问题。

这就要求进一步分析判断，找出原因，从而采取措施加以纠正。凡属非正常型直方图，其图形分布有各种不同缺陷，归纳起来一般有五种类型，其图形特征及分析见表 6-2。

表 6-2 非正常型直方图图形特征及分析表

直方图类型名称	图形	图形特征及原因
正常型		
折齿型		由于分组组数不当或者组距确定不当出现的直方图
左（或右）缓坡型		主要是由于操作中对上限（或下限）控制太严造成的
孤岛型		原材料发生变化，或者临时他人顶班作业造成的
双峰型		由于用两种不同方法或两台设备或两组工人进行生产，然后把两方面数据混在一起整理产生的
绝壁型		由于数据收集不正常，可能有意识地去掉下限以下的数据，或是在检测过程中存在某种人为因素所造成的

2）将直方图与质量标准比较，判断实际生产过程能力。作出直方图后，除了观察直方图形状，分析质量分布状态外，再将正常型直方图与质量标准比较，从而判断实际生产过程能力。正常型直方图与质量标准相比较，一般有表 6-3 所示的 6 种情况。

表 6-3 直方图与质量标准比较表

序号	图形	图形特征	图形分析
1	T B $\bar{x}(M)$	B 在 T 中间，质量分布中心与质量标准中心 M 重合，实际数据分布与质量标准相比较两边还有一定余地	生产过程质量是很理想的，说明生产过程处于正常的稳定状态。在这种情况下生产出来的产品可认为全都是合格品

序号	图形	图形特征	图形分析
2	T B $\bar{x}$ M	B 虽然落在 T 内，但质量分布中心与 T 的中心 M 不重合，偏向一边	如果生产状态一旦发生变化，就可能超出质量标准下限而出现不合格品。出现这样情况时应迅速采取措施，使直方图移到中间来
3	T B $\bar{x}(M)$	B 在 T 中间，且 B 的范围接近了 T 的范围，没有余地	生产过程一旦发生小的变化，产品的质量特性值就可能超出质量标准。出现这种情况时，必须立即采取措施，以缩小质量分布范围
4	B T $\bar{x}(M)$	B 在 T 中间，但两边余地太大	说明加工过于精细，不经济。在这种情况下，可以对原材料、设备、工艺、操作等控制要求适当放宽些，有目的地使 B 扩大，从而有利于降低成本
5	T B $\bar{x}$ M	质量分布范围 B 已超出标准下限之外	说明已出现不合格品。此时必须采取措施进行调整，使质量分布位于标准之内
6	T B $\bar{x}(M)$	质量分布范围完全超出了质量标准上、下界限，散差太大，产生许多废品	说明过程能力不足，应提高过程能力，使质量分布范围 B 缩小

注：T——表示质量标准要求界限；B——表示实际质量特性分布范围。

6. 控制图法

控制图又称管理图。它是在直角坐标系内画有控制界限，描述生产过程中产品质量波动状态的图形。利用控制图区分质量波动原因，判明生产过程是否处于稳定状态的方法称为控制图法，属于动态分析法。

控制图的基本形式见图 6-7。横坐标为样本（子样）序号或抽样时间，纵坐标为被控制对象，即被控制的质量特性值。控制图上一般有三条线：在上面的一条虚线称为上控制界限，用符号 UCL 表示；在下面的一条虚线称为下控制界限，用符号 LCL 表示；中间的--条实线称为中心线，用符号 CL 表示。中心线标志着质量特性值分布的中心位置，上下控制界限标志着质量特性值允许波动范围。

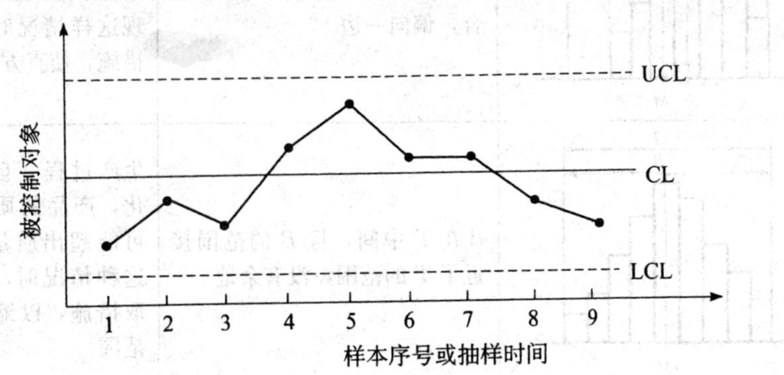

图 6-7　控制图的基本形式

在生产过程中通过抽样取得数据，把样本统计量描在图上来分析判断生产过程状态。如果点子随机地落在上、下控制界限内，则表明生产过程正常处于稳定状态，不会产生不合格品；如果点子超出控制界限，或点子排列有缺陷，则表明生产条件发生了异常变化，生产过程处于失控状态。

控制图是用样本数据来分析判断生产过程是否处于稳定状态的有效工具。它的用途主要有两个：过程分析和过程控制。

岗位知识与专业实务篇

第七章　建筑工程施工工艺及质量标准

第一节　地基基础工程

一、地基工程

1. 地基处理方法

地基处理的方法比较多，施工技术参数复杂，若缺乏地区施工经验，应在开工前进行施工工艺试验，取得合适的技术参数。经过地基处理的建筑，应在施工及使用期间进行沉降观测。

（1）换填法。

砂石地基：先将基础下一定范围内承载力低的软土层挖去，然后回填强度较大的砂、碎石，并夯至密实。所用材料，宜采用颗粒级配良好，质地坚硬的中砂、粗砂、砾砂、碎（卵）石、石屑或其他工业废粒料，适用于处理透水性强的软弱黏性土地基，但不宜用于湿陷性黄土地基和不透水的黏性土地基。

（2）强夯法。

强夯地基是用起重机械将重锤吊起从高处自由落下，给地基以冲击力和振动，从而提高地基土的强度并降低其压缩性的一种有效的地基加固方法。该法具有效果好、速度快、节省材料、施工简便，但施工时噪声和振动大等特点。适用于碎石土、砂土、黏性土、湿陷性黄土及填土地基等的加固处理。

（3）振冲法。

振冲地基，又称振冲桩复合地基，是以起重机吊起振冲器，启动潜水电机带动偏心块，使振冲器产生高频振动，同时开动水泵，通过喷嘴喷射高压水流成孔，然后分批填以砂石骨料形成一根根桩体，桩体与原地基构成复合地基，以提高地基的承载力，减少地基的沉降量和沉降差的一种快速、经济有效的加固方法。一般包括成孔、清孔、填料、振密等施工过程，适用于处理黏性土、砂土、粉土、饱和黄土及人工填土等。

(4) 深层搅拌法。

深层搅拌地基是利用水泥、石灰等材料作为固化剂，通过特制的深层搅拌机械，在地基深处就地将软土和固化剂（浆液或粉体）强制搅拌，利用固化剂和软土之间所产生的一系列物理、化学反应，使软土硬结成具有一定强度的优质地基。适用于加固较深较厚的淤泥、淤泥质土、粉土和含水量较高且地基承载力不大于120kPa的黏性土地基，对超软土效果更为显著。在搅拌施工过程中，尽可能连续进行，中断时间不超过水泥初凝时间；基底搅拌桩进行强度检验时，应取90天后的试件进行；水泥土搅拌桩的“水泥用量”、“桩顶标高”、“垂直度”等施工质量指标可以随意抽查检验，但至少应抽查20%。影响搅拌地基承载力的主要因素有：水灰用量、水灰比、施工质量。

(5) 高压喷射注浆法。

高压喷射注浆地基是利用钻机把带有喷嘴的注浆管钻至土层的预定位置或先钻孔后将注浆管放至预定位置，以高压使浆液或水从喷嘴中射出，边旋转边喷射的浆液，使土体与浆液搅拌混合形成一固结体，可以明显提高地基强度。

2. 地基处理质量验收标准

(1) 砂、石子、水泥、石灰等原材料的质量检验项目、批量和检验方法应符合国家现行标准的规定。

(2) 地基施工结束，宜在一个间歇期后，进行质量验收，间歇期一般不少于15d，具体由设计确定。

(3) 检验数量。

1) 砂和砂石地基、强夯地基、注浆地基竣工后的强度或承载力必须达到设计要求的标准。检验数量：每单位工程不应少于3点，1 000 m^2以上工程，每100 m^2至少应有1点；3 000 m^2以上工程，每300 m^2至少应有1点；每一独立基础下至少应有1点，基槽每20延米应有1点。

2) 对水泥土搅拌桩地基、高压喷射注浆桩地基、振冲桩地基，其承载力检验数量为总数的0.5%～1%，但不应少于3处。有单桩强度检验要求时，数量为总数的0.5%～1%，但不应少于3根。

(4) 质量检验标准。

表7-1、表7-2、表7-3、表7-4分别列出了常见地基处理的质量检验标准。

表7-1 砂及砂石地基质量检验标准

项目	序号	检查项目	允许偏差或允许值		检查方法
			单位	数值	
主控项目	1	地基承载力	设计要求		按规定方法
	2	配合比	设计要求		检查拌和时的体积比或重量比
	3	压实系数	设计要求		现场实测

项目	序号	检查项目	允许偏差或允许值		检查方法
			单位	数值	
一般项目	1	砂石料有机质含量	%	≤5	焙烧法
	2	砂石料含泥量	%	≤5	水洗法
	3	石料粒径	mm	≤100	筛分法
	4	含水量（与要求的最优含水量比较）	%	±2	烘干法
	5	分层厚度（与设计要求比较）	mm	±50	水准仪

表 7-2　强夯地基质量检验标准

项目	序号	检查项目	允许偏差或允许值		检查方法
			单位	数值	
主控项目	1	地基强度	设计要求		按规定方法
	2	地基承载力	设计要求		按规定方法
一般项目	1	夯锤落距	mm	±300	用钢尺量
	2	锤重	kg	±100	称重
	3	夯击遍数及顺序	设计要求		计数法
	4	夯点间距	mm	±500	用钢尺量
	5	夯击范围（超出基础范围距离）	设计要求		用钢尺量
	6	前后两遍间歇时间	设计要求		

注：质量检验应在夯后一定的间歇之后进行，一般为两个星期。

表 7-3　水泥土搅拌桩地基质量检验标准

项目	序号	检查项目	允许偏差或允许值		检查方法
			单位	数值	
主控项目	1	水泥及外掺剂质量	设计要求		查产品合格证书或抽样送检
	2	水泥用量	参数指标		查看流量计
	3	桩体强度	设计要求		按规定办法
	4	地基承载力	设计要求		按规定办法
一般项目	1	机头提升速度	m/min	≤0.5	量机头上升距离及时间
	2	桩底标高	mm	±200	测机头深度
	3	桩顶标高	mm	+100、−50	水准仪（最上部 500 mm 不计入）
	4	桩位偏差	mm	<50	用钢尺量
	5	桩径	mm	<0.04D	用钢尺量，D 为桩径
	6	垂直度	%	≤1.5	经纬仪
	7	搭接	mm	>200	用钢尺量

表 7-4　高压喷射注浆地基质量检验标准

项目	序号	检查项目	允许偏差或允许值		检查方法
			单位	数值	
主控项目	1	水泥及外掺剂质量	产品标准要求		查产品合格证书或抽样送检
	2	水泥用量	设计要求		查看流量表及水泥浆水灰比
	3	桩体强度或完整性检验	设计要求		按规定方法
	4	地基承载力	设计要求		按规定方法

项目	序号	检查项目	允许偏差或允许值		检查方法
			单位	数值	
一般项目	1	钻孔位置	mm	≤50	用钢尺量
	2	钻孔垂直度	%	≤1.5	经纬仪测钻杆或实测
	3	孔深	mm	±200	用钢尺量
	4	注浆压力	按设定参数指标		查看压力表
	5	桩体搭接	mm	>200	用钢尺量
	6	桩体直径	mm	≤50	开挖后用钢尺量
	7	桩身中心允许偏差		≤0.2*D*	开挖后桩顶下 500mm 处用钢尺量，*D* 为桩径

3. 基坑验槽及承载力检测

（1）基坑验槽。

1）验槽内容。

当基坑（槽）开挖完成，在基础施工前，由总监理工程师（或建设单位技术负责人）组织有关单位共同验槽，并填写基槽复验记录表，验槽主要内容如下：

①基坑尺寸（长、宽、深）、坡度、地质水文情况与设计图纸是否相符合；

②基坑壁土层分层，特别是基底土层与地质报告和设计图纸是否相同；

③上部结构重要部位（即受力较大或沉降敏感部位）土质如何；

④地基处理（或者只限局部）效果检验；

⑤桩头处理（桩基础）。

2）验槽方法。

通常主要采用观察法为主，而对于基底以下的土层不可见部位，要先辅以钎探法配合共同完成。

验槽时应重点观察柱基、墙角、承重墙下或其他受力较大部位；如有异常部位，要会同勘察、设计等有关单位进行处理。

（2）承载力检测方法。

承载力检测常用的方法有：

1）平板荷载试验：适用于各类土、软质岩和风化岩体。

2）螺旋板荷载试验：适用于软土、一般黏性土、粉土及砂类土。

3）标准贯入试验：适用于一般黏性土、粉土及砂类土。

4）动力触探：适用于黏性土、砂类土和碎石类土。

5）静力触探：适用于软土、黏性土、粉土、砂类土及含少量碎石的土层。

6）岩体直剪试验：适用于具有软弱结构面的岩体和软质岩。

7）预钻式旁压试验：适用于黏性土、粉土、黄土、砂类土、软质岩石及风化岩石。

8）十字板剪切试验：适用于测定饱和软黏性土的不排水抗剪强度及灵敏度等参数。

9）应力铲试验：适用于软塑——流塑状饱和黏性土。

10）扁板侧胀试验：适用于软土、一般饱和黏性土、松散——中密饱和砂类土及粉土等。

二、桩基础

桩基础一般由桩和桩顶的承台组成，是深基础的一种形式。按施工方法分为预制桩和灌注桩，灌注桩常见的有钻孔灌注桩（如泥浆护壁成孔灌注桩）、人工挖孔桩、沉管灌注桩；按桩的承载性质不同可分为摩擦型桩和端承型桩；按成桩方式可分为挤土桩（如预制桩）、非挤土桩（如人工挖孔桩、泥浆护壁成孔灌注桩）、部分挤土桩（如部分挤土灌注桩、预钻孔打入式预制桩、螺旋成孔桩等）。

1. 混凝土预制桩

钢筋混凝土预制桩主要有实心桩和预应力管桩两种，沉桩方式有锤击式、振动式和静力压桩。混凝土预制桩的施工，主要包括预制、起吊、运输、堆放、沉桩等施工过程。

（1）预制桩制作。

预制桩钢筋骨架的主筋连接宜采用对焊，同一截面内主筋接头不得超过50%，桩顶1 m内不应有接头；对承受负摩阻力和位于坡地岸边的桩应通长配筋；桩的混凝土强度等级应不低于C30，浇筑时从桩顶向桩尖进行，应一次浇筑完毕，严禁中断。制作完后应洒水养护不少于7 d，上层桩制作应待下层桩的混凝土强度达到设计强度的30%才可进行。

（2）预制桩起吊、运输和堆放。

桩身强度达到设计强度的70%方可起吊，达到100%才能运输。桩在起吊和搬运时，必须做到吊点符合要求，设计无要求时，则应符合最小弯矩原则，即吊点间跨中正弯矩与吊点处负弯矩相等。堆放层数一般不宜超过4层。

（3）沉桩工艺。

钢筋混凝土预制桩的沉桩方法有锤击法、振动法、水冲沉桩法、钻孔锤击法、静力压桩法等。

1）锤击法沉桩：锤击法沉桩简称锤击法，又称打入法，是利用桩锤的冲击力克服土体对桩体的阻力使桩沉到预定深度或达到持力层。

①沉桩工艺：预制桩施工的工艺流程为：桩机就位→起吊预制桩→稳桩→打桩→接桩→送桩→中间检查验收→移机至下一个桩位。

②沉桩顺序：群桩施打前，应根据桩群的密集程度、桩的规格、长短和桩架移动方便来正确选择打桩顺序，可选用如下的打桩顺序：逐排打设、自中间向两侧对称打设、自中间向四周打设等。当桩规格、埋深、长度不同时，宜“先大后小、先深后浅、先长后短”施打。当一侧有毗邻建筑物时，由毗邻建筑物处向另一方向施打。

沉桩宜采用重锤低击，低提锤打。如发现桩锤回弹大，桩沉降小，说明桩锤太轻；反之亦然。

2）静力压桩法：静力压桩适用于在软土、淤泥质土中沉桩。施工中无噪声、无振动、无冲击力，与普通打桩和振动沉桩相比可减小对周围环境的影响，适合在有防震要求的建筑物附近施工。

常用的静力压桩机有机械式和液压式两种。静力压桩施工程序为：测量定位→桩机就位→吊桩插桩→桩身对中调直→静压沉桩→接桩→再沉桩→终止压桩→切割桩头。

2. 灌注桩

（1）沉管灌注桩。

1）振动沉管灌注桩：

①施工顺序：桩机就位→振动沉管→混凝土浇筑→边拔管边振动→安放钢筋笼或插筋。

②施工方法：振动沉管施工法一般有单打法、反插法、复打法等，应根据土质情况和荷载要求分别选用，单打法适用于含水量较小的土层，反插法及复打法适用于软弱饱和土层。

2）锤击沉管灌注桩：锤击沉管灌注桩可根据土质情况和荷载要求，分别选用单打法、复打法、反插法，采用复打法施工时，必须在第一次灌注的混凝土初凝之前完成。锤击沉管灌注桩施工顺序：桩机就位→锤击沉管→首次浇注混凝土→边拔管边锤击→放钢筋笼浇注成桩。

（2）人工挖孔灌注桩。

人工挖孔灌注桩是用人工挖土成孔，然后安放钢筋笼，浇筑混凝土成桩。人工挖孔灌注桩的特点是设备简单，工艺简便，对周围环境影响小，施工费用低；能满足一柱一桩的要求，是目前大直径灌注桩施工的一种主要工艺方式，人工挖孔桩的直径最小不宜小于800 mm，一般为1 000～3 000 mm，桩底一般都扩底，但扩底不应大于桩身直径的 3 倍。

（3）钻孔灌注桩。

常用的有泥浆护壁钻孔灌注桩：用钻孔机械进行灌注桩成孔，为防止塌孔，在孔内用相对密度大于 1 的泥浆进行护壁的一种成孔施工工艺，此种成孔方式不论地下水位高低的土层都适用，泥浆具有排渣和护壁作用。

质量控制要点是：

①根据地质条件和地下水位情况控制好泥浆密度和黏度，防止塌孔。发现塌孔，首先应保持孔内水位，如为轻度塌孔，应首先探明位置，将砂和黏土混合物填到塌孔位置以上 1～2 m，如塌孔严重，应全部回填，待回填物沉淀密实后低速进尺。

②为保证混凝土浇筑质量和施工顺畅，水下灌注混凝土应采用导管法施工，应控制导管在混凝土埋深宜为 2～6 m；由于桩孔顶部混砂含量高，灌注混凝土时桩顶标高至少高于设计标高 0.5 m，导管不能沉入孔底。清孔后沉渣厚度不应超过 50 mm。

③桩顶嵌入承台内的长度不宜小于 50 mm，承台纵向钢筋的潙凝土保护层厚度，混凝土垫层时不应小于 mm。

④水下浇筑混凝土时，导管口应高出浇注地面 300 mm，浇注完成后，应消除顶面与水接触的厚约 200 mm 松软部分。

3. 桩基检测与验收

（1）桩基检测。

桩基工程验收前，按规范和相关文件规定进行桩身质量、承载力检验。桩身质量检测常用的方法有小应变法、声波透射法、抽芯法等；承载力检测常用的方法有动力参数法、静载试验等，对地基基础设计为甲级或地质条件复杂、成桩质量可靠性低的灌注桩应采用静荷载试验方法进行承载力检测。

小应变检测时，被测桩应凿去浮浆，平整桩头，切除外露过长的主钢筋，检测不少于桩数的 3%；声波透射法检测前应预埋检测管，检测管应封底，且相互平行；桩径 1.0 m 以内应埋双管，桩径 1.0～2.5 m 应埋三根管，桩径 2.5 m 以上应埋四根管。

桩基检验结果不符合要求的，在扩大检测范围和分析原因后，由设计单位核算认可或出具处理方案进行加固处理。

(2) 质量检验标准。

①常用桩的质量检验标准分别见表 7-5、表 7-6、表 7-7、表 7-8、表 7-9。

②每浇筑 50 m^3 混凝土必须留设 1 组试件，小于 50 m^3 的桩，每根桩必须留设 1 组试件。

表 7-5　静力压桩质量检验标准

项目	序号	检查项目	允许偏差/mm		检验方法
			单位	数值	
主控项目	1	桩体质量检验	按基桩检测技术规范		按基桩检测技术规范
	2	桩位偏差	按《建筑地基基础工程施工质量验收规范》表 5.1.3		用钢尺量
	3	承载力	按基桩检测技术规范		按基桩检测技术规范
一般项目	1	成品桩质量、外观外形尺寸及强度	表面平整，颜色均匀，掉角深度<10 mm，蜂窝面积小于总面积 0.5%，见《建筑地基基础工程施工质量验收规范》表 5.4.5 并满足设计要求		直观见《建筑地基基础工程施工质量验收规范》表 5.4.5，查产品合格证书或钻芯试压
	2	硫黄胶泥质量（半成品）	符合设计要求		查产品合格证书或抽样送检
	3	接桩　电焊接桩　焊缝质量	见《建筑地基基础工程施工质量验收规范》表 5.5.4-2		见《建筑地基基础工程施工质量验收规范》表 5.5.4-2
		接桩　电焊接桩　电焊结束后停歇时间	min	>1.0	秒表测定
		接桩　法兰接桩	符合设计要求		
	4	电焊条质量	设计要求		查产品合格证书
	5	压桩压力（设计有要求时）	%	±5	查压力表读数
	6	接桩时上下节平面偏差	mm	<10	用钢尺量
		接桩时节点弯曲矢高	mm	$L/1\,000$	用钢尺量，L 为两节桩长
	7	桩顶标高	mm	±50	水准仪

表 7-6　预应力管桩质量检验标准

项目	序号	检查项目	允许偏差/mm		检验方法
			单位	数值	
主控项目	1	桩体质量检验	按基桩检测技术规范		按基桩检测技术规范
	2	桩位偏差	按地基基础验收规范表 5.1.3		用钢尺量
	3	承载力	按基桩检测技术规范		按基桩检测技术规范
一般项目	1	成品桩质量　外观	无蜂窝、无露筋、无裂缝、色感均匀、桩顶处无孔隙		
		成品桩质量　桩径	mm	±5	用钢尺量
		成品桩质量　管壁厚度	mm	±5	用钢尺量
		成品桩质量　桩尖中心线	mm	<2	用钢尺量
		成品桩质量　顶面平整度	mm	10	用水平尺量
		成品桩质量　桩体弯曲	< L /1 000	用钢尺量，L 为桩长	

项目	序号	检查项目	允许偏差/mm		检验方法
			单位	数值	
一般项目	2	接桩：焊缝质量、电焊结束后停歇时间、上下节平面偏差、节点弯曲矢高	按地基基础验收规范表 5.5.4-2		
			min	>1.0	秒表测定
			mm	<10	用钢尺量
			<L /1 000		用钢尺量，L 为两节桩长
	3	停锤标准	设计要求		现场实测或查沉桩记录
	4	桩顶标高	mm	±50	水准仪

表 7-7　混凝土灌注桩钢筋笼质量检验标准

项目	序号	检查项目	允许偏差或允许值/mm	检验方法
主控项目	1	主筋间距	±10	用钢尺量
	2	钢筋骨架长度	±100	用钢尺量
一般项目	1	钢筋材质检验	设计要求	抽样送检
	2	箍筋间距	±20	用钢尺量
	3	直径	±10	用钢尺量

表 7-8　混凝土灌注桩质量检验标准

项目	序号	检查项目		允许偏差或允许值		检验方法
				单位	数值	
主控项目	1	桩位		见表 7-9		基坑开挖前量护筒，开挖后量桩中心
	2	孔深		mm	+300	只深不浅，用重锤测，或测钻杆，套管长度，嵌岩桩应确保进入设计要求的嵌岩深度
	3	桩体质量检验		按基桩检测技术规范，如钻芯取样，大直径嵌岩桩应钻至桩尖下 50 cm		按基桩检测技术规范
	4	混凝土强度		设计要求		同标准条件下试件报告或钻芯取样检验
	5	承载力		按《建筑基桩检测技术规范》		按《建筑基桩检测技术规范》
一般项目	1	垂直度		见表 7-9		测套管或钻杆，或用超声波探测
	2	桩径		见表 7-9		井径仪或超声波探测
	3	泥浆比重（黏土或砂性土中）		1.15～1.20		用比重计测，清孔后在距孔底 50cm 处取样
	4	泥浆面标高（高于地下水位）		m	0.5～1.0	目测
	5	沉渣厚度	端承桩 摩擦桩	mm	≤50 ≤150	用沉渣仪或重锤量测

<table>
<tr><th rowspan="2">项目</th><th rowspan="2">序号</th><th rowspan="2" colspan="2">检查项目</th><th colspan="2">允许偏差或允许值</th><th rowspan="2">检验方法</th></tr>
<tr><th>单位</th><th>数值</th></tr>
<tr><td rowspan="4">一般项目</td><td>6</td><td>混凝土坍落度</td><td>水下灌注
干施工</td><td>mm</td><td>160～220
70～100</td><td>坍落度仪</td></tr>
<tr><td>7</td><td colspan="2">钢筋笼安装深度</td><td>mm</td><td>±100</td><td>用钢尺量</td></tr>
<tr><td>8</td><td colspan="2">混凝土充盈系数</td><td colspan="2">>1</td><td>检查每根桩的实际灌注量</td></tr>
<tr><td>9</td><td colspan="2">桩顶标高</td><td>mm</td><td>＋30、－50</td><td>水准仪，需扣除桩顶浮浆层及劣质桩体</td></tr>
</table>

注：沉渣厚度指吊放钢笼后，混凝土灌注前测量的沉渣厚度值。

表 7-9　灌注桩的平面位置和垂直度允许偏差

<table>
<tr><th rowspan="2">序号</th><th rowspan="2" colspan="2">成孔方法</th><th rowspan="2">桩径允许偏差/mm</th><th rowspan="2">垂直度允许偏差/%</th><th colspan="2">桩位允许偏差/mm</th></tr>
<tr><th>1～3 根单排桩基垂直于中心线方向和群桩基础的边桩</th><th>条形桩基沿中心线方向和群桩基础中间桩</th></tr>
<tr><td rowspan="2">1</td><td rowspan="2">泥浆护壁灌注桩</td><td>$D \leqslant 1\ 000$ mm</td><td rowspan="2">±50</td><td rowspan="2"><1</td><td>$D/6$，且不大于 100</td><td>$D/4$，不大于 150</td></tr>
<tr><td>$D > 1\ 000$ mm</td><td>$100+0.01H$</td><td>$150+0.01H$</td></tr>
<tr><td rowspan="2">2</td><td rowspan="2">套管成孔灌注桩</td><td>$D \leqslant 500$ mm</td><td rowspan="3">－20</td><td rowspan="3"></td><td>70</td><td rowspan="4">150</td></tr>
<tr><td>$D > 500$ mm</td><td>100</td></tr>
<tr><td>3</td><td colspan="2">干成孔灌注桩</td><td>70</td></tr>
<tr><td rowspan="2">4</td><td rowspan="2">人工挖孔桩</td><td>混凝土护壁</td><td rowspan="2">＋50</td><td><0.5</td><td>50</td></tr>
<tr><td>钢套管护壁</td><td><1</td><td>100</td><td>200</td></tr>
</table>

注：①桩径允许偏差的负值是指个别断面。

②H 为施工现场地面标高与桩顶设计标高的距离，D 为设计桩径。

③采用复打、反插法施工的桩，其桩径允许偏差不受上表限制。

三、土方工程

土方工程包括排水、降水等准备工作和辅助工作，主要施工过程有土的开挖、运输、填筑、平整和压实。

1. 土的工程分类

根据土开挖的难易程度（坚硬程度），将土分为松软土、普通土、坚土、砂砾坚土、软石、次坚石、坚石、特坚石共八类土，前四类属一般土，后四类属岩石。

2. 施工降排水

包括排除地面水和降低地下水。

（1）地面排水。

地面水的排除通常采用设置排水沟、截水沟或修筑土堤等设施来进行。应尽量利用自然地形来设置排水沟，以便将水直接排至场外。

（2）降低地下水。

为了防止边坡塌方和地基承载能力的下降，必须做好基坑降水工作。降低地下水位的常见方法有集水井降水法和井点降水法两种。

1）集水井降水法一般宜用于降水深度较小且地层为粗糙土层或黏性土时。

2）井点降水法一般宜用于降水深度较大，或土层为细砂、粉砂及软土地区。井点系统的布置应根据基坑平面形状与大小、土质、地下水位高低与流向、降水深度要求等确定；当基坑或沟槽宽度小于6 m、水位降低值不大于5 m时，可用单排线状井点，布置在地下水流的上游一侧；当沟槽宽度大于6 m或土质不良，宜用双排井点。面积较大的基坑宜用环状井点。

3. 土方开挖及回填

常用的土方机械有：推土机、铲运机、单斗挖土机、装载机、压实机械等。

(1) 土方开挖。

1) 推土机：多用于场地清理和平整、开挖深度1.5 m以内的基坑，填平沟坑，以及配合铲运机、挖土机工作等，推土机常用施工方法有下坡推土、并列推土、槽形推土。

2) 正铲挖土机：正铲挖土机的挖土特点为"向前向上，强制切土"，一般适用于开挖停机面以上的一～三类土。

3) 反铲挖土机：反铲挖土机的挖土特点为"后退向下，强制切土"，一般适用于开挖停机面以下的一～三类土。

4) 抓铲挖土机：抓铲挖掘机的挖土特点为"直上直下，自重切土"，抓铲挖土机挖掘力较小，一般适用于开挖停机面以下的一～二类土，可以用于开挖窄而深的基坑、挖取水中淤泥等。

(2) 土方填筑与压实。

1) 为了保证填方工程强度和稳定性方面的要求。必须正确选择填土的种类和填筑方法。填方土料应符合设计要求。碎石类土、砂土和爆破石渣，可用作表层以下的填料。当填方土料为黏土时，填筑前应检查其含水量是否在控制范围内。含水量大的黏土、含大量有机质的土以及淤泥、冻土、膨胀土等均不应作为填土。填土应分层进行，并尽量采用同类土填筑。如采用不同土填筑时，应将透水性较大的土层置于透水性较小的土层之下，不能将各种土混杂在一起使用，以免填方内形成水囊；挡土墙后填土应尽量选用透水性较大的土质。

2) 填土的压实方法一般有碾压法、夯实法和振动压实法。

3) 填土压实的影响因素主要有压实功、土的含水量以及每层铺土厚度。对于砂土一般碾压或夯击2～3遍，对粉土只需3～4遍，对粉质黏土或黏土则需5～6遍；检验黏性土合适含水量的方法一般是以手握成团落地开花为适宜。

(3) 土方工程施工质量控制与质量标准。

1) 基坑土方开挖应采用分层开挖的方式，并根据工况选用合理的支护方式。地基开挖至设计标高后，应由质量监督、建设、设计、勘察、监理及施工单位共同进行地基验槽。

2) 柱基、基坑、基槽、管沟基底的土质必须符合设计要求，严禁扰动。

3) 填方土料、基底处理必须符合设计要求或施工规范规定，挡土墙后填土应尽量选用卵石、砂土等透水性大的填料。

4) 填方施工过程中应检查排水措施、每层填筑厚度、含水量控制和压实程度。

5) 填方和柱基、基坑、基槽、管沟基底的回填应按规定分层夯压密实，取样的干密度90%以上符合设计要求，其余10%的最低值与设计值的差不应大于$0.08g/cm^3$，且不应集中。

土的实际干密度可用环刀法（或灌砂法）测定，或用小轻便触探仪直接通过锤击数来检验干密度和密实度，符合设计要求后才能填筑土层，取样组数：柱基回填取样不少于柱总数的10%，且不少于5个；基槽、管沟回填每层按长度20～50 m取样一组；基坑和室内填土每层按100～500 m^2取样一组；场地平整填土每层按100～900 m^2取样一组，环刀法取样部位应在每层压实后的下半部，灌砂取样应为每层压实后的全部深度。

6）土方开挖工程质量检验标准见表7-10。

7）填方施工结束后，应检查标高、边坡坡度、压实程度等，填方工程质量检验标准应符合表7-11的规定。

表7-10　土方开挖工程质量检验标准

项序		项目	允许偏差或允许值/mm					检验方法
			桩基基坑基槽	挖方场地平整		管沟	地（路）面基层	
				人工	机械			
主控项目	1	标高	−50	±30	±50	−50	−50	水准仪
	2	长度、宽度（由设计中心线向两边量）	+200 −50	+300 −100	+500 −150	+100	—	经纬仪，用钢尺检查
	3	边坡	按设计要求					观察或用坡度尺检查
一般项目	1	表面平整度	20	20	5	20	20	用2 m靠尺和塞尺检查
	2	基底土性	按设计要求					观察或土样分析

表7-11　填土工程质量检验标准

项序		项目	允许偏差或允许值/mm					检验方法
			桩基基坑基槽	挖方场地平整		管沟	地（路）面基层	
				人工	机械			
主控项目	1	标高	−50	±30	±50	−50	−50	水准仪
	2	分层压实系数	按设计要求					按规定方法
一般项目	1	回填土料	按设计要求					取样检查或直观鉴别
	2	分层厚度及含水量	按设计要求					水准仪及抽样检查
	3	表面平整度	20	20	30	20	20	用靠尺或水准仪

四、基坑工程

深基坑支护方案的选择应根据基坑周边环境、土层结构、工程地质、水文情况、基坑形状、开挖深度、工程拟采用的挖方和排水方法、施工作业设备条件、安全等级和工期要求以及技术经济效果等因素综合全面地考虑而定。

符合下列情况之一的，为一级基坑：

1）重要工程或支护结构做主体结构的一部分。

2）开挖深度大于10 m。

3）与邻近建筑物，重要设施的距离在开挖深度以内的基坑。

4）基坑范围内有历史文物、近代优秀建筑、重要管线等需严加保护的基坑。

三级基坑为开挖深度小于7 m，且周围环境无特别要求时的基坑；除一级和三级外的基坑属二级基坑；基坑施工均不允许超挖。

1. 土层锚杆支护结构

土层锚杆的施工是在深基坑侧壁的土层钻孔至要求深度，或再扩大孔的端部形成柱状或球状扩大头，在孔内放入钢筋、铜管或钢丝束、钢绞线，灌入水泥浆或化学浆液，使与土层结合成为抗拉（拔）力强的锚杆。

（1）土层锚杆的分类。

土层锚杆的种类形式较多，有一般灌浆锚杆、扩孔灌浆锚杆、压力灌浆锚杆、预应力锚杆、重复灌浆锚杆、二次高压灌浆锚杆等多种。

（2）土层锚杆的构造与布置。

土层锚杆的构造：由锚头、支护结构、拉杆、锚固体等部分组成。土层锚杆根据主动滑动面，分为自由段（非锚固段）和锚固段。

2. 地下连续墙支护结构

地下连续墙是指在基础工程土方开挖之前，预先在地面以下浇筑的钢筋混凝土墙体。施工工艺过程如下：

1）修筑导墙、制作泥浆：深槽开挖前，必须沿着地下连续墙的轴线位置开挖导沟，浇筑混凝土做导墙。导墙的作用：挡土墙作用、测量基准作用、重物支承作用、防止泥浆漏失、保持泥浆稳定、防止雨水等地面水流入槽内；泥浆的主导作用是护壁，还有携渣、冷却和滑润等辅助作用。泥浆通常使用膨润土，还添加掺合物和水。

2）挖深槽：挖槽是地下连续墙施工中的关键工序，地下连续墙挖槽的主要工作：单元槽段划分、挖槽机械的选择与正确使用、制定防止槽壁坍塌的措施和特殊情况的处理等。

3）清底：在挖槽结束后清除以沉渣为代表的槽底沉淀物的工作称为清底。

4）钢筋笼加工和吊放：钢筋笼根据地下连续墙墙体配筋图和单元槽段的划分来制作。钢筋笼最好按单元槽段做成一个整体。如果地下连续墙很深或受起重设备能力的限制，需要分段制作。钢筋笼的起吊、运输和吊放应制订周密的施工方案。

5）混凝土浇筑：混凝土浇筑同灌注桩施工。

3. 排桩墙支护结构

施工方法同桩基础。

4. 基坑施工主要质量安全措施

（1）基坑开挖严禁超挖，采用机械开挖土方时，应预留至少150 mm厚采用人工开挖方式；基坑底部开挖至设计标高时，应及时进行下道工序施工，防止雨水浸泡。

（2）基坑开挖过程中，顶部堆载应尽量远离基坑边缘，堆土高度不应超过1.5 m。

（3）基坑施工过程中应及时监测，常用监测项目有：

1）地面沉降监测。

2）支护结构和被支护土体的侧向位移。

3）基坑坑底隆起测量。

4）支护结构内外土压力及内力。

5）支护结构内外孔隙水压力测量。

6）地下水位变化的测量。

7）邻近基坑的建筑物和管线变形测量。

（4）基坑附近有建筑物时，应注意监控，必要时应事先做好第三方监测或鉴定；建筑物沉降观测点的设置应满足下列要求：

1）每一测区的水准基点不应少于 3 个；水准基点的标石，应埋设在基岩层或原状土层中。在建筑区内，点位与邻近建筑物的距离应大于建筑物基础最大宽度的 2 倍，其标石埋深应大于邻近建筑物基础的深度。

2）沉降观测点的布置，应以能全面反映建筑物地基变形特征并结合地质情况及建筑结构特点确定。点位宜选设在下列位置：

①建筑物的四角、大转角处及沿外墙每 10～15m 处或每隔 2～3 根柱基上。

②高低层建筑物、新旧建筑物、纵横墙等交接处的两侧。

③建筑物裂缝和沉降缝两侧、基础埋深相差悬殊外、人工地基与天然地基接壤处、不同结构的分界处及填挖方分界处。

④宽度大于等于 15m 或小于 15m 而地质复杂以及膨胀土地区的建筑物，在承重内隔墙中部设内墙点，在室内地面中心及四周设地面点。

⑤邻近堆置重物处、受振动有显著影响的部位及基础下的暗浜（沟）处。

⑥框架结构建筑物的每个或部分柱基上或沿纵横轴线设点。

⑦片筏基础、箱形基础底板或接近基础的结构部分之四角处及其中部位置。

⑧重型及动力设备基础的四角、基础型式或埋深改变处及地质条件变化处两侧。

⑨电视塔、烟囱、水塔、油罐、炼油塔、高炉等高耸建筑物，沿周边在与基础轴线相交的对称位置上布点，点数不少于 4 个。

5. 基坑施工质量标准

基坑（槽）和管沟不加支撑时的容许深度见表 7-12。锚杆及土钉墙支护工程质量检验标准见表 7-13。

表 7-12　基坑（槽）和管沟不加支撑时的容许深度

项　次	土 的 种 类	容许深度/m
1	密实、中密的砂土和碎石土（充填物为砂土）	1.00
2	硬塑、可塑的粉质黏土及粉土	1.25
3	硬塑、可塑的粉质黏土及粉土	1.50
4	坚硬的黏土	2.00
5	硬塑、可塑的黄土	2.50

表 7-13　锚杆及土钉墙支护工程质量检验标准

项目	序号	检查项目	允许偏差或允许值		检验方法
			单位	数值	
主控项目	1	锚杆土钉长度	mm	±30	用钢尺量
	2	锚杆锁定力	设计要求		现场实测
一般项目	1	锚杆或土钉位置	mm	±100	用钢尺量
	2	钻孔倾斜度	(°)	±1	测钻机倾角
	3	浆体强度	设计要求		试样送检
	4	注浆量	大于理论计算浆量		检查计量数据
	5	土钉墙面厚度	mm	±10	用钢尺量
	6	墙体强度	设计要求		试样送检

第二节　砌筑工程

一、砌筑工程的组砌方法、施工工艺和技术要求

1. 组砌方法

（1）墙体组砌方法。

1）一顺一丁：一顺一丁是一皮全部顺砖与一皮全部丁砖间隔砌成。上下皮竖缝相互错开 1/4 砖长。这种砌法效率较高，适用于砌一砖、一砖半及两砖墙。

2）三顺一丁：三顺一丁是三皮全部顺砖与一皮全部丁砖间隔砌成。上下皮顺砖间竖缝错开 1/2 砖长；上下皮顺砖与丁砖间竖缝错开 1/4 砖长。这种砌法因顺砖较多效率较高，适用于砌一砖、一砖半墙。

3）梅花丁：梅花丁是每皮中丁砖与顺砖相隔，上皮丁砖坐中于下皮顺砖，上下皮间竖缝相互错开 1/4 砖长。这种砌法内外竖缝每皮都能避开，故整体性较好，灰缝整齐，比较美观，但砌筑效率较低。适用于砌一砖、一砖半墙及砖基础大放脚。

4）两平一侧：两平一侧采用两皮平砌砖与一皮侧砌的顺砖相隔砌成。当墙厚为 3/4 砖时，平砌砖均为顺砖，上下皮平砌顺砖间竖缝相互错开 1/2 砖长；上下皮平砌顺砖与侧砌顺砖间竖缝相互 1/2 砖长。当墙厚为 $1\frac{1}{4}$ 砖长时，上下皮平砌顺砖与侧砌顺砖间竖缝相互错开 1/2 砖长；上下皮平砌丁砖与侧砌顺砖间竖缝相互错开 1/4 砖长。这种形式适合于砌筑 3/4 砖墙及 $1\frac{1}{4}$ 砖墙。

5）全顺式：全顺式是各皮砖均为顺砖，上下皮竖缝相互错开 1/2 砖长。这种形式仅使用于砌半砖墙。

6）转角及交接处：为了使砖墙的转角处各皮间竖缝相互错开，必须在外角处砌七分头砖（3/4 砖长）。当采用一顺一丁组砌时，七分头的顺面方向依次砌顺砖，丁面方向依次砌丁砖。

砖墙的丁字接头处，应分皮相互砌通，内角相交处竖缝应错开 1/4 砖长，并在横墙端头处加砌七分头砖。

砖墙的十字接头处，应分皮相互砌通，交角处的竖缝应相互错开 1/4 砖长。

（2）柱子组砌方法。

1）独立砖柱组砌：柱面组砌要求上下各皮砖的竖缝至少错开 1/4 砖长，柱心不得有通缝，并尽量少砍砖，禁止采用先砌四周砖后填心的包心砌法。

2）附墙砖柱组砌：矩形附墙砖柱的组砌方法要根据墙厚不同及柱的大小而定，无论哪种砌法都应使柱与墙逐皮搭接，切不可分离砌筑，搭接长度至少 1/2 砖长，柱根据错缝需要，可加砌 3/4 砖或半砖。另外，一砖半砖柱最容易犯包心砌法的毛病，应多加注意。

2. 施工工艺

(1) 砖墙的施工工艺。

砖墙的砌筑一般有抄平、放线、摆砖、立皮数杆、盘角、挂线、砌筑、勾缝、清理等工序。

1) 抄平、放线：砌墙前先在基础防潮层或楼面上定出各层标高，并用水泥砂浆或细石混凝土找平，然后根据龙门板上标志的轴线，弹出墙身轴线、边线及门窗洞口位置。二楼以上墙的轴线可以用经纬仪或垂球将轴线引测上去。

2) 摆砖：又称摆脚。是指在放线的基面上按选定的组砌方式用干砖试摆。目的是为了校对所放出的墨线在门窗洞口、附墙垛等处是否符合砖的模数，以尽可能减少砍砖，并使砌体灰缝均匀，组砌得当。一般在房屋外纵墙方向摆顺砖，在山墙方向摆丁砖，摆砖由一个大角摆到另一个大角，砖与砖留 10 mm 缝隙。

3) 立皮数杆：

皮数杆一般设置在房屋的四大角、纵横墙的交接处以及楼梯间，如墙面过长时，应每隔 10～15 m 立 1 根。皮数杆需用水平仪统一竖立，使皮数杆上的±0.00 与建筑物的±0.00 相吻合，以后就可以向上接皮数杆。

4) 盘角、挂线：墙角是控制墙面横平竖直的主要依据，所以一般砌筑时应先砌墙角，墙角砖层高度必须与皮数杆相符合，做到“三皮一吊，五皮一靠”，墙角必须双向垂直，可用托线板检查。

墙角砌好后，即可挂线，作为砌筑中间墙体的依据，以保证墙面平整，一般一砖墙、一砖半墙可用单面挂线，一砖半墙以上则应用双面挂线。

5) 砌筑、勾缝：砌筑操作方法各地不一，但应保证砌筑质量要求。通常采用“三一砌砖法”，即一块砖、一铲灰、一揉压，并随手将挤出的砂浆刮去的砌筑方法。这种砌法的优点是灰缝容易饱满、黏结力好、墙面整洁。

勾缝是砌清水墙的最后一道工序，可以用砂浆随砌随勾缝，叫做原浆勾缝；也可砌完墙后再用 1∶1.5 水泥砂浆或加色砂浆勾缝，称为加浆勾缝。勾缝具有保护墙面和增加墙面美观的作用，为了确保勾缝质量，勾缝前应清除墙面黏结的砂浆和杂物，并洒水润湿，在砌完墙后，应画出 1 cm 的灰槽，灰缝可勾成凹、平、斜或凸形状。勾缝完后尚应清扫墙面。

(2) 砌块的施工工艺。

砌块施工的主要工序是：铺灰、砌块吊装就位、校正、灌缝和镶砖。

1) 铺灰：砌块墙体所采用的砂浆，应具有良好的和易性，其稠度以 50～70 mm 为宜，铺灰应平整饱满。

2) 砌块吊装就位：

砌块的吊装一般按施工段依次进行，其次序为先外后内，先远后近，先下后上，在相邻施工段之间留阶梯形斜槎。吊装时应从转角处或砌块定位处开始，采用摩擦式夹具，按砌块排列图将所需砌块吊装就位。

3) 校正：砌块吊装就位后，用托线板检查砌块的垂直度，拉准线检查水平度，并用撬棍、楔块调整偏差。

4) 灌缝：竖缝可用夹板在墙体内外夹住，然后灌砂浆，用竹片插或铁棒捣，使其密实。当砂浆吸水后用刮缝板把竖缝和水平缝刮齐。灌缝后，一般不应再撬动砌块，以防损坏砂浆黏结力。

5）镶砖：当砌块间出现较大竖缝或过梁找平时，应镶砖。镶砖砌体的竖直缝和水平缝应控制在15～30 mm以内。镶砖工作应在砌块校正后即刻进行，镶砖时应注意使砖的竖缝灌密实。

二、砌筑工程的质量控制

1. 合理选材，控制原材料质量

（1）砌筑地下室、卫生间隔墙等遇水受潮环境砌体时，应用水泥砂浆来砌砖块，也不宜采用多孔、空心砌块砌筑；施工时用混凝土多孔砖、混凝土实心砖、蒸压灰砂砖、蒸压粉煤灰砖等砌筑时，块体的产品龄期不应小于28 d。

（2）砂浆用砂宜采用中砂，砂中的含泥量，对于水泥砂浆和强度等级不小于M5的水泥混合砂浆，不宜超过5%；对于强度等级小于M5的水泥混合砂浆，不应超过10%；用块状生石灰熟化成石灰膏时，其熟化时间不得少于7 d；用黏土或粉质黏土制备黏土膏，应过筛，并用搅拌机加水搅拌。

（3）水泥进场时应对其品种、等级、包装或散装仓号、出厂日期等进行检查，并应对其强度、安定性进行复验。其质量必须符合规范要求。

（4）砂浆的配合比应事先通过计算和试配确定。水泥砂浆的最小水泥用量不宜小于200kg/m^3；砂浆应采用机械拌和，自投完料算起，水泥砂浆和水泥混合砂浆的拌和时间不得少于2 min；水泥粉煤灰砂浆和掺用外加剂的砂浆不得少于3 min；施工中不应采用强度等级小于M5水泥砂浆替代同强度等级水泥混合砂浆，如需替代，应将水泥砂浆提高一个强度等级；砂浆应随拌随用，水泥砂浆和水泥混合砂浆必须分别在拌成后3 h内使用完毕，若最高气温超过30℃时，必须分别在拌成后2 h内使用完毕；采用加气混凝土及小型砌块时，宜使用专用砂浆。

2. 合理选用砌筑方法，控制砌筑质量

砌筑施工的基本要求是：横平竖直、砂浆饱满、上下错缝、接槎可靠。

（1）全部砖墙应平行砌起，砖层必须水平，砖层正确位置用皮数杆控制，基础和每楼层砌完后必须校对一次水平、轴线和标高，在允许偏差范围内，其偏差值应在基础或楼板顶面调整。

（2）砖墙的竖缝宜采用挤浆或加浆方法，使其砂浆饱满，严禁出现透明缝、瞎缝、假缝，严禁用水冲浆灌缝。采用铺浆法砌砖时，铺浆长度不得超过750 mm，气温超过30℃时，不得超过500 mm。采用混凝土空心砌块砌筑时，上下皮应错缝搭砌，搭砌长度不得小于砌块高度的1/3。

（3）240 mm厚承重墙的每层最上一皮砖、梁或梁垫的下面及挑檐、腰线等处，应是整砖丁砌；填充墙砌至接近梁、板底时，应留一定空隙，待填充墙砌筑完并应至少间隔15 d后，再将其补砌挤紧。

（4）砖墙中留置临时施工洞口时，其侧边离交接处的墙面不应小于500 mm，洞口净宽度不应超过1 m；宽度超过300 mm的预留洞口上部，应设置过梁。

（5）基础砌筑遇基底标高不同时，应从低处砌起，并应由高处向低处搭砌。当设计无要求时，搭接长度不应小于基础扩大部分的高度。石砌体的第一皮料石应坐浆丁砌，毛石砌体的第一皮石块应坐浆，并将石块大面朝下；基面高差大于 20 mm 时，可用细石混凝土操平，料石、毛石砌体均应采用铺浆法砌筑，料石挡土墙，当中间部分用毛石砌筑时，丁砌料石伸入毛石部分的长度不应小于 200 mm；毛石、毛料石、粗料石、细料石砌体灰缝厚度应均匀，毛石砌体外露面的灰缝厚度不宜大于 40 mm，毛料石和粗料石的灰缝厚度不宜大于 20 mm。

(6) 砖墙相邻工作段的高度差，不得超过一个楼层的高度，也不宜大于 4 m。工作段的分段位置应设在伸缩缝、沉降缝、防震缝或门窗洞口处。砖墙临时间断处的高度差，不得超过一步脚手架的高度。砖墙每天砌筑高度以不超过 1.5 m 或一步脚手架高度内为宜。

(7) 在下列墙体或部位中不得留设脚手眼：

1) 120 mm 厚墙、料石清水墙和独立柱。

2) 过梁上与过梁成 60°角的三角形范围及过梁净跨度中间 1/2 的高度范围内。

3) 宽度小于 1 m 的窗间墙。

4) 砌体门窗洞口两侧 200 mm（石砌体为 300 mm）和转角处 450 mm（石砌体为 600 mm）范围内。

5) 梁或梁垫下及其左右 500 mm。

6) 设计不允许设置脚手眼的部位。

(8) 配筋砌体剪刀墙中，采用塔接接头的受力钢筋塔接长度不应小于 35d（d—钢筋直径），且不应少于 300mm。

3. 合理采取技术措施，提高砌筑质量

(1) 由于烧结普通砖、烧结多孔砖、蒸压灰砂砖、蒸压粉煤灰砖砌体时，在砌筑时容易过多吸收砌筑砂浆中的水分而降低砂浆性能（流动性、黏结力和强度），影响砌筑质量，在使用前应提前 1～2 d 浇水湿润，严禁采用干砖或处于吸水饱和状态的块体砌筑；烧结普通砖、多孔砖含水率宜为 10%～15%；灰砂砖、粉煤灰砖含水率宜为 5%～8%，施工现场砖的润湿程度可在现场通过横截面润湿痕迹来判断，一般为 10～15 mm。

(2) 设有钢筋混凝土构造柱的抗震多层砖房，一般情况下，构造柱最小截面尺寸应为240 mm×180 mm，构造柱应先绑扎钢筋，而后砌范围内墙体，最后浇筑混凝土。构造柱与墙体的连接处应砌成马牙槎，马牙槎应先退后进，见图7-1，配筋砌体马牙槎凹凸尺寸高度不应超过 30mm，预留的拉结钢筋应位置正确，施工中不得任意弯折。

(3) 砌块填充墙砌体至接近梁底或板底时应留一定空隙，待 15 d 后方可补砌；加气混凝土砌块及小型砌块宜使用专用砂浆砌筑。

(4) 混凝土小型空心砌块、蒸压加气混凝土砌块等轻质墙体，当墙长大于 8 m 时，宜增设间距不大于 4 m 的构造柱；当墙高大于 5 m 时，宜增设腰梁。在厨房、卫生间、浴室等处采用轻骨料混凝土小型空心砌块、蒸压加气混凝土砌块砌筑墙体时，墙底部宜现浇混凝土坎台，其高度宜为 150 mm。填充墙砌体砌筑，应待承重主体结构检验批验收合格后进行。填充墙与承重主体结构间的空（缝）隙部位施工，应在填充墙砌筑 14 d 后进行。

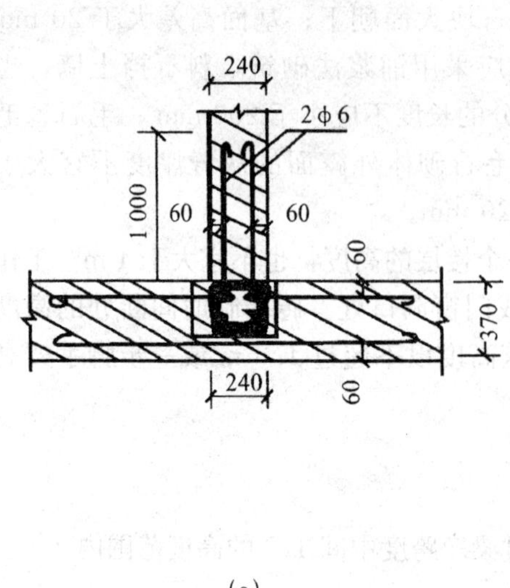

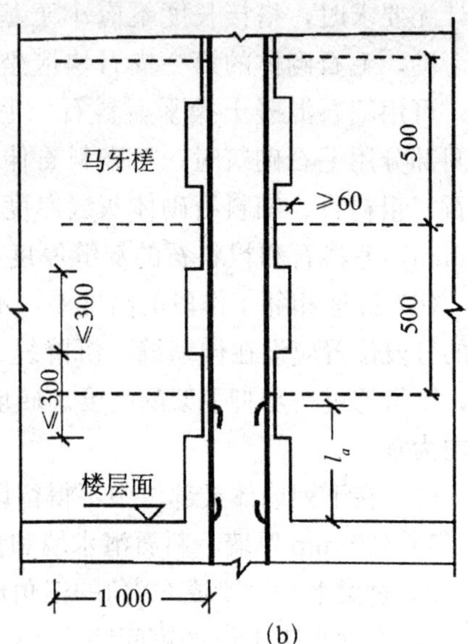

图 7-1　构造柱的马牙槎及拉结钢筋布置

（5）砌筑挡土墙时，当设计对泄水孔无规定时，泄水孔应均匀设置，在每米高度上间隔 2 m 左右设置一个泄水孔，泄水孔与土体间宜铺设长宽均不小于 300 mm 的卵石或碎石做疏水层。毛石档土墙应每砌 3～4 皮为一个分层高度，每个分层高度应找平一次。

（6）砖砌体补砌时，应清理基层接触面，然后浇水湿润，填实砂浆。

（7）为避免砌块墙体开裂，砌块表面应干净，砌筑时采用和易性好的砂浆，并控制铺灰长度和厚度。

（8）基础大放脚、顶层墙体、女儿墙采用的砂浆强度等级不应低于 M7.5。

三、质量标准

1. 砖砌体的质量标准

（1）主控项目检验。

1）砖的强度等级必须符合设计要求。抽检数量：每一生产厂家的砖到现场后，按烧结砖 15 万块、多孔砖 5 万块、灰砂砖及粉煤灰砖 10 万块各为一验收批，抽检数量为 1 组。检验方法：查砖试验报告。

2）砌筑砂浆试块强度等级必须符合以下规定：同一验收批砂浆试块抗压强度平均值必须大于或等于设计强度等级的 1.1 倍，同一验收批砂浆试块抗压强度的最小一组平均值必须大于或等于设计强度等级所对应的立方体抗压强度的 0.85 倍。

（注：① 砌筑砂浆的验收批，同一类型、强度等级的砂浆试块应不少于 3 组。当同一验收批只有一组试块时，该组试块抗压强度的平均值必须大于或等于设计强度等级所对应的立方体抗压强度。

② 砂浆强度应以标准养护，龄期为 28 d 的试块抗压试验结果为准。抽检数量：每一检验批且不超过 250 m³ 砌体的各种类型及强度等级的砌筑砂浆，每台搅拌机应至少抽检一次。检验方法：在砂浆搅拌机出料口随机取样制作砂浆试块（同盘砂浆只应制作一组试块），最后检查试块强度试验报告单。）

3）砖墙水平灰缝的砂浆饱满度。砖墙水平灰缝的砂浆饱满度不得小于80%，砖柱水平灰缝和竖向灰缝砂浆饱满度均不得小于90%。抽检数量：每检验批抽查不应少于5处。检验方法：用百格网检查砖底面与砂浆的粘结痕迹面积。每处检测3块砖，取其平均值。

4）斜槎留置。砖砌体的转角处和交接处应同时砌筑，严禁无可靠措施的内外墙分砌施工。对不能同时砌筑而又必须留置的临时间断处应砌成斜槎，斜槎水平投影长度不小高度的2/3。抽检数量：每检验批抽20%接槎，且不应少于5处。检验方法：观察检查。

5）直槎拉结筋及接槎处理。非抗震设防及抗震设防烈度6度、7度地区的临时间断处，当不能留斜槎时，除转角处外，可留直槎，但直槎必须做成凸槎。留直槎处应加设拉结钢筋，拉结钢筋的数量为每120 mm墙厚放置1Φ6拉结钢筋（240 mm厚墙放置2Φ6拉结钢筋），间距沿墙高不应超过500 mm；埋入长度从留槎处算起每边均不应小于500 mm，对抗震设防烈度6度、7度的地区，不应小于1 000 mm；末端应有90°弯钩。抽检数量：每检验批抽20%接槎，且不应少于5处。检验方法：观察和尺量检查。合格标准：留槎正确，拉结钢筋设置数量、直径正确，竖向间距偏差不超过100 mm，留置长度符合规定。

6）砖砌体位置及垂直度的允许偏差。见表7-14。

表7-14　砖砌体位置及垂直度的允许偏差

<table>
<tr><th>序号</th><th colspan="3">项目</th><th>允许偏差/mm</th><th>检查方法</th><th>抽检数量</th></tr>
<tr><td>1</td><td colspan="3">轴线位移</td><td>10</td><td>用经纬仪和尺或其他测量仪器检查</td><td>全部承重墙柱</td></tr>
<tr><td rowspan="3">2</td><td rowspan="3">垂直度</td><td colspan="2">每层</td><td>5</td><td>用2 m托线板检查</td><td rowspan="3">外墙全高查阳角不少于4处，每层查一处，内墙有代表性的自然间抽10%，但不少于3间，每间不少于2处，柱不少于5根</td></tr>
<tr><td rowspan="2">全高</td><td>≤10 m</td><td>10</td><td rowspan="2">用经纬仪、吊线和尺或其他测量仪器检查</td></tr>
<tr><td>>10 m</td><td>20</td></tr>
</table>

（2）一般项目检验。

1）砖砌体组砌方法应正确，上下错缝，内外搭砌，砖柱不得采用包心砌法，墙、窗间墙无通缝，混水墙中不得有长度大于300 mm的通缝，长度200～300 mm的通缝每间不超过3处，且不得位于同一面墙体上。抽检数量：外墙每20 m抽查一处，每处3～5 m，且不应少于3处；内墙按有代表性的自然间抽10%，且不应少于3间。检验方法：观察检查。

2）砖砌的灰缝应横平竖直，厚薄均匀。水平灰缝厚度宜为10 mm，但不应小于8 mm，也不应大于12 mm。抽检数量：每步脚手架施工的砌体，每20 m抽查1处。检验方法：尺量10皮砖砌体高度折算。

3）砖砌体一般尺寸允许偏差应符合表7-15的规定。

表 7-15 砌体的允许偏差和外观质量标准

序号	项目		允许偏差/mm	检查方法	抽检数量
1	基础顶面和楼面标高		±15	用水平仪和尺检查	不少于 5 处
2	表面平整度	小型砌块、清水墙、柱	5	用 2 m 直尺和楔形塞尺检查	有代表性的自然间抽 10%，但不少于 3 间，每间不少于 2 处
		小型砌块、混水墙、柱	8		
3	水平灰缝平直度	清水墙	7	灰缝上口处拉 10 m 线和尺检查	
		混水墙	10		
4	门、窗洞口高、宽（后塞框）		±15	用尺检查	检验批洞口的 10%，且不应少于 5 处
5	外墙上下窗口偏移		20	以底层窗口为准，用经纬仪吊线检查	检验批的 10%，且不应少于 5 处
6	清水墙面游丁走缝（中型砌块）		20	用吊线和尺检查，以每层第一皮砖为准	有代表性的自然间抽 10%，但不少于 3 间，每间不少于 2 处

2. 小砌块砌体的质量标准

（1）主控项目（表 7-16）。

表 7-16 小砌块砌体主控项目检验

序号	项目	合格质量标准	检验方法	抽查数量
1	小砌块和砂浆强度等级	符合设计要求	查小砌块和砂浆试块试验报告	每一生产厂家，每 1 万块小砌块至少应抽检一组。用于多层以上建筑基础和底层的小砌块抽检数量不应少于 2 组；砂浆试块的抽检数量同砖砌体
2	砌体灰缝	砌体水平灰缝和竖向灰缝的砂浆饱满度，按净面积计算不得低于 90%	用专用百格网检测小砌块与砂浆粘结痕迹，每处检测 3 块小砌体，取平均值	每检验批应不少于 3 处
3	砌筑留槎	墙体转角处和纵横交接处应同时砌筑，临时间断处应砌成斜槎，斜槎水平投影长度不应小于斜槎高度。施工洞口可预留直槎，但在洞口砌筑和补砌时，应在直接上下搭砌的小砌块孔洞内用强度等级不低于 C20 的混凝土灌实	观察检查	每检验批抽查 20%，且不应少于 5 处
4	轴线与垂直度控制	同表 7-15		

（2）一般项目（表 7-17）。

表 7-17　小砌块一般项目检验

序号	项目	合格质量标准	检验方法	抽查数量
1	墙体灰缝尺寸	砌体的水平灰缝厚度和竖向灰缝宽度宜为 10 mm，但不应小于 8 mm，也不应大于 12 mm	水平灰缝厚度用尺量 5 皮小砌块的高度折算，竖向灰缝宽度用尺量 2 m 砌体长度折算	每楼层的检测点应不少于 3 处
2	墙体一般尺寸允许偏差	同表 7-15		

3. 石砌体的质量标准

（1）主控项目。

1）石材及砂浆强度等级必须符合设计要求。抽检数量：同一产地的同类石材抽检不应少于 1 组；砂浆试块的抽检数量同砖砌体。检验方法：料石检查产品质量证明书，石材、砂浆检查试块试验报告。

2）砌体灰缝的砂浆饱满度不应小于 80%。抽检数量：每检验批抽查不应少于 5 处。检验方法：观察检查。

（2）一般项目。

1）石砌体尺寸、位置偏差（略）。

2）石砌体的组砌应内外搭砌，上下错缝，拉结石、丁砌石交错设置。检查数量：每检验批抽查不应少于 5 处。检验方法：观察检查。

4. 填充墙砌体质量标准

（1）主控项目。

1）烧结空心砖、小砌块和砌筑砂浆的强度等级应符合设计要求。抽检数量：烧结空心砖每 10 万块为一验收批，小砌块每 1 万块为一验收批，不足上述数量时按一批计，抽检数量为 1 组。砂浆试块的抽检数量同砖砌体。检验方法：查砖、小砌块进场复验报告和砂浆试块试验报告。

2）填充墙砌体应与主体结构可靠连接，其连接构造应符合设计要求，未经设计同意，不得随意改变连接构造方法，每一填充墙与柱的拉结筋的位置超过一皮块体高度的数量不得多于一处。抽检数量：每检验批抽查不应少于 5 处。检验方法：观察检查。

3）填充墙与承重墙、柱、梁的连接钢筋，当采用化学植筋的连接方式时，应进行实体检测。

（2）一般项目。

1）填充墙砌体尺寸、位置的允许偏差及检验方法应符合表 7-18 的规定。

表 7-18 填充墙砌体尺寸、位置的允许偏差及检验方法

项次	项目		允许偏差/mm	检验方法
1	轴线位移		10	用尺检查
2	垂直度（每层）	小于 3 m	5	用 2 m 托线板或吊线、尺检查
		大于 3 m	10	
3	表面平整度		8	用 2 m 靠尺和楔形尺检查
4	门窗洞口高、宽（后塞口）		±10	用尺检查
5	外墙上、下窗口偏移		20	用经纬仪或吊线检查
抽检数量			每检验批抽查不应少于 5 处	

2）空心砖砌体的水平灰缝砂浆饱满度不应小于 80%，垂直灰缝不得有透明缝、瞎缝、假缝；蒸压加气混凝土砌块、轻骨料混凝土空心砌块砌体水平、垂直灰缝砂浆饱满度均不应小于 80%。抽检数量及方法同砖砌体。

3）填充墙留置的拉结钢筋或网片的位置应与块体皮数相符合，拉结钢筋或网片应置于灰缝中，埋置长度应符合设计要求，竖向位置偏差不应超过一皮高度。抽检数量：每检验批抽查不应少于 5 处。检验方法：观察和用尺量检查。

4）砌筑填充墙时应错缝搭砌，蒸压加气混凝土砌块搭砌长度不应小于砌块长度的 1/3；采用混凝土空心砌块时，搭砌长度不得少于砌块高度的 1/3，轻骨料混凝土小型空心砌块搭砌长度不应小于 90 mm，竖向通缝不应大于 2 皮。抽检数量：每检验批抽查不应少于 5 处。检验方法：观察检查。

5）填充墙的水平灰缝厚度和竖向灰缝宽度应正确，烧结空心砖、轻骨料混凝土小型空心砌块砌体的灰缝应为 8～12 mm；蒸压加气混凝土砌块砌体当采用水泥砂浆、水泥混合砂浆或蒸压加气混凝土砌块砌筑砂浆时，水平灰缝厚度和竖向灰缝宽度不应超过 15 mm；当蒸压加气混凝土砌块砌体采用蒸压加气混凝土砌块黏结砂浆时，水平灰缝厚度和竖向灰缝宽度宜为 3～4 mm。抽检数量：每检验批抽查不应少于 5 处。检验方法：水平灰缝厚度用尺量 5 皮小砌块的高度折算；竖向灰缝宽度用尺量 2 m 砌体长度折算。

第三节 混凝土结构工程

一、模板工程

模板的基本要求是：形状尺寸准确；有足够的强度、刚度及稳定性；构造简单、装拆方便，能多次周转使用；接缝严密、不漏浆。

1. 模板施工工艺

模板施工工艺过程一般包括选材、设计、加工、安装、拆除、周转等过程。

（1）木模板。

木模板一般是在木工车间或木工棚加工成基本组件（拼板），然后在现场进行拼装

拼板，由板条用拼条钉成。拼条间距取决于所浇筑混凝土的侧压力和板条厚度，一般为400～500 mm。

1）柱子模板：一般应由两块相对的内拼板夹在两块外拼板之间拼成，柱底一般有一钉在底部混凝土上的木框，用于固定柱模板底板的位置。柱模板底部开有清理孔，沿高度每间隔2 m开有浇筑孔。模板顶部根据需要开有与梁模板连接的缺口。为承受混凝土的侧压力和保持模板形状，拼板外面要设柱箍，柱箍间距与混凝土侧压力、拼板厚度有关；由于柱子底部混凝土侧压力较大，因而柱模板越靠近下部柱箍越密。

2）梁模板：由底模板和侧模板等组成，一般底模板和侧模板的构造关系为侧模夹底模。梁底模板承受垂直荷载（一般不考虑混凝土侧压力的影响），一般较厚，下面有支架（琵琶撑）支撑。支架的立柱最好做成可以伸缩的（也可以用木楔），以便调整高度，防止沉降变形。

3）楼板模板：主要承受竖向荷载，目前多用胶合板模板或定型模板。定型模板支承在搁栅上，搁栅支承在梁侧模外的横档上，跨度大的楼板，搁栅中间可以再加支撑作为支架系统。

（2）定型组合钢模板。

组合钢模板由钢模板和配件两大部分组成，它可以拼成不同尺寸、不同形状的模板，以适应基础、柱、梁、板、墙施工的需要；组合钢模板一般由平面模板、阴角模板、阳角模板和连接角模组成。平面模板的长度有1 800 mm、1 500 mm、1 200 mm、900 mm、750 mm、600 mm、450 mm七种规格，宽度有100～600 mm（以50 mm进级）11种规格，可根据需要组成不同尺寸的模板。

2. 模板质量控制

（1）木模板拼装前，板面及侧面应刨光，模板的接缝不应漏浆。

（2）竖向模板和支架部分必须坐落在坚实的基土上，且接触面平整。

（3）模板安装的根部和顶部应设标高标记，并设限位措施，确保标高尺寸准确，支设模板时应拉水平通线和垂直控制线，确保横平竖直。

（4）模板的紧固件、支撑件安装应符合施工方案要求，应对模板及其支架进行观察和维护；模板快拆支架体系的支架立杆间距不应大于2 m。

（5）在多层框架结构施工中，应使上层支架的立柱对准下层支架的立柱，并铺设垫板。支架间应用水平和斜向拉杆拉牢，以增强整体稳定性。梁侧模板主要承受混凝土的侧压力，底部用钉在支架顶部的夹条夹住，顶部可由支承楼板的搁栅或支撑顶住，高大的梁，可在侧板中上位置用铁丝或螺栓相互撑拉；梁跨度等于及大于4 m时，底模应起拱，如设计无要求时，起拱高度宜为全跨长度的（1～3）/1 000。

（6）多个楼层间连续支模的底层支架拆除时机可以根据设计的具体要求而定（根据连续支模的楼层间荷载分配和混凝土强度的增长情况确定）；一般地，上层楼板正在浇筑混凝土时，下一层楼板的模板支柱不得拆除，再下一层楼板模板的支柱，仅可拆除一部分；跨度4 m及4 m以上的梁下均应保留支柱，其间距不大于3 m。

（7）拆模程序：先支的后拆，后支的先拆，先拆除非承重部分，后拆除承重部分；对框架结构，首先是拆柱模板，然后楼板底板，梁侧模板，最后梁底模板。拆除跨度较大的梁下支撑时，应先从跨中开始，分别拆向两端。

3. 模板安装质量标准

在浇筑混凝土之前，应对模板工程进行验收。模板及其支架应具有足够的承载能力、刚度和稳定性，能可靠地承受浇筑混凝土的重量、侧压力以及施工荷载。

（1）主控项目。

1）安装现浇结构的上层模板及其支架时，下层楼板应具有承受上层荷载的承载能力，或加设支架；上、下层支架的立柱应对准，并铺设垫板。检查数量：全数检查。检验方法：对照模板设计文件和施工技术方案观察。

2）涂刷模板隔离剂时，不得沾污钢筋和混凝土接槎处。检查数量：全数检查。检验方法：观察。

（2）一般项目。

1）模板安装应满足下列要求：

①模板的接缝不应漏浆；在浇筑混凝土前，木模板应浇水湿润，但模板内不应有积水。

②模板与混凝土的接触面应清理干净并涂刷隔离剂，但不得采用影响结构性能或妨碍装饰工程施工的隔离剂。

③浇筑混凝土前，模板内的杂物应清理干净。

④对清水混凝土工程及装饰混凝土工程，应使用能达到设计效果的模板。检查数量：全数检查。检验方法：观察。

2）用作模板的地坪、胎模等应平整光洁，不得产生影响构件质量的下沉、裂缝、起砂或起鼓。检查数量：全数检查。检验方法：观察。

3）对跨度不小于 4 m 的现浇钢筋混凝土梁、板，其模板应按设计要求起拱；当设计无具体要求时，起拱高度宜为跨度的1/1 000～3/1 000。检查数量：按有代表性的自然间抽查 10%，且不少于 3 间；对大空间结构，板可按纵、横轴线划分检查面，抽查 10%，且不少于 3 面。检验方法：水准仪或拉线、钢尺检查。

4）固定在模板上的预埋件、预留孔和预留洞均不得遗漏，且应安装牢固，其偏差应符合表 7-19 的规定。

5）模板安装允许偏差。现浇结构模板安装的偏差及检查方法应符合表 7-20 的规定。预制构件横板安装偏差应符合表 7-21 的规定。

检查数量：在同一检验批内，对梁、柱和独立基础，应抽查构件数量的 10%，且不少于 3 件；对墙和板，应按有代表性的自然间抽查 10%，且不少于 3 间；对大空间结构，墙可按相邻轴线间高度 5 m 左右划分检查面，板可按纵横轴线划分检查面，抽查 10%，且均不少于 3 面。

检查方法：钢尺检查。

表 7-19　预埋件、预留孔洞的允许偏差

项目		允许偏差/mm
预埋钢板中心线位置		3
预埋管、预留孔中心线位置		3
插 筋	中心线位置	5
	外露长度	＋10.0

项目		允许偏差/mm
预埋螺栓	中心线位置	2
	外露长度	+10.0
预留洞	中心线位置	10
	尺寸	+10.0

注：检查中心线位置时，应沿纵、横两个方向量测，并取其中的较大值。

表 7-20　现浇结构模板安装的允许偏差及检验方法

项目		允许偏差/mm	检验方法
轴线位置		5	钢尺检查
底模上表面标高		±5	水准仪或拉线、钢尺检查
截面内部尺寸	基础	±10	钢尺检查
	柱、墙、梁	+4，−5	钢尺检查
高垂直度	高度不大于 5 m	6	经纬仪或吊线、钢尺检查
	高度大于 5 m	8	经纬仪或吊线、钢尺检查
相邻两板表面高低差		2	钢尺检查
表面平整度		5	2 m 靠尺和塞尺检查

注：检查轴线位置时，应沿纵、横两个方向量测，并取其中的较大值。

表 7-21　预制构件模板安装的允许偏差及检验方法

项目		允许偏差/mm	检验方法
长度	板、梁	±5	钢尺量两角边，取其中较大值
	薄腹梁、桁架	±10	
	柱	0，−10	
	墙板	0，−5	
宽度	板、墙板	0，−5	钢尺量一端及中部，取其中较大值
	梁、薄腹梁、桁、柱	+2，−5	
高（厚）度	板	+2，−3	钢尺量一端及中部，取其中较大值
	墙板	0，−5	
	梁、薄腹梁、桁架柱	+2，−5	
侧向弯曲	梁、板、柱	$L/1\ 000$ 且≤15	拉线、钢尺量最大弯曲处
	墙板、薄腹梁、桁梁	$L/1\ 500$ 且≤15	
板的表面平整度		3	2 m 靠尺和塞尺检查
相邻两板表面高低差		1	钢尺检查
对角线差	板	7	钢尺量两个对角线
	墙板	5	
翘曲	板、墙板	$L/1\ 500$	调平尺在两端量测
设计起拱	薄腹梁、桁架、梁	±3	拉线、钢尺量跨中

注：L 为构件长度，mm。

4. 模板拆除质量标准

（1）主控项目（表 7-22）。

表 7-22　模板拆除主控项目检验

序号	项目	合格质量标准	检验方法	抽查数量
1	底模及其支架拆除时的混凝土强度	底模及其支架拆除时的混凝土强度应符合设计要求；当设计无具体要求时，混凝土强度应符合表 7-3的规定	检查同条件养护试件强度试验报告	全数检查
2	后张法预应力混凝土构件侧模和底模的拆除时间	后张法预应力混凝土结构构件，侧模宜在预应力张拉前拆除；底模支架的拆除应按施工技术方案执行，当无具体要求时，不应在结构构件建立预应力前拆除	观察	
3	后浇带模板的拆除和支顶	后浇带模板的拆除和支顶应按施工技术方案执行	观察	

表 7-23　底模拆除时的混凝土强度要求

构件类型	构件跨度/m	达到设计的混凝土立方体抗压强度标准值的百分率/%
板	≤2	≥50
	＞2，≤8	≥75
	＞8	≥100
梁、拱、壳	≤8	≥75
	＞8	≥100
悬臂结构	—	≥100

（2）一般项目（表 7-24）。

表 7-24　模板拆除一般项目检验

序号	项目	合格质量标准	检验方法	抽查数量
1	避免拆模损伤	侧模拆除时的混凝土强度应能保证其表面及棱角不受损伤	观察	全数检查
2	模板拆除、堆放和清运	模板拆除时，不应对楼层形成冲击荷载。拆除的模板和支架宜分散堆放并及时清运		

二、钢筋工程

1. 钢筋工程施工工艺

一般工艺过程包括：配料→进场验收→调直（除锈）→切断→连接→弯曲成型→绑扎安装→隐蔽验收。

（1）钢筋配料。

钢筋配料是根据构件配筋图，先绘出各种形状和规格的单根钢筋简图并加以编号，然后分别计算钢筋下料长度和根数，填写配料单，申请加工。

钢筋因弯曲或弯钩会使其长度变化，在配料中不能直接根据图纸中尺寸下料；必须了解对混凝土保护层、钢筋弯曲、弯钩、锚固等规定，再根据图中尺寸计算其下料长度。各种钢筋下料长度计算如下：

直钢筋下料长度＝构件长度－保护层厚度＋弯钩增加长度

弯起钢筋下料长度＝直段长度＋斜段长度－弯曲调整值＋弯钩增加长度

箍筋下料长度＝箍筋周长＋箍筋调整值

若上述钢筋需要搭接，还应增加钢筋搭接长度。

1）弯曲调整值：钢筋弯曲后的特点：一是在弯曲处内皮收缩、外皮延伸、轴线长度不变手工方法加工时比机械加工的外皮延长量相对小些；二是在弯曲处形成圆弧。钢筋的量度方法是沿直线量外包尺寸，见图 7-2。因此，弯起钢筋的量度尺寸大于下料尺寸，两者之间的差值称为弯曲调整值。弯曲调整值，根据理论推算并结合实践经验，详见表 7-25。

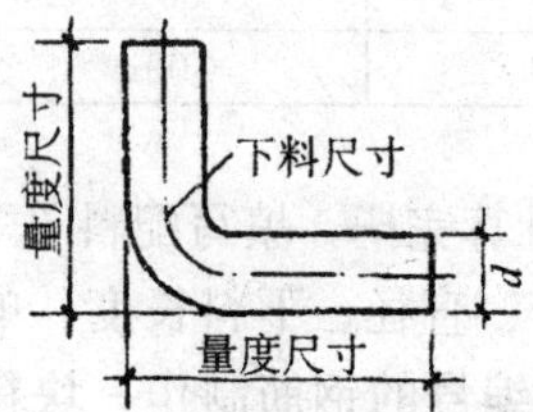

图 7-2　钢筋弯曲时的量度方法

表 7-25　钢筋弯曲调整值

钢筋弯曲角度	30°	45°	60°	90°	135°
钢筋弯曲调整值	0.35d	0.5d	0.85d	2d	2.5d

注：d 为钢筋直径。

2）弯钩增加长度：钢筋的弯钩形式有三种：半圆弯钩、直弯钩及斜弯钩，半圆弯钩是最常用的一种弯钩。光圆钢筋的弯钩增加长度（弯心直径为 2.5d，平直部分为 3d）对半圆弯钩为 6.25d，对直弯钩为 3.5d，对斜弯钩为 4.9d，钢筋弯钩计算简图见图 7-3。

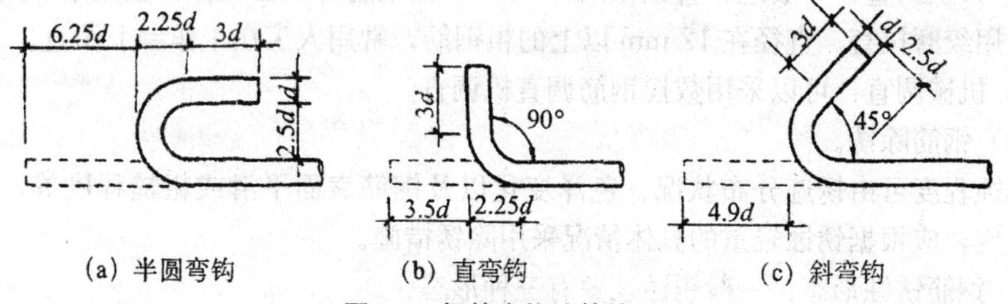

图 7-3　钢筋弯钩计算简图

在生产实践中，由于实际弯心直径与理论弯心直径有时不一致，钢筋粗细和机具条件不同等而影响平直部分的长短（手工弯钩时平直部分可适当加长，机械弯钩时可适当缩短），因此在实际配料计算时，对弯钩增加长度常需根据具体条件，采用经验数据

3）箍筋调整值：箍筋调整值即为弯钩增加长度和弯曲调整值两项之差或和，根据箍筋量外包尺寸或内包尺寸确定见图 7-4 和表 7-26。

箍筋下料长度＝箍筋周长＋箍筋调整值

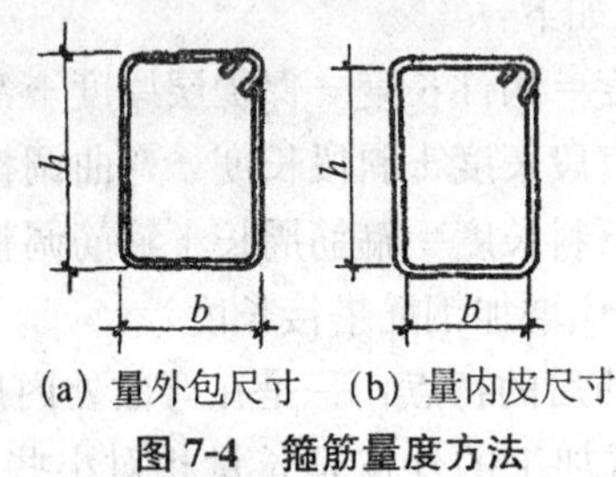

(a) 量外包尺寸　(b) 量内皮尺寸

图 7-4　箍筋量度方法

表 7-26　箍筋调整值

箍筋量度方法	箍筋直径/mm			
	4～5	6	8	10～12
量外包尺寸	40	50	60	70
量内皮尺寸	80	100	120	150～170

4）钢筋配料单：钢筋配料计算完毕，填写配料单（包括工程名称、构件名称、钢筋编号、钢筋简图及尺寸、钢号、直径、下料长度、单位根数、合计根数、重量等），列入加工计划的配料单，将每一编号的钢筋制作一块料牌，作为钢筋加工的依据与钢筋安装的标志。

(2) 钢筋代换。

当施工中遇有钢筋品种或规格与设计要求不符时，可参照以下原则进行钢筋代换：不同种类的钢筋代换，按钢筋抗拉设计值相等的原则进行代换，即等强度代换；相同种类和级别的钢筋代换，应按钢筋等面积原则进行代换，即等面积代换。注意：对重要受力构件如吊车梁、薄腹梁、屋架下弦等，不宜用光圆钢筋代换变形钢筋；梁的纵向受力钢筋与弯起钢筋应分别进行代换；并办理设计变更手续。

(3) 钢筋的调直。

钢筋调直方法可分为人工调直和机械调直两类。

1）人工调直：一般地，直径在 12 mm 以下的钢筋可以在工作台上用小锤敲直，也可以采用绞磨拉直。直径在 12 mm 以上的粗钢筋，常用人工在工作台上调直。

2）机械调直：可以采用数控钢筋调直机调直。

(4) 钢筋除锈。

锈蚀程度可由锈迹分布状况、色泽变化以及钢筋表面平滑或粗糙程度等，凭肉眼外观确定，应根据锈蚀轻重的具体情况采用除锈措施。

1）钢筋锈蚀形态：一般锈蚀现象有三种形态：

①浮锈：钢筋表面附着较均匀的细粉末，呈黄色或淡红色。

②陈锈：锈迹粉末较粗，用手捻略有微粒感，颜色转红，有的呈红褐色。

③老锈：锈斑明显，有麻坑，出现起层的片状分离现象，锈斑几乎遍及整根钢筋表面；颜色变暗，深褐色，严重的接近黑色。

2）除锈方法：浮锈处于铁锈形成的初期（如无锈钢筋经雨淋之后出现），在混凝土中不影响钢筋与混凝土粘结，因此除了在焊接操作时在焊点附近须擦干净之外，一般可不作处理，也可用麻袋布等擦拭；但陈锈必须清除。

①手工除锈：工作量不大或在工地设置的临时工棚中操作时，可用麻袋布擦或用钢刷子刷；对于较粗的钢筋，可用砂盘除锈法，即制作钢槽或木槽，槽盘内放置干燥的粗砂和细石子，将有锈的钢筋穿进砂盘中来回抽拉。

②调直中除锈：直径 12 mm 以下的钢筋在采用机械调直冷拉时，就可以把铁锈清除干净。

③机械除锈：用圆盘钢丝刷除锈机清除锈迹。

（5）钢筋切断。

1）断线钳：一般用于切断直径 12 mm 以下钢筋。

2）手动切断机：一般用于切断直径为 16 mm 以下钢筋。

3）机械切断：可切断任意钢筋。

（6）弯曲成型。

钢筋的弯曲成型是将已切断、配好的钢筋，按图纸规定的要求，将钢筋准确地加工成规定的形状尺寸。弯曲成型的顺序是：画线→试弯→弯曲成型。

1）弯曲成型方法：

①手工弯曲：采用手摇板头，常用于弯曲直径 12 mm 以下的钢筋。

②机械弯曲：采用弯曲成型机进行加工，尤其是粗钢筋。

2）弯曲成型工艺：

①画线，钢筋弯曲前，根据钢筋料牌上标明的尺寸，画出各弯曲点位置。

②钢筋端部带半圆弯钩时，该段长度画线时增加 $0.5d$（d 为钢筋直径）。

③画线工作宜从钢筋中线开始向两边进行；两边不对称的钢筋，也可从钢筋一端开始。

3）弯心半径：钢筋在弯曲机上成型时，心轴直径应是钢筋直径的 2.5～5.0 倍，成型轴宜加偏心轴套，以便适应不同直径的钢筋弯曲需要。

（7）钢筋连接。

常见的钢筋连接方法有：绑扎连接、焊接连接、机械连接。

1）绑扎连接：一般采用 18～22 镀锌铁丝扎牢。其中 22# 铁丝只用于绑扎直径 12 mm 以下的钢筋；轴心受拉及小偏心受拉杆件（如桁架和拱的拉杆）的纵向受力钢筋不得采用绑扎搭接接头；当受拉钢筋的直径 $d>25$ mm 及受压钢筋的直径 $d>28$ mm时，不宜采用绑扎搭接接头。

2）焊接连接：

①闪光对焊：广泛用于钢筋水平纵向连接及预应力钢筋与螺丝端杆的焊接，热轧钢筋的焊接宜优先用闪光对焊，闪光对焊钢材试件应做抗拉强度及冷弯试验。

②电弧焊：广泛用于钢筋接头、钢筋骨架焊接、装配式结构接头的焊接、钢筋与钢板的焊接及各种钢结构焊接。

③电渣压力焊：适宜用于现浇钢筋混凝土结构构件内竖向或斜向钢筋的焊接接长。

④电阻点焊，主要用于钢筋的交叉连接，如焊接钢筋网片、钢筋骨架。

3）机械连接：施工成本高，一般用于粗钢筋的连接。

（8）钢筋绑扎安装。

钢筋安装或现场绑扎应与模板安装相配合。柱钢筋现场绑扎时，一般在模板安装前进行，柱钢筋采用预制安装时，可先安装钢筋骨架，然后安装柱模桩，或先安装三面模板，待钢筋骨架安装后，再钉第四面模板。梁的钢筋一般在梁模板安装后，再安装或绑扎；断面高度较大（如大于600 mm），或跨度较大、钢筋较密的大梁，可留一面侧模，待钢筋安装或绑孔完后再钉；楼板钢筋绑扎应在楼板模板安装后进行，并应按设计先画线，然后摆料、绑扎。受力预埋件的锚筋应采用 HPB235、HRB335 级钢筋。双层布筋的上部板钢筋网交叉点每点扎牢，底部钢筋网除边缘部分外，可交错扎牢。构件交接处钢筋位置优先保证受力方向钢筋，一般次梁钢筋应位于主梁钢筋内侧，梁纵筋位于柱纵筋内侧。为方便施工，剪刀墙中竖向分布钢筋宜位于分布钢筋内侧。

2. 钢筋工程质量标准

《混凝土结构工程施工质量验收规范》对钢筋分项工程有如下规定：

（1）一般规定。

1）当钢筋的品种、级别或规格需做变更时，应办理设计变更文件。

2）在浇筑混凝土之前，应进行钢筋隐蔽工程验收，其内容包括：

①纵向受力钢筋的品种、规格、数量、位置等。

②钢筋的连接方式、接头位置、接头数量、接头面积百分率等。

③箍筋、横向钢筋的品种、规格、数量、间距等。

④预埋件的规格、数量、位置等。

（2）原材料。

1）主控项目：

①钢筋进场时，应按国家现行相关标准的规定抽取试件作力学性能和重量偏差检验，检验结果必须符合有关标准的规定。检查数量：按进场的批次和产品的抽样检验方案确定。检验方法：检查产品合格证、出厂检验报告和进场复验报告。

②对有抗震设防要求的框架结构，其纵向受力钢筋的强度应满足设计要求；当设计无具体要求时，对一、二、三级抗震等级设计的框架和斜撑构件（含梯段）中的纵向受力钢筋应采用 HRB335E、HRB400E、HRB500E、HRBF335E、HRBF400E 或 HRBF500E 钢筋，强度和最大力下总伸长率实测值应符合下列规定：钢筋的抗拉强度实测值与屈服强度实测值的比值不应小于 1.25；钢筋的屈服强度实测值与屈服强度标准值的比值不应大于 1.3；钢筋的最大力下总伸长率不应小于 9%。检查数量：按进场的批次和产品的抽样检验方案确定。检验方法：检查进场复验报告。

③当发现钢筋脆断、焊接性能不良或力学性能显著不正常等现象时，应对该批钢筋进行化学成分检验或其他专项检验。检验方法：检查化学成分等专项检验报告。

2）一般项目：钢筋应平直、无损伤，表面不得有裂纹、油污、颗粒状或片状老锈。检查数量：进场时和使用前全数检查。检验方法：观察。

（3）钢筋加工。

1）主控项目：

①受力钢筋的弯钩和弯折应符合下列规定：HPB235 级钢筋末端应作 180°弯钩，其弯弧内直径不应小于钢筋直径的 2.5 倍，弯钩的弯后平直部分长度不应小于钢筋直径的 3 倍；当设计要求钢筋末端需做 135°弯钩时，HRB335 级、HRB400 级钢筋的弯弧内直径不应小于钢筋直径的 4 倍，弯钩的弯后平直部分长度应符合设计要求；钢筋做

不大于 90°的弯折时，弯折处的弯弧内直径不应小于钢筋直径的 5 倍。检查数量：按每工作班同一类型钢筋、同一加工设备抽查不应少于 3 件。检验方法：钢尺检查。

②除焊接封闭环式箍筋外，箍筋的末端应做弯钩，弯钩形式应符合设计要求；当设计无具体要求时，应符合下列规定：箍筋弯钩的弯弧内直径应不小于受力钢筋直径；箍筋弯钩的弯折角度：对一般结构，不应小于 90°；对有抗震等要求的结构，应为 135°；箍筋弯后平直部分长度：对一般结构，不宜小于箍筋直径的 5 倍，对有抗震等要求的结构，不应小于箍筋直径的 10 倍。检查数量：按每工作班同一类型钢筋、同一加工设备抽查不应少于 3 件。检验方法：钢尺检查。

③钢筋调直后应进行力学性能和重量偏差的检验，其强度应符合有关标准的规定，盘卷钢筋和直条钢筋调直后的伸长率、重量偏差应符合《混凝土结构工程施工质量验收规范》(GBJ 50204—2011) 表 5.3.2A 的规定。采用无延伸功能的机械设备调直的钢筋，可不进行本项检验。检验数量：同一厂家、同一牌号、同一规格调直钢筋、重量不大于 30t 为一批，每批见证取样 3 个试件。

检验方法：3 个试件先进行重量偏差检验，再取其中 2 个试件经时效处理后进行力学性能检验。检验重量偏时，试件切口应平滑且与长度方向垂直，且长度不应小于 500 mm；长度和重量的量测精度分别不应低于 1 mm 和 1 g。

2）一般项目：

①钢筋宜采用无延伸装置的机械设备进行调直，也可采用冷拉方法调直。当采用冷拉方法调直钢筋时，HPB235、HPB300 光圆钢筋的冷拉率不宜大于 4%，HRB335、HRB400、HRB500、HRBF335、HRBF400 和 RRB400 级钢筋的冷拉率不宜大于 1%。检查数量：按每工作班同一类型钢筋、同一加工设备抽查不应少于 3 件。检验方法：观察，钢尺检查。

②钢筋加工的形状、尺寸应符合设计要求，其偏差应符合表 7-27 的规定。检查数量：按每工作班同一类型钢筋、同一加工设备抽查不应少于 3 件。检验方法：钢尺检查。

表 7-27 钢筋加工的允许偏差

项目	允许偏差/mm
受力钢筋顺长度方向全长的净尺寸	±10
弯起钢筋的弯折位置	±20
箍筋内净尺寸	±5

(4) 钢筋连接。

1）主控项目：

①纵向受力钢筋的连接方式应符合设计要求；检查数量：全数检查；检验方法：观察。

②在施工现场，应按国家现行标准《钢筋机械连接通用技术规程》(JGJ107—2003)、《钢筋焊接及验收规程》(JQ18—2003) 的规定抽取钢筋机械连接接头、焊接接头试件做力学性能检验，其质量应符合有关规程的规定；检查数量：按有关规程确定；检验方法：检查产品合格证、接头力学性能试验报告。

2）一般项目：

①钢筋的接头宜设置在受力较小处；同一纵向受力钢筋不宜设置两个或两个以上接头；接头末端至钢筋弯起点的距离不应小于钢筋直径的 10 倍；检查数量：全数检查；检验方法：观察，钢尺检查。

②在施工现场，应按国家现行标准《钢筋机械连接通用技术规程》（JGJ107—2003）、《钢筋焊接及验收规程》（JCJ18—2003）的规定对钢筋机械连接接头、焊接接头的外观进行检查，其质量应符合有关规程的规定；检查数量：全数检查；检验方法：观察。

③当受力钢筋采用机械连接接头或焊接接头时，设置在同一构件内的接头宜相互错开；纵向受力钢筋机械连接接头及焊接接头连接区段的长度为 35 倍 d（d 为纵向受力钢筋的较大直径）且不小于 500 mm，凡接头中点位于该连接区段长度内的接头均属于同一连接区段，同一连接区段内，纵向受力钢筋机械连接及焊接的接头面积百分率为该区段内有接头的纵向受力钢筋截面面积与全部纵向受力钢筋截面面积的比值，同一连接区段内，纵向受力钢筋的接头面积百分率应符合设计要求；当设计无具体要求时，应符合下列规定：在受拉区不宜大于 50%；接头不宜设置在有抗震设防要求的框架梁端、柱端的箍筋加密区；当无法避开时，对等强度高质量机械连接接头，不应大于 50%；直接承受动力荷载的结构中，不宜采用焊接接头；采用机械连接接头时，不应大于 50%。

检查数量：在同一检验批内，对梁、柱和独立基础，应抽查构件数量的 10%，且不少于 3 件；对墙和板，应按有代表性的自然间抽查 10%，且不少于 3 间；对大空间结构，墙可按相邻轴线间高度 5 m 左右划分检查面，板可按纵横轴线划分检查面，抽查 10%，且均不少于 3 面。

检验方法：观察，钢尺检查。

④同一构件中相邻纵向受力钢筋的绑扎搭接接头宜相互错开。绑扎搭接接头中钢筋的横向净距不应小于钢筋直径，且不应小于 25 mm。

钢筋绑扎搭接接头连接区段的长度为 $1.3l_l$（l_l 为搭接长度），凡搭接接头中点位于该连接区段长度内的搭接接头均属于同一连接区段。同一连接区段内，纵向钢筋搭接接头面积百分率为该区段内有搭接接头的纵向受力钢筋截面面积与全部纵向受力钢筋截面面积的比值，同一连接区段内，纵向受拉钢筋搭接接头面积百分率应符合设计要求；当设计无具体要求时，应符合下列规定：对梁类、板类及墙类构件，不宜大于 25%；对柱类构件，不宜大于 50%；当工程中确有必要增大接头面积百分率时，对梁类构件，不应大于 50%；对其他构件，可根据实际情况放宽。

当纵向受拉钢筋接接头面积百分率不大于 25%时，其最小搭接长度应符合表 7-28 的规定；当纵向受拉钢筋搭接接头面积百分率大于 25%，但不大于 50%时，其最小搭接长度按该表的数值乘以系数 1.2 取用；当接头面积百分率大于 50%时，应按本表数值乘以 1.35 取用。在任何情况下，受拉钢筋的搭接长度不应小于 300mm。检查数量：在同一检验批内，对梁、柱和独立基础，应抽查构件数量的 10%，且不少于 3 件；对墙和板，应按有代表性的自然间抽查10%，且不少于3间；对大空间结构，墙可按相邻轴线间高度5 m左右划分检查面，板可按纵、横轴线划分检查面，抽查10%，且均不少于3面。检验方法：观察，钢尺检查。

表7-28　纵向受拉钢筋的最小搭接长度

钢筋类型		混凝土强度等级			
		C15	C 20～C25	C30～C35	≥C40
钢筋	HPB235级	45d	35d	30d	25d
钢筋	HRB335级	55d	45d	35d	30d
	HRB400级、RRB400级	—	55d	40d	35d

注：两根直径不同钢筋的搭接长度，以较细钢筋的直径计算。

⑤纵向受压钢筋搭接时，其最小搭接长度应根据以上规定确定相应数值后，乘以系数0.7取用。但在任何情况下，受压钢筋的搭接长度不应小于200 mm。

⑥在梁、柱类构件的纵向受力钢筋搭接长度范围内，应按设计要求配置箍筋。当设计无具体要求时，应符合下列规定：箍筋直径不应小于搭接钢筋较大直径的0.25倍；受拉搭接区段的箍筋间距不应大于搭接钢筋较小直径的5倍，且不应大于100 mm；受压搭接区段的箍筋间距不应大于搭接钢筋较小直径的10倍，且不应大于200 mm；当柱中纵向受力钢筋直径大于25 mm时，应在搭接接头两个端面外100 mm范围内各设置两个箍筋，其间距宜为50 mm。

检查数量：在同一检验批内，对梁、柱和独立基础，应抽查构件数量的10%，且不少于3件；对墙和板，应按有代表性的自然间抽查10%，且不少于3间；对大空间结构，墙可按相邻轴线间高度5 m左右划分检查面，板可按纵、横轴线划分检查面，抽查10%，且均不少于3面。

检验方法：钢尺检查。

(5) 钢筋安装。

1) 主控项目：钢筋安装时，受力钢筋的品种、级别、规格和数量必须符合设计要求。检查数量：全数检查。检验方法：观察，钢尺检查。

2) 一般项目：钢筋安装位置的偏差应符合表7-29规定；检查数量：在同一检验批内，对梁、柱和独立基础，应抽查构件数量的10%，且不少于3件；对墙和板，应按有代表性的自然间抽查10%，且不少于3间；对大空间结构，墙可按相邻轴线间高度5 m左右划分检查面，板可按纵、横轴线划分检查面，抽查10%，且均不少于3面。

表7-29　钢筋安装位置的允许偏差和检验方法

项目		允许偏差/mm	检验方法
绑扎钢筋网	长、宽	±10	钢尺检查
	网眼尺寸	±20	钢尺量连续三挡，取最大值
绑扎钢筋骨架	长	±10	钢尺检查
	宽、高	±5	钢尺检查
受力钢筋	间距	±10	钢尺量两端、中间各一点，取最大值
	排距	±5	

项目		允许偏差/mm	检验方法
受力钢筋保护层厚度	基础	±10	钢尺检查
	柱、梁	±5	钢尺检查
	板、墙、壳	±3	钢尺检查
绑扎箍筋、横向钢筋间距		±20	钢尺量连续三挡，取最大值
钢筋弯起点位置		20	钢尺检查
预埋件	中心线位置	5	钢尺检查
	水平高差	+3，0	钢尺和塞尺检查

注：①检查预埋件中心线位置时，应沿纵、横两个方向量测，并取其中的较大值。

②表中梁类、板类构件上部纵向受力钢筋保护层厚度的合格点率应达到90%及以上，且不得有超过表中数值1.5倍的尺寸偏差。

三、混凝土工程

1. 施工工艺

混凝土浇筑施工包括混凝土的配制、搅拌、运输、浇筑捣实和养护等过程。

（1）混凝土搅拌。

混凝土搅拌方法主要有人工搅拌和机械搅拌两种。

1）人工搅拌：一般用“三干三湿”法：即先将水泥加入砂中干拌两遍，再加入石子翻拌一遍，此后，边缓慢地加水，边反复湿拌三遍。人工搅拌拌和质量差，水泥耗量多，只有在工程量很少时采用。目前工程中主要采用机械搅拌。

2）机械搅拌：按搅拌原理分为自落式搅拌机和强制式搅拌机两类，自落式搅拌机多用以搅拌塑性混凝土和低流动性混凝土，搅拌时间一般为90～120s，强制式搅拌机适宜于搅拌干硬性混凝土和轻骨料混凝土。

3）搅拌时间：为全部材料投入搅拌筒起，到开始卸料为止所经历的时间。搅拌时间过短，混凝土不均匀；搅拌时间过长，会降低搅拌机的生产效率，同时会使不坚硬的骨料破碎、脱角，有时还会发生离析现象，从而影响混凝土的质量。混凝土搅拌时间参考见表7-30。

表7-30　混凝土搅拌的最短时间（s）

混凝土坍落度/mm	搅拌机类型	搅拌机出料量（L）		
		<250	250～500	>500
≤30	强制式	60	90	120
	自落式	90	120	150
>30	强制式	60	60	90
	自落式	90	90	120

注：掺有外加剂时，搅拌时间应适当延长，干硬性混凝土的搅拌时间与出料容量有关。

4）搅拌要求：严格控制混凝土施工配合比。泵送混凝土碎石的最大粒径与输送管道的内径比宜为1∶3。砂、石必须严格过磅，不得随意加减用水量。

（2）混凝土运输。

1）混凝土运输的基本要求是：

①混凝土运输过程中要能保持良好的均匀性、不离析、不漏浆。

②保证混凝土具有设计配合比所规定的坍落度。

③使混凝土在初凝前浇入模板并捣实完毕。

④保证混凝土浇筑能连续进行。

2）运输时间：混凝土应以最少的转运次数和最短的时间，从搅拌地点运至浇筑地点，并在初凝前浇筑完毕。混凝土从搅拌机中卸出后到浇筑完毕的延续时间不宜超过表 7-31 的规定。

表 7-31　混凝土从搅拌机中卸出后到浇筑完毕的延续时间（min）

混凝土强度等级	气温	
	＜25℃	≥25℃
≤C30	120	90
≥C30	90	60

注：1. 对掺用外加剂或采用快硬水泥拌制的混凝土其延续时间应按试验确定。

2. 对轻骨料混凝土，其延续时间应适当缩短。

(3) 混凝土浇筑。

①多层框架按分层分段施工，水平方向宜按结构平面的伸缩缝分段，垂直方向按结构层分层。在每层中先浇筑柱，再浇筑梁、板。浇筑一排柱的顺序应从两端同时开始，向中间推进，以免因浇筑混凝土后由于模板吸水膨胀，断面增大而产生横向推力，最后使柱发生弯曲变形。

②混凝土输送宜采用泵送方式，管路较弯处不宜采用橡胶管，在泵送前用与将要泵送的混凝土内除粗骨料外的其他成分相同配合比的水泥砂浆，也可以采用纯水泥浆或 1∶2 水泥浆湿润管路。浇筑顺序宜结合结构形状和尺寸，若混凝土供应不及时，可以采取间歇泵送方式。

(4) 混凝土振捣。

混凝土振捣方法分人工振捣和机械振捣。人工捣实是用捣锤或插钎等工具的冲击力来使混凝土密实成型，效率低、效果差，只有在缺少机械或工程量不大的情况下使用，振动机械可分为内部振动器、表面振动器、外部振动器和振动台。

1）内部振动器又称插入式振动器，是建筑工地应用最多的一种振动器，多用于振实梁、柱、墙、厚板和基础等。用插入式振动器振动混凝土时，应垂直插入，并插入下层混凝土 50 mm，以促使上下层混凝土结合成整体；振捣应采用快插慢拔的施工方式，每一振点的振捣延续时间，应使混凝土捣实（即表面呈现浮浆、不再沉落、无气泡冒出为限）。

2）表面振动器又称平板振动器，适用于捣实楼板、地面、板形构件和薄壳等薄壁结构。一般应至少振捣两遍，第一遍和第二遍的方向要互相垂直，第一遍主要使混凝土密实，第二遍则使表面平整。

(5) 混凝土养护。

混凝土成型后，为保证水泥能充分进行水化反应，应及时进行养护。养护的目的就是为混凝土硬化创造必要湿度和温度条件，保持水化反应正常进行，使混凝土不断硬化，最终达到预期的强度。

1）自然养护：是指在室外平均气温高于＋5℃的条件下，选择适当的覆盖材料并适当浇水，使混凝土在规定的时间内保持湿润环境。自然养护的浇水的次数以能保持混凝土湿润状态为准。水化初期水泥水化作用反应较快，水分应充足，故浇水次数多些，气温较高时也需多浇水。如平均气温低于+5℃时，不得浇水，应按冬季施工要求保温养护。

2）喷涂薄膜养生液养护：是将氯乙烯树脂溶液用喷枪喷涂在混凝土表面上，溶剂挥发后在混凝土表面形成一层塑料薄膜，将混凝土与空气隔绝，阻止其中水分的蒸发，保证混凝土在不失水的情况下得到充足的养护，这种养护方法的优点是不必浇水，操作方便。

3）对特别高大的混凝土柱，应优先采用塑料薄膜养护。

2. 混凝土工程质量控制

（1）检查控制原材料质量，必须使用合格材料，并严格按设计配合比计量取料。冬期施工中，配制混凝土用的水泥强度等级不得低于42.5级。

（2）混凝土运输过程中，应控制不离析、不分层，如混凝土在浇筑前发生了初凝或离析现象则应弃用。用混凝土搅拌运输车运送时，卸料前宜快速旋转搅拌20 s以上。

（3）混凝土浇筑。

1）控制混凝土自由倾落高度以防离析：一般不宜超过2 m；宜先浇筑竖向结构构件，后浇筑水平结构构件，竖向结构（如墙、柱）不宜超过3 m，否则，应采用串筒、溜槽或振动节管下料；浇筑竖向结构前，应先在底部填筑一层50～100 mm厚与混凝土内砂浆成分相同的水泥砂浆，然后再浇筑混凝土；同一构件混凝土应连续浇筑，当必须间歇时，间歇时间宜缩短，并应在下层混凝土初凝前，将上层混凝土浇筑完毕。水下浇筑混凝土时，保持导管口距浇筑面300为宜，水下混凝土浇筑完毕后，应清除顶面与水接触的厚约200 mm的松软层。

2）浇筑混凝土前，应清除模板内或垫层上的杂物，表面干燥的地基、垫层、模板上应洒水湿润；混凝土拌合物入模温度不应低于5℃，且不应高于35℃，现场环境温度高于35℃时宜对金属模板进行洒水降温；混凝土运输、输送、浇筑过程中严禁加水，混凝土浇筑后，在混凝土初凝前和终凝前宜分别对混凝土裸露表面进行抹面处理；混凝土运输、输送、浇筑过程中散落的混凝土严禁用于结构浇筑。

3）宜先浇筑高强度等级混凝土，后浇筑低强度等级混凝土，柱、墙混凝土设计强度比梁、板混凝土设计强度高两个等级及以上时，应在交界区域采取分隔措施。分隔位置应在低强度等级的构件中，且距高强度等级构件边缘不应小于500 mm；同一施工段每排柱子应按从两端向中间的顺序浇筑。

4）混凝土施工缝与后浇带的质量控制：施工缝和后浇带宜留设在结构受剪力较小且便于施工的位置，受力复杂的结构构件或有防水抗渗要求的结构构件，留设位置应经设计单位认可；后浇带宜采用补偿收缩混凝土施工。

①水平施工缝的留设位置应符合下列规定：柱、墙施工缝可留设在基础、楼层结构顶面，柱施工缝与结构上表面的距离宜为0～100 mm，墙施工缝与结构上表面的距离宜为0～300 mm；柱、墙施工缝也可留设在楼层结构底面，施工缝与结构下表面的距离宜为0～50 mm；当板下有梁托时，可留设在梁托下0～20 mm；高度较大的柱、墙、梁以及厚度较大的基础可根据施工需要在其中部留设水平施工缝；必要时，可对

配筋进行调整，并应征得设计单位认可；特殊结构部位留设水平施工缝应征得设计单位同意。

②垂直施工缝和后浇带的留设位置应符合下列规定：有主次梁的楼板施工缝应留设在次梁跨度中间的1/3范围内；单向板施工缝应留设在平行于板短边的任何位置；楼梯梯段施工缝宜设置在梯段板跨度端部的1/3范围内；墙的施工缝宜设置在门洞口过梁跨中1/3范围内，也可留设在纵横交接处；后浇带留设位置应符合设计要求，间距不宜超过24 m，宽度一般为0.8～1.0 m；特殊结构部位留设垂直施工缝应征得设计单位同意。

③施工缝与后浇带的处理：在施工缝处继续浇筑混凝土时，已浇筑的混凝土抗压强度不应小于1.2N/mm²，在已硬化的混凝土表面上继续浇筑混凝土前，应清除垃圾、水泥薄膜、混凝土表面松动砂石和软弱混凝土层，同时还应加以凿毛，用水冲洗干净并充分湿润，在浇筑混凝土前，水平施工缝宜先铺上10～15 mm厚的水泥砂浆层，其配合比与混凝土内的砂浆成分相同；后浇带在浇筑混凝土前，必须将整个混凝土表面按照施工缝的要求进行处理。填充后浇带混凝土可采用微膨胀或无收缩水泥，也可采用普通水泥加入相应的外加剂拌制，但必须要求填筑混凝土的强度等级比原结构强度等级提高一级，并保持至少15 d的湿润养护。

(4) 冬期施工。为提高混凝土的抗冻性能，可掺用防冻剂，但在防水钢筋混凝土中严禁使用氯盐型防冻剂。

3. 混凝土施工质量标准

(1) 主控项目。

1) 结构混凝土的强度等级必须符合设计要求，用于检查结构构件混凝土强度的试件，应在混凝土的浇筑地点随机抽取。取样与试件留置应符合下列规定：每拌制100盘且不超过100 m³的同配合比的混凝土，取样不得少于一次；每工作班拌制的同一配合比的混凝土不足100盘时，取样不得少于一次；当一次连续浇筑超过1 000 m³时，同一配合比的混凝土每200 m³取样不得少于一次；每一楼层、同一配合比的混凝土，取样不得少于一次。每次取样应至少留置一组标准养护试件，同条件养护试件的留置组数应根据实际需要确定。检验方法：检查施工记录及试件强度试验报告。

2) 对有抗渗要求的混凝土结构，其混凝土试件应在浇筑地点随机取样，同一工程、同一配合比的混凝土，取样不应少于一次，留置组数可根据实际需要确定。检验方法：检查试件抗渗试验报告。

3) 混凝土原材料每盘称量的偏差应符合表7-32的规定。检查数量：每工作班抽查不应少于一次；检验方法：复称。

表7-32 原材料每盘称量的允许偏差

材料名称	允许偏差
水泥、掺合料	±2%
粗、细骨料	±3%
水、外加剂	±2%

4) 混凝土运输、浇筑及间歇的全部时间不应超过混凝土的初凝时间，同一施工段

的混凝土应连续浇筑，并应在底层混凝土初凝之前将上一层混凝土浇筑完毕，当底层混凝土初凝后浇筑上一层混凝土时，应按施工技术方案中对施工缝的要求进行处理；检查数量：全数检查；检验方法：观察，检查施工记录。

5）现浇结构的外观质量不应有严重缺陷，对已经出现的严重缺陷，应由施工单位提出技术处理方案，并经监理（建设）单位认可后进行处理，对经处理的部位，应重新检查验收；检查数量：全数检查；检验方法：观察，检查技术处理方案。

6）现浇结构不应有影响结构性能和使用功能的尺寸偏差；混凝土设备基础不应有影响结构性能和设备安装的尺寸偏差，对超过尺寸允许偏差且影响结构性能和安装、使用功能的部位，应由施工单位提出技术处理方案，并经监理（建设）单位认可后进行处理，对经处理的部位，应重新检查验收；检查数量：全数检查；检验方法：量测，检查技术处理方案。

（2）一般项目。

1）施工缝的位置应在混凝土浇筑前按设计要求和施工技术方案确定，施工缝的处理应按施工技术方案执行；检查数量：全数检查；检验方法：观察，检查施工记录。

2）后浇带的留置位置应按设计要求和施工技术方案确定，后浇带混凝土浇筑应按施工技术方案进行；检查数量：全数检查；检验方法：观察，检查施工记录。

3）混凝土浇筑完毕后，应按施工技术方案及时采取有效的养护措施，并应符合下列规定：应在浇筑完毕后的 12 h 以内对混凝土加以覆盖并保湿养护；混凝土浇水养护的时间：对采用硅酸盐水泥、普通硅酸盐水泥或矿渣硅酸盐水泥拌制的混凝土，不得少于 7 d；对掺用缓凝型外加剂或有抗渗要求的混凝土，不得少于 14 d；采用塑料布覆盖养护的混凝土，其敞露的全部表面应覆盖严密，并应保持塑料布内有凝结水；混凝土强度达到 $1.2N/mm^2$ 前，不得在其上踩踏或安装模板及支架。

4）现浇结构的外观质量不宜有一般缺陷。

对已经出现的一般缺陷，应由施工单位按技术处理方案进行处理，并重新检查验收；检查数量：全数检查；检验方法：观察，检查技术处理方案。

5）现浇结构拆模后的尺寸偏差应符合表 7-33 的规定，检查数量：按楼层、结构缝或施工段划分检验批。在同一检验批内，对梁、柱和独立基础，应抽查构件数量的 10%，且不少于 3 件；对墙和板，应按有代表性的自然间抽查 10%，且不少于 3 间；对大空间结构，墙可按相邻轴线间高度 5 m 左右划分检查面，板可按纵、横轴线划分检查面，抽查 10%，且均不少于 3 面；对电梯井，应全数检查。对设备基础，应全数检查。

表 7-33　现浇结构尺寸允许偏差和检验方法

项目			允许偏差/mm	检验方法
轴线位置	基础		15	钢尺检查
独立基础			10	
墙、柱、梁			8	
剪力墙			5	
垂直度	层高	≤5 m	8	经纬仪或吊线、钢尺检查
	层高	>5 m	10	经纬仪或吊线、钢尺检查

项目		允许偏差/mm	检验方法
全高（H）		H/1 000 且≤30	经纬仪、钢尺检查
标高	层高	±10	水准仪或拉线、钢尺检查
	全高		±30
截面尺寸		+8，−5	钢尺检查
电梯井	井筒长、宽对定位中心线	+25，0	钢尺检查
	井筒全高（H）、垂直度	H/1 000 且≤30	经纬仪、钢尺检查
表面平整度		8	2 m 靠尺和塞尺检查
预埋设施中心线位置	预埋件	10	钢尺检查
	预埋螺栓	5	
	预埋管	3	
预留洞中心线位置		15	钢尺检查

四、预应力工程

按施工方法不同可分为先张法和后张法两大类。

1. 先张法

（1）张拉程序。

1）超张拉 5%：0→105% σ_{con}→σ_{con}

2）超张拉 3%：0→103% σ_{con}

采用超张拉工艺的目的是减少预应力筋的松弛应力损失。

（2）预应力的放张。

1）放张的要求：放张预应力筋时，混凝土强度必须符合设计要求。如无设计要求时，混凝土强度不低于设计强度标准值的 75%。放张预应筋前，应拆除构件侧模使放张时构件能自由压缩。

2）放张的顺序：先张法施工应尽可能同时放张预应力钢筋，采用长线台座用先张法制作空心板时，预应力钢筋放张后，切断顺序宜从张拉端开始逐次切向另一端。

2. 后张法

（1）孔道留设方法。

1）钢管抽芯法：适宜于留设直线型孔道。

应恰当掌握抽管时间，一般在初凝后终凝前，手指按压混凝土无明显印痕时，则可抽管。

2）胶管抽芯法：适宜于留设直线孔道、曲线孔道、折线孔道等，施工时应注意抽管顺序：先上后下，先曲后直。

3）预埋波纹管法：适宜于曲线孔道。

（2）张拉程序：同先张法，但是应注意曲线铺设的预应力筋应两端同时张拉施加预应力，钢筋采用焊接接长时，尽量采用闪光对焊，而且应该先焊接再张拉。

（3）预应力放张。

1）放张预应力筋时，混凝土强度必须符合设计要求。如无设计要求时，混凝土强度不低于设计强度标准值的 75%。

2）预应力放张方法：

① 轴心受压构件：同时放张。

② 偏心构件：先同时放张预应力较小区域内的预应力筋；再同时放张预应力较大区域内的预应力筋。

③ 如不能满足上述要求，应分阶段、对称、相互交错进行放张。

（注意：放张时，应先拆除侧模板。）

（4）孔道灌浆。

孔道灌浆的主要目的是防止钢筋锈蚀以及加强钢筋与混凝土的黏结性能；空气干燥时，预应力筋穿入孔道后宜尽早进行灌浆施工，穿筋到灌浆的时间间隙不宜超过28 d。

第四节　钢结构工程

在房屋建筑工程中钢结构有着广泛的应用。由于使用功能及结构组成方式不同，钢结构种类繁多、形式各异。例如，大量的钢结构厂房、高层钢结构建筑、大跨度钢网架建筑、悬索结构建筑等。

所有这些钢结构尽管用途、形式各不相同，但它们都是由钢板和型钢经过加工，制成为各种基本构件，如拉杆（有时还包括钢索）、压杆、梁、柱及桁架等，然后将这些基本构件按一定方式通过焊接和螺栓连接等组成结构。

钢结构工程的施工，除应满足建筑结构的使用功能外，还应符合《钢结构工程施工质量验收规范》（GB50205）及其他相关规范、规程的规定。

一、零部件加工

1. 工艺要点

（1）放样。

放样工作包括核对构件各部分尺寸及安装尺寸和孔距；以 1∶1 的大样放出节点；制作样板和样杆作为切割、弯制、铣、刨、制孔等加工的依据。

应根据工艺要求预留切割余量、加工余量或焊接收缩余量。放样时，桁架上下弦应同时起拱，竖腹杆方向尺寸保持不变，吊车梁应按 $L/500$ 起拱。

（2）样板、样杆。

样板分号料样板和成型样板两类，前者用于画线下料，后者多用于卡型和检查曲线成型偏差。样板多用0.3～0.75 mm 铁皮或塑料板制作，对一次性样板可用油毡黄纸板制作。

（3）下料。

1）配料时，对焊缝较多、加工量大的构件，应先号料；拼接口应避开安装孔和复杂部位；工字型部件的上下翼板和腹板的焊接口应错开 200 mm 以上；同一构件需要拼接料时，必须同时号料，并要标明接料的号码、坡口形式和角度。

2）在焊接结构上号孔，应在焊接完毕并经整形以后进行，孔眼应距焊缝边缘 50 mm 以上。

（4）切割。

切割的质量要求：切割截面和钢材表面不垂直度应不大于钢材厚度的 10%，且不得大于 2.0；机械剪切割的零件，剪切线与号料线的允许偏差为 2 mm；断口处的截面上下不得有裂纹和大于 1.0 mm 的缺棱；机械剪切的型钢，其端部剪切斜度不大于 2.0 mm，并均应清除毛刺；切割面必须整齐，个别处出现缺陷，要进行修磨处理。

2. 质量检查与验收

（1）主控项目检验。

钢结构材料、钢零件及钢部件加工工程主控项目检验标准见表 7-34。

表 7-34　钢结构材料、钢零件及钢部件加工工程主控项目检验

序号	项目	合格质量标准	检验方法	检查数量
1	材料品种、规格	钢材、钢铸件的品种、规格、性能等应符合现行国家产品标准和设计要求。进口钢材产品的质量应符合设计和合同规定标准的要求	检查质量合格证明文件、中文标志及检验报告	全数检查
2	钢材复检	对属于下列情况之一的钢材，应进行抽样复验，其复验结果应符合现行国家产品标准和设计要求： (1) 国外进口钢材； (2) 钢材混批； (3) 板厚等于或大于 40 mm，且设计有 Z 向性能要求的厚板； (4) 建筑结构安全等级为一级，大跨度钢结构中主要受力构件所采用的钢材； (5) 设计有复验要求的钢材； (6) 对质量有疑义的钢材	检查复验报告	
3	切面质量	钢材切割面或剪切面应无裂纹、夹渣、分层和大于 1 mm 的缺棱	观察或用放大镜及百分尺检查，有疑义时作渗透、磁粉或超声波探伤检查	
4	矫正	碳素结构钢在环境温度低于－16℃、低合金结构钢在环境温度低于－12℃时，不应进行冷矫正和冷弯曲。碳素结构钢和低合金结构钢在加热矫正时，加热温度不应超过 900℃。低合金结构钢在加热矫正后应自然冷却	检查制作工艺报告和施工记录	

序号	项目	合格质量标准	检验方法	检查数量
5	边缘加工	气割或机械剪切的零件，需要进行边缘加工时，其刨削量应不大于 2.0 mm	查工艺报告和施工记录	全数检查
6	制孔	A、B级螺栓孔（Ⅰ类孔）应具有 H12 的精度，孔壁表面粗糙度 R_a 应不大于 12.5 μm。其孔径的允许偏差应符合《钢结构工程施工质量验收规范》表 7.6.1-1 的规定；C 级螺栓孔（Ⅱ类孔），孔壁表面粗糙度 R_a 应不大于 25 μm，其允许偏差应符合《钢结构工程施工质量验收规范》表 7.6.1-2 的规定		

（2）一般项目检验。

钢结构材料、钢零件及钢部件加工工程一般项目检验标准见表 7-35。

表 7-35　钢结构材料、钢零件及钢部件加工工程一般项目检验

序号	项目	合格质量标准	检验方法	检查数量
1	材料规格尺寸	钢板厚度及允许偏差应符合其产品标准的要求；型钢的规格尺寸及允许偏差符合其产品标准的要求	用游标卡尺测量；用钢尺和游标卡尺测量	每一品种、规格的钢板抽查 5 处
2	钢材表面质量	钢材的表面外观质量除应符合国家现行有关标准的规定外，尚应符合下列规定： (1) 当钢材的表面有锈蚀、麻点或划痕等缺陷时，其深度小于该钢材厚度负允许偏差值的 1/2； (2) 钢材表面的锈蚀等级应符合现行国家标准《涂装前钢材表面锈蚀等级和除锈等级》（GB 8923—88）规定的 C 级及 C 级以上； (3) 钢材端边或断口处不应有分层、夹渣等缺陷	观察检查	全数检查
3	气割精度	气割的允许偏差应符合《钢结构工程施工质量验收规范》表 7.2.2 的规定	观察检查或用钢尺、塞尺检查	按切割面数抽查 10%，且应不少于 3 个
	机械剪切精度	机械剪切的允许偏差应符合《钢结构工程施工质量验收规范》表 7.2.3 的规定		
4	矫正质量	矫正后的钢材表面，不应有明显的凹面或损伤，划痕深度不得大于 0.5 mm，且应不大于该钢材厚度负允许偏差值的 1/2； 冷矫正和冷弯曲的最小曲率半径和最大弯曲失高应符合规定； 钢材矫正后的允许偏差，应符合《钢结构工程施工质量验收规范》表 7.3.5 的规定	观察检查和实测检查	按冷矫正和冷弯曲的件数抽查 10%，且应不少于 3 个； 按矫正件数抽查 10%，且应不少于 3 件

序号	项目	合格质量标准	检验方法	检查数量
5	边缘加工精度	边缘加工允许偏差应符合《钢结构工程施工质量验收规范》表7.4.2的规定	观察检查和实测检查	按加工面数抽查10%，且应不少于3件
6	制孔精度	螺栓孔孔距的允许偏差应符合《钢结构工程施工质量验收规范》表7.6.2的规定	尺量检查	全数检查

二、钢构件焊接

1. 施工要点

钢结构一般采用熔焊方式施工。

（1）焊接材料。

1）钢结构手工焊接用焊条的质量，应符合现行国家标准《碳钢焊条》（GB/T 5117—1995）或《低合金钢焊条》（GB/T 5118—1995）的规定。为了使焊缝金属的机械性能与母材基本相同，低碳钢按焊缝金属与母材等强度原则选择大旱条，低合金高强度结构钢选择的焊条强度应略低于母材强度。当不同强度等级的钢材焊接时，宜选用与低强度钢材相适应的焊接材料。

2）焊接采用的焊丝、焊剂、焊条、焊嘴，应与母材强度相适应，焊丝应符合现行国家标准《熔化焊用钢丝》（GB/T 14957—1994）的规定。

3）施工单位应按设计要求对采购的焊接材料进行验收，并经监理认可。

4）焊接材料应存放在通风干燥、适温的仓库内，存放时间超过一年的，原则上应进行焊接工艺及机械性能复验；焊条、焊剂、药芯焊丝一般应按产品说明书进行烘焙。

5）根据工程重要性、特点、部位，必须进行同环境焊接工艺评定试验，其试验标准、内容及结果均应得到监理及质量监督部门的认可。

6）对重要结构必须有经焊接专家认可的焊接工艺，施工过程中有焊接工程师做现场指导。

（2）焊缝及其质量。

钢结构焊缝分三个等级，一级焊缝一般用于动载、受高强的对接焊缝；应尽量避免焊缝出现气孔、夹渣、咬边、电弧擦伤、根部收缩、焊瘤、裂纹、未焊透等质量问题，为此，应选用合适的工艺参数，提高操作技术，选用合理的坡口形式等；并通过控制焊缝的化学成分防止热裂纹，通过焊前预热防止冷裂纹。焊缝缺陷易引起应力集中，影响连接强度和冷加工性能。

1）钢结构焊缝一旦出现裂纹，焊工不得擅自处理，应及时通知焊接工程师，找有关单位的焊接专家及原机构设计人员进行分析处理措施，再进行返修，返修次数不宜超过两次。

2）焊缝金属中的裂纹在修补前应用无损检测方法确定裂纹深度及长度，用碳弧气刨刨掉的实际长度应比实测裂纹长，两端各加50 mm，而后修补。对焊接母材中的裂纹原则上更换母材。

（3）焊件变形。

焊接变形主要有：线性缩短和角变形。

1）焊接网架结构支座时，为防止变形，两支座应用螺栓拧紧在一起，以增加其刚性。钢桁架或钢梁为防止在焊接过程中由于自重影响产生挠度变形，应在焊前先起拱后再焊。

2）焊缝尺寸大、焊缝数量多、施焊顺序不当、工件没有预垫措施是产生焊接残余变形的主要因素。对钢框架钢梁为防止焊接在钢梁内产生残余应力和防止梁端焊缝收缩将钢柱拉偏，可采取跳焊的焊接顺序，梁一端焊接，另一端自由，由内向外焊接。

3）收缩量最大的焊缝必须先焊，因为先焊的焊缝收缩时阻力小，变形就小。

4）在焊接过程中除第一层和表面层以外，其他各层焊缝用小锤敲击，可减小焊接变形和残余应力。

5）对接接头、T形接头和十字接头的坡口焊接，在工件放置条件允许或易于翻面的情况下，宜采用双面坡口对接顺序焊接；对于有对称截面的构件，宜采用对称于构件中和轴的顺序焊接。对双面非对称坡口焊接，宜采用先焊深坡口侧，后焊浅坡口侧的顺序。

（4）多层钢结构焊接时，每焊完一层宜停歇一定时间，不宜连续施焊。

2. 质量检查与验收

（1）主控项目检验。

钢构件焊接工程主控项目检验标准见表7-36。

表7-36　钢构件焊接工程主控项目检验

序号	项目	合格质量标准	检验方法	检查数量
1	焊接材料品种、规格	焊接材料的品种、规格、性能等应符合现行国家产品标准和设计要求	检查焊接材料的质量合格证明文件、中文标志及检验报告等	全数检查
2	焊接材料复验	重要钢结构采用的焊接材料应进行抽样复验，复验结果应符合现行国家产品标准和设计要求	检查复验报告	
3	材料匹配	焊条、焊丝、焊剂、电渣焊熔嘴等焊接材料与母材的匹配应符合设计要求及国家现行行业标准《建筑钢结构焊接技术规程》（JGJ81—2002）的规定。焊条、焊剂、药芯焊丝、熔嘴等在使用前，应按其产品说明书及焊接工艺文件的规定进行烘焙和存放	检查质量证明书和烘焙记录	

序号	项目	合格质量标准	检验方法	检查数量
4	焊工证书	焊工必须经考试合格并取得合格证书。持证焊工必须在其考试合格项目及其认可范围内施焊	检查焊工合格证及其认可范围、有效期	全数检查
5	焊接工艺评定	施工单位对其首次使用的钢材、焊接材料、焊接方法、焊后热处理等，应进行焊接工艺评定，并应根据评定报告确定焊接工艺	检查焊接工艺评定报告	
6	内部缺陷	设计要求全焊透的一、二级焊缝应采用超声波探伤进行内部缺陷的检验，超声波探伤不能对缺陷做出判断时，应采用射线探伤，其内部缺陷分级及探伤方法应符合现行国家标准《钢焊缝手工超声波探伤方法和探伤结果分级法》（GB 11345）或《钢熔化焊对接接头射线照相和质量分级》（GB 3323—2005）的规定；焊接球节点网架焊缝、螺栓球节点网架焊缝及圆管T、K、Y形节点相关线焊缝，其内部缺陷分级及探伤方法应分别符合国家现行标准《焊接球节点钢网架焊缝超声波探伤方法及质量分级法》（JBJ/T 3034.1）、《螺栓球节点钢网架焊缝超声波探伤方法及质量分级法》（JBJ/T 3034.2）、《建筑钢结构焊接技术规程》（JGJ 81—2002）的规定；一、二级焊缝的质量等级及缺陷分级应符合表7-37的规定	检查超声波或射线探伤记录	
7	组合焊缝尺寸	T形接头、十字接头、角接接头等要求熔透的对接和角对接组合焊缝，其焊脚尺寸应不小于$t/4$（图7-5a、b、c）；设计有疲劳验算要求的吊车梁或类似构件的腹板与上翼缘连接焊缝的焊脚尺寸为$t/2$（图7-5 d），且应不大于10 mm。焊脚尺寸的允许偏差为0～4 mm	观察检查，用焊缝量规抽查测量	资料全数检查；同类焊缝抽查10%，且应不少于3条
8	焊缝表面缺陷	焊缝表面不得有裂纹、焊瘤等缺陷。一、二级焊缝不得有表面气孔、夹渣、弧坑裂纹、电弧擦伤等缺陷。且一级焊缝不得有咬边、未焊满、根部收缩等缺陷	观察检查或使用放大镜焊缝量规和钢尺检查，当存在疑义时，采用渗透或磁粉探伤检查	每批同类构件抽查10%，且应不少于3件；被抽查构件中，每一类型焊缝按条数抽查5%，且应不少于1条；每条检查一处，总抽查数应不少于10处

表 7-37　一、二级焊缝质量等级及缺陷分级

焊缝质量等级		一级	二级
内部缺陷超声波探伤	评定等级	Ⅱ	Ⅲ
	检验等级	B级	B级
	探伤比例	100%	20%
内部缺陷射线探伤	评定等级	Ⅱ	Ⅲ
	检验等级	A、B级	A、B级
	探伤比例	100%	20%

注：探伤比例的计数方法应按以下原则确定：

①对工厂制作焊缝，应按每条焊缝计算百分比，且探伤长度应不小于 200 mm，当焊缝长度不足 200 mm 时，应对整条焊缝进行探伤；

②对现场安装焊缝，应按同一类型、同一施焊条件的焊缝条数计算百分比，探伤长度应不小于 200 mm，并应不小于 1 条焊缝。

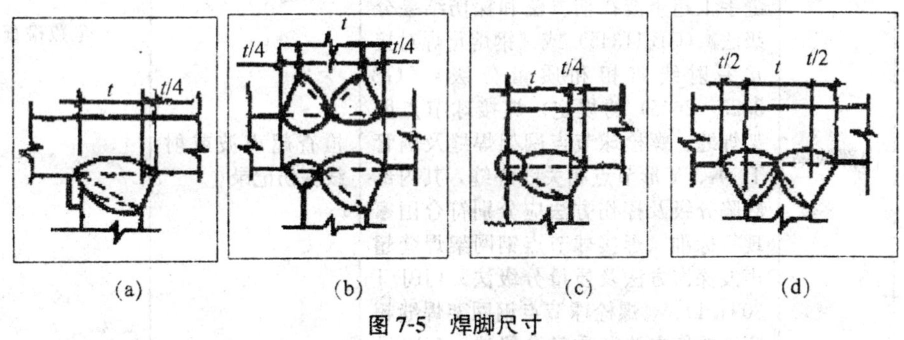

图 7-5　焊脚尺寸

（2）一般项目检查。

钢构件焊接工程一般项目检验标准见表 7-38。

表 7-38　钢构件焊接工程一般项目检验

序号	项目	合格质量标准	检验方法	检查数量
1	焊接材料外观质量	焊条外观不应有药皮脱落、焊芯生锈等缺陷；焊剂不应受潮结块	观察检查	按量抽查 1%，且应不小于 10 包
2	预热和后热处理	对于需要进行焊前预热或焊后热处理的焊缝，其预热温度或后热温度应符合国家现行有关标准的规定或通过工艺试验确定。预热区在焊道两侧，每侧宽度均应大于焊件厚度的 1.5 倍以上，且应不小于 100 mm；后热处理应在焊后立即进行，保温时间应根据板厚按每 25 mm 板厚 1 h 确定	检查预、后热施工记录和工艺试验报告	全数检查
3	焊缝外观质量	二级、三级焊缝外观质量标准应符合规定。三级对接焊缝应按二级焊缝标准进行外观质量检验	观察检查或使用放大镜、焊缝量规和钢尺检查	每批同类构件抽查 10%，且应不少于 3 件；被抽查构件中，每种焊缝按条数各抽查 5%，但应不少于 1 条；每条检查一处，总抽查数应不少于 10 处
4	焊缝尺寸偏差	焊缝尺寸允许偏差应符合《钢结构工程施工质量验收规范》附录 A 中表 A.0.2 的规定	用焊缝量规检查	

序号	项目	合格质量标准	检验方法	检查数量
5	凹形角焊缝	焊成凹形的角焊缝，焊缝金属与母材间应平缓过渡；加工成凹形的角焊缝，不得在其表面留下切痕	观察检查	每批同类构件抽查 10%，且应不少于 3 件
6	焊缝感观	焊缝感观应达到：外形均匀、成型较好，焊道与焊道、焊道与基本金属间过渡较平滑，焊渣和飞溅物基本清除干净		每批同类构件抽查 10%，且应不少于 3 件；被抽查构件中，每种焊缝按数量各抽查 5%，总抽查处应不少于 5 处

三、紧固件连接

1. 工艺要点

（1）高强螺栓连接应对构件摩擦面进行喷砂、砂轮打磨或酸洗加工处理，采用砂轮打磨，打磨的方向应与构件受力方向垂直，打磨后的表面应呈铁色，并无明显不平。

（2）经表面处理的构件、连接件摩擦面，应进行摩擦系数测定，其数值必须符合设计要求。安装前应逐组复验摩擦系数，合格后方可安装。

处理后的摩擦面宜在生锈前进行组装。

（3）高强螺栓应顺畅穿入孔内，不得强行敲打，在同一连接面上穿入方向宜一致，以便操作；对连接件不重合的孔，应用钻头或绞刀扩孔或修孔，符合要求时方可进行安装。

（4）高强螺栓的紧固，应分两次拧紧（即初拧和终拧），每组拧紧顺序应从节点中心开始逐步向边缘两端施拧。整体结构的不同连接位置或同一节点的不同位置有两个连接构件时，应先紧主要构件，后紧次要构件。

（5）高强螺栓紧固宜用电动扳手进行。扭剪型高强螺栓初拧一般用 60%～70%轴力控制，以拧掉尾部梅花卡头为终拧结束。不能使用电动扳手的部位，则用测力扳手紧固，初拧扭矩值不得小于终拧扭矩值的 30%，终拧扭矩值 M_A（$N\cdot m$）应符合设计要求。如果发现欠拧、漏拧时，应补拧；超拧时应更换。

（6）高强螺栓终拧后外露丝扣不得小于 2 扣。

2. 质量检查与验收

（1）主控项目检验。

钢结构紧固件连接工程主控项目检验标准见表 7-39。

表 7-39　钢结构紧固件连接工程主控项目检验

序号	项目	合格质量标准	检验方法	检查数量
1	成品进场	钢结构连接用高强度大六角头螺栓连接副、扭剪型高强度螺栓连接副、钢网架用高强度螺栓、普通螺栓、铆钉、自攻钉、拉铆钉、射钉、锚栓（机械型和化学试剂型）、地脚锚栓等紧固标准件及螺母、垫圈等标准配件，其品种、规格、性能等应符合现行国家产品标准和设计要求。高强度大六	全数检查	检查产品的质量合格证明文件、中文标志及检验报告等

序号	项目	合格质量标准	检验方法	检查数量
		角头螺栓连接副和扭剪型高强度螺栓连接副出厂时应分别随箱带有扭矩系数和紧固轴力（预拉力）的检验报告		
2	螺栓实物复验	普通螺栓作为永久性连接螺栓时，当设计有要求或对其质量有疑义时，应进行螺栓实物最小拉力载荷复验，其结果应符合现行国家标准《紧固件机械性能螺栓、螺钉和螺柱》(GB3098.1) 的规定	检查螺栓实物复验报告	每一规格螺栓抽查 8 个
3	匹配及间距	连接薄钢板采用的自攻钉、拉铆钉、射钉等其规格尺寸应与被连接钢板相匹配，其间距、边距等应符合设计要求	观察和尺量检查	按连接节点数抽查 1%，且应不少于 3 个

(2) 一般项目检查。

钢结构紧固件连接工程一般项目检验标准见表 7-40。

表 7-40 钢结构紧固件连接工程一般项目检验

序号	项目	合格质量标准	检验方法	检查数量
1	螺栓紧固	永久性普通螺栓紧固、可靠，外露螺纹应不少于 2 个螺距	观察或用小锤敲击检查	按连接节点数抽查 10%，且不应小于 3 个
2	外观质量	自攻螺钉、钢拉铆钉、射钉等与连接钢板应紧固密贴，外观排列整齐		

四、钢结构安装

1. 工艺要点

钢结构组装方法主要有：仿形复制装配法、立装法、胎膜装配法。

(1) 地脚螺栓埋设。

1) 地脚螺栓的直径、长度，均应按设计规定的尺寸制作；一般地脚螺栓应与钢结构配套出厂，其材质、尺寸、规格、形状和螺纹的加工质量，均应符合设计施工图的规定。

2) 地脚螺栓在预留孔内埋设时，其根部地面与底孔的距离不得小于 80 mm；地脚螺栓的中心在预留孔中心位置，螺栓的外表与预留孔壁的距离不得小于 20 mm。

3) 为防止浇灌时，地脚螺栓的垂直度及距孔内侧壁、底部的尺寸变化，浇灌前应将地脚螺栓找正加固固定。

(2) 钢柱垂直度。

1) 钢柱较长，其刚性较差，在外力作用下易失稳变形，因此竖向吊装时的吊点选择应正确，一般应选在柱全长 2/3 柱上的位置，可防止变形。

2) 安装柱时，每节柱的轴线应从地面控制轴线引测，当钢柱被吊装到基础平面就位时，应将柱底板座上面的纵横轴线对准轴线（一般由地脚螺栓与螺孔来控制）。

3) 钢柱垂直度的校正应以纵横轴线为准，先找正固定两端边柱为样板柱，依样板柱为基准来校正其余各柱，当垂直度偏大过大时，应加设垂直支撑以增强稳定性。

(3) 钢屋架的拱度。

1) 钢屋架在制作阶段应按设计规定的跨度比例 (1/500) 进行起拱。

2) 吊装前的屋架应按不同的跨度尺寸进行加固和选择正确的吊点，否则钢屋架的拱度发生上拱过大或下挠的变形，以致影响钢柱的垂直度。屋面工程完成以后，测量挠度值不应超过设计值的 1.15 倍；跨度 24 m 以上时应测下弦中央挠度。

(4) 钢屋架垂直度。

1) 拼装钢屋架两端支座板时，应使支座板的下平面与钢屋架的下弦纵横线严格垂直。

2) 各跨钢屋架发生垂直度超差值时，应在吊装屋面板前，用吊车配合来调整处理。

(5) 吊车梁垂直度、水平度。

1) 吊车梁的安装应从有柱向支撑的跨间开始。

2) 钢柱安装时，应按要求调整好垂直度、牛腿面的水平度和高度，以保证下部吊车梁安装时达到要求位置；如产生偏差时，可用垫铁在基础上平面或牛腿支承面上予以调整。

3) 吊车梁各部位置基本固定后应认真复测有关安装的尺寸，按要求达到质量标准后，再进行制动架的安装和紧固。

2. 质量检查与验收

这里只介绍单层钢结构安装工程的质量检查与验收标准。

(1) 主控项目检验：单层钢结构安装工程主控项目检验标准见表 7-41。

表 7-41　单层钢结构安装工程主控项目检验

序号	项目	合格质量标准	检验方法	检查数量
1	基础验收	建筑物的定位轴线、基础轴线和标高、地脚螺栓的规格及其紧固应符合设计要求； 基础顶面直接作为柱的支承面和基础顶面预埋钢板或支座作为支承面时，其支承面、地脚螺栓（锚栓）位置的允许偏差应符合表 7-43 的规定； 采用座浆垫板时，座浆垫板的允许偏差应符合表 7-44 的规定； 采用杯口基础时，杯口尺寸的允许偏差值应符合表 7-45 的规定	用经纬仪、水准仪、全站仪和钢尺现场实测 用经纬仪、水准仪、全站仪和钢尺现场实测 用水准仪、全站仪和钢尺现场实测 观察及尺量检查	按柱基数抽查 10%，且应不少于 3 个 资料全数检查。按柱基数抽查 10%，且不应少于 3 个 按柱基数抽查 10%，且不应少于 4 个
2	构件验收	钢构件应符合设计要求和 GB 50205 的规定。运输、堆放和吊装等造成的钢构件变形及涂层脱落，应进行矫正和修补	用拉线、钢尺现场实测或观察	按构件数抽查 10%，且不应少于 3 个
3	顶紧接触面	设计要求顶紧的节点，接触面应不少于 70% 紧贴，且边缘最大间隙应不大于 0.8 mm	用钢尺及 0.3 mm 和 0.8 mm 厚的塞尺现场实测	按节点数抽查 10%，且不应少于 3 个

序号	项目	合格质量标准	检验方法	检查数量
4	钢构件垂直度和侧弯矢高	钢屋（托）架、桁架、梁及受压杆件的垂直度和侧向弯曲矢高的允许偏差应符合《钢结构工程施工质量验收规范》表10.3.3的规定	用吊线、拉线、经纬仪和钢尺现场实测	按同类构件数抽查10%，且不应少于3个
5	主体结构尺寸	单层钢结构主体结构的整体垂直度和整体平面弯曲的允许偏差应符合《钢结构工程施工质量验收规范》表10.3.4的规定	采用经纬仪、全站仪等测量	对主要立面全部检查。对每个所检查的立面，除两列角柱外，尚应至少选取一列中间柱

(2) 一般项目检验：单层钢结构安装工程一般项目检验标准见表7-42。

表7-42　单层钢结构安装工程一般项目检验

序号	项目	合格质量标准	检验方法	检验数量
1	地脚螺栓精度	地脚螺栓（锚栓）尺寸的偏差应符合《钢结构工程施工质量验收规范》表10.2.5的规定。地脚螺栓（锚栓）的螺纹应受到保护	用钢尺现场实测	按栓基数抽查10%，且应不少于3个
2	标记	钢柱等主要构件的中心线及标高基准点等标记应齐全	观察检查	按同类构件数抽查10%，且应不少于3个
3	桁架（梁）安装精度	当钢桁架（或梁）安装在混凝土柱上时，其支座中心对定位轴线的偏差应不大于10 mm；当采用大型混凝土屋面板时，钢桁架（或梁）间距的偏差应不大于10 mm	用拉线和钢尺现场实测	按同类构件数抽查10%，且应不少于3个
4	钢柱安装精度	钢柱安装的允许偏差应符合《钢结构工程施工质量验收规范》附录E中表E.0.1的规定	见规范附录E中表E.0.1	按钢柱数抽查10%，且应不少于3个
5	吊车梁安装精度	钢吊车梁或直接承受动力荷载的类似构件，其安装的允许偏差应符合《钢结构工程施工质量验收规范》表E.0.2的规定	见规范附录E中表E.0.2	按钢吊车梁数抽查10%，且应不少于3榀
6	檩条、墙架等构件安装精度	檩条、墙架等次要构件安装的允许偏差应符合《钢结构工程施工质量验收规范》表E.0.3的规定	见规范附录E中表E.0.3	按同类构件数抽查10%，且应不少于3个
7	平台、钢梯等安装精度	钢平台、钢梯、栏杆安装应符合现行国家标准的规定。钢平台、钢梯和防护栏杆安装的允许偏差应符合《钢结构工程施工质量验收规范》表E.0.4的规定	见规范附录E中表E.0.4	按钢平台总数抽查10%，栏杆、钢梯按总长度各抽查10%，但钢平台应不少于1个，栏杆应不少于5 m，钢梯应不少于1跑

序号	项目	合格质量标准	检验方法	检验数量
8	现场焊缝组对精度	现场焊缝组对间隙的允许偏差应符合《钢结构工程施工质量验收规范》表10.3.11的规定	尺量检查	按同类节点数抽查10%，且应不少于3个
9	结构表面	钢结构表面应干净，结构主要表面不应有疤痕、泥沙等污垢	观察	按同类构件数抽查10%，且应不少于3件

（3）允许偏差：

①支承面、地脚螺栓（锚栓）位置的允许偏差见表7-43。

表7-43 支承面、地脚螺栓（锚栓）位置的允许偏差

项目		允许偏差/mm
支承面	标高	±3.0
	水平度	l/1 000
地脚螺栓（锚栓）	螺栓中心偏移	5.0
预留孔中心偏移		10.0

②座浆垫板的允许偏差见表7-44。

表7-44 座浆垫板的允许偏差

项目	允许偏差/mm
顶面标高	0.0
	－3.0
水平度	l/1 000
位置	20.0

③杯口尺寸的允许偏差见表7-45。

表7-45 杯口尺寸的允许偏差

项目	允许偏差/mm
底面标高	0.0
	－5.0
杯口密度 H	±5.0
杯口垂直度	H/100，且应不大于10.0
位置	10.0

五、钢结构涂装

1. 施工工艺

（1）准备工作。

1）建筑钢结构工程的油漆涂装应在钢结构安装验收合格后进行，其中防火涂料的黏结强度及抗压强度应符合标准。油漆涂刷前，应将需涂装部位的铁锈、焊缝药皮、焊接飞溅物、油污、尘土等杂物清理干净。

2）为了保证涂装质量，可以分别选用喷砂除锈、酸洗除锈、人工除锈三种除锈方法。

（2）底漆涂装。

1）刷漆时应采用勤沾、短刷的原则，防止刷子带漆太多而流坠。

2）待第一遍刷完后，应保持一定的时间间隙，待第一遍干燥后，再刷第二遍，第二遍涂刷方向应与第一遍涂刷方向垂直，这样会使漆膜厚度均匀一致。

3）底漆涂装后起码需 4～8 h 后才能达到表干、表干前不应涂装面漆，并避免淋雨。

（3）面漆涂装。

1）面漆在使用过程中应不断搅和，涂刷的方法和方向与上述工艺相同。

2）涂装工艺采用喷涂施工时，应调整好喷嘴口径、喷涂压力；喷涂时应保持好喷嘴与涂层的距离，一般喷枪与作业面距离应在 100 mm 左右，喷枪与钢结构基面角度应该保持垂直，或喷嘴略为上倾为宜。

3）钢结构采用油性基料涂料施工时，应选用刷涂法；快干、挥发性强的涂料宜用喷涂法。

4）刷涂法的施涂顺序一般为：先上后下、先难后易、先左后右、先内后外。

2. 质量检查与验收

钢结构涂装包括防腐涂料涂装和防火涂料涂装，这里仅列出钢结构防腐涂料的质量检查与验收标准。

（1）主控项目检验：钢结构防腐涂料主控项目检验标准见表 7-46。

表 7-46　钢结构防腐涂料主控项目检验

序号	项目	合格质量标准	检验方法	检查数量
1	涂料性能	钢结构防腐涂料、稀释剂和固化剂等材料的品种、规格、性能等应符合现行国家产品标准和设计要求	检查产品的质量合格证明文件、中文标志及检验报告等	全数检查
2	涂装基层验收	涂装前钢材表面除锈应符合设计要求和国家现行有关标准的规定。处理后的钢材表面不应有焊渣、焊疤、灰尘、油污、水和毛刺等。当设计无要求时，钢材表面防锈等级应符合表 7-47 的规定	用铲刀检查和用现行国家标准《涂装前钢材表面锈蚀等级和除锈等级》（GB 8923）规定的图片对照观察检查	按构件数抽查 10%，且同类构件应不少于 3 件
3	涂层厚度	涂料、涂装遍数、涂层厚度均应符合设计要求。当设计对涂层厚度无要求时，涂层干漆膜总厚度：室外应为 150 μm，室内应为 125 μm，其允许偏差为－25 μm。每遍涂层干漆膜厚度的允许偏差为－5 μm	用干漆膜测仪检查。每个构件检测 5 处，每处的数值为 3 个相距 50 mm 测点涂层干漆膜厚度的平均值	

表 7-47　各种底漆或防锈漆要求最低的防锈等级

涂料品种	除锈等级
油性酚醛、醇酸等底漆或防锈	S_{a2}
高氯化聚乙烯、氯化橡胶、氯磺化聚乙烯、环氧树脂、聚氨酯等底漆或防锈漆	S_{a2}
无机富锌、有机硅、过氯乙烯等底漆	S_{a2} 1/2

（2）一般项目检验：钢结构防腐涂料一般项目检验标准见表 7-48。

表 7-48 钢结构防腐涂料一般项目检验

序号	项目	合格质量标准	检验方法	检查数量
1	涂料标识	防腐涂料的型号、名称、颜色及有效期应与其质量证明文件相符。开启后，不应存在结皮、结块、凝胶等现象	观察检查	按桶数抽查 5%，且应不少于 3 桶
2	表面质量	构件表面不应误涂、漏涂，涂层不应脱皮和返锈等。涂层应均匀、无明显皱皮、流坠、针眼和气泡等		全数检查
3	附着力测试	当钢结构处在有腐蚀介质环境或外露且设计有要求时，应进行涂层附着力测试，在检测处范围内，当涂层完整程度达到 70% 以上时，涂层附着力达到合格质量标准的要求	按照现行国家标准 GB 1720 或 GB 9286 执行	按构件数抽查 1%，且应不少于 3 件，每件测 3 处
4	标志	涂装完成后，构件的标志、标记和编号应清晰完整	观察检查	全数检查

第五节 防水工程

建筑防水按设防方法分为复合防水和构造防水两大类：

复合防水是指采用各种防水材料形成封闭防水层来阻断水的通路，以达到防水的目的或增加抗渗漏的能力，防水材料分柔性防水和刚性防水材料。柔性防水材料主要包括各种防水卷材和防水涂料，将其铺贴或涂布在防水工程的迎水面，达到防水目的。刚性防水主要指混凝土材料，依靠增强混凝土密实性及采取构造措施达到防水目的。

构造自防水是依靠建（构）筑物的结构材料（如底板、墙、顶板等）自身的密实性以及采取合适的构造形式（如采取坡度、离壁式衬墙、盲沟排水）阻断水的通路，对各类接缝、各部位和构件之间设置变形缝以及节点细部构造防水处理。

一、屋面防水工程

1. 卷材防水屋面工程

卷材防水屋面常用的防水卷材有沥青防水卷材、高聚物改性沥青防水卷材和合成高分子防水卷材三大系列。而高聚物改性沥青防水卷材是目前最常用的一种卷材，常用热熔法施工。

（1）热熔法施工工艺。

卷材防水屋面工程热熔法施工工艺流程：清理基层→涂刷基层处理剂→铺贴卷材

附加层→铺贴卷材→热熔封边→蓄水试验→保护层。

1）清理基层：施工前将验收合格的基层表面尘土、杂物清理干净。

2）涂刷基层处理剂：按产品说明书配套使用，基层处理剂是将胶黏剂加入工业汽油稀释，搅拌均匀，用长把滚刷均匀涂刷于基层表面上，常温经过 4 h 后，开始铺贴卷材。

3）附加层施工：一般用热熔法使用改性沥青卷材施工防水层，在女儿墙、水落口、管根、檐口、阴阳角等细部先做附加层，附加的范围应符合设计和屋面工程技术规范的规定。遇变形缝时，缝内可填充泡沫塑料，上部填放衬垫材料，并用卷材封盖；也可在顶部加扣混凝土盖板或金属盖板，混凝土盖板接缝用密封材料嵌填；防水层应铺贴到变形缝两侧砌体的上部。

4）铺贴卷材：卷材的层数、厚度应符合设计要求，多层铺设时接缝应错开。平行屋脊的搭接应顺流水方向，垂直屋脊的搭接应顺主导风向，当屋面坡度大于 15%或使用时有震动时，铺贴方向应垂直于屋脊。

5）热熔封边：将卷材搭接处用喷枪加热，趁热使二者粘结牢固，以边缘刚挤出沥青为度；末端收头用密封膏嵌填严密。

6）防水层施工完毕后，按要求进行检验。平屋面可采用蓄水试验，蓄水深度宜大于 50 mm，蓄水时间不宜少于 24 h，如屋面无蓄水条件可采用持续淋水试验，持续淋水时间不少于 2 h，屋面无渗漏和积水，排水系统通畅为合格。

7）防水保护层施工：上人屋面按设计要求做各种刚性保护层；不上人屋面做保护层有两种形式：

①防水层表面涂刷氯丁橡胶沥青胶黏剂，随即撒石片，要求铺撒均匀，粘结牢固，形成石片保护层。

②防水层表面涂刷银色反光涂料。

（2）质量检查与验收。

1）主控项目检验：卷材防水屋面主控项目检验见表 7-49。

表 7-49　卷材防水屋面主控项目检验

序号	项目	合格质量标准	检验方法	检查数量
1	卷材及配套材料质量	卷材防水层所用卷材及其配套材料，必须符合设计要求	检查出厂合格证、质量检验报告和现场抽样复验报告	按屋面面积每 100 m^2 检查 1 处，每处 10 m^2，且不得少于 3 处
2	卷材防水层	卷材防水层不得有渗漏或积水现象	雨后或淋水、蓄水检验	
3	防水细部结构	卷材防水层在天沟、檐沟、檐口、水落口、泛水、变形缝和伸出屋面管道的防水构造，必须符合设计要求	观察检查和检查隐蔽工程验收记录	

2）一般项目检验：卷材防水屋面一般项目检验见表 7-50。

表 7-50 卷材防水屋面一般项目检验

<table>
<tr><th>序号</th><th>项目</th><th>合格质量标准</th><th>检验方法</th><th>检验数量</th></tr>
<tr><td>1</td><td>卷材搭接缝与收头质量</td><td>卷材防水层的搭接缝应黏（焊）结牢固，密封严密，不得有褶皱、翘边和鼓泡等缺陷；防水层的收头应与基层黏结并固定牢固，缝口封严，不得翘边</td><td rowspan="3">观察检验</td><td rowspan="4">按屋面面积每 100 m² 抽查 1 处，每处 10 m²，且不得少于 3 处</td></tr>
<tr><td>2</td><td>卷材保护层</td><td>卷材防水层上的撒布材料和浅色涂料保护层应铺撒或涂刷均匀，黏结牢固；水泥砂浆、块料或细石混凝土保护层与卷材防水层间应设置隔离层；刚性保护层的分隔缝留置应符合设计要求</td></tr>
<tr><td>3</td><td>排气屋面孔道留置</td><td>排气屋面排气道应纵横贯通，不得堵塞。排气管应安装牢固，位置正确，封闭严密</td></tr>
<tr><td>4</td><td>卷材铺贴方向及搭接宽度允许偏差</td><td>卷材的铺贴方向应正确，卷材搭接宽度的允许偏差为－10 mm</td><td>观察和尺检查</td></tr>
</table>

2. 涂膜防水屋面工程

（1）施工工艺。

涂膜防水层施工的工艺流程：清理、修理基层表面→喷涂基层处理剂（底涂料）→特殊部位附加增强处理→涂布防水涂料及铺贴胎体增强材料→清理与检查修整→保护层施工。

1）涂膜防水层的施工应按“先高后低，先远后近”的原则进行。遇高低跨屋面时，一般先涂布高跨屋面，后涂布低跨屋面；对相同高度屋面，要合理安排施工段，先涂布距离上料点远的部位，后涂布近处；对同一屋面上，先涂布排水较集中的水落口、天沟、檐沟、檐口等节点部位，再进行大面积的涂布。

2）涂膜防水层施工前，应先对水落口、天沟、檐沟、泛水、伸出屋面管道根部等节点部位进行增强处理，铺设带有胎体增强材料的附加层，然后再进行大面积涂布。

3）防水涂膜应分遍涂布，待先涂布的涂料干燥成膜后，方可涂布后一遍涂料，且前后两遍涂料的涂布方向应相互垂直。

4）需铺设胎体增强材料时，当屋面坡度小于 15%时，可平行屋脊铺设；当坡度大于 15%时，应垂直于屋脊铺设，并由屋面最低处开始向上铺设。胎体增强材料长边搭接宽度不得小于 50 mm，短边搭接宽度不得小于 70 mm。采用二层胎体增强材料时，上下层不得相互垂直铺设，搭接缝应错开，其间距不应小于幅宽的 1/3。

5）涂膜防水层的收头，应用防水涂料多遍涂刷或用密封材料封严。

6）涂膜防水层在未做保护层前，不得在其上进行其他施工作业或直接堆放物品，并严禁雨天施工。

（2）质量检查和验收。

1）主控项目检验：涂膜防水屋面主控项目检验见表 7-51。

表 7-51 涂膜防水屋面主控项目检验

序号	项目	合格质量标准	检验方法	检查数量
1	涂料及胎体增强材料质量	防水涂料和胎体增强材料必须符合设计要求	检查出厂合格证、质量检验报告和现场抽样复验报告	按屋面面积每 100 m² 抽查 1 处，且不得少于 3 处
2	涂膜防水层	涂膜防水层不得有渗漏或积水现象	雨后或淋水、蓄水检验	
3	防水细部构造	涂膜防水层在天沟、檐沟、檐口、水落口、泛水、变形缝和伸出层面防水构造，必须符合设计要求	观察和检查隐藏工程验收记录	

2）一般项目检验：涂膜防水屋面一般项目检验见表 7-52。

表 7-52 涂膜防水屋面一般项目检验

序号	项目	合格质量标准	检验方法	检查数量
1	涂膜施工	涂膜防水层与基层应黏结牢固，表面平整，涂刷均匀，无流淌、褶皱、鼓泡、露胎体和翘边等缺陷	观察检查	全数检查
2	涂膜保护层	涂膜防水层上的撒布材料或浅色涂料保护层应铺撒或涂抹均匀，粘结牢固；水泥砂浆、块材或细石混凝土保护层与涂膜防水层间应设置隔离层；刚性保护层的分隔缝留置应符合设计要求		
3	涂膜厚度及最小厚度	涂膜防水层的平均厚度应符合设计要求，最小厚度应不小于设计厚度的 80%	针测法或取样量测	按屋面面积每 100 m² 抽查 1 处，每处 10 m²，且不得少于 3 处

3. 细石混凝土刚性防水屋面工程

（1）施工工艺。

施工工艺流程：清理基层→找坡→做找平层→做隔离层→弹分割缝线→安装分隔缝木条、支边模板→绑扎防水层钢筋网片→浇筑细石混凝土→养护→分隔缝、变形缝等细部构造密封处理。

1）基层处理：刚性防水层的基层宜为整体现浇钢筋混凝土板或找平层，应为结构找坡或找平层找坡。

2）做隔离层：

①为了缓解基层变形对刚性防水层的影响，在细石混凝土防水层与基层之间设置隔离层，依据设计可采用干铺无纺布、塑料薄膜或者低强度等级的砂浆。

②采用低强度等级的砂浆的隔离层表面应压光，施工后的隔离层应表面平整光洁，厚薄一致，并具有一定的强度。在浇筑细石混凝土前，应做好隔离层成品保护工作，不能踩踏破坏，待隔离层干燥，并具有一定的强度后，细石混凝土防水层方可施工。

3）设置分格缝：细石混凝土防水层的分格缝，应设在变形较大和较易变形的屋面板的支承端、屋面转折处、防水层与突出屋面结构的交接处，并应与板缝对齐，其纵横间距应控制在 6 m 以内。分格缝的宽度应不大于 40 mm，且不小于 10 mm。

4）绑扎钢筋网片：

①钢筋网片可采用Φ 4～Φ 6 mm 冷拔低碳钢丝，间距为 100～200 mm 的绑扎或点焊的双向钢筋网片。钢筋网片应放在防水层中上部，绑扎钢丝收口应向下弯，不得露出防水层表面。钢筋的保护层厚度不应小于 10 mm，钢丝必须调直。

②钢筋网片要保证位置的正确性并且必须在分格缝处断开，可采用如下方法施工：将分格缝木条开槽、穿筋，使钢丝调直拉伸并固定在屋面周边设置的临时支座上，待混凝土浇筑完毕，强度达到 50%时，取出木条，剪断分格缝处的钢丝，然后拆除支座。

5）浇筑细石混凝土：

①防水层的细石混凝土宜用普通硅酸盐水泥或硅酸盐水泥，用矿渣硅酸盐水泥时应采取减少泌水性措施，水泥强度等级不宜低于 32.5 级，不得使用火山灰质水泥。

②混凝土浇筑应按照由远而近，先高后低的原则进行。在每个分格内，混凝土应连续浇筑，不得留施工缝。

③待混凝土收水初凝后，用铁抹子进行第一次抹压，混凝土终凝前进行第二次抹压，使混凝土表面平整、光滑、无抹痕。抹压时严禁在表面洒水、加干水泥或水泥浆。

6）养护：细石混凝土终凝后（12～24 h）应养护，养护时间不应少于 14 d，养护初期禁止上人。

7）密封防水处理。分格缝、变形缝、交接处等细部嵌填密封材料，进行柔性密封防水处理。

8）防水层内应避免埋设过多管线等。

（2）质量检查与验收。

1）主控项目检验：细石混凝土刚性防水屋面主控项目检验见表 7-53。

表 7-53　细石混凝土刚性防水屋面主控项目检验

序号	项目	合格质量标准	检验方法	检查数量
1	材料质量 配合比	细石混凝土的原材料及配合比必须符合设计要求	检查出厂合格证、质量检验报告、计量措施和现场抽样复验报告	按屋面面积每 100 m² 抽查一处，每处不得少于 10 m²，且不得少于 3 处
2	细石混凝土防水层	细石混凝土防水层不得有渗漏或积水现象	雨后或淋水、蓄水检验	
3	细部防水构造	细石混凝土防水层在天沟、檐口、水落口、泛水、变形缝和伸出屋面管道的防水构造，必须符合设计要求	观察检查和检查隐蔽工程验收记录	

2）一般项目检验：细石混凝土刚性防水屋面一般项目检验见表 7-54。

表 7-54　细石混凝土刚性防水屋面一般项目检验

序号	项目	合格质量标准	检验方法	检查数量
1	防水层施工表面质量	细石混凝土防水层应表面平整、压实抹光，不得有裂缝，起壳、起砂等缺陷	观察检查	同主控项目
2	防水层厚度和钢筋位置	细石混凝土防水层的厚度和钢筋位置应符合设计要求	观察和尺量检查	
3	分格缝位置和间距	细石混凝土分格缝的位置和间距应符合设计要求		
4	表面平整度允许偏差	细石混凝土防水层表面平整度的允许偏差为 5 mm	用 2 m 靠尺和楔形塞尺检查	

二、地下防水工程

1. 防水混凝土防水层

(1) 施工工艺。

防水混凝土施工工艺流程为：作业准备 → 混凝土搅拌 → 运输 → 混凝土浇筑 → 养护。

1) 混凝土搅拌：搅拌投料顺序：石子 → 砂 → 水泥 →掺入膨胀剂 → 水。

2) 运输：混凝土运输供应保持连续均衡，间隔不应超过 1.5 h，夏季或运距较远可适当掺入缓凝剂，一般掺入 2.5‰～3‰木钙为宜。运输后如出现离析，浇筑前进行二次拌和。

3) 混凝土浇筑：应连续浇筑，宜不留或少留施工缝。防水混凝土连续浇筑每 500 m^3 应留置一组抗渗试件，一组 6 块。

①底板一般按设计要求不留施工缝或留在后浇带上。

②墙体水平施工缝留在高出底板表面不少于 200 mm 的墙体上，墙体如有孔洞，施工缝距孔洞边缘不宜少于 300 mm，施工缝形式宜用凸缝（墙厚大于 30 cm）或阶梯缝、平直缝加金属止水片（墙厚小于 30 cm），施工缝宜做企口缝并用止水条处理垂直施工缝宜与后浇带、变形缝相结合。

③在施工缝上浇筑混凝土前，应将混凝土表面凿毛，清除杂物，冲净并湿润，再铺一层 2～3 cm 厚水泥砂浆（即原配合比去掉石子）或同一配合比的减石子混凝土，浇筑第一步其高度为 40 cm，以后每步浇筑 50～60 cm，严格按施工方案规定的顺序浇筑。混凝土自高处自由倾落不应大于 2 m，否则，应采用串桶、溜槽下落。

④应用机械振捣，以保证混凝土密实，振捣时间一般 10s 为宜，不应漏振或过振，振捣延续时间应使混凝土表面浮浆无气泡，不下沉为止。铺灰和振捣应选择对称位置开始，防止模板走动，结构断面较小，钢筋密集的部位严格按分层浇筑、分层振捣的要求操作，浇筑到最上层表面，必须用木抹找平，使表面密实平整。

4) 养护：常温（20～25℃）浇筑后 6～10 h 覆盖浇水养护，要保持混凝土表面湿润，养护不少于 14 d；后浇带浇筑后养护时间不少于 28 d。

5) 冬期施工：水和砂应根据冬期施工方案规定加热，应保证混凝土入模温度不低于 5℃，采用综合蓄热法保温养护，冬期施工掺入的防冻剂应选用经认证的产品。拆模时混凝土表面温度与环境温度差不大于15℃。

（2）质量检查与验收。

1）主控项目检查：地下防水工程防水混凝土防水层主控项目检查标准见表7-55。

表7-55　地下防水工程防水混凝土防水层主控项目检查

序号	项目	合格质量标准	检验方法	检验数量
1	原材料、配合比坍落度	防水混凝土的原材料、配合比及坍落度必须符合设计要求	检查出厂合格证、质量检查报告、计量措施和现场抽样试样报告	按混凝土外露面积每100 m^{2}抽查1处，每处10 m^2，且不得少于3处
2	抗压强度、抗渗压力	防水混凝土的抗压强度和抗渗压力必须符合设计要求	检查混凝土抗压、抗渗试验报告	按混凝土外露面积每100 m^{2}抽查1处，每处10 m^2，且不得少于3处
3	细部做法	防水混凝土的变形缝、施工缝、后浇带、穿墙管道、埋设件等设置和构造，均需符合设计要求，严禁有渗漏	观察检查和检查隐蔽工程验收记录	全数检查

2）一般项目检查：地下防水工程防水混凝土防水层一般项目检查标准见表7-56。

表7-56　地下防水工程防水混凝土防水层一般项目检查

序号	项目	合格质量标准	检验方法	检验数量
1	表面质量	防水混凝土结构表面应坚实、平整，不得有露筋、蜂窝等缺陷；埋设件位置应正确	观察和尺量检查	按混凝土外露面积每100 m^{2}抽查1处，每处10 m^2，且不得少于3处
2	裂缝宽度	表面的裂缝宽度应不大于0.2 mm，并不得贯通	用刻度放大镜检查	全数检查
3	防水混凝土结构厚度及迎水面钢筋保护层厚度	防水混凝土结构厚度应不小于250 mm，其允许偏差为＋15 mm、－10 mm；迎水面钢筋保护层厚度应不小于50 mm，其允许偏差为±10 mm	尺量检查和检查隐蔽工程验收记录	按混凝土外露面积每100 m^{2}检查1处，每处10 m^2，且不得少于3处

2. 水泥砂浆防水层

（1）施工工艺。

1）基层处理：

①混凝土墙面如有蜂窝及松散的混凝土，要剔掉，用水冲刷干净，然后用1∶3水泥砂浆抹平或用1∶2干硬性水泥砂浆捻实。表面油污应用10%火碱水溶液刷洗干净，混凝土表面应凿毛。经处理后的基层表面应坚实、平整、粗糙。

②砖墙抹防水层时，必须在砌砖时划缝，深度为10～12 mm，穿墙预埋管露出基层，在其周围剔成20～30 mm宽，50～60 mm深的槽，用1∶2干硬性水泥砂浆捻实。管道穿墙应按设计要求做好防水处理，并办理隐检手续。

2）混凝土墙抹水泥砂浆防水层：

①刷水泥素浆：配合比为水泥：水：防水油=1：0.8：0.025（重量比），先将水泥与水拌和，然后再加入防水油搅拌均匀，再用软毛刷在基层表面涂刷均匀，随即抹底层防水砂浆。

②刷底层砂浆：用1：2.5水泥砂浆，加水泥重3%～5%的防水粉，水灰比为0.6～0.65，稠度为7～8 cm。先将防水粉和水泥、砂子拌匀后，再加水拌和。搅拌均匀后进行抹灰操作，底灰抹灰厚度为5～10 mm，在灰末凝固之前用扫帚扫毛。砂浆要随拌随用。拌和及使用砂浆时间不宜超过60 min，严禁使用过夜砂浆。

③刷水泥素浆：在底灰抹完后，常温时隔1 d，再刷水泥素浆，配合比及做法与第一层相同。

④抹面层砂浆：刷过素浆后，紧接着抹面层，配合比同底层砂浆，抹灰厚度在5～10 mm，凝固前要用木抹子搓平，用铁抹子压光。

⑤刷水泥素浆：面层抹完后1 d刷水泥素浆一道，配合比为水泥：水：防水油=1：1：0.03（重量比），做法和第一层相同。

3）砖墙抹水泥砂浆防水层：

①基层浇水湿润：抹灰前一天用水管把砖墙浇透，第二天抹灰时再把砖墙洒水湿润。

②抹底层砂浆：配合比为水泥：砂=1：2.5，加水泥重3%的防水粉。先用铁抹子薄薄刮一层，然后再用木抹子上灰，搓平，压实表面并顺平。抹灰厚度为6～10 mm。

③抹水泥素浆：底层抹完后1～2 d，将表面浇水湿润，再抹水泥防水素浆，掺水泥重3%的防水粉。先将水泥与防水粉拌和，然后加入适量水搅拌均匀，用铁抹子薄薄抹一层，厚度在1 mm左右。

④抹面层砂浆：抹完水泥素浆之后，紧接着抹面层砂浆，配合比与底层相同，先用木抹子搓平，后用铁抹子压实、压光。抹灰厚度6～8 mm。

⑤刷水泥素浆：面层抹灰1 d后，刷水泥素浆，配合比为水泥：水：防水油=1：1：0.03（重量比），方法是先将水泥与水拌匀后，加入防水油再搅拌均匀，用软毛刷子将面层均匀涂刷一遍。

4）地面抹水泥砂浆防水层：

①清理基层：将垫层上松散的混凝土、砂浆等清洗干净，凸出的鼓包剔除。

②刷水泥素浆：配合比为水泥：防水油=1：0.03（重量比），加上适量水拌和成粥状，铺摊在地面上，用扫帚均匀扫一遍。

③抹底层砂浆：底层用1：3水泥砂浆，掺入水泥重3%～5%的防水粉。拌好的砂浆倒在地上，用杠尺刮平，木抹子顺平，铁抹子压一遍。

④刷水泥素浆：常温间隔1 d后刷水泥素浆一道，配合比为水泥：防水油=1：0.03（重量比）加适量水。

⑤抹面层砂浆：刷水泥素浆后，接着抹面层砂浆，配合比及做法同底层。

⑥刷水泥素浆：面层砂浆初凝后刷最后一遍素浆（不要太薄，以满足耐磨的要求），配合比为水泥：防水油=1：0.01（重量比），加适量水，使其与面层砂浆紧密结合在一起，并压光、压实。

⑦养护：待地面有一定强度后，表面盖麻袋或草袋经常浇水湿润，养护时间视气温条件决定，一般为7 d，矿渣硅酸盐水泥不应少于14 d，此期间不得受静水压作用。

冬期养护环境温度不宜低于5℃。

5）抹灰程序，接槎及阴阳角做法：抹灰程序，一般先抹立墙后抹地面。槎子不应甩在阴阳角处，各层抹灰槎子不得留在一条线上，底层与面层搭槎在15～20 cm，接槎时要先刷水泥防水素浆。所有墙的阴角都要做半径50 mm的圆角，阳角做成半径为10 mm的圆角。地面上的阴角都要做成50 mm以上的圆角，用阴角抹子压光、压实。

6）五层做法总厚度控制在20 mm左右。多层做法宜连续施工，各层紧密结合，不留或少留施工缝，如必须留时应留成阶梯槎，接槎要依照层次顺序操作，层层搭接紧密，接槎位置均需离开阴角处200 mm以上。

（2）质量检查与验收。

1）主控项目检验：地下防水工程水泥砂浆防水层主控项目检查标准见表7-57。

表7-57 地下防水工程水泥砂浆防水层主控项目检查

序号	项目	合格质量标准	检验方法	检验数量
1	原材料及配合比	水泥砂浆防水层的原材料及配合比必须符合设计要求	检查出厂合格证、质量检验报告、计量措施和现场抽样试验报告	按施工面积每100 m²抽查1处，每处10 m²，且不得小于3处
2	结合牢固	水泥砂浆防水层各层之间必须结合牢固，无空鼓现象	观察和用小锤轻击检查	

2）一般项目检验：地下防水工程水泥砂浆防水层一般项目检查标准见表7-58。

表7-58 地下防水工程水泥砂浆防水层一般项目检查

序号	项目	合格质量标准	检验方法	检验数量
1	表面质量	水泥砂浆防水层表面应密实、平整，不得有裂纹、起砂、麻面等缺陷；阴阳角处应做成圆弧形	观察检查	按施工面积每100 m²抽查1处，每处10 m²，且不得少于3处
2	留槎和接槎	水泥砂浆防水层施工缝留槎位置应正确，接槎应按层次顺序操作，层层搭接紧密	观察检查和检查隐蔽工程验记录	
3	厚度	水泥砂浆防水层的平均厚度应符合设计要求，最小厚度不得小于设计值的85%	观察和尺量检查	

3. 卷材防水层

地下防水卷材的设置与施工宜采用外防外贴法。与外防内贴法相比，防水层受结构沉降变形影响小，但外防外贴法需要在地下室外墙外侧有一定的操作面。

（1）施工工艺。

①底板：采用满粘滚铺法。

施工顺序：基层清理→放线→阴阳角及抗浮锚杆根部处铺贴防水卷材附加层→大面铺贴防水卷材（包括砖胎模立面）→油毡隔离层→C20细石混凝土保护层→底板钢筋绑扎→底板混凝土浇筑。

②侧墙：自下而上满粘法铺贴。

施工顺序：基层清理→抹普通防水砂浆→放线→穿墙套管处理及阴阳角处铺贴防水卷材附加层→下部防水卷材与底板甩槎粘接→自下而上粘每幅防水卷材→清理甩槎防水卷材→密封收口→保护层→基坑回填土。

③顶板：采用满粘法铺贴。

施工顺序：基层清理→抹普通防水砂浆→放线→穿顶板套管处理及阴阳角处铺贴防水卷材附加层→顶板铺贴防水卷材并与立墙处铺贴的防水卷材端部粘接→C20 细石混凝土保护层。

地下卷材防水层的细石混凝土保护层厚度不少于 40 mm；防水层在做保护结构前，应保持地下水位低于卷材底部不少于 300 mm。

（2）质量检查与验收。

1）主控项目检验：地下防水工程卷材防水层主控项目检查标准见表 7-59。

表 7-59　地下防水工程卷材防水层主控项目检查

序号	项目	合格质量标注	检验方法	检验数量
1	材料要求	卷材防水层所用卷材及主要配套材料必须符合设计要求	检查出厂合格证、质量检验报告和现场抽样试验报告	按铺贴面积每 100 m^2 抽查一处，每处 10 m^2，且不得少于 3 处
2	细部做法	卷材防水层及其转角处、变形缝、穿墙管道等细部做法均需符合设计要求	观察检查和检查隐蔽工程验收记录	

2）一般项目检验：地下防水工程卷材防水层一般控项目检查标准见表 7-60。

表 7-60　地下防水工程卷材防水层一般项目检查

序号	项目	合格质量标注	检验方法	检验数量
1	基层	卷材防水层的基层应牢固，基面应洁净、平整，不得有空鼓、起砂和脱皮现象；基层阴阳角处应做成圆弧形	观察检查和检查隐蔽工程验收记录	按铺设面积，每 100 m^2 抽查 1 处，每处 10 m^2，且不得少于 3 处
2	搭接处	卷材防水层的搭接缝应黏（焊）结牢固，密封严密，不得有皱折、翘边和鼓泡等缺陷	观察检查	
3	保护层	侧墙卷材防水层的保护层与防水层应黏结牢固，结合紧密、厚度均匀一致		
4	卷材搭接宽度的允许偏差	卷材搭接宽度的允许偏差为－10 mm	观察和尺量检查	

4. 涂膜防水层

（1）施工工艺。

1）聚氨酯防水：聚氨酯防水施工工艺流程为：清理基层→细部附加层处理→第一遍涂膜防水层→第二遍涂膜防水层→第三遍、第四遍涂膜防水层→平面涂层做保护→平面细石混凝土保护层→立墙涂层做软保护。

①清理基层。涂膜防水层施工前，先将基层表面的杂物、灰浆硬块、砂粒、灰尘

等完全清扫干净，再用干净的湿布擦一次。经检查基层表面平整、无起砂、孔洞等缺陷，方可进行下道工序。

②细部做附加涂膜层。穿墙管、阴阳角、变形缝等细部薄弱环节，应在大面积涂刮防水层前，做好各细部附加层的涂膜施工。

③第一遍涂膜施工。以单组分聚氨酯防水涂料用塑料或橡胶刮板在基层表面均匀刮涂，要求厚度一致，不得有漏刮、堆积、鼓泡等缺陷。刮涂量 0.6～0.8 kg/m²，待涂膜实干后进行下一遍涂膜施工。

④第二遍涂膜施工。在第一遍涂膜固化后的涂层上，采用与第一道涂层相互垂直的方向均匀涂刮单组分聚氨酯涂料，刮涂量和第一遍相同。第一遍与第二遍涂刮间隔不小于 24 h。

⑤第三遍、第四遍涂膜施工和撒干净砂粒。刮涂第三遍涂膜的作业要求与第二遍相同，涂刮方向应与其垂直。第四遍涂刮涂料与前一遍相同，方向相反。在第四遍涂膜未固化前，在其表面及时稀撒砂粒。多遍涂刷涂料的涂膜总厚度应不小于 2 mm。

⑥涂膜保护层。单组分聚氨酯防水涂料施工结束，应及时做好保护层。涂膜保护层的要求如下：

a. 底板、顶板应采用 20 mm 厚 1∶2.5 水泥砂浆层和 40～50 mm 厚的细石混凝土保护层，顶板防水层与保护层之间宜设置隔离层。

b. 立墙背水面应采用 20 mm 厚 1∶2.5 水泥砂浆层保护。

c. 立墙迎水面宜选用软保护层（粘贴聚苯泡沫塑料板或聚乙烯泡沫片材）；或抹 20 mm 厚 1∶2.5 水泥砂浆层保护。

⑦当地下室采用外防外涂法施工时，应先涂刮平面，后涂立面，平面与立面交接处应交叉搭接。防水涂料不应涂在永久性保护墙上。

2）水泥基渗透结晶型防水。

①清理基层。清除混凝土表面的有机物、油漆、油污、其他黏结物。

②润湿基层。用水充分润湿处理过的混凝土基层，达到湿润但表面无明水。

③制备涂料。水泥基渗透结晶型防水涂料与洁净水调和，配合比应符合相关的要求。将计量准确的粉料和水倒入容器内，用手持电动搅拌器充分搅拌 3～5 min，达到料浆混合均匀。每次应按需备料，不宜过多。按一次使用 30 min 内用完为准，使用中严禁再加水。

④涂刷作业。以专用的半硬尼龙刷涂刷，涂刷时要反复用力，使凹凸处都能涂刷到位。

⑤检查防水层和修补。

a. 检查涂层有无爆皮现象，若有应先铲除爆皮，做基面处理，再用涂料涂刷补修。

b. 返修部位的基面，仍须保持潮湿，必要时做喷水处理后再修补作业。

⑥养护。净水养护，使用喷雾器均匀喷水。每天 3～5 次，水量视混凝土终凝后或湿度状况而定。养护时间为 2～3 d，严禁用大量水冲洗。

（2）质量检查与验收。

1）主控项目检查：地下防水工程涂料防水层主控项目检查标准见表7-61。

表7-61 地下防水工程涂料防水层主控项目检查

序号	项目	合格质量标准	检验方法	检验数量
1	材料及配比	涂料防水层所用材料及配合比必须符合设计要求	检查出厂合格证、质量检验报告、计量措施和现场抽样试验报告	按所刷涂料面积的1/10进行抽查，每处检查10 m²，且不得少于3处
2	细部做法	涂料防水层及其转角处、变形缝、穿墙管道等细部做法均需符合设计要求	观察检查和检查隐蔽工程验收记录	

2）一般项目检查：地下防水工程涂料防水层一般项目检查标准见表7-62。

表7-62 地下防水工程涂料防水层一般项目检查

序号	项目	合格质量标准	检验方法	检验数量
1	基层质量	涂料防水层的基层应牢固，基面应洁净，平整，不得有空鼓、松动、起砂、脱皮现象；基层阴阳角处应做成圆弧形	观察检查和检查隐蔽工程验收记录	按所刷涂料面积的1/10进行抽查，每处检查10 m²，且不得少于3处
2	表面质量	涂料防水层应与基层黏结牢固，表面平整、涂料均匀，不得有流淌、褶皱、鼓泡、露胎体和翘边等缺陷	观察检验	
3	涂料防水层厚度	涂料防水层的平均厚度应符合设计要求，最小厚度不得小于设计厚度的80％	针测法或割取20 mm×20 mm实样用卡尺测量	
4	保护层与防水层黏结	侧墙涂料防水层的保护层与防水层黏结牢固，结合紧密，厚度均匀一致	观察检查	

三、厨房、卫生间防水

厨房、卫生间往往施工面积小，穿墙管道多，设备多，阴阳转角复杂，适宜采用涂膜防水材料。目前常用的有聚胺酯和氯丁橡胶乳沥青这两种。厨房、卫生间楼层结构应采用现浇混凝土板，楼板四周外墙上除门洞外，应作混凝土翻边，与楼板浇成整体，高出楼板面不应小于120mm。

1. 聚胺酯涂膜防水地面

聚胺酯涂膜防水材料是双组分化学反应固化形成的高弹性防水涂料，多以甲、乙双组分形式使用。

（1）施工工艺。

1）基层处理：防水基层必须用1∶3的水泥砂浆找平，要求抹平压光，表面坚实，不应有起砂、掉灰现象。找平层的坡度以1％～2％为宜，凡遇到阴、阳角处，要抹成半径不小于10mm的小圆弧。基层必须基本干燥。

2）清理基层：将基层表面的突出物、砂浆疙瘩等异物铲除，并进行彻底清扫干净。

3）涂布底胶：将聚胺酯甲、乙组分和二甲苯按1∶1.5∶2的比例配合（质量比）配合搅拌匀，再用小滚刷均匀涂布在基层表面上。干燥4h以上，才能进行下一道工序。

4）配制聚胺酯涂膜防水涂料：将聚胺酯甲、乙组分和二甲苯按 1：1.5：0.3 的比例配合，用电动搅拌器强力搅拌均匀备用。涂料应随配随用，一般在 2h 内用完。

5）涂膜防水层施工：用小滚刷或油漆刷将已配好的防水混合物材料均匀涂布在底胶已干固的基层上。涂膜的总厚度不小于 1. 5mm 为合格。涂完第一度涂膜后，一般需固化 5h 以上，在基本不粘手时，再按上述方法涂布第二度、三度、四度涂膜，并使后一度与前一度的涂布方向相垂直。在涂刷最后一度涂膜固化前及时稀撒少许干净的粒径为 2～3mm 的小豆石，使其与涂膜防水层粘接牢固，作为与水泥砂浆保护层粘接的过渡层。

6）作好保护层：防水层完全固化和通过蓄水试验并检验合格后，即可铺设一层厚度为 15～25mm 的水泥砂浆保护层，然后可根据设计要求铺设饰面层。

（2）质量控制。

1）防水材料的技术性能应符合设计要求或标准规定，并应附有质量证明文件和现场取样进行检验的试验报告以及其他有关质量的证明文件。

2）涂膜厚度应均匀一致，总厚度不应小于 1.5mm。

3）涂膜防水层必须均匀固化，不应有明显凹坑、气泡和渗漏水的现象。

2. 氯丁橡胶乳沥青涂膜防水地面

（1）施工工艺。

1）基层处理：与聚胺酯涂膜防水施工相同。

2）附加层施工：阴角、管子根部和地漏等部位必须先铺一布二油进行附加补强处理。待干燥后，再按要求进行一布四油施工。

3）一布四油施工：在基层上均匀涂刷第一遍涂料，待涂料表面干燥后（4h 以上），铺贴玻璃纤维布或聚酯纤维无纺布，接着涂刷第二遍涂料，施工时可边铺边涂刷涂料。聚酯纤维无纺布的搭接宽度不应小于 70mm。然后再涂刷第二遍涂料，干燥（24h 以上）后，再均匀涂刷第三遍涂料，再待表面干澡（4h 以上）后涂刷第四遍涂料。

4）蓄水试验：第四遍涂料涂刷干燥（24h 以上）后，方可进行蓄水试验，蓄水高度一般为 50～100mm，蓄水时间 24～48h，当无渗漏现象时，方可进行刚性保护层施工。

（2）质量控制。

1）水泥砂浆找平层做完后应对其平整度、坡度和干燥程度进行预验收。

2）防水涂料应有产品质量证明书以及现场怪样的复检报告。

3）防水涂膜不得有起鼓、裂纹、孔洞等缺陷。未端收头部位应粘贴牢固，封闭严密，形成一个整体的防水层。

第六节　装饰装修工程

一、抹灰工程

抹灰工程按面层做法不同分一般抹灰和装饰抹灰。其底层和中层的做法基本相同。主要区别是采用面层材料及施工方法不同。一般抹灰的面层材料包括水泥砂浆、混合砂浆、白灰砂浆；装饰抹灰主要包括拉毛灰、搓毛灰、弹涂、滚涂、水刷石、斩假石、水磨石等。正常情况下，墙体抹灰应在砌筑完成至少45天后进行。

1. 一般抹灰工程

（1）施工工艺。

抹灰工程的施工顺序应先室外后室内，先上部后下部，同一层的室内抹灰施工，一般采用先天棚再墙面后地面的顺序。抹灰一般分三层，即底层、中层和面层。

1）内墙面抹灰：

①工艺流程：基层处理→浇水湿润→找规矩、做灰饼→设置标筋→阳角护角→抹底层灰、中层灰→抹窗台板、踢脚线→罩面层灰→清理。

②施工要点：一般抹灰工程施工操作要点见表7-64。

表7-64　一般抹灰工程施工操作要点

工序	操作要点
基层处理	(1) 不同材料基体的交接处应采取防开裂措施，如铺钉金属网，金属网与各基体的搭接宽度不应小于100 mm (2) 砖墙基层处理：首先清理基层表面浮灰、砂浆、泥土等杂物，再进行墙面浇水湿润。浇水时应从墙上部缓慢浇下，防止墙面吸水处于饱和状态 (3) 混凝土墙基层处理：对光滑的混凝土表面进行凿毛处理，还可采用甩浆法，刷界面处理剂 (4) 轻质混凝土基层处理：钉铁丝网，网孔为1 cm×1 cm，然后在网格上抹灰。也可以在基层刷上一道增强黏结力的封闭层，再抹灰
找规矩	用一面墙做基准，先用方尺规方，如房间面积较大，在地面上先弹出十字中心线，再按墙面基层的平整度在地面弹出墙角线，随后在距墙阴角100 mm处吊垂线并弹出垂直线，再按地上弹出的墙角线往墙上翻引，弹出阴角两面墙上的墙面抹灰层厚度控制线，以此确定标准灰饼厚度
做灰饼	在墙面距地1.5 m左右的高度，距墙面两边阴角100～200 mm处，用1∶3水泥砂浆或1∶3∶9水泥石灰砂浆，各做一个50 mm×50 mm的灰饼，再用托线板或线锤以此饼面挂垂直线，在墙面的上下各补做两个灰饼，灰饼离顶棚及地面距离150～200 mm，再用钉子钉在左右灰饼两头接缝里，用小线拴在钉子上拉横线，沿线每隔1.2～1.5 m补做灰饼
抹标筋	要求高出灰饼面5～10 mm。然后用刮尺紧贴灰饼左上右下地来回搓刮，直到标筋面与灰饼面齐平为止
护角	(1) 在抹大面前进行，用1∶2水泥砂浆在室内的门窗洞口及墙面、柱子的阳角处做护角 (2) 护角高度不低于2 m，每侧宽度不小于50 mm
抹窗台、踢脚板	(1) 应分层抹灰，窗台用1∶3水泥砂浆打底，表面划毛，养护1 d (2) 刷素水泥浆一道，抹1∶2.5水泥砂浆罩面灰，原浆压光
抹底灰、中灰	(1) 待标筋有了一定强度后，洒水湿润墙面，然后在两筋之间用力抹上底灰，用木抹子压实搓毛 (2) 底灰要略低于标筋。待底灰干至六七成后，即可抹中灰。抹灰厚度稍高于标筋，再用木杆按标筋刮平，紧接着用木抹子搓压，使表面平整密实 (3) 抹灰用的石膏熟化期不应少于15 d
抹罩面灰	底子灰终凝后，方可抹罩面灰。罩面用的磨细石灰粉常温下熟化期不应少于3 d

2）外墙面抹灰：

①工艺流程：基层处理→浇水湿润→找规矩、做灰饼、标筋→抹底灰、中灰→弹分格线、嵌分格条→抹面灰→起分格条→做滴水线→养护。

②施工要点：

a. 基层处理：砖墙凹凸处用 1∶3 水泥砂浆填平或剔凿平整，脚手架孔洞堵眼填实，清理墙面污物，混凝土墙面光滑处进行凿毛。

b. 弹分格线、嵌分格条。待中灰干至六七成时，按要求弹出分格线，镶嵌分格条。分格条两侧用素水泥浆（最好掺 107 胶）与墙面抹成 45°，横平竖直，接头平直。

c. 做滴水线。窗台、雨篷、压顶、檐口等部位，应先抹立面，后抹顶面，再抹底面。顶面应抹出流水坡度，为便于排水，底面外沿边应做出滴水线槽，滴水线槽一般深度和宽度＞10 mm。窗台上面的抹灰层应伸入窗框下坎的裁口内，堵塞密实。

d. 拆除分格条。拆除分格条的时间可在面灰抹好之后。若采用"隔夜条"的罩面层，必须待面层砂浆达到适当强度后方可拆除。

（2）质量标准。

1）主控项目检验：一般抹灰主控项目检验见表 7-65。

表 7-65　一般抹灰主控项目检验

项次	项目内容	合格质量要求	检查方法	检查数量
1	基层表面	抹灰前基层表面的尘土、污垢、油渍等应清除干净，并应洒水润湿	检查施工记录	（1）室内每个检验批应至少抽查 10%，并不得少于 3 间，不足 3 间时应全数检查；
2	材料品种和性能	一般抹灰所用材料的品种和性能应符合设计要求。水泥的凝结时间和安定性复验应合格。砂浆的配合比应符合设计要求	检查产品合格证书、进场验收记录、复验报告和施工记录	
3	操作要求	抹灰工程应分层进行。当抹灰总深度大于或等于 35 mm 时，应采取加强措施。不同材料基体交接处表面的抹灰，应采取防止开裂的加强措施，当采用加强网时，加强网与各基体的搭接宽度不应小于 100 mm	检查隐蔽工程验收记录和施工记录	（2）室外每个检验批每 100 m² 应至少抽查 1 处，每处不得少于 10 m²
4	层黏结及面层质量	抹灰层与基层之间及各抹灰层之间必须黏结牢固，抹灰层应无脱层、空鼓，面层应无爆灰和裂缝	观察；用小锤轻击检查，检查施工记录	

2）一般项目检验：一般抹灰的一般项目检验见表 7-66，一般项目抹灰的允许偏差和检验方法见表 7-67。

表 7-66 一般抹灰的一般项目检验

序号	项目	合格质量标准	检验方法	检查数量
1	表面质量	(1) 普通抹灰表面应光滑、洁净、接搓平整，分格缝应清晰 (2) 高级抹灰表面应光滑、洁净、颜色均匀、无抹纹，分格缝和灰线应清晰美观	观察；手摸检查	同主控项目
2	细部质量	护角、孔洞、槽、盒周围的抹灰表面应整洁、光滑，管道后面的抹灰表面应平整	观察	
3	层总厚度及层间材料	抹灰层的总厚度应符合设计要求；水泥砂浆不得抹在石灰砂浆层上，罩面石膏灰不得抹在水泥砂浆层上	检查施工记录	
4	分格缝	抹灰分格缝的设置应符合设计要求；宽度和深度应均匀，表面应光滑，棱角应整齐	观察；尺量检查	
5	滴水线（槽）	滴水线（槽）应整齐顺直，滴水线应内高外低，滴水槽的宽度和深度均应不小于 10 mm	观察；尺量检查	
6	允许偏差	一般抹灰工程质量的允许偏差和检验方法应符合表 8-79 的规定	见表 7-67	

表 7-67 一般抹灰的工程质量允许偏差和检验方法

项次	项目	允许偏差/mm		检验方法
		普通抹灰	高级抹灰	
1	立面垂直度	4	3	用 2 m 垂直检测尺检查
2	表面平整度	4	3	用 2 m 靠尺和塞尺检查
3	阴阳角方正	4	3	用直角检测尺检查
4	分格条（缝）直线度	4	3	拉 5 m 线，不足 5 m 拉通线，用钢直尺检查
5	墙裙、勒脚上口直线度	4	3	拉 5 m 线，不足 5 m 拉通线，用钢直尺检查

2. 装饰抹灰工程

（1）施工工艺。

装饰抹灰与一般抹灰的主要操作程序和施工工艺基本相同，主要区别在于装饰面层不同。由于装饰面层可采用的材料及做法种类较多，此处仅介绍其共有的施工工艺。

1）装饰抹面层应在已硬化、粗糙而平整的中层砂浆面上进行，涂抹前应洒水湿润。

2）装饰抹面层的施工缝应留在分格缝、墙面阴角，水落管背后或独立组成部分的边缘处。每个分块必须连续作业，不显接槎。

3）装饰抹灰的周围墙面、窗口等部位，应采取有效措施，进行遮挡，以防污染。

4）为使装饰抹灰的材料、配合比、面层颜色和图案符合设计要求，应预先做出样板（一个样品或标准间），经建设、设计、施工、监理四方共同鉴定合格后，方可大面积施工。

（2）质量标准。

1）主控项目检验：装饰抹灰主控项目检验见表 7-68。

表 7-68　装饰抹灰主控项目检验

项次	项目内容	合格质量要求	检查方法	检查数量
1	基层表面	抹灰前基层表面的尘土、污垢、油渍等应清除干净，并应洒水润湿	检查施工记录	(1) 室内每个检验批应至少抽查10%，并不得少于3间，不足3间时应全数检查；(2) 室外每个检验批每100 m^2 应至少抽查1处，每处不得少于10 m^2
2	材料品种和性能	一般抹灰所用材料的品种和性能应符合设计要求。水泥的凝结时间和安定性复验应合格。砂浆的配合比应符合设计要求	检查产品合格证书、进场验收记录、复验报告和施工记录	
3	操作要求	抹灰工程应分层进行。当抹灰总深度大于或等于35 mm时，应采取加强措施。不同材料基体交接处表面的抹灰，应采取防止开裂的加强措施，当采用加强网时，加强网与各基体的搭接宽度不应小于100 mm	检查隐蔽工程验收记录和施工记录	
4	层黏结及面层质量	抹灰层与基层之间及各抹灰层之间必须黏结牢固，抹灰层应无脱层、空鼓，面层应无爆灰和裂缝	观察；用小锤轻击检查，检查施工记录	

2）一般项目检验：装饰抹灰一般项目检验见表 7-69。装饰抹灰一般项目检验的允许偏差和检验方法见表 7-70。

表 7-69　装饰抹灰一般项目检验

项次	项目内容	合格质量要求	检查方法	检查数量
1	表面质量	水刷石表面应石粒清晰、分布均匀、紧密平整、色泽一致，应无掉粒和接茬痕迹。斩假石表面剁纹应均匀顺直、深浅一致，应无漏剁处；阳角处应横剁并留出宽窄一致的不剁边条，棱角应无损坏。干粘石表面应色泽一致、不露浆、不漏粘，石粒应黏结牢固、分布均匀，阳角处应无明显黑边。假面砖表面应平整、沟纹清晰、留缝整齐、色泽一致，应无掉角、脱皮、起砂等缺陷	观察，手摸检查	(1) 室内每个检验批应至少抽查10%，并不得少于3间，不足3间时应全数检查；(2) 室外每个检验批每100 m^2 应至少抽查1处，每处不得少于10 m^2
2	分格条（缝）	装饰抹灰的分格条（缝）的设置应符合设计要求，宽度和深度应均匀，表面应光滑，棱角应整齐	观察	
3	滴水线（槽）	有排水要求的部位应做滴水线（槽）。滴水线（槽）应整齐顺直，滴水线应内高外低，滴水槽的宽度和深度均不应小于10 mm	观察，尺量检查	

表 7-70　装饰抹灰一般项目检验的允许偏差和检验方法

项次	项目	允许偏差/mm				检验方法
		水刷石	斩假石	干粘石	假面砖	
1	立面垂直度	5	4	5	5	用2 m垂直检测尺检查
2	表面平整度	3	3	5	4	用2 m靠尺和塞尺检查
3	阴阳角方正	3	3	4	4	用直角检测尺检查

项次	项目	允许偏差/mm				检验方法
		水刷石	斩假石	干粘石	假面砖	
4	分格条（缝）直线度	3	3	3	3	拉5 m线，不足5 m拉通线，用钢直尺检查
5	墙裙、勒脚上口直线度	3	3	—	—	拉5 m线，不足5 m拉通线，用钢直尺检查

二、门窗工程

门窗工程按施工方式不同可分为两类：一类是在工厂预先加工拼装成型，在现场安装；另一类是在现场根据设计要求加工制作即时安装。

1. 木制门窗

门窗的安装有立口法（先立门窗框）和塞口法（后立门窗框）两种。

木制门窗质量标准为：

1）主控项目检验：木制门窗安装主控项目检验见表7-71。

表7-71　木制门窗安装主控项目检验

项次	项目内容	合格质量要求	检查方法	检查数量
1	木门窗品种、规格、安装方向位置	木门窗品种、类形、规格、开启方向、安装位置及连接方式应符合设计要求	观察；尺量检查；检查成品门的产品合格证	每个检验批应至少抽查5%；并不得少于3樘，不足3樘时应全数检查，高层建筑外窗，每个检验批应至少抽查10%，并不得少于6樘，不足6樘时应全数检查
2	木门窗框安装	木门窗框的安装必须牢固。预埋木砖的防腐处理、木门窗框固定点的数量、位置及固定方法应符合设计要求	观察；手扳检查；检查隐蔽工程验收记录和施工记录	
3	木门窗扇安装	木门窗扇必须安装牢固，并应开关灵活，关闭严密，无倒翘	观察；开启和关闭检查；手扳检查	
4	门窗配件安装	木门窗配件的型号、规格、数量应符合设计要求，安装应牢固，位置正确，功能应满足使用要求	观察；开启和关闭检查；手扳检查	

2）一般项目检验：木制门窗安装一般项目检验见表7-72。

表7-72　木制门窗安装一般项目检验的允许偏差和检验方法

项次	项目内容	合格质量要求	检查方法	检查数量
1	缝隙嵌填材料	木门窗与墙体间缝隙的填嵌材料应符合设计要求，填嵌应饱满，寒冷地区外门窗（或门窗框）与砌体间的空隙应填充保温材料	轻敲门窗框检查；检查隐蔽工程验收记录和施工记录	同主控项目

项次	项目内容	合格质量要求	检查方法	检查数量
2	批水、盖口条等细部	木门窗批水、盖口条、压缝条、密封条的安装应顺直，与门窗结合牢固、严密	观察；手扳检查	同主控项目
3	安装留缝限值及允许偏差	木门窗安装的留缝限值、允许偏差和检验方法应符合《建筑装饰装修质量验收规范》（GB 50210—2001）表 5.2.18 的规定	见建筑装饰装修质量验收规范》(GB 50210—2001）表 5.2.18	

2. 金属门窗

（1）金属门窗安装工艺。

建筑中的金属门窗主要有铝合金门窗、钢门窗和涂色钢板门窗三大类。这里主要介绍铝合金门窗安装工艺。

铝合金门窗安装一般采用塞口安装法施工。工艺流程为：弹线找规矩→门、窗洞口处理→安装连接件的检查→外观检查→按要求运至安装地点→框安装、保护→框四周嵌缝→门扇安装→清理。

（2）金属门窗质量标准。

1）主控项目检验：金属门窗主控项目检验见表 7-73。

表 7-73　金属门窗主控项目检验

项次	项目内容	合格质量要求	检查方法	检查数量
1	门窗质量	金属门窗的品种、类型、规格、尺寸、性能、开启方向、安装位置、连接形式及铝合金门窗的型材壁厚应符合设计要求。金属门窗的防腐处理及填嵌，密封处理应符合设计要求	观察，尺量检查；检查产品报告、进场验收记录和复验报告；检查隐蔽工程验收记录	每个检验批应至少抽查 5%；并不得少于 3 樘，不足 3 樘时应全数检查，高层建筑外窗，每个检验批应至少抽查 10%，并不得少于 6 樘，不足 6 樘时应全数检查
2	框和副框安装及预埋件	金属门窗框和副框的安装必须牢固。预埋件的数量、位置、埋设方式、与框的连接方式必须符合设计要求	手扳检查：检查隐蔽工程验收记录	
3	门窗扇安装	金属门窗扇必须安装牢固，并应开关灵活、关闭严密，无倒翘。推拉门窗扇必须有防脱落措施	观察：开启和关闭检查；手扳检查	
4	配件质量及安装	金属窗配件的型号、规格、数量应符合设计要求，安装应牢固，位置应正确，功能应满足使用要求	观察：开启和关闭检查；手扳检查	

2）一般项目检验：金属门窗安装一般项目检验见表 7-74。

表 7-74 金属门窗安装一般项目检验

项次	项目内容	合格质量要求	检查方法	检查数量
1	表面质量	金属门窗表面应洁净、平整、光滑、色泽一致，无锈蚀。大面应无划痕、碰伤。漆膜或保护应连续	观察	同主控项目
2	框与墙体间缝隙	金属门窗窗框与墙体之间的缝隙应填嵌饱满，并采用密封胶密封。密封胶表面应光滑、顺直，无裂纹	观察；轻敲门窗柜检查；检查隐蔽工程验收记录	
3	窗扇密封条	金属门窗扇的橡胶密封条或毛毡密封条应安装完好，不得脱槽	观察；开启和关闭检查	
4	排水孔	有排水孔的钢门窗，排水孔应畅通，位置和数量应符合设计要求	观察	
5	留缝限值和允许偏差	金属门窗安装的留缝值、允许偏差和检验方法应符合《建筑装饰装修工程质量验收规范》表 5.3.11～表 5.3.13 的规定		

三、吊顶工程

吊顶是采用悬吊方式将装饰顶棚支承于屋顶或楼板下面。

（1）施工工艺。

施工工艺流程：弹顶棚标高水平线→画分龙骨分档线→安装管线设施→安装大龙骨→安装小龙骨→防火处理→安装罩面板→安装压条。

（2）质量标准。

1）暗龙骨吊顶工程：暗龙骨吊顶工程主控项目检验标准见表 7-75；暗龙骨吊顶工程一般项目检验标准见表 7-76；暗龙骨吊顶工程安装的允许偏差和检验方法见表 7-77。

表 7-75 暗龙骨吊顶工程主控项目检验标准

序号	项目	合格质量标准	检验方法	检查数量
1	标高、尺寸、起拱、造型	吊顶标高、尺寸、起拱和造型应符合设计要求	观察：尺量检查	每个检验批应至少抽查 10%，并不得少于 3 间，不足 3 间时应全数检查
2	饰面材料	饰面材料的材质、品种、规格、图案和颜色应符合设计要求	观察：检查产品合格证书、性能检测报告、进场验收记录和复验报告	
3	吊杆、龙骨、饰面材料安装	暗龙骨吊顶工程的吊杆、龙骨和饰面材料的安装必须牢固	观察；手扳检查：检查隐蔽工程验收记录复验报告	
4	吊杆、龙骨材质	吊杆、龙骨的材质、规格、安装间距及连接方式应符合设计要求。金属吊杆、龙骨应经过表面防腐处理；木吊杆、龙骨应进行的防腐、防火处理	观察；尺量检查：检查产品合格证书、性能检测报告、进场验收记录和隐蔽工程验收记录	
5	石膏板接缝	石膏板的接缝应按其施工工艺标准进行板缝防裂处理。安装双层石膏板时，面层板与基层板的接缝应错开，并不得在同一根龙骨上接缝	观察	

表 7-76　暗龙骨吊顶工程一般项目检验标准

序号	项目	合格质量标准	检验方法	检查数量
1	材料表面质量	饰面材料表面应洁净、色泽一致、不得有翘曲、裂缝及缺损。压条应平直、宽窄一致	观察；尺量检查	同主控项目
2	灯具等设备	饰面板上的灯具、烟感器、喷淋头、风口篦子等设备的位置应合理、美观、与饰面板的交接应吻合、严密	观察	
3	龙骨、吊杆接缝	金属吊杆、龙骨的接缝应均匀一致，角缝应吻合，表面应平整，无翘曲、锤印。木质吊杆、龙骨应顺直，无劈裂、变形	检查隐蔽工程验收记录本和施工记录	
4	填充材料	吊顶内填充吸声材料的品种和铺设厚度应符合设计要求，并应有防散落措施	检查隐蔽工程验收记录和施工记录	
5	允许偏差	暗龙骨吊顶工程安装的允许偏差和检验方法应符合表 7-77 的规定	见表 7-77	

表 7-77　暗龙骨吊顶工程安装的允许偏差和检验方法

项次	项目	允许偏差/mm				检验方法
		纸面石膏板	金属板	矿棉板	木板、塑料板、格栅	
1	表面平整度	3	2	2	2	用 2 m 靠尺和塞尺检查
2	接缝直线度	3	1.5	3	3	拉 5 m 线，不足 5 m 拉通线，用钢直尺检查
3	接缝高低差	1	1	1.5	1	用钢直尺和塞尺检查

2）明龙骨吊顶工程：明龙骨吊顶工程主控项目检验标准见表 7-78；明龙骨吊顶工程一般项目检验标准见表 7-79。

表 7-78　明龙骨吊顶工程主控项目检验标准

序号	项目	合格质量标准	检验方法	检查数量
1	吊杆标高起拱及造型	吊顶标高、尺寸、起拱和造型应符合设计要求	观察：尺量检查	每个检验批应至少抽查 10%，并不得少于 3 间；不足 3 间时应全数检查
2	饰面材料	饰面材料的材质、品种、规格、图案和颜色应符合设计要求。当饰面材料为玻璃板时，应使用安全玻璃或采取可靠的安全措施	观察：检查产品合格证书、性能检测报告和进场验收记录	
3	饰面材料安装	饰面材料的安装应稳固严密。饰面材料与龙骨的搭接宽度应大于龙骨受力面宽度的 2/3		
4	吊杆、龙骨材质	吊杆、龙骨的材质、规格、安装间距及连接方式应符合设计要求。金属吊杆、龙骨应进行表面防腐处理；木龙骨应进行防腐、防火处理	观察：尺量检查；检查产品合格证书、进场验收记录和隐蔽工程验收记录	
5	吊杆、龙骨安装	明龙骨吊顶工程的吊杆和龙骨安装必须牢固	手扳检查：检查隐蔽工程验收记录和施工记录	

表 7-79　明龙骨吊顶工程一般项目检验标准

序号	项目	合格质量标准	检验方法	检查数量
1	饰面材料表面质量	饰面材料表面应洁净、色泽一致，不得有翘曲、裂缝及缺损。饰面板与明龙骨的搭接应平整、吻合，压条应平直、宽窄一致	观察；尺量检查	同主控项目
2	灯具等设备	饰面板上的灯具、烟感器、喷淋头、风口篦子等设备的位置应合理		
3	龙骨接缝	金属龙骨的接缝应平整、吻合、颜色一致，不得有划伤、擦伤等表面缺陷。木质龙骨应平整、顺直，无劈裂	观察	
4	填充材料	吊顶内填充吸声材料的品种和铺设厚度应符合设计要求，并应有防散落措施	检查隐蔽工程验收记录和施工记录	
5	允许偏差	明龙骨吊顶工程安装的允许偏差和检验方法符合表 7-80 的规定	见表 7-80	

表 7-80　明龙骨吊顶工程安装的允许偏差和检验方法

项次	项目	允许偏差/mm				检验方法
		石膏板	金属板	矿棉板	塑料板、玻璃板	
1	表面平整度	3	2	3	2	用 2 m 靠尺和塞尺检查
2	接缝直线度	3	2	3	3	拉 5 m 线，不足 5 m 拉通线，用钢尺和塞尺检查
3	接缝高低差	1	1	2	1	用钢直尺和塞尺检查

四、饰面砖（板）工程

饰面工程是指把块料面层镶贴（或安装）在墙柱表面以形成装饰层。块料面层分为饰面砖和饰面板两大类。饰面砖分有釉和无釉两种，包括釉面瓷砖、外墙面砖、陶瓷锦砖等；饰面板的材料常用有石材、金属饰面板、塑料板、玻璃饰面等。饰面的安装工艺主要有“镶、贴、挂”三种。安装时，一般来说小规格的饰面板采用镶贴法；大规格的饰面板采用湿挂法和干挂法安装。

1. 饰面砖（板）施工工艺

(1) 饰面砖镶贴工艺。

1) 施工准备：

①选砖：要求挑选规格一致，形状平整方正，不缺棱掉角，不开裂和脱釉，无凹凸扭曲，颜色均匀的面砖。

②浸泡：镶贴前应先清扫干净，置于清水中浸泡。釉面砖一般 2～3 h。外墙面砖则需隔夜浸泡、取出晾干。面砖表面有潮湿感，手按无水迹为准。

③预排：同一墙面的横竖排列，均不得有行以上的非整砖。

2) 内墙釉面砖镶贴工艺：

①在清理干净的找平层上，依照室内标准水平线，校核地面标高和分格线。

②设置地面木托板。以所弹地平线为依据，地面木托板的高度为非整砖的调节尺寸。整砖的镶贴，就从木托板开始自下而上进行。每行的镶贴宜以阳角开始，把非整

砖留在阴角。

③制糊状的水泥浆。配合比为水泥∶砂＝1∶2（体积比）另掺水泥重量3%～4%的108胶；先将108胶用两倍的水稀释，然后加在搅拌均匀的水泥砂浆中，续搅拌至混合为止。

④镶贴。用铲刀将水泥砂浆或水泥浆均匀涂抹在釉面砖背面（水泥砂浆厚度6～10 mm，水泥浆厚度2～3 mm为宜），四周刮成斜面，按线就位后，用手轻压，然后用橡皮锤或小铲把轻轻敲击，使其与中层贴紧，确保釉面砖四周砂浆饱满，并用靠尺找平。

⑤擦洗。镶贴完毕后，用与釉面砖相同颜色的石灰膏或白水泥色浆擦嵌密实，用棉纱将釉面砖表面擦洗干净。镶贴墙面时，应先贴大面，后贴阴阳角、凹槽等难度较大、耗工较多的部位。

3）外墙釉面砖镶贴工艺：外墙釉面砖镶贴从上而下分段，每段内应自下而上镶贴：

①弹垂直线。在整个墙面两头各弹一条垂直线，如墙面较长，在墙面中间部位再增弹几条垂直线，垂直线之间距离应为釉面砖宽的整倍数（包括接缝宽），墙面两头垂直线应距墙阳角（或阴角）为一块釉面砖的宽度。垂直线作为竖行标准。

②弹水平线。在各分段分界处各弹一条水平线，作为贴釉面砖横行标准。各水平线的距离应为釉面砖高度（包括接缝）的整倍数。

③镶贴。先清理底层灰面，并浇水湿润，刷一道素水泥浆，紧接着抹上水泥石灰砂浆，随即将釉面砖对准位置镶贴，用橡胶锤轻敲，使其贴实平整。阳角处正面的釉面砖应盖住侧面的釉面砖的端边，阴角处应使釉面砖的接缝正对阴角线。

④擦洗。镶贴完一段后，即把釉面砖的表面擦洗干净，用水泥细砂浆勾缝，待其干硬后，再擦洗一遍釉面砖面。

（2）石材饰面板安装工艺。

1）湿贴法铺贴工艺：湿贴法铺贴工艺，即在竖向基体上预挂钢筋网，用铜丝或镀锌钢丝绑扎板材并灌水泥砂浆粘牢。

① 墙体上设置锚固体。砖墙体应在灰缝中预埋Φ6钢筋钩，钢筋钩中距为500 mm或按板材尺寸，当挂贴高度大于3 m时，钢筋钩改用Φ10钢筋，钢筋钩埋入墙体内深度应不小于120 mm，伸出墙面30 mm，混凝土墙体可射入Φ3.7×62的射钉，射钉打入墙体内30 mm，伸出墙面32 mm。

②在锚固件上焊接或绑扎钢筋网。钢筋网双向中距为500 mm或按板材尺寸。

③安装饰面板。板上、下边各钻不少于两个Φ5的孔。孔深15 mm，用双股18号铜丝穿过钻孔，把饰面板绑牢于钢筋网上。饰面板的背面距墙面应不少于50 mm。可垫木模调整。

④灌浆。每安装好一行横向饰面板后，即进行灌浆。灌浆前，应浇水将饰面板背面及墙体表面湿润，在饰面板的竖向接缝内填塞15～20 mm深的麻丝或泡沫塑料条以防漏浆。用1∶2.5水泥砂浆，分层灌注到饰面板背面与墙面之间的空隙，每层灌注高度为150～200 mm，且不得大于板高的1/3，并插捣密实。施工缝应留在饰面板水平接缝以下50～100 mm处。

2）干挂法铺贴工艺：干挂法工艺主要采用扣件固定法，饰面板与墙体之间留出40～50 mm的空腔，适用于 30 m 以下的钢筋混凝土结构基体上。

施工工艺如下：

①板材切割。注意保持板块边角的挺直和规矩。

②磨边。板材切割后，为使其边角光滑，可采用手提式磨光机进行打磨，或用方头錾进行修边。

③钻孔和开槽。相邻板块采用不锈钢销钉连接固定，销钉插在板材侧面孔内。孔径 5 mm，深度 12 mm，用电钻打孔。在板块中部开槽设置承托扣件以支承板材的自重。

④涂防水剂。在板材背面涂刷一层丙烯酸防水涂料，以增强外饰面的防水性能。

⑤墙面修整。如果混凝土外墙表面有局部凸出处会影响扣件安装时，须进行凿平修整。

⑥弹线。从结构中引出楼面标高和轴线位置，在墙面上弹出安装板材的水平和垂直控制线，并做出灰饼以控制板材安装的平整度。

⑦墙面涂刷防水剂。在外墙面上涂刷一层防水剂，以加强外墙的防水性能。

⑧板材安装、固定。安装顺序自下而上，在墙面最下一排板材安装位置的上下口拉两条水平控制线，板材从中间或墙面阳角开始就位安装。先安装好第一块作为基准，其平整度以事先设置的灰饼为依据，用线垂吊直，经校准后加以固定。

⑨板材接缝防水处理。石板装饰面接缝处的防水处理采用密封硅胶嵌缝。嵌缝前先在缝隙内嵌入柔性条状泡沫聚乙烯材料作衬底，以控制接缝的密封深度和加强密封胶的黏结力。

2. 饰面砖（板）施工质量标准

（1）饰面砖粘贴质量标准。

1）主控项目检验：饰面砖粘贴主控项目检验见表 7-81。

表 7-81　饰面砖粘贴主控项目检验

序号	项目	合格质量标准	检验方法	检查数量
1	饰面砖质量	饰面砖的品种、规格、图案、颜色和性能应符合设计要求	观察；检查产品合格证书、进场验收记录、性能检测报告和复验报告	（1）室内每个检验批应至少抽查 10%，并不得少于 3 间；不足 3 间时应全数检查；（2）室外每个检验批每 100 m² 应至少抽查一处，每处不得小于 10 m²
2	饰面砖粘贴材料	饰面砖粘贴工程的找平、防水、黏结和勾缝材料及施工方法应符合设计要求及国家现行产品标准和工程技术标准规定	检查产品合格证书、复验报告和隐蔽工程验收记录	
3	饰面砖粘贴	饰面砖粘贴必须牢固	检查样板件黏结强度检测报告和施工记录	
4	满粘法施工	满粘法施工的饰面砖工程应无空鼓、裂缝	观察；用小锤轻击检查	

2）一般项目检验：饰面砖粘贴一般项目检验见表 7-82。

表 7-82 饰面砖粘贴一般项目检验

序号	项目	合格质量标准	检验方法	检查数量
1	饰面砖表面质量	饰面砖表面应平整、洁净、色泽一致，无裂痕和缺损	观察	同主控项目
2	阴阳角及非整砖	阴阳角处搭接方式、非整砖使用部位应符合设计要求		
3	墙面突出物	墙面突出物周围的饰面砖应整砖套割吻合，边缘应整齐。墙裙、贴脸突出墙面的厚度应一致	观察；尺量检查	
4	饰面砖接缝、填嵌、宽深	饰面砖接缝应平直、光滑，填嵌应连续、密实；宽度和深度应符合设计要求		
5	滴水线	有排水要求的部位应做滴水线（槽）。滴水线（槽）应顺直，流水坡向应正确，坡度应符合设计要求	观察；用水平尺检查	
6	允许偏差	饰面砖粘贴的允许偏差和检验方法应符合表 7-83 的规定	见表 7-83	

表 7-83 饰面砖粘贴的允许偏差和检验方法

项次	项目	允许偏差/mm		检验方法
		外墙面砖	内墙面砖	
1	立面垂直度	3	2	用 2 m 垂直检测尺检查
2	表面平整度	4	3	用 2 m 靠尺和塞尺检查
3	阴阳角方正	3	3	用直角检测尺检查
4	接缝直线度	3	2	接 5 m 线，不足 5 m 拉通线，用钢直尺检查
5	接缝高低差	1	0.5	用钢直尺和塞尺检查
6	接缝宽度	1	1	用钢直尺检查

（2）饰面板安装质量标准。

1）主控项目检验：饰面板安装主控项目检验见表 7-84。

表 7-84 饰面板安装主控项目检验

序号	项目	合格质量标准	检验方法	检查数量
1	材料质量	饰面板的品种、规格、颜色和性能应符合设计要求，木龙骨、木饰面板和塑料饰面板的燃烧性能等应符合设计要求	观察；检查产品合格证书、进场验收记录和性能检测报告	（1）室内每个检验批应至少抽查 10%，并不得少于 3 间；不足 3 间时应全数检查；（2）室外每个检验批 100 m^2 应至少抽查 1 处，每处不得小于 10 m^2
2	饰面板孔槽	饰面板孔、槽的数量、位置和尺寸应符合设计要求	检查进场验收记录和施工记录	
3	饰面板安装	饰面板安装工程的预埋件（或后置埋件）、连接的数量、规格、位置、连接方法和防腐处理必须符合设计要求。后置埋件的现场拉拔强度必须符合设计要求。饰面板安装必须牢固	手扳检查；检查进场验收记录、隐蔽工程验收记录和施工记录	

2）一般项目检验：饰面板安装一般项目检验见表 7-85。

表 7-85　饰面板安装一般项目检验

序号	项目	合格质量标准	检验方法	检查数量
1	饰面板表面质量	饰面板表面应平整、洁净、色泽一致，无裂痕和缺损。石材表面应无泛碱等污染	观察	同主控项目
2	饰面板嵌缝	饰面板嵌缝应密实、平直，宽度和深度应符合设计要求，嵌填材料色泽应一致	观察；尺量检查	
3	湿作业施工	采用湿作业法施工的饰面板工程，石材应进行防碱背涂处理。饰面板与基体之间的灌筑材料应饱满、密实	用小锤轻击检查；检查施工记录	
4	饰面板孔洞套割	饰面板上的孔洞应套割吻合，边缘应整齐	观察	
5	安装允许偏差	饰面板安装的允许偏差和检验方法应符合表 7-86 的规定	见表 7-86	

表 7-86　饰面板安装的允许偏差和检验方法

项次	项目	允许偏差/mm							检验方法
		石材			瓷板	木板	塑料	金属	
		光面	剁斧石	蘑菇石					
1	立面垂直度	2	3	3	2	1.5	2	2	用 2 m 垂直检测尺检查
2	表面平整度	2	3	—	1.5	1	3	3	用 2 m 靠尺和塞尺检查
3	阴阳角方正	2	4	4	2	1.5	3	3	用直角检测尺检查
4	接缝直线度	2	4	4	2	1	1	1	
5	墙裙、勒脚上口直线度	2	3	3	2	2	2	2	拉 5 m 线，不足 5 m 接通线，用钢直尺检查
6	接缝高低差	0.5	2	—	0.5	0.5	1	1	用钢直尺和塞尺检查
7	接缝宽度	1	2	2	1	1	1	1	用钢直尺检查

五、楼地面工程

楼地面按面层结构分有：整体面层（如混凝土、水泥砂浆、现浇水磨石等）、块料面层（如陶瓷锦砖、大理石板材、花岗石材、水泥花砖、地毯等）和涂布地面等。

1. 整体地面

（1）细石混凝土地面。

1）施工工艺：

①找标高、弹面层水平线。根据墙面上已有的+50 cm 水平标高线，量测出地面面层的水平线，弹在四周墙面上，并要与房间以外的楼道、楼梯平台、踏步的标高贯通一致。

②基层处理。先将灰尘清扫干净，然后将粘在基层上的浆皮铲掉，用碱水将油污刷掉，最后用清水将基层冲洗干净。

③抹灰饼。根据已弹出的面层水平标高线。横竖拉线。用与细石混凝土相同配合比的拌和料抹灰饼，横竖间距 1.5 m，灰饼上标高就是面层标高。

④抹标筋。面积较大的房间为保证房间地面平整度，宜做标筋（或叫冲筋）。

以做好的灰饼为标准抹条形标筋，用刮尺刮平，作为浇筑细石混凝土面层厚度的标准。

⑤刷素水泥浆结合层。在铺设细石混凝土面层以前。在已湿润的基层上刷一道1∶0.4～1∶0.5（水泥∶水）的素水泥浆，要随刷素水泥浆随铺细石混凝土，避免时间过长。

⑥浇筑细石混凝土：

a. 将搅拌好的细石混凝土铺抹到地面基层上，要求混凝土坍落度不大于30 mm。用2 m长刮杆顶着标筋刮平。

b. 用滚筒（常用的为直径20 cm，长度60 cm的混凝土或铁制滚筒，厚度较厚时应用平板振动器）往返、纵横滚压，如有凹处，用同配合比混凝土填平。

⑦抹面层、压光：

a. 当面层灰面吸水后，用木抹子用力搓打、抹平，使面层达到结合紧密。

b. 第一遍抹压：用铁抹子轻轻抹压一遍直到出浆为止。

c. 第二遍抹压：当面层砂浆初凝后，地面面层上有脚印但走上去不下陷时，用铁抹子进行第二遍抹压。

d. 第三遍抹压：当面层砂浆终凝前，即人踩上去稍有脚印，用铁抹子压光无抹痕时，可用铁抹子进行第三遍压光。此遍要用力抹压，把所有抹纹压平压光，达到面层表面密实光洁。

⑧养护。面层抹压完24 h后（有条件时可覆盖塑料薄膜养护）进行浇水养护，每天不少于2次，养护时间一般不少于7 d（房间应封闭，养护期间禁止进入）。

2）质量标准：主控项目检验标准见表7-87；一般项目检验标准见表7-88。

表7-87　细石混凝土地面主控项目检验标准

序号	项目	合格质量标准	检验方法	检查数量
1	粗骨料粒径	水泥混凝土采用的粗骨料，其最大粒径应不大于面层厚度的2/3，细石混凝土面层采用的石子粒径应不大于15 mm	观察检查和检查材质合格证明文件及检测报告	（1）抽查数量应随机检验应不少于3间；不足3间，应全数检查；其中走廊（过道）应以10延长米为1间，工业厂房（按单跨计）、礼堂、门厅应以两个轴线为1间计算； （2）有防水要求的检验批抽查数量应按其房间总数随机检验应不少于4间，不足4间，应全数检查
2	面层强度等级	面层的强度等级应符合设计要求，且水泥混凝土面层强度等级应不小于C20，水泥混凝土垫层兼面层强度等级应不小于C15	检查配合比通知单及检测报告	
3	面层与下一层结合	面层与下一层应结合牢固，无空鼓、裂纹 ［注：空鼓面积应不大于400 cm^2，且每自然间（标准时间）不多于2处可不计工］	用小锤轻击检查	

表 7-88　细石混凝土地面一般项目检验标准

序号	项目	合格质量标准	检验方法	检查数量
1	表面质量	面层表面不应有裂纹、脱皮、麻面起砂等缺陷	观察检查	（1）抽查数量应随机检验不少于3间；不足3间，应全数检查；其中走廊（过道）应以10延长米为1间，工业厂房（按单跨计）礼堂、门厅应以两个轴线为1间计算；（2）有防水要求的检验批抽查数量应按其房间总数随机检验应不少于4间，不足4间，应全数检查
2	表面坡度	面层表面的坡度应符合设计要求，不得有倒泛和积水现象	观察和采用泼水或用坡度尺检查	
3	踢脚线与墙面结合	水泥砂浆踢脚线与墙面应紧密结合，高度一致，出墙厚度均匀［注：局部空鼓长度应不大于300 mm，且每自然间（标准间）不多于2处可不计］	用小锤轻击、钢尺和观察检查	
4	楼梯踏步	楼梯踏步的宽度、高度应符合设计要求。楼层梯段相邻踏步高度差应不大于10 mm，每踏步两端宽度差应不大于10 mm；旋转楼梯梯段的每踏步两端宽度的允许偏差为5 mm。楼梯踏步的齿角应整齐，防滑钉应顺直	观察和钢尺检查	
5	水泥混凝土层表面允许偏差	水泥混凝土面层的允许偏差应符合以下规定： 表面平整度：5 mm 踢脚线上口平直：4 mm 缝格平直：3 mm	表面平整度：用2 m靠尺和楔形塞尺检查 踢脚线上口平直和缝格平直：拉5 m线和用钢尺检查	

（2）水泥砂浆地面。

1）施工工艺：

① 基层处理。先将基层上的灰尘扫掉，用钢丝刷和錾子刷净、剔掉灰浆皮和灰渣层，用10%的火碱水溶液刷掉基层上的油污，并用清水及时将碱液冲净，基层处理应达到密实、平整、不积水、不起砂。

②找标高、弹线。根据墙上的+1 000 mm水平线，往下量测出面层标高，并弹在墙上；在地漏周围应做出不小于5%的泛水坡度。

③抹灰饼和标筋。根据房间内四周墙上弹的面层标高水平线，确定面层抹灰厚度（不应小于20 mm），然后拉水平线开始抹灰饼（5 cm×5 cm），横竖间距为1.5～2.0 m，灰饼上平面即为地面面层标高。如果房间比较大，还须抹标筋。铺抹灰饼和标筋的砂浆材料配合比均与抹地面的砂浆相同。

④刷水泥浆结合层。

⑤铺水泥砂浆面层。涂刷水泥浆之后紧跟着铺水泥砂浆，在灰饼之间将砂浆铺均匀。水泥砂浆应随铺随拍实，并用木刮杠由边向中、由内向外搓平、压实，后退操作。

⑥木抹子搓平。木刮杠刮平后，立即用木抹子搓平，将砂眼、脚印等消除后，随时用2 m靠尺检查其平整度。

⑦用铁抹子进行三遍压光。压光的目的是为了防止面层出现龟裂。在木抹子搓平后，立即用铁抹子压第一遍，直到出浆为止。面层砂浆初凝后，用铁抹子压第二遍，表面压平压光。在水泥砂浆终凝前进行第三遍压光。

⑧养护。地面压光完工后24 h，铺锯末或其他材料覆盖洒水养护，保持湿润，养

护时间不少于 7 d，养护期间不能上人。

2）质量标准：水泥砂浆地面主控项目检验标准见表 7-89；水泥砂浆地面一般项目检验标准见表 7-90。

表 7-89　水泥砂浆地面主控项目检验标准

序号	项目	合格质量标准	检验方法	检查数量
1	材料质量	水泥采用硅酸盐水泥、普通硅酸盐水泥，其强度等级应不小于 32.5 级，不同品种、不同强度等级的水泥严禁混用；砂应为中粗砂，当采用石屑时，其粒径应为 1～5 mm，且含泥量应不大于 3%	观察检查和检查材质合格证明文件及检测报告	(1) 抽查数量随机检验应不少于 3 间；不足 3 间，应全数检查；其中走廊（过道）应以 10 延长米为 1 间，工业厂房（按单跨计）、礼堂、门厅应以两个轴线为 1 间计算；(2) 有防水要求的检验批抽查数量按其房间总数随机检验应不少于 4 间，不足 4 间，应全数检查
2	体积比及强度等级	水泥砂浆面层的体积比（强度等级）必须符合设计要求；且体积比应为 1∶2，强度等级应不小于 M15	检查配合比通知单和检测报告	
3	面层与下一层结合	面层与下一层应结合牢固，无空鼓、裂纹 [注：空鼓面积应不大于 400 cm^2 且每自然间（标准间）不多于 2 处可不计]	用小锤轻击检查	

表 7-90　水泥砂浆地面一般项目检验标准

序号	项目	合格质量标准	检验方法	检查数量
1	面层坡度	面层表面的坡度应符合设计要求，不得有倒泛水和积水现象	观察和采用泼水或坡度尺检查	同主控项目
2	面层质量	面层表面应洁净，无裂纹、脱皮、麻面、起砂等缺陷	观察检查	
3	踢脚线质量	踢脚线与墙面应紧密结合，高度一致，出墙厚度均匀 （注：局部空鼓长度应不大于 300 mm，且每自然间或标准间不多于 2 处可不计）	用小锤轻击、钢尺和观察检查	
4	楼梯踏步	楼梯踏步的宽度、高度应符合设计要求。楼层梯段相邻踏步高度差应不大于 10 mm；每踏步两端宽度差应不大于 10 mm；旋转楼梯段的每踏步两端宽度的允许偏差为 5 mm。楼梯踏步的齿角应整齐，防滑条应顺直	观察和尺量检查	
5	水泥砂浆面层允许偏听偏差	水泥砂浆面层的允许偏差应符合以下规定： 表面平整度：4 mm 踢脚线上口平直：4 mm 缝格平直：3 mm	表面平整度：用 2 m 靠尺和楔形塞尺检查；踢脚线上口平直和缝格平直：拉 5 mm 线和用钢尺检查	

(3) 现浇水磨石地面。

1) 施工工艺：

①基层处理。清除浮灰、油渍、杂质，光滑面要凿毛，使基层表面粗糙、洁净湿润。

②找标高、弹线。根据墙面上的+50 cm标高线往下测出水磨石面层标高，弹在四周墙上。

③抹找平层。根据墙上弹出的水平线，留出面层厚度12～18 mm，抹1∶3（水灰比为0.4～0.5）水泥砂浆找平层。

④弹分格线、镶嵌分格条。根据设计要求的分格尺寸在房间中部弹十字线，分格条高度通常为10～12 mm，将分格条紧靠托线板，然后在其另一侧抹水泥浆固定。抹好后，将托线板移开，这一侧也同样抹水泥浆。

⑤刷涂结合层：分格条粘嵌养护后，清除积水浮砂，用清水将找平层洒水湿润，涂刷与面层颜色相同的水泥浆结合层，其水灰比为0.4～0.5。铺刷的面积不宜过大，防止浆层分干导致面层空鼓。

⑥铺抹石粒浆。施工顺序是先内后外。在选定的灰石比内取出20%的石粒，作撒石用。取用已准备好的彩色水泥粉料和石料，干拌两三遍后，加水拌和，水的重量占干料（水泥、颜料、石粒）总重的11%～12%，将拌和均匀的石粒浆按分格顺序进行铺设，其厚度应高出分格条1～2 mm，以防滚压时压弯铜条或压碎玻璃条。

⑦滚压、抹平。用滚筒滚压时用力要匀并随时清掉粘在滚筒上的石子，应从横竖两个方向轮换进行，达到表面平整密实，要滚压2次。24 h后浇水养护，养护5～7 d，低温应养护10 d以上。

⑧水磨。一般采用“二浆三磨”法，即整修研磨过程中磨光三遍，补浆两次。水磨石地面开磨时间与水泥强度和气温高低有关，需进行试磨，面层石子不松动时方可开磨。开磨时间参见表7-91。

表7-91　水磨石地面开磨时间表

平均温度/℃	开磨时间/d	
	人工磨	机械磨
20～30	2～3	1～2
10～20	3～4	1.5～2.5
5～10	5～6	2～3

⑨抛光。将地面冲洗干净，涂上10%浓度的草酸溶液，随即用280～320号油石研磨至出白浆，表面光滑为止，再用水冲洗并晾干。之后，在水磨石面层上涂一层蜡，3～4 h（稍干）后用磨石机垫麻袋绳研磨，也可用钉有细帆布（或麻布）的木块代替油石，装在磨石机上研磨出光亮后，人工涂蜡研磨一遍。

2) 质量标准：主控项目检验标准见表7-92；一般项目检验标准见表7-93。

表 7-92　现浇水磨石地面主控项目检验标准

序号	项目	合格质量标准	检验方法	检验数量
1	材料质量	水磨石面层的石粒，应采用坚硬可磨白云石、大理石等岩石加工而成，石粒应洁净无杂物，其粒径除特殊要求外应为 6～15 mm；水泥强度等级应不小于 32.5 级；颜料应采用耐光、耐碱矿物质，不得使用酸性颜料	观察检查和检查材质合格证明文件	（1）抽查数量应随机检验应不少于 3 间；不足 3 间，应全部检查；其中走廊（过道）应以 10 延长米为 1 间；工业厂房（按单跨计），礼堂、门厅应以两个轴线为 1 间计算； （2）有防水要求的检验批抽查数量应按其房间总数随机检验应不少于 4 间，不足 4 间，应全数检查
2	拌和料体积比（水泥：石粒）	水磨石面层拌合料的体积比应符合设计要求，且为 1：1.5～1：2.5（水泥：石粒）	检查配合比通知单和检测报告	
3	面层与下一层结合	面层与下一层结合应牢固，无空鼓、裂纹 ［注：空鼓面积应不大于 400 cm^2，且每自然间（标准间）不多于 2 处可不计］	用小锤轻击检查	

表 7-93　现浇水磨石地面一般项目检验标准

序号	项目	合格质量标准	检验方法	检查数量
1	面层表面	面层表面应光滑；无明显裂纹、砂眼和磨纹；石粒密实，显露均匀；颜色图案一致不混色；分格条牢固、顺直和清晰	观察检查	同主控项目
2	踢脚线	踢脚线与墙面应紧密结合，高度一致，出墙厚度均匀 ［注：局部空鼓长度不大于 300 mm，且每自然间（标准间）不多于 2 处可不计］	用小锤轻击、钢尺和观察检查	
3	楼梯踏步	楼梯踏步的宽度、高度应符合设计要求，楼层梯段相邻踏步高度差应不大于 10 mm，每踏步两端宽度差应不大于 10 mm，旋转楼梯梯段的每踏步两端宽度的允许偏差为 5 mm。楼梯踏步的齿角应整齐，防滑条应顺直	观察和钢尺检查	
4	水磨石面层表面允许偏差	水磨石面层的允许偏差应符合以下规定： 表面平整度 高级水磨石：2 mm 普通水磨石：3 mm 踢脚线上口平直：7 mm 缝格平直 高级水磨石：2 mm 普通水磨石：3 mm	表面平整度：用 2 m 靠尺和楔形塞尺检查； 踢脚线和缝格：拉 5 m 线和用钢尺检查	

2. 块材地面粘贴

（1）地砖地面粘贴。

1）施工工艺：

①基层处理。清理基层表面残留的砂浆、尘土等，并冲洗干净。

②弹线、定位。弹线时以房间中心为原点弹出相互垂直的定位线，并注意距墙边留出 200～300 mm 为调整区间。

③铺砖：

a. 铺贴前将选配好的板砖清洗干净后，放入清水浸泡 2～3 h，取出晾干备用。

b. 酌情洒水润湿找平层或再刷素水泥一道，接着抹 1∶2（体积比）水泥砂浆，每次铺抹砂浆面积不宜过大，以半小时铺砖的工作量为准。

c. 铺砌时要拉细线，使缝顺直，直至与墙面四周合拢为止。水泥浆应饱满地挂在瓷砖背面，并用橡皮锤敲实，且边贴边用水平尺检查校正，同时即刻擦去表面的水泥浆。

d. 铺完砖后，用喷壶洒水，待黏结砂浆吸水恢复一定塑性后，用锤子和硬木板按铺砖先后全面拍平，边拍边拉线调匀调直缝隙。

④勾缝、擦缝。铺贴完养护 24 h 后采用 1∶1 水泥砂浆勾缝，当缝隙小时，可用糊状水泥浆灌缝，再在缝上撒干水泥粉，用棉纱头擦缝，并将瓷砖表面擦净。

⑤养护。铺砖完毕 24 h 应洒水养护，也可用锯木灰铺盖浇水养护，4～5 d 后方可上人，养护时间不少于 7 d。

2）质量标准：主控项目检验标准见表 7-94；一般项目检验标准见表 7-95。

表 7-94　地砖面层地面主控项目检验标准

序号	项目	合格质量标准	检验方法	检查数量
1	板材质量	面层所用的板块的品种、质量必须符合设计要求	观察检查和检查材质合格证明文件及检测报告	（1）抽查数量应随机检验不少于 3 间；不足 3 间，应全数检查；其中走廊（过道）应以 10 延长米为 1 间，工业厂房（按单跨计）、礼堂、门厅应以两个轴线为 1 间计算； （2）有防水要求的检验批抽查数量应按其房间总数随机检验不少于 4 间，不足 4 间，应全数检查
2	面层与下一层结合	面层与下一层的结合（黏结）应牢固，无空鼓 ［注：凡单块砖边角有局部空鼓，且每自然间（标准间）不超过总数的 5% 可不计工］	用小锤轻击检查	

表 7-95　地砖面层地面一般项目检验标准

序号	项目	合格质量标准	检验方法	检查数量
1	面层表面质量	砖面层的表面应洁净、图案清晰、色泽一致，接缝平整，深浅一致，周边顺直。板块无裂纹、掉角和缺楞等缺陷	观察检查	同主控项目
2	面层邻接处镶边	面层邻接处的镶边用料及尺寸应符合设计要求，边角整齐、光滑	观察和用钢尺检查	
3	踢脚线质量	踢脚线表面应洁净、高度一致、结合牢固、出墙厚度一致	观察和用小锤轻击及钢尺检查	

序号	项目	合格质量标准	检验方法	检查数量
4	楼梯踏步	楼梯踏步和台阶板的缝隙宽度应一致、齿角整齐；楼层梯段相邻踏步高度差应不大于10 mm；防滑条顺直	观察和用钢尺检查	同主控项目
5	面层表面坡度	面层表面的坡度应符合设计要求，不倒泛水、无积水；与地漏、管道结合处应严密牢固，无渗漏	观察、泼水或坡度尺及蓄水检查	
6	面层表面允许偏差	砖面层的允许偏差见表 7-96	见表 7-96	

表 7-96　地砖面层的允许偏差

项目	允许偏差/mm		检验方法
表面平整度	缸砖	4.0	表面平整度：用 2 m 靠尺和楔形塞尺检查
	水泥花砖	3.0	
	陶瓷锦砖、陶瓷地砖	2.0	
缝格平直	3.0		缝格平直：拉 5 m 线和用钢尺检查
接缝高低差	陶瓷锦砖、陶瓷地砖、水泥花砖	0.5	接缝高低差：用钢尺和楔形塞尺检查
	缸砖	1.5	
踢脚线上口平直	陶瓷锦砖、陶瓷地砖、水泥花砖	3.0	踢脚线上口平直：拉 5 m 线和用钢尺检查
	缸砖	4.0	
板块间隙宽度	2.0		板块间隙宽度：用钢尺检查

（2）石材地面镶贴。

石材地面镶贴主要指大理石、花岗岩、预制水磨石楼地面。

1）施工工艺：

①准备工作：做好基层处理，石材面层应先浸润并阴干待用；板材进场后，要检查材料的品种、规格、尺寸、外观等是否符合设计要求。

②弹线：基本同地砖楼地面。若室内地面与走廊地面颜色不同，其分界应安排在门口门扇中间处。

③试拼编号：正式铺设前，对每一房间的花岗岩或大理石板块，应按图案、颜色、纹理试拼，试拼后按两个方向将块材编号排列，然后按编号码放整齐。

④刷水泥浆、铺砂浆：在基层（或找平层）上刷一遍水灰比为 0.4～0.5 的水泥胶浆，随刷随摊铺 1∶2～1∶3 的干硬性水泥砂浆。厚度控制在放上板块时高出面层水平线 3～4 mm，其宽度要超出平板 20～30 mm。摊铺好后用大杆挂平，再用抹子拍实找平。

⑤铺贴板材：

先作试铺，感到合适后将板揭起，再在结合层上均匀撒一层干水泥并淋水一遍。正式铺砌后应用木榔或橡皮锤敲击平实，纵横间隙缝应对齐。缝宽应≤1 mm。

⑥灌浆擦缝：一般在板材铺贴 1～2 昼夜后进行。接缝较大者，用 1∶1 水泥砂浆灌填至 2/3 缝深，其余用同色水泥浆擦缝，然后用干锯末擦亮。擦缝完 24 h 后覆盖养

护喷水养护不少于 7 d。打蜡抛光后，3 d 内禁止在上面走动。

2）质量标准：主控项目检验标准见表 7-97；一般项目检验标准见表 7-98。

表 7-97　石材面层地面主控项目检验标准

序号	项目	合格质量标准	检验方法	检验数量
1	板块品种、质量	大理石、花岗石面层所用板块的品种、质量应符合设计要求	观察检查和检查材质合格记录	①抽查数量应随机检验应不少于 3 间；不足 3 间，应全数检查；其中走廊（过道）应以 10 延长米为 1 间，工业厂房按单跨计算）； ②有防水要求的检验批抽查数量应按其房间总数随机检验应不少于 4 间，不足 4 间，应全数检查
2	面层与下一层结合	面层与下一层应结合牢固，无空鼓。 [注：凡单块板块边角有局部空鼓，且每自然间（标准间）不超过总数的 5%可不计]	用小锤轻击检查	

表 7-98　石材面层地面一般项目检验标准

序号	项目	合格质量标准	检验方法	检验数量
1	面层表面质量	大理石、花岗石面层的表面应洁净、平整、无磨痕，且应图案清晰、色泽一致、接缝均匀、周边顺直、镶嵌正确、板块无裂纹、掉角、缺楞等缺陷	观察检查	同主控项目
2	踢脚线质量	踢脚线表面应洁净，高度一致、结合牢固、出墙厚度一致	观察和用小锤轻击及钢尺检查	
3	楼梯踏步	楼梯踏步和台阶板块的缝隙宽度应一致、齿角整齐，楼层梯段相邻踏步高差应不大于 10 mm，防滑条应顺直、牢固	观察和用钢尺检查	
4	面层坡度及其他要求	面层表面的坡度应符合设计要求，不倒泛水、无积水；与地漏、管道结合处应严密牢固，无渗漏	观察、泼水或坡度尺及蓄水检查	
5	面层表面允许偏差	见表 7-99	见表 7-99	

表 7-99　石材面层的允许偏差

项目	允许偏差/mm	检验方法
表面平整度	1.0	表面平整度：用 2 m 靠尺和楔形塞尺检查
缝格平直	2.0	缝格平直：拉 5 m 线和用钢尺检查
接缝高低差	0.5	接缝高低差：用钢尺和楔形塞尺检查
踢脚线上口平直	1.0	踢脚线上口平直：拉 5 m 线和用钢尺检查
板块间隙宽度	1.0	板块间隙宽度：用钢尺检查

第八章　建筑工程施工质量管理与控制

第一节　建筑工程质量管理基本知识

一、建筑工程质量控制的基本原理

作为质量员，首先要弄清建筑工程质量控制的基本原理，才能有效地实施工程项目质量控制，在这里着重介绍常用的三种质量控制原理。

1. PDCA 循环原理

PDCA 循环是人们在管理实践中形成的基本理论方法。通俗来讲，该原理认为管理就是确定任务目标，并按照 PDCA 循环原理来实现预期目标。

（1）计划 P（Plan）。

质量计划阶段，其作用是明确目标并制订实现目标的行动方案。包括确定质量控制的组织制度、工程程序、技术方法、业务流程、资源配置、检验试验要求、质量记录方式、不合格处理、管理措施等具体内容和做法的文件。

（2）实施 D（Do）。

包含两个环节，即计划行动方案的交底和按计划规定的方法与要求展开工程作业技术活动。使具体的作业者和管理者，明确计划的意图和要求，掌握标准，从而规范行为，全面地执行计划的行动方案，步调一致地去努力实现预期的目标。

（3）检查 C（Cheek）。

指对计划实施过程进行各种检查，包括作业者的自检、互检和专职管理者专检。各类检查都包含两大方面：一是检查是否严格执行了计划的行动方案，实际条件是否发生了变化，不执行计划的原因；二是检查计划执行的结果，即对产品的质量是否达到标准的要求进行确认和评价。

（4）处置 A（Action）。

对于质量检查所发现的质量问题或质量不合格，及时进行原因分析，采取必要的措施，予以纠正，保持质量形成的受控状态。

2. 三阶段控制原理

就是通常所说的事前控制、事中控制和事后控制。这三阶段控制构成了质量控制的系统过程。

（1）事前控制。

事前控制，要求预先进行周密的质量控制。事控其内涵包括两层意思，一是强调质量目标的计划预控；二是按质量计划进行质量活动前的准备工作状态的控制。

（2）事中控制。

事中控制包含自控和监控两大环节。自控是指对质量产生过程各项技术作业活动操作者在相关制度的管理下的自我行为约束，完成预定质量目标的作业任务；监控是指来自他人的对质量活动过程与结果的监督控制，包括来自企业内部管理者（如质量员）的检查检验和来自企业外部的工程监理及政府质量监督部门的监控等。

但事中控制的关键还是要增强质量意识，发挥作业者的自我约束、自我控制作用，即坚持质量标准是根本、他人监控或控制是必要补充的原则。

（3）事后控制。

事后控制，包括对质量活动结果的评价认定和对质量偏差的纠正。在实施过程中不可避免地会存在一些计划时难以预料的影响因素，造成质量实际值与目标值之间超出运行偏差，这时就必须分析原因，采取措施纠正偏差，以保存质量处于受控状态。

3. 三全控制管理

三全控制管理是来自于全面质量管理 TQC 的思想，其基本原理是指生产企业的质量管理应该是全面、全过程和全员参与的。

（1）全面质量控制。

全面质量控制，是指工程（产品）质量和工作质量的全面控制。对于建筑工程项目而言，全面质量控制应该包括建设工程各参与主体的工程质量与工作质量的全面控制。如业主、监理、勘察、设计、施工总包、施工分包、材料设备供应商等，任何一方任何环节的怠慢疏忽或质量责任不到位都会造成对建设工程质量的影响。

（2）全过程质量控制。

全过程质量控制，是指根据工程质量的形成规律，从源头抓起全过程推进。通常情况下，建筑工程质量控制主要的过程包括：项目策划与决策过程；勘察设计过程；施工采购过程；施工组织与准备过程；检测设备控制与计量过程；施工生产的检验试验过程；工程质量的评定过程；工程竣工验收与交付过程；工程回访维修服务过程。以上每个环节又由诸多相互关联的活动构成相应的具体过程。因此必须掌握识别过程和应用“过程方法”进行全过程质量控制。

（3）全员参与控制。

全员参与质量控制作为全面质量管理所不可或缺的重要手段就是目标管理。即总目标必须逐级分解，直到最基层岗位，从而形成自下而上，自岗位个体到部门团队的层层控制和保证关系，使质量总目标分解落实到每个部门和岗位。

二、工程质量控制的基本原则

1. 坚持质量第一的原则

建筑产品作为一种特殊的商品，其质量不仅关系到工程的适用性和建设项目投资效果，而且关系到人民群众生命财产的安全。所以，在进行进度、成本、质量等目标控制时，在处理这些目标关系时，应自始至终把“质量第一，用户至上”作为质量控制的基本原则。

2. 坚持以人为核心的原则

人是工程建设的决策者、组织者、管理者和操作者。工程建设中各单位、各部门、各岗位人员的工作质量水平和完美程度，都直接或间接地影响工程质量。所以说，人是质量的创造者。在工程质量控制中，要以人为核心，提高人的素质，避免人的失误，充分发挥人的积极性和创造性，以人的工作质量保工序质量、促工程质量。

3. 坚持以预防为主的原则

工程质量控制应该是积极主动的，应事先对影响质量的各种因素加以控制。如果总是消极被动地等出现质量问题再进行处理，就会造成质量问题频发带来不必要的损失。所以，要重点做好质量的事前控制和事中控制，以预防为主，加强过程和中间产品的质量检查与控制。

4. 坚持质量标准的原则

质量标准是评价产品质量的尺度，工程质量是否符合合同规定的质量标准要求，应通过质量检验并和质量标准对照，符合质量标准要求的才是合格的，不符合质量标准要求的就是不合格的，必须返工处理。工程上的诸多质量问题就是由于盲目降低标准或不按标准执行造成的。

5. 坚持科学、公正、守法的职业道德规范

在工程质量控制中，质量员必须坚持科学、公正、守法的职业道德规范，要尊重科学、尊重事实，以数据资料为依据，客观、公正地处理质量问题。要坚持原则，遵纪守法，秉公办事。

三、质量管理体制

1. 工程质量责任体制

在工程项目建设中，参与工程建设的各方，应根据国家颁布的《建设工程质量管理条例》以及合同、协议和有关文件的规定承担相应的质量责任。

（1）建设单位的质量责任。

1）建设单位要按有关规定选择相应资质等级的勘察、设计单位和施工单位。在相应的合同中必须有质量条款，明确质量责任，并真实、准确、齐全地提供与建设工程有关的原始资料。凡建设工程项目的勘察、设计、施工、监理以及工程建设有关重要设备材料等的采购，均按规定实行招标，依法确定程序和方法，择优选定中标者。不得将应由一个承包单位完成的建设工程项目肢解成若干部分发包给几个承包单位；不得迫使承包方以低于成本的价格竞标；不得任意压缩合理工期；不得明示或暗示设计单位或施工单位违反建设强制性标准，降低建设工程质量。建设单位对其自行选择的设计、施工单位发生的质量问题承担相应责任。

2）建设单位应根据工程特点，配备相应的质量管理人员。对国家规定强制实行监理的工程项目，必须委托有相应资质等级的工程监理单位进行监理。

3）建设单位在工程开工前，负责办理有关施工图设计文件审查、工程施工许可证和工程质量监督手续，组织设计和施工单位认真进行设计交底和图纸会审；在工程施工中，应按国家现行有关工程建设法规、技术标准及合同规定，对工程质量进行检查，涉及建筑主体和承重结构变动的装饰工程，建设单位应在施工前委托原设计单位或者相应资质等级的设计单位提出设计方案，方可施工。工程项目竣工后，应及时组织设计、施工、工程监理等有关单位进行施工验收，未经验收备案或验收备案不合格的，不得交付使用。

4）建设单位按合同的约定负责采购供应的建筑材料、建筑构配件和设备，应符合设计文件和合同要求，对发生的质量问题，应承担相应的责任。

（2）勘察、设计单位的质量责任。

勘察设计单位属于质量自控主体，它是以法律、法规及合同为依据，对勘察设计的整个过程进行控制，以满足建设单位对勘察设计质量的要求。

1）勘察、设计单位必须在其资质等级许可的范围内承揽相应的勘察、设计任务，不许承揽超越其资质等级许可范围以外的任务，不得将承揽工程转包或违法分包，也不得以任何形式用其他单位的名义承揽业务或允许其他单位或个人以本单位的名义承揽业务。

2）勘察、设计单位必须按照国家现行的有关规定、工程建设强制性技术标准和合同要求进行勘察、设计工作，并对所编制的勘察、设计文件的质量负责。勘察单位提供的地质、测量、水文等勘察成果文件必须真实、准确。设计单位提供的设计文件应当符合国家规定的设计深度要求，其质量必须符合国家规定的标准。除有特殊要求的建筑材料、专用设备、工艺生产线外，不得指定生产厂、供应商。设计单位应就审查合格的施工图文件向施工单位作出详细说明，解决施工中对设计提出的问题，负责设计变更。参与工程质量事故分析，并对因设计造成的质量事故，提出相应的技术处理方案。

（3）施工单位的质量责任。

施工单位属于质量自控主体，它是以工程合同、设计图纸和技术规范为依据，对施工准备阶段、施工阶段、竣工验收交付阶段等施工全过程的工作质量和工程质量进行控制。

1）施工单位必须在其资质等级许可的范围内承揽相应的施工任务，不许承揽超越其资质等级业务范围以外的任务，不得将承接的工程转包或违法分包，也不得以任何形式用其他施工单位的名义承揽工程或允许其他单位或个人以本单位的名义承揽工程。

2）施工单位对所承包的工程项目的施工质量负责。应当建立健全质量管理体系，落实质量责任制。实行总承包的工程，总承包单位应对全部建设工程质量负责。建设工程勘察、设计、施工、设备采购的一项或多项实行总承包的，总承包单位应对其承包的建设工程或采购的设备的质量负责；实行总分包的工程，分包应按照分包合同约定对其分包工程的质量向总承包单位负责，总承包单位与分包单位对分包工程的质量承担连带责任。

3）施工单位必须按照工程设计图纸和施工技术规范标准组织施工。在施工中，必须按照工程设计要求、施工技术规范标准和合同约定，对建筑材料、构配件、设备和商品混凝土进行检验，不得偷工减料，不使用不符合设计和强制性技术标准要求的产品，不使用未经检验和试验或检验不合格的产品。

（4）工程监理单位的质量责任。

工程监理单位属于质量监控主体，它主要是受建设单位的委托，代表建设单位对工程实施全过程进行质量监督和控制，以满足建设单位对工程质量的要求。

1）工程监理单位应按其资质等级许可的范围承担工程监理业务，不许超越本单位资质等级许可的范围或以其他工程监理单位的名义承担工程监理业务，不得转让工程监理业务，不许其他单位或个人以本单位的名义承担工程监理业务。

2）工程监理单位代表建设单位对工程质量实施监理，并对工程质量承担监理责任。监理责任主要有违法责任和违约责任两个方面。如果工程监理单位故意弄虚作假，降低工程质量标准，造成质量事故的，要承担法律责任。若工程监理单位与承包单位串通，牟取非法利益，给建设单位造成损失的，应当与承包单位承担连带赔偿责任。如果监理单位在责任期内，不按照监理合同约定履行监理职责，给建设单位或其他单位造成损失的，属违约责任，应当向建设单位赔偿。

（5）建筑材料、构配件及设备生产或供应单位的质量责任。

建筑材料、构配件及设备生产或供应单位对其生产或供应的产品质量负责。生产厂、供应商必须具备相应的生产条件、技术装备和质量管理体系，所生产或供应的建筑材料、构配件及设备的质量应符合国家和行业现行的技术规定的合格标准和设计要求，并与说明书和包装上的质量标准相符，且应有相应的产品检验合格证，设备应有详细的使用说明等。

2. 工程质量政府监督管理体制

政府的监督管理属于质量控制主体，它主要是以法律、法规为依据，通过抓工程报建、施工图设计文件审查、施工许可、材料和设备准用、工程质量监督、重大工程竣工验收备案等主要环节进行的。

（1）监督管理体制。

政府的工程质量监督管理具有权威性、强制性、综合性的特点。

国务院建设行政主管部门对全国的建设工程质量实施统一监督管理。国务院铁路、交通、水利等有关部门按国务院规定的职责分工，负责对全国的有关专业建设工程质量的监督管理。县级以上人民政府建设行政主管部门对本行政区域内的建设工程质量实施监督管理。县级以上人民政府交通、水利等有关部门在各自职责范围内，负责本行政区域内的专业建设工程质量的监督管理。

县级以上政府建设行政主管部门和其他有关部门履行检查职责时，有权要求被检查的单位提供有关工程质量的文件和资料，有权进入被检查单位的施工现场进行检查，在检查中发现工程质量存在问题时，有权责令改正。

（2）管理职能。

1）建立和完善工程质量管理法规：包括行政性法规和工程技术规范标准，前者如《建筑法》、《招标投标法》、《建筑工程质量管理条例》等，后者如工程设计规范、建筑工程施工质量验收统一标准、工程施工质量验收规范等。

2）建立和落实工程质量责任制：包括工程质量行政领导的责任、项目法定代表人的责任、参建单位法定代表人的责任和工程质量终身负责制等。

3）建设活动主体资格的管理：国家对从事建设活动的单位实行严格的从业许可证

制度，对从事建设活动的专业技术人员实行严格的执业资格制度。建设行政主管部门及有关专业部门按各自分工，负责各类资质标准的审查、从业单位的资质等级的认定、专业技术人员资格等级的核查和注册，并对资质等级和从业范围等实施动态管理。

4）工程承发包管理：包括规定工程招投标承发包的范围、类型、条件，对招投标承发包活动的依法监督和工程合同管理。

5）控制工程建设程序：包括工程报建、施工图设计文件审查、工程施工许可、工程材料和设备准用、工程质量监督、施工验收备案等管理。

四、质量管理制度

1. 施工图设计文件审查制度

施工图设计文件（以下简称施工图）审查是政府主管部门对工程勘察、设计质量监督管理的重要环节。施工图审查是指国务院建设行政主管部门和省、自治区、直辖市人民政府建设行政主管部门委托依法认定的设计审查机构，根据国家法律、法规、技术标准与规范，对施工图结构安全和强制性标准、规范执行情况等进行的独立审查。

（1）施工图审查的范围。

建筑工程设计等级分级标准中的各类新建、改建、扩建的建筑工程项目均属审查范围。省、自治区、直辖市人民政府建设行政主管部门，可结合本地的实际，确定具体的审查范围。建设单位应当将施工图报送建设行政主管部门，由建设行政主管部门委托有关审查机构进行结构安全和强制性标准、规范执行情况等内容的审查。建设单位将施工图报请审查时，应同时提供下列资料：批准的立项文件或初步设计批准文件；主要的初步设计文件；工程勘察成果报告；结构计算书及计算软件名称等。

（2）施工图审查有关各方的职责。

1）国务院建设行政主管部门负责全国施工图审查管理工作。省、自治区、直辖市人民政府建设行政主管部门负责组织本行政区域内的施工图审查工作的具体实施和监督管理工作。建设行政主管部门在施工图审查工作中主要负责制定审查程序、审查范围、审查内容、审查标准并颁发审查批准书；负责制定审查机构和审查人员条件，批准审查机构，认定审查人员，对审查机构和审查工作进行监督并对违规行为进行查处；对施工图设计审查负依法监督管理的行政责任。

2）勘察、设计单位必须按照工程建设强制性标准进行勘察、设计，并对勘察、设计质量负责。审查机构按照有关规定对勘察成果、施工图设计文件进行审查但并不改变勘察、设计单位的质量责任。

3）审查机构接受建设行政主管部门的委托对施工图设计文件涉及安全和强制性标准执行情况进行技术审查。建设工程经施工图设计文件审查后因勘察、设计原因发生工程质量问题，审查机构承担审查失职的责任。

（3）施工图审查管理。

审查机构应当在收到审查材料后20个工作日内完成审查工作，并提出审查报告；特级和一级项目应当在30个工作日内完成审查工作，并提出审查报告，其中重大及技术复杂项目的审查时间可适当延长。审查合格的项目，审查机构向建设行政主管部门提交项目施工图审查报告，由建设行政主管部门向建设单位通报审查结果，并颁发施工图审查批准书。对审查不合格的项目，提出书面意见后，由审查机构将施工图退回建设单位，并由原设计单位修改，重新送审。

施工图一经审查批准，不得擅自进行修改。如遇特殊情况需要进行涉及审查主要内容的修改时，必须重新报请原审批部门，由原审批部门委托审查机构审查后再批准实施。建设单位或者设计单位对审查机构做出的审查报告如有重大分歧时，可由建设单位或者设计单位向所在省、自治区、直辖市人民政府建设行政主管部门提出复查申请，由后者组织专家论证并做出复查结果。

建筑工程竣工验收时，有关部门应按照审查批准的施工图进行验收。建设单位要对报送的审查材料的真实性负责；勘察、设计单位对提交的勘察报告、设计文件的真实性负责，并积极配合审查工作。

2. 工程质量监督制度

工程质量监督管理的主体是各级政府建设行政主管部门和其他有关部门。工程质量监督管理由建设行政主管部门或其他有关部门委托的工程质量监督机构具体实施。

工程质量监督机构是经省级以上建设行政主管部门或有关专业部门考核认定，具有独立法人资格的单位。它受县级以上地方人民政府建设行政主管部门或有关专业部门的委托，依法对工程质量进行强制性监督，并对委托部门负责。

工程质量监督机构的主要任务：

（1）根据政府主管部门的委托，受理建设工程项目的质量监督。

（2）制订质量监督工作方案。确定负责该项工程的质量监督工程师和助理质量监督师。根据有关法律、法规和工程建设强制性标准，针对工程特点，明确监督的具体内容、监督方式。在方案中对地基基础、主体结构和其他涉及结构安全的重要部位和关键过程，作出实施监督的详细计划安排，并将质量监督工作方案通知建设、勘察、设计、施工、监理单位。

（3）检查施工现场工程建设各方主体的质量行为。检查施工现场工程建设各方主体及有关人员的资质或资格；检查勘察、设计、施工、监理单位的质量管理体系和质量责任制落实情况；检查有关质量文件、技术资料是否齐全并符合规定。

（4）检查建设工程实体质量。按照质量监督工作方案，对建设工程地基基础、主体结构和其他涉及安全的关键部位进行现场实地抽查，对用于工程的主要建筑材料、构配件的质量进行抽查。对地基基础分部、主体结构分部和其他涉及安全的分部工程的质量验收进行监督。

（5）监督工程质量验收。监督建设单位组织的工程竣工验收的组织形式、验收程序以及在验收过程中提供的有关资料和形成的质量评定文件是否符合有关规定实体质量是否存在严重缺陷，工程质量验收是否符合国家标准。

（6）向委托部门报送工程质量监督报告。报告的内容应包括对地基基础和主体结构质量检查的结论，工程施工验收的程序、内容和质量检验评定是否符合有关规定及历次抽查该工程的质量问题和处理情况等。

（7）对预制建筑构件和商品混凝土的质量进行监督。

（8）受委托部门委托按规定收取工程质量监督费。

（9）政府主管部门委托的工程质量监督管理的其他工作。

3. 工程质量检测制度

工程质量检测工作是对工程质量进行监督管理的重要手段之一。工程质量检测机构是对建设工程、建筑构件、制品及现场所用的有关建筑材料、设备质量进行检测的法定单位。在建设行政主管部门领导和标准化管理部门指导下开展检测工作，其出具的检测报告具有法定效力。法定的国家级检测机构出具的检测报告，在国内为最终裁定，在国外具有代表国家的性质。

(1) 国家级检测机构的主要任务。

1）受国务院建设行政主管部门和专业部门委托，对指定的国家重点工程进行检测复核，提出检测复核报告和建议。

2）受国家建设行政主管部门和国家标准部门委托，对建筑构件、制品及有关材料、设备及产品进行抽样检验。

(2) 各省级、市（地区）级、县级检测机构的主要任务。

1）对本地区正在施工的建设工程所用的材料、混凝土、砂浆和建筑构件等进行随机抽样检测，向本地建设工程质量主管部门和质量监督部门提出抽样报告和建议。

2）受同级建设行政主管部门委托，对本省、市、县的建筑构件、制品进行抽样检测。对违反技术标准、失去质量控制的产品，检测单位有权提供主管部门停止其生产的证明，不合格产品不准出厂，已出厂的产品不得使用。

4. 工程质量保修制度

建设工程承包单位在向建设单位提交工程竣工验收报告时，应向建设单位出具工程质量保修书，质量保修书中应明确建设工程保修范围、保修期限和保修责任等。

(1) 建设工程的最低保修期限。

在正常使用条件下，建设工程的最低保修期限为：

1）基础设施工程、房屋建筑工程的地基基础和主体结构工程，为设计文件规定的该工程的合理使用年限。

2）屋面防水工程、有防水要求的卫生间、房间和外墙面的防渗漏，为5年。

3）供热与供冷系统，为2个采暖期、供冷期。

4）电气管线、给排水管道、设备安装和装修工程，为2年。

其他项目的保修期由发包方与承包方约定。保修期自竣工验收合格之日起计算。

(2) 保修义务的承担和经济责任的承担。

建设工程在办理交工验收手续后，在规定的保修期限内，因勘察、设计、施工、材料等原因造成的质量问题，均要由施工单位负责维修、更换，由责任单位负责赔偿损失。保修义务的承担和经济责任的承担应按下列原则处理：

1）因施工单位未按国家有关标准、规范和设计要求施工，造成的质量问题，由施工单位负责返修并承担经济责任。

2）因设计方面的原因造成的质量问题，先由施工单位负责维修，其经济责任按有关规定通过建设单位向设计单位索赔。

3）因建筑材料、构配件和设备质量不合格引起的质量问题，先由施工单位负责维修，其经济责任属于施工单位采购的或验收同意的，由施工单位承担经济责任；属于建设单位采购的，由建设单位承担经济责任。

4）因建设单位（含监理单位）错误管理造成的质量问题，先由施工单位负责维修，其经济责任由建设单位承担，如属监理单位责任，则由建设单位向监理单位索赔。

5）因使用单位使用不当造成的损坏问题，先由施工单位负责维修，其经济责任由使用单位自行负责。

6）因地震、洪水、台风等不可抗拒原因造成的损坏问题，先由施工单位负责维修，建设参与各方根据国家具体政策分担经济责任。

五、质量管理体系标准

质量管理体系是指在质量方面指挥和控制组织的管理体系，通常包括制订质量方针、目标以及质量策划、质量控制、质量保证和质量改进等活动。推行全面质量管理，实现质量管理的方针目标，有效地开展各项质量管理活动，必须建立一个完善的、高效的质量管理体系。

ISO 9000 族标准是世界上许多经济发达国家质量管理实践经验的科学总结，该系列标准目前已被 90 多个国家等同或等效采用，是全世界最通用的国际标准。我国于 1992 年等同采用 ISO 9000 为国家标准。该标准的基本思想是通过过程控制、预防为主、持续改进，从而达到系统化、科学化、规范化的管理目的。

1. ISO 9000 质量管理标准简介

ISO 9000 是指质量管理体系标准，不是指一个标准，而是一族标准的统称。ISO 9000族标准是由国际标准化组织（ISO）质量管理和质量保证技术委员会（TC176）编制的一族国际标准，于 1987 年开始发布。随着国际贸易发展的需要和标准实施中出现的问题，对系列标准不断进行全面修订，于 1994 年 7 月正式发布了 1994 年版。随后，于 2000 年 12 月发布了 2000 年新版。

2000 年版的 ISO 9000 族的核心标准有 4 项，其编号和名称如下：

（1）ISO 9000：2005《质量管理体系——基本原理和术语》，表述质量管理体系基础知识，并规定质量管理体系术语。

（2）ISO 9001：2008《质量管理体系——要求》，规定质量管理体系要求，用于证实组织具有提供满足顾客要求和适用法规要求的产品的能力，目的在于增进顾客满意度。

（3）ISO 9004：2000《质量管理体系——业绩改进指南》提供考虑质量管理体系的有效性和效率性两方面的指南，目的是促进组织业绩改进和使顾客及其他相关方满意。

（4）ISO 19011：2000《质量和环境管理体系审核指南》，提供审核质量和环境管理体系的指南。

如前所述，我国按等同采用的原则，引入 ISO 9000 质量管理体系标准，翻译发布后，标准号为 GB/T 19 ×××，即上述 4 个核心标准对应我国的标准号分别为 GB/T 19000—2008、GB/T 19001—2008、GB/T 19004—2000、GB/T 19011—2003。由于发布时间的差异，因此标准发布的年号与 ISO 标准尚有差异。

我们通常所说的 ISO 9000 质量管理体系认证，实际上仅指按 ISO 9001（GB/T 19001—2008）标准进行的质量管理体系的认证，就 ISO 9000 族标准而言，这也仅是以顾客满意为目的的一种合格水平的质量管理，要达到高水平的质量管理，还要按 ISO 9004（GB/T 19004—2000）的要求，不断进行质量管理体系的改进和优化。

2. 质量管理体系的建立

按照《质量管理体系——基础和术语》（GB/T 19000），建立一个新的质量管理体系或更新、完善现行的质量管理体系，一般有以下步骤：

（1）企业领导决策。

建立质量管理体系是涉及企业内部很多部门参加的一项全面性工作，领导在企业的质量管理中起着决定性的作用。领导真心实意地要求建立质量管理体系，是建立健全质量管理体系的首要条件。

（2）编制工作计划。

工作计划包括培训教育、体系分析、职能分配、文件编制、配备仪器仪表设备等内容。

（3）分层次培训教育。

组织学习 GB/T 19000 系列标准，结合本企业的特点，了解建立质量管理体系的目的和作用，详细研究与本职工作有直接关系的要素，提出控制要素的办法。

（4）分析企业特点确定体系要素。

质量管理体系是由若干个相互关联、相互作用的基本要素组成，要素是构成质量管理体系的基本单元，要素要对控制工程实体质量起主要作用，能保证工程的适用性、符合性。

如图 8-1 所示，列举了建筑施工企业质量管理体系要素，根据建筑企业的特点，列出了 17 个要素，这 17 个要素分为 5 个层次。第一层次阐述了企业领导的职责；第二层次阐述展开质量体系的原理和原则；建立与质量体系相适应的组织机构，明确有关人员质量责任和权限；第三层次阐述质量成本，从经济角度衡量体系的有效性；第四层次阐述质量形成各阶段如何进行质量控制和内部质量保证；第五层次阐述质量形成过程的间接因素。

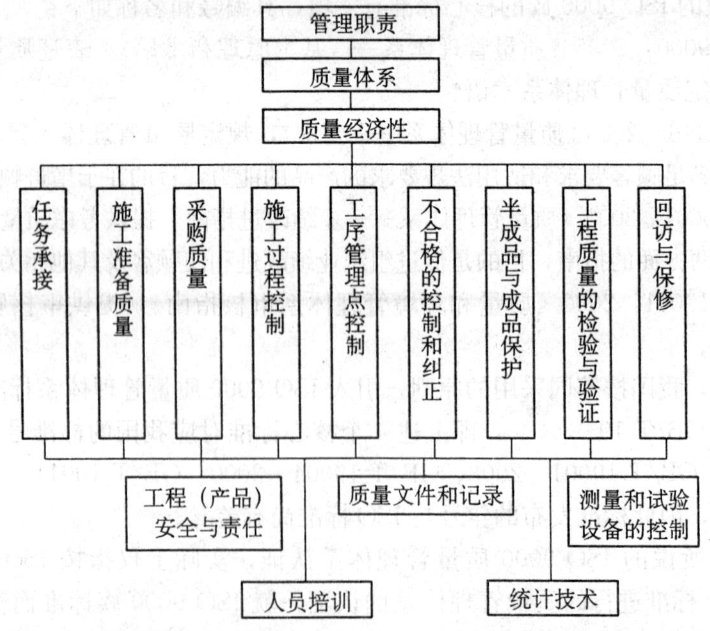

图 8-1　建筑施工企业质量管理体系要素构成

企业要结合自身的特点和具体情况，参照质量管理和质量保证国际标准和国家标准中所列的质量管理体系要素内容，选用和增减要素。

（5）落实各项要素。

企业在选好合适的质量管理体系要素后，要进行二级要素展开，制定实施二级要素所必需的质量活动计划，并把各项质量活动落实到具体部门或个人。在各级要素和活动分配落实后，为了便于实施、检查和考核，还要把工作程序文件化，即把企业的各项管理标准、工作标准、质量责任制、岗位责任制形成与各级要素和活动相对应的有效运行的文件。

（6）编制质量管理体系文件。

GB/T 19001 质量管理体系标准要求企业重视质量体系文件的编制和使用。编制和使用质量体系文件本身是一项具有动态管理要求的活动。GB/T 19001 质量管理体系对文件提出了明确要求，企业应具有完整和科学的质量体系文件。质量管理体系文件一般由以下内容构成：

1）质量方针和质量目标：一般都以简明的文字来表述，是企业质量管理的方向目标，应反映用户及社会对工程质量的要求及企业相应的质量水平和服务承诺，也是企业质量经营理念的反映。

2）质量手册：质量手册是规定企业组织建立质量管理体系的文件，质量手册对企业质量体系作系统、完整和概要的描述。其内容一般包括：企业的质量方针、质量目标；组织机构及质量职责；体系要素或基本控制程序；质量手册的评审、修改和控制的管理办法。质量手册作为企业管理系统的纲领性文件应具备指令性、系统性、先进性、可行性和可检查性。

3）程序文件：质量体系程序文件是质量手册的支持性文件，是企业各职能部门为落实质量手册要求而规定的细则，企业为落实质量管理工作而建立的各项管理标准、规章制度都属程序文件范畴。各企业程序文件的内容及详略可视企业情况而定。一般有以下六个方面的程序为通用性管理程序，各类企业都应在程序文件中制定下列程序：

①文件控制程序。

②质量记录管理程序。

③内部审核程序。

④不合格品控制程序。

⑤纠正措施控制程序。

⑥预防措施控制程序。

除以上六个程序以外，还有涉及产品质量形成过程各环节控制的程序文件，如生产过程、服务过程、管理过程、监督过程等管理程序，不作统一规定，可视企业质量控制的需要而制定。

为确保过程的有效运行和控制，在程序文件的指导下，尚可按管理需要编制相关文件，如作业指导书、具体工程的质量计划等。

4）质量记录：质量记录是产品质量水平和质量体系中各项质量活动进行及结果的客观反映。对质量体系程序文件所规定的运行过程及控制测量检查的内容如实加以记录，以证明产品质量达到合同要求质量保证的满足程度。

质量记录应完整地反映质量活动实施、验证和评审的情况，并记载关键活动的过程参数，具有可追溯性。质量记录以规定的形式和程序进行，并有实施、验证、审核等签署意见。

以上各类文件的详略程度无统一规定，以适于企业使用、使用过程受控为准则。

3. 质量管理体系的运行

质量管理体系的有效运行是依靠体系的组织机构进行组织协调、实施质量监督、开展信息反馈、进行质量管理体系审核和复审实现的。

（1）组织协调。

质量管理体系是借助于质量管理体系组织结构的组织和协调来进行运行的。组织和协调工作是维护质量管理体系运行的动力。质量管理体系的运行涉及企业众多部门的活动。

（2）质量监督。

质量监督有企业内部监督和外部监督两种，质量监督是符合性监督。质量监督的任务是对工程实体进行连续性的监视和验证，发现偏离管理标准和技术标准的情况时及时反馈，要求企业采取纠正措施，严重者责令停工整顿。从而促使企业的质量活动和工程实体质量均符合标准所规定的要求。

实施质量监督是保证质量管理体系正常运行的手段。外部质量监督应与企业本身的质量监督考核工作相结合，杜绝重大质量问题的发生，促进企业各部门认真贯彻各项规定。

（3）质量信息管理。

企业的组织机构是企业质量管理体系的骨架，而企业的质量信息系统则是质量管理体系的神经系统，是保证质量管理体系正常运行的重要系统。在质量管理体系的运行中，通过质量信息反馈系统对异常信息的反馈和处理，进行动态控制，从而使各项质量活动和工程实体质量保持受控状态。

（4）质量管理体系审核与评审。

企业进行定期的质量管理体系审核与评审。一是对体系要素进行审核、评价，确定其有效性；二是对运行中出现的问题采取纠正措施、对体系的运行进行管理，保持体系的有效性；三是评价质量管理体系对环境的适应性，对体系结构中不适用的采取改进措施。开展质量管理体系审核和评审是保持质量管理体系持续有效运行的主要手段。

4. 质量管理体系的认证

质量认证制度是由公正的第三方——认证机构对企业的产品及质量体系作出正确可靠的评价，从而使社会对企业产品建立信心。它对供方、需方、社会和国家的利益都具有重要意义。

（1）质量管理体系的申报及批准程序。

1）申请和受理：具有法人资格，并已按 ISO 9000 族标准或其他国际公认的质量体系规范建立了文件化的质量管理体系，并在生产经营全过程贯彻执行的企业可提出申请。申请单位须按要求填写申请书，认证机构经审查符合要求后接受申请，如不符合则不接受申请，是否接受申请均须发出书面通知书。

2）审核：认证机构派出审核组对申请方质量体系进行检查和评定。包括文件审查、现场审核，并提出审核报告。

3）审批与注册发证：认证机构对审核组提出的审核报告进行全面审查，符合标准者批准给予注册，发给认证证书。

（2）获准认证后的维护与监督管理。

企业获准认证的有效期为 3 年。企业获准认证后，应通过经常性的内部审核，维持质量管理体系的有效性，并接受认证机构对企业质量体系实施监督管理。获准认证后的质量管理体系维持与监督管理内容包括：

1）企业通报：认证合格的企业质量体系在运行中出现较大变化时，须向认证机构通报，认证机构接到通报后，视情况采取必要的监督检查措施。

2）监督检查：认证机构对认证合格单位质量维持情况进行监督性现场检查，包括定期和不定期的监督检查。定期检查通常是每年一次，不定期检查视需要临时安排。

3）认证注销：注销是企业的自愿行为。在企业体系发生变化或有效期届满时未提出重新申请等情况下，认证持证者提出注销的，认证机构予以注销，收回体系认证证书。

4）认证暂停：是认证机构对获证企业质量体系发生不符合认证要求情况时采取的警告措施。认证暂停期间，企业不得用体系认证证书作宣传。企业在规定期间采取纠正措施满足规定条件下，认证机构撤销认证暂停。否则将撤销认证注册，收回合格证书。

5）认证撤销：当获证企业发生质量体系存在严重不符合规定或在认证暂停的规定期限未予整改的，或发生其他构成撤销体系认证资格情况时，认证机构作出撤销认证的决定。企业不服可提出申诉。撤销认证的企业两年后可重新提出认证申请。

6）复评：认证合格有效期满前，如企业愿意继续延长，可向认证机构提出复评申请。

7）重新换证：在认证证书有效期内，出现体系认证标准变更、体系认证范围变更、体系认证证书持有者变更可按规定重新换证。

第二节　施工项目质量控制

工程施工是使工程设计意图最终实现并形成工程实体的阶段，也是最终形成工程产品质量和工程项目使用价值的重要阶段，因此施工项目的质量控制是工程项目质量控制的重点。

一、制订施工质量计划

质量计划是质量策划结果的一项管理文件。对工程建设而言，质量计划主要是针对特定的工程项目为完成预定的质量控制目标，编制专门规定的质量措施、资源和活动顺序的文件。其作用是，对外作为针对特定工程项目的质量保证，对内作为针对特定工程项目质量管理的依据。具体而言，质量计划应包括下列内容：编制依据；项目概况；质量目标；组织机构；质量控制及管理组织协调的系统描述；必要的质量控制手段，检验和试验程序；确定关键过程和特殊过程及作业的指导书；与施工过程相适应的检验、试验、测量、验证要求；更改和完善质量计划的程序等。

施工计划是承包单位进行施工的依据。在我国现行的施工管理中，施工承包单位要针对每一特定工程项目进行施工组织设计，以此作为施工准备和施工全过程的指导性文件。为确保工程质量，承包单位在施工组织设计中加入了质量目标、质量管理及质量保证措施等质量计划的内容。承包单位是否有能力执行并保证工期和质量目标是对施工组织设计可操作性的评价要求。投标时，投标单位向建设单位提供的施工组织设计或质量计划都是对建设单位作出工程项目质量管理的承诺。

二、进行施工质量交底

施工质量交底主要包括组织图纸会审；编制和理会施工组织设计方案；另外，对于达到一定规模、危险性较大的工程，单独编制专项施工方案等工作。

1. 图纸会审

图纸会审是指工程各参建单位（建设单位、监理单位、施工单位）在收到设计院施工图设计文件后，对图纸进行全面细致的熟悉，审查出施工图中存在的问题及不合理情况并提交设计院进行处理的一项重要活动。

2. 施工组织设计

单位工程施工组织设计编制的主要内容：

1）工程概况：工程概况和工程特点分析，包括工程的位置、工程性质、建筑面积、结构形式、建筑特点及施工要求等。

2）开工前施工准备：施工准备工作计划，包括进场条件、劳动力、材料、机具的准备及使用计划“三通一平”的具体安排、预制构件的施工、特殊材料的订货等。

3）施工部署与施工方案：包括施工方案的选择、流水段的划分、主要项目的施工顺序和施工方法、劳动组织及有关技术措施等。

4）施工进度计划：包括确定工程项目及计算工程量；确定劳动量及建筑机械台班数；确定各分部（分项）工程的工作日；考虑工序搭接；编排工程进度表及施工进度计划等。

5）现场施工平面布置图：包括对各种材料、构件、半成品的堆放位置；水、电管线的布置；机械位置及各种临时设施的布局等。

6）各种资料需要量计划：包括劳动力、机械设备、材料和构件等供应计划。

7）建筑工地施工业务的组织规划：包括工程质量、安全施工、降低成本及文明施工等技术组织措施。

8）主要技术经济指标的确定。

3. 专项施工方案

（1）专项施工方案编制。

1）根据中华人民共和国住房和城乡建设部颁发的《危险性较大的分部分项工程安全管理办法》（建质［2009］87号）的规定，对于达到一定规模、危险性较大的工程，需要单独编制专项施工方案。

2）建筑工程实行施工总承包的，专项方案应当由施工总承包单位组织编制。其中起重机械安装拆卸工程、深基坑工程、附着式升降脚手架等专业工程实行分包的，其专项方案可由专业承包单位组织编制。施工单位应当在危险性较大的分部分项工程施工前编制专项方案。

3）专项方案编制内容：①工程概况。②编制依据。③施工计划。④施工工艺技术。⑤施工安全保证措施。⑥劳动力计划。⑦计算机及相关图纸。

4）专项方案应当由施工单位技术部门组织本单位施工技术、安全、质量等部门的专业技术人员进行审核。经审核合格的，由施工单位技术负责人签字。实行施工总承包的，专项方案应当由总承包单位技术负责人及相关专业承包单位技术负责人签字。

不需要专家论证的专项方案，经施工单位审核合格后报监理单位，由项目总监理工程师审核签字。

（2）专家论证。

1）需专家论证的专项方案：超过一定规模的危险性较大的分部分项工程专项方案应当由施工单位组织召开专家论证会。实行施工总承包的，由施工总承包单位组织召开专家论证会。《危险性较大的分部分项工程安全管理办法》（建质［2009］87号）规定了需进行专家论证的工程项目。

2）专家论证会人员要求：

①专家组成员。

②建设单位项目负责人或技术负责人。

③监理单位项目总监工程师及相关人员。

④施工单位分管安全的负责人、技术负责人、项目负责人、项目技术负责人、专项方案编制人员、项目专职安全生产管理人员。

⑤勘察、设计单位项目技术负责人及相关人员。

3）专家组成员应当由5名及以上符合相关专业要求的专家组成，本项目参建各方的人员不得以专家身份参加专家认证会。

专项方案经论证后，专家组应当提交论证报告，对论证的内容提出明确的意见，并在论证报告上签字。该报告作为专项方案修改完善的指导意见。

（3）对于危险性较大工程专项施工方案的编制，必须按要求严格履行编制、审核、审批程序，方案的内容要做到全面、具体、科学、安全、可行。

三、施工质量控制的内容、方法和手段

1. 施工质量控制的内容

（1）施工准备阶段的质量控制。

施工单位在施工准备阶段的质量控制有以下内容：

①施工合同签订后，施工单位项目经理部应索取设计图纸和技术资料，指定专人管理并公布有效文件清单。

②项目经理部应依据设计文件和设计技术交底的工程控制点进行复测，当发现问题时，应与设计人员协商处理，并应形成记录。

③施工单位项目技术负责人应主持对图纸审核，并应形成会审记录。

④施工单位项目经理应按照质量计划中工程分包和物资采购的规定，选择并评价分包人和供应人，并应保存评价记录。

⑤施工企业应对全体施工人员进行质量知识培训，并应保存培训记录。

（2）施工阶段的质量控制。

建设工程施工项目是由一系列相互关联、相互制约的作业过程（工序）所构成，施工项目的质量控制的过程是从工序质量到分项工程质量、分部工程质量、单位工程质量的系统控制过程；也是一个由投入原材料的质量控制开始，直到完成工程质量检验为止的全过程的系统过程。控制工程项目施工过程的质量，必须控制全部作业过程，即各道工序的施工质量。

1）施工阶段的质量控制内容：

①进行现场施工技术交底。

②工程测量的控制和成果部分。

③材料的质量控制。

④机械设备的质量控制。

⑤按规定控制计量器具的使用、保管、维修和检验。

⑥施工工序质量的控制。

⑦特殊过程的质量控制。

⑧工程变更应严格执行工程变更程序，经有关部门批准后方可实施。

⑨采取有效措施妥善保护建筑产品或半成品。

⑩施工中发生的质量事故，必须按质量管理的有关规定处理。

2）进行施工作业过程质量控制：

①进行作业技术交底，包括作业技术要领、质量标准、施工依据、与前后工艺过程的关系等。

②检查施工工序、程序的合理性、科学性，防止工序流程错误，导致工序质量失控。

检查内容包括施工总体流程和具体施工作业的先后顺序，在正常情况下，要坚持先准备后施工、先深后浅、先土建后安装、先验收后交工等。

③检查工序施工条件，即每道工序投入的资料，使用的工具、设备及操作工艺及环境条件等是否符合施工组织设计的要求。

④检查施工中人员操作程序，操作质量是否符合质量规程要求。

⑤检查施工中间产品的质量及工序质量、分项工程质量。

⑥对质量符合要求的中间产品（分项工程）进行工序验收或隐蔽工程验收。

⑦质量合格的工序经验收可进入下道工序施工。未经验收合格的工序，不可进入下道工序施工。

3）进行施工工序质量控制：工序质量是施工质量的基础，工序质量也是施工顺利进行的关键。为达到对工序质量控制的效果，在工序质量控制方面应做到：

①贯彻预防为主的基本要求，设置工序质量检查点，对材料质量状况、工具设备状态、施工程序关键操作、安全条件、新材料新工艺应用、常见质量通病，甚至包括

操作者的行为等影响因素列为控制点作为重点检查项目进行预控。

②落实工序操作质量巡查、抽查及重要部位跟踪检查等方法，及时掌握施工质量总体状况。

③对工序产品分项工程的检查应按标准要求进行目测、实测及抽样实验的程序做好原始记录，经数据分析后，及时作出合格或不合格的判断。

④对合格工序产品应及时提交监理进行隐蔽工程验收。

⑤完善管理过程的各项检查记录、检测资料及验收资料，作为工程质量验收的依据，并为工程质量分析提供可追溯的依据。

（3）施工阶段质量控制的检查验证。

施工阶段质量控制是否持续有效，应经检查验证予以评价。检查验证的方法，主要是核查有关工程技术资料、直接进行现场质量检验或必要的实验等。

1）技术文件，报告检查内容：核查施工质量保证资料（包括施工安全过程的技术质量管理资料）是否齐备、正确，是施工阶段对工程质量进行全面控制的重要手段，其中又以原材料、施工检测、测量复核及功能性实验资料为重点检查内容。

2）现场质量检查内容：

①分部分项工程内容的抽样检查。

②工程外观质量的检查。

（4）见证取样和送检。

1）见证取样和送检是指在建设单位或工程监理单位人员的见证下，由施工单位的现场试验人员对工程中涉及结构安全的试块、试件和材料在现场取样，并送至经过省级以上建设行政主管部门对其资质认可和质量技术监督部门对其质量认证的质量检测单位（以下简称“检测单位”）进行检测。

2）见证人员应由建设单位或该工程的监理单位具备建筑施工试验知识的专业技术人员担任，并应由建设单位或该工程的监理单位书面通知施工单位，检测单位和负责该项工程的质量监督机构。

3）在施工过程中见证人员应按照见证取样和送检计划，对施工现场的取样和送检进行见证，取样人员应在试样或其包装上作出标识、封志。标识和封志应标明工程名称，取样部位，取样日期，样品名称和样品数量，并由见证人员和取样人员签字。见证人员应制作见证记录，并将见证记录归入施工技术档案。见证人员和取样人员应对试样的代表性和真实性负责。

4）见证取样的试块、试件和材料送检时，应由送检单位填写委托单，委托单应由见证人员和送检人员签字。检测单位应检测委托单位及试样上的标志和封志，确认无误后方可进行检验。

5）检测单位应严格按照有关管理规定和技术标准检测，出具公正、真实、准确的检测报告。见证取样和送检的检测报告必须加盖见证取样检测的专用章。

2. 施工质量控制的方法

施工项目质量控制的方法，主要是审核有关技术文件、报告和直接进行现场质量检验或必要的试验等。

（1）审核有关技术文件、报告或报表。

对技术文件、报告、报表的审核，是项目管理对工程质量进行全面控制的重要手段。

(2) 现场质量检查。

1) 现场质量检验的内容:

①开工前检查。目的是检查是否具备开工条件，开工后能否连续正常施工，能否保证工程质量。

②工序交接检查。对于重要的工序或对工程质量有重大影响的工序，实行“三检制”，即在自检、互检的基础上，还要组织专职人员进行工序交接检查。

③隐蔽工程检查。凡是隐蔽工程均应检查认证后方能掩盖。

④停工后复工前的检查。因处理质量问题或某种原因停工后需复工时，需经检查认可后方可复工。

⑤分项、分部工程完工后，应检查认可，签署验收记录后，才允许进行下一工程项目施工。

⑥成品保护检查。检查成品有无保护措施，或保护措施是否可靠。

此外，还应经常深入现场，对施工操作质量进行巡视检查。必要时，还应进行跟班或追踪检查。

2) 现场质量检查的方法：现场质量检查的方法有目测法、实测法和试验法三种。

①目测法。可归纳为看、摸、敲、照四个字。

②实测法。就是通过实测数据与施工规范及质量标准所规定的允许偏差对照，来判别质量是否合格。实测检查法的手段，也可归纳为靠、吊、量、套四个字。

③试验法。指必须通过实验手段，才能对质量进行判断的检查方法。如对桩或地基的静载实验，确定其承载力；对钢结构进行稳定性试验，确定是否产生失稳现象；对钢筋、焊接头进行拉力试验，检验焊接的质量等。

3. 施工质量控制的手段

(1) 日常性的检查。

即在现场施工过程中，质量控制人员（专业工长、质检员、技术人员）对操作人员进行操作情况及结果的检查和抽查，及时发现质量问题或质量隐患，事故苗头，以便及时进行控制。

(2) 测量和检测。

利用测量仪器和检测设备对建筑物水平和竖向轴线、标高、几何尺寸、方位的控制，对建筑结构施工的有关砂浆或混凝土强度的检测，严格控制工程质量，发现偏差及时纠正。

(3) 试验及见证取样。

各种材料及施工试验应符合相应规范和标准的要求，诸如原材料的性能，混凝土搅拌的配合比和计量，坍落度的检查和成品强度等物理力学性能及打桩的承载能力等，均需通过试验手段进行控制。

(4) 实行质量否决制度。

质量检查人员和技术人员对施工中存在的问题，有权以口头或书面方式要求施工操作人员停工或返工，纠正违章行为，责令不合格的产品返工。

（5）按规定的工作程序控制。

预检、隐检应有专人负责并按规定检查，做出记录，如第一次使用的混凝土配合比要进行开盘鉴定，混凝土浇筑应申请和批准，完成的分项工程质量要进行实测实量的检验评定等。

（6）对涉及使用安全与功能的项目实行竣工抽查检测。

四、隐蔽工程验收、施工质量检查和质量记录

1. 隐蔽工程验收

（1）隐蔽工程概念。

1）在施工工艺顺序过程中，前道工序施工完成，将被后一道工序所掩盖、包裹而再无法检查其质量情况，前道工序被称为隐蔽工程。

2）凡涉及结构安全和主要使用功能的隐蔽工程，在其后一道工序施工之前（即隐蔽工程施工完成隐蔽之前），由有关单位和部门共同进行的质量检查验收，称为隐蔽工程验收。

3）隐蔽工程验收是对一些已完成分项、分部工程质量的最后一道检查，把好隐蔽工程检查验收关，是保证工程质量、防止留有质量隐患的重要措施，它是质量控制的一个关键过程。

4）隐蔽工程验收主要内容分为：①外观质量检查；②核查有关工程技术资料是否齐备、正确。

（2）隐蔽工程验收程序。

1）隐蔽工程施工完毕，承包单位按有关技术规程、规范、施工图纸先进行自检，自检合格后，填写"报验申请表"，附上相应的"隐蔽工程检查记录"及有关材料证明，实验报告，复试报告等，报送项目监理机构。

2）监理工程师收到报验申请后。首先对质量证明资料进行审查，并进行现场检查（检测或核查），承包单位的项目工程技术负责人、专职质检员及相关施工人员应随同一起到现场。重要或特殊部位（如地基验槽、验桩、地下室或首层钢筋检验等）应邀请建设单位、勘察单位、设计单位和质量监督单位派员参加，共同对隐蔽工程进行检查验收。

3）参加检查人员按隐蔽工程检查表的内容进行检查验收后，提出检查意见，如符合质量要求，由施工承包单位质量检查员在"隐蔽单"上填写检查情况，然后交参加检查人员签字证明。若检查中存在问题需要进行整改时，施工承包单位应在整改后，再次邀请有关各方（或由检查意见中明确的某一方）进行复查，达到要求后，方可办理签证手续。对于隐蔽工程检查中提出的质量问题必须进行认真处理，经复验符合要求后，方可办理签证手续，准予承包单位隐蔽、覆盖，进行下一道工序施工。

4）为履行隐蔽工程检查验收的质量职责，应做好隐蔽工程检查验收记录。隐蔽工程检查验收后，应及时将隐蔽工程检查验收记录进行项目内业归档。

2. 施工质量检查

施工现场质量管理应有相应的施工技术标准，健全的质量管理体系、施工质量检

验制度和综合施工质量水平评价考核制度，并做好现场质量管理检查记录。

施工质量现场管理检查记录应由施工单位按表 8-1 填写，总监理工程师（建设单位负责人）进行检查，并作出结论。

表 8-1　施工现场质量管理检查记录表

<table>
<tr><td colspan="2">单位工程名称</td><td colspan="2"></td><td>施工许可证（开工证）</td><td></td></tr>
<tr><td colspan="2">建设单位</td><td colspan="2"></td><td>项目负责人</td><td></td></tr>
<tr><td colspan="2">设计单位</td><td colspan="2"></td><td>项目负责人</td><td></td></tr>
<tr><td colspan="2">监理单位</td><td colspan="2"></td><td>总监理工程师</td><td></td></tr>
<tr><td colspan="2">施工单位</td><td></td><td>项目负责人</td><td>项目技术负责人</td><td></td></tr>
<tr><td>序号</td><td colspan="2">项目</td><td colspan="3">内容</td></tr>
<tr><td>1</td><td colspan="2">现场质量管理制度</td><td colspan="3"></td></tr>
<tr><td>2</td><td colspan="2">质量责任制</td><td colspan="3"></td></tr>
<tr><td>3</td><td colspan="2">主要专业工种操作上岗证书</td><td colspan="3"></td></tr>
<tr><td>4</td><td colspan="2">分包方资质与对分包方单位的管理制度</td><td colspan="3"></td></tr>
<tr><td>5</td><td colspan="2">施工图审查情况</td><td colspan="3"></td></tr>
<tr><td>6</td><td colspan="2">地质勘察资料</td><td colspan="3"></td></tr>
<tr><td>7</td><td colspan="2">施工组织设计、施工方案及审批</td><td colspan="3"></td></tr>
<tr><td>8</td><td colspan="2">施工技术标准</td><td colspan="3"></td></tr>
<tr><td>9</td><td colspan="2">工程质量检验制度</td><td colspan="3"></td></tr>
<tr><td>10</td><td colspan="2">搅拌站及计量设置</td><td colspan="3"></td></tr>
<tr><td>11</td><td colspan="2">现场材料、设备存放与管理</td><td colspan="3"></td></tr>
<tr><td>12</td><td colspan="2"></td><td colspan="3"></td></tr>
<tr><td colspan="6">检查结论：
总监理工程师：
（建设单位负责人）　　年　月　日</td></tr>
</table>

3. 质量记录

（1）施工记录。

施工记录是指施工中有关的实验、检测、检查及验收记录等，理应包括施工日志、单位工程质量控制资料等。

（2）施工试验记录。

1）回填土：

①土方工程应测定土的最大干密度和最优含水量，确定最小干密度控制值。

②按规范绘制回填土取点平面示意图，分段、分层取样。

③土方击实试验报告。

2）钢筋连接：

①正式焊接工程开工前及施工过程中，对每批进场钢筋，在现场条件下进行工艺检验。

②钢筋焊接接头或焊接制品、机械连接接头进行现场取样复试（闪光对焊、电弧焊、电渣压力焊、气压焊：300 头；机械连接：500 头）。

③承重结构工程中的钢筋连接接头按规定实行有见证试验。

④采用机械连接接头型式施工时，技术提供单位应提交由有相应资质等级的检测

机构出具的型式检验报告。

⑤焊接工人执有有效的岗位证书。

3）砌筑砂浆（每一层或 250 m^3）：

①有配合比申请和实验室签发的配合比通知单。

②按规定留置 28 d 标养试块的抗压强度试验报告。

③承重结构的砌筑砂浆试块按规定实行有见证取样和送检。

④有单位工程砌筑砂浆试块抗压强度统计、评定记录。

评定方法和标准：

a. 同一验收批砂浆试块抗压强度平均值≥立方体抗压设计强度。

b. 同一验收批砂浆试块抗压强度的最小值≥立方体抗压设计强度的 0.75 倍。

4）混凝土（100 盘或连续浇筑 1 000 m^3 时每 200 m^3 或建筑地面每 1 000 m^2；抗渗混凝土每 500 m^3）：

①有配合比申请和实验室签发的配合比通知单。

②有按规定留置 28 d 标养的试块和相应数量同条件养护试块的抗压强度试验报告。

③冬季施工还应有受冻临界强度试块和转常温试块的抗压强度试验报告。抗渗混凝土、特种混凝土应有专项试验报告。

④承重结构的混凝土抗压试块按规定实行有见证取样和送检。有单位工程《混凝土试块抗压强度统计、评定记录》。

5）建筑装饰：装修工程施工试验记录（外墙饰面砖：300 m^2；砂浆：建筑地面每 1 000 m^2）。

①地面回填有《土工击实试验室报告》、《回填土试验报告》。

②装饰装修工程使用的砂浆、混凝土应有配合比和强度试验报告；有抗渗要求的应有《抗渗试验报告》。

③外墙饰面砖粘结前和施工中，应在相同基层上做样板件，对样板件的粘结强度进行检验。

④后置埋件应有现场拉拔试验。

6）支护工程施工试验记录：

①锚杆按设计要求进行现场抽样试验，有锁定力（拉拔力）试验报告。

②支护工程使用的砂浆、混凝土应有配合比和强度试验报告；有抗渗要求的应有《抗渗试验报告》。

7）桩基工程施工试验记录：

①地基按设计要求进行承载力检验，有承载力检验报告。

②桩基进行承载力和桩体质量检验（由检测机构出具检测报告）。

③桩基工程使用的混凝土应有配合比和强度试验报告；有抗渗要求的应有《抗渗试验报告》。

8）钢结构工程施工试验记录：

①高强度螺栓有摩擦面抗滑移系数检验报告及腐蚀报告，实行有见证送试。

②首次使用的钢材，焊接材料，焊接方法，焊后热处理等进行焊接工艺评定，有评定报告。

③一、二级焊缝做缺陷试验，有相应资质检测单位的超声波，射线探伤检验报告或磁粉探伤报告。

④安全等级为一级，跨度 40 m 及以上的公共建筑钢网架，且设计有要求的，对焊（螺栓）球节点进行节点承载力试验，并实行有见证送试。

⑤防腐、防火涂料做涂层厚度检测，防火涂层有检测单位的检测报告。

⑥焊（连）接工人持有效岗位证书。

第三节　建筑工程施工质量验收

一、施工质量验收层次划分

一个建筑物（构筑物）的建成，由施工准备工作开始到竣工交付使用要经过若干个工序和若干个工种之间的配合施工，所以一个工程质量的好坏，取决于各个施工工序和各工种的操作质量。为了便于控制、检查和评定每个施工工序和工种的操作质量，建筑工程按检验批、分项工程、分部工程（子分部工程）、单位工程（子单项工程）四级划分进行评定；将一个单位（子单位）工程划分为若干个分部（子分部）工程，每个分部（子分部）工程又可划分为若干个分项工程，每个分项工程又可划分为一个或若干个检验批。首先评定验收检验批的质量，再评定验收分项工程的质量，而后以分项工程质量为基础评定验收分部（子分部）的工程质量，最终以分部（子分部）工程质量、质量控制资料及有关安全和功能的检测资料、感观质量来综合评定验收单位（子单位）工程的质量。

1. 单位工程划分

（1）房屋建筑物（构筑物）单位工程。

1）具备独立施工条件并能形成独立使用功能的建筑物及构筑物为一个单位工程。如一栋住宅楼、一个商店、锅炉房、一所学校的一栋教学楼、一栋办公楼均为一个单位工程。

2）建筑物规模较大的单位工程，可将其能形成独立使用功能的部分作为一个子单位工程。如一个公共建筑有 30 层塔楼及裙房，该业主在裙房施工竣工后，具备使用功能，就计划先投入使用，这个裙房就可以先以子单位工程进行验收；如果塔楼 30 层分两个或三个子单位工程验收也是可以的。各子单位工程验收完，整个单位工程也就验收完了，并且可以以子单位工程办理竣工备案手续。

3）单位（子单位）工程的划分，应在施工前由建设、监理、施工单位自行商议确定，并据此收集整理施工技术资料和验收，事先确定和避免不必要的合同纠纷。

（2）室外单位工程。

室外工程根据专业类别和工程规模划分为室外建筑环境和室外安装两个室外单位工程，并又分成附属建筑、室外环境、给排水与采暖和电气子单位工程。

2. 分部工程划分

（1）分部工程的划分应按专业的性质和建筑部位确定。

（2）当分部工程较大或较复杂时，可按材料种类，施工特点，施工顺序，专业系统及类别等划分若干子分部工程。

一个单位工程有的是由地基与基础、主体结构、屋面、装饰装修4个建筑及结构分部工程和建筑设备安装工程的建筑给水、排水及采暖、建筑电气、通风与空调、电梯和智能建筑5个部分工程，共9个分部工程组成，不论其工作量大小，都作为一个分部工程参与单位工程的验收。但有的单位工程中，不一定全有这些分部工程。如有的构筑物可能没有装饰装修分部工程。对建筑设备安装工程来讲，一些高级宾馆、公共建筑可能5个部分全有，一般工程有的就没有通风与空调及电梯安装分部工程。有的构筑物连建筑给、排水及采暖分部工程也没有。所以说，房屋建筑物（构筑物）的单位工程目前最多由9个分部工程组成。

3. 分项工程划分

分项工程应按主要工种、材料、施工工艺、设备等类别划分。如瓦工的砌砖工程，钢筋工的绑扎工程，木门的木门窗安装工程，油漆工的混色油漆工程等。也有一些分项工程并不限于一个工种，由几个工种配合施工的，如装修工程的护栏和扶手制作与安装，由于其材料可以是金属的、木质的，不一定由一个工种来完成。

设备安装工程的分项工程一般按工种、设备组别等划分。如碳素钢管有给水管道、排水管道等，管道安装有碳素钢管道、铸铁管道、混凝土管道等，从设备组别来分，有锅炉安装、锅炉附属设备安装、卫生器具安装等。另外，对于管道的工作压力不同，质量要求也不同，也应分别划分为不同的分项工程，如住宅楼的下水管道，可把每个单元排水系统划分为一个分项工程。对于大型公共建筑的通风管道工程，一个楼层可分为数段，每段则为一个分项工程来进行质量控制和验收。

4. 检验批划分

检验批可根据施工或质量控制以及专业验收的需要，按楼层、施工段、变形缝等进行划分。分项工程是个比较大的概念，真正进行质量验收的并不是一个分项工程的全部，而只是其中的一部分。砌砖分项工程就由6个检验批组成，每一个检验批都验收了，砖砌分项工程的验收也就完成了。

二、施工质量验收程序和组织

检验批及分项工程应由监理工程师（建设单位项目技术负责人）组织施工单位项目专业质量（技术）负责人等进行验收。

分部工程应由总监理工程师（建设单位项目负责人）组织施工单位项目负责人和技术、质量负责人等进行验收；地基与基础，主体结构分部工程的勘察、设计单位工程项目负责人和施工单位技术、质量部门负责人也应该参加相关分部工程验收。

单位工程完工后，施工单位应自行组织有关人员进行检查评定，并向建设单位提交工程验收报告。

单位工程收到工程验收报告后，应由建设单位（项目）负责人组织施工（含分包单位）设计、监理等单位（项目）负责人进行单位（子单位）工程验收。

单位工程有分包单位工程施工时，分包单位对所承包的工程项目应按本标准规定的程序检查评定，总包单位应派人参加，分包工程完工后，应将工程有关资料交总包单位。

当参加验收各方对工程质量验收意见不一致时，可请当地建设行政主管部门或工程质量监督机构协调处理。

单位工程质量验收合格后，建设单位应在规定时间内将工程竣工验收报告和有关文件，报建设行政管理部门备案。

三、检验批的质量验收

1. 检验批合格质量的规定

分项工程分成一个或几个检验批来验收。检验批合格的前提是对过程控制的确认，根据生产连续性和生产控制稳定性等情况，检验批抽样方案一般采用调整型抽样。检验批合格质量应符合下列规定：

（1）主控项目和一般项目的质量经抽样检验合格。

（2）具有完整的施工操作依据、质量检验记录。

主控项目的条文是必须达到的要求，是保证工程安全和使用功能的重要检验项目，是对安全、卫生、环境保护和公众利益起决定性作用的检验项目，是确定该检验批主要性能的。如果达不到规定的质量指标，降低要求就相当于降低该工程项目的性能指标，就会严重影响工程的安全性能。如混凝土、砂浆的强度等级是保证混凝土结构、砌体工程强度的重要性能，所以必须全部达到要求。

一般项目是除主控项目外的检验项目，其条文也是应该达到的，只不过对少数条文可以适当放宽一些，也不影响工程的安全和使用功能。这些条文虽不像主控项目那么重要，但对工程安全、使用功能、工程整体的美观都是有较大影响的。这些项目的绝大多数质量指标都必须达到要求，其余20%虽可以超过一定的指标，但通常不能超过规定值的150%。

2. 检验批的质量验收记录

检验批的质量验收记录由施工项目专业质量检查员填写，监理工程师（建设单位技术负责人）组织项目专业质量检查员进行验收，按表8-2进行记录。

表 8-2　检验批的质量验收记录

工程名称		分项工程名称		验收部分	
施工单位		专业工长		项目经理	
施工执行标准名称及编号					
分包单位		分包项目经理		施工班组长	
施工质量验收规范的规定			施工单位检查评定记录		监理（建设）单位验收记录
主控项目	1				
	2				
	3				
	4				
	5				
	6				
	7				
	8				
	9				

一般项目												
施工单位检查评定结果	项目专业质量检查员											年 月 日
监理（建设）单位验收结论	监理工程师（建设单位项目技术负责人）											年 月 日

四、分项工程质量验收

（1）分项工程质量验收合格应符合的规定。

1）分项工程所含的检验批均符合合格质量的规定。

2）分项工程所含的检验批质量验收记录应完整。

分项工程质量的验收是在检验批验收的基础上进行的，是一个统计过程，没有直接的验收内容，所以在验收分项工程时应注意两点：一是核对检验批的部位、区段是否全部覆盖分项工程的范围，没有缺漏；二是检验批验收记录的内容及签字人是否正确、齐全。

（2）分项工程质量验收记录。

分项工程质量应由监理工程师（建设单位项目专业技术负责人）组织专业技术负责人等进行验收，并按表8-3进行记录。

表8-3 ____分项工程质量验收记录

工程名称		结构类型		检验批数	
施工单位		项目经理		项目技术负责人	
分包单位		分包单位负责人		分包项目经理	
序号	检验批部位、区段		施工单位检查评定结果	监理（建设）单位验收结论	
1					
2					
3					
4					
5					
6					
7					
8					
9					
10					
施工单位检查评定结果	项目专业质量检查员：项目专业质量技术负责人： 年 月 日				
监理（建设）单位验收结论	监理工程师（建设单位项目技术负责人）： 年 月 日				

五、分部工程质量验收

（1）分部（子分部）工程质量验收合格应符合的规定。

1）分部（子分部）工程所含分项工程的质量均应验收合格。

2）质量控制资料应完整。

3）地质与基础、主体结构和设备安装等分部工程有关安全及功能的检验和抽样检测结果应符合有关规定。

4）观感质量验收应符合质量要求：分部（子分部）工程的验收内容、程序都是一样的，在一个分部工程中只有一个分部工程时，子分部就是分部工程。当不止一个子分部工程时，可以分一个子分部为单位进行质量验收，然后，应将各子分部的质量控制资料进行核查，对地基与基础、主体结构和设备安装工程等分部工程，有关安全及功能的检验和抽样检查结果的资料核查、观感质量评价结果需要按好、一般、差三个等级进行综合评价。

（2）分部（子分部）工程质量验收记录。

分部（子分部）工程质量应由总监理工程师（建设单位项目专业负责人）组织施工项目经理和有关勘察、设计单位项目负责人进行验收，并按表 8-4 记录。

表 8-4　____分部（子分部）工程质量验收记录

<table>
<tr><td>工程名称</td><td></td><td>结构类型</td><td></td><td>层数</td><td></td></tr>
<tr><td>施工单位</td><td></td><td>技术部门负责人</td><td></td><td>质量部门负责人</td><td></td></tr>
<tr><td>分包单位</td><td></td><td>分包单位负责人</td><td></td><td>分包技术负责人</td><td></td></tr>
<tr><td>序号</td><td>分项工程名称</td><td>检验批数</td><td>施工单位检查评定</td><td colspan="2">验收意见</td></tr>
<tr><td>1</td><td></td><td></td><td></td><td colspan="2"></td></tr>
<tr><td>2</td><td></td><td></td><td></td><td colspan="2"></td></tr>
<tr><td>3</td><td></td><td></td><td></td><td colspan="2"></td></tr>
<tr><td>4</td><td></td><td></td><td></td><td colspan="2"></td></tr>
<tr><td>5</td><td></td><td></td><td></td><td colspan="2"></td></tr>
<tr><td>6</td><td></td><td></td><td></td><td colspan="2"></td></tr>
<tr><td>7</td><td></td><td></td><td></td><td colspan="2"></td></tr>
<tr><td>8</td><td></td><td></td><td></td><td colspan="2"></td></tr>
<tr><td></td><td></td><td></td><td></td><td colspan="2"></td></tr>
<tr><td colspan="4">质量控制资料</td><td colspan="2"></td></tr>
<tr><td colspan="4">安全和功能检验（检测）报告</td><td colspan="2"></td></tr>
<tr><td colspan="4">观感质量验收</td><td colspan="2"></td></tr>
<tr><td rowspan="5">验收单位</td><td>分包单位</td><td colspan="3">项目经理：</td><td>年　月　日</td></tr>
<tr><td>施工单位</td><td colspan="3">项目经理：</td><td>年　月　日</td></tr>
<tr><td>勘察单位</td><td colspan="3">项目负责人：</td><td>年　月　日</td></tr>
<tr><td>设计单位</td><td colspan="3">项目负责人：</td><td>年　月　日</td></tr>
<tr><td>监理（建设）单位</td><td colspan="3">总监理工程师（建设单位项目专业负责人）：</td><td>年　月　日</td></tr>
</table>

六、单位工程竣工验收

（1）单位（子单位）工程质量验收合格应符合的规定。

1）单位（子单位）工程所含分部（子分部）工程的质量均应验收合格。

2）质量控制资料应完整。

3）单位（子工程）工程所含分部工程有关安全和功能的监测资料应完整。

4）主要功能项目的抽查结果应符合相关专业质量验收规范的规定。

5）观感质量应符合要求。

单位工程质量验收也称质量验收，是建筑工程投入使用之前的最后一次验收，也是最重要的一次验收。

单位（子单位）工程质量验收，总体上讲还是一个统计性的审核和综合性的评价。是通过核查分部（子分部）工程验收质量控制资料、有关安全、功能检查资料、进行的必要的主要功能项目的复查及抽测，以及总体工程观感质量的现场实物质量验收。

（2）单位（子单位）工程质量竣工验收记录。

单位（子单位）工程质量验收应按表 8-5 进行记录，本表项目栏中的“质量控制资料核查”、“主要功能和安全项目抽查”、“观感质量验收”均应另有相应的核查、抽查记录表，验收时应将这些记录结果汇总至本表，与本表配合使用。

表 8-5 验收记录由施工单位填写，验收结论由监理（建设）单位填写。综合验收结论由参加验收各方共同商定后，由建设单位填写，应对工程质量是否符合设计和规范要求总体质量水平作出评审。

表 8-5　单位（子单位）工程质量竣工验收记录

工程名称		结构类型		层数/建筑面积	
施工单位		技术负责人		开工日期	
项目经理		项目技术负责人		竣工日期	
序号	项目	验收记录		验收结论	
1	分部工程				
2	质量控制资料核查				
3	主要功能和安全项目抽查				
4	观感质量验收				
5	综合验收结论				
参加验收单位	建设单位	设计单位	施工单位	监理单位	
	（公章） 单位（项目）负责人 年　月　日	（公章） 总监理工程师 年　月　日	（公章） 单位（项目）负责人 年　月　日	（公章） 单位（项目）负责人 年　月　日	

七、施工质量资料的内容、收集与整理

1. 竣工验收城建档案存档资料

城建档案存档资料是指在工程建设活动中直接形成的有关的重要活动、记载工程

建设主要过程和现状、具有归档保存价值的文字、图表、声像等各种形式的历史记录，也可简称工程档案。建设工程档案文件应收集齐全，整理立卷后归档。

（1）竣工验收城建档案存档资料的基本要求。

①归档的工程文件应为原件。

②工程文件的内容及其深度必须符合国家有关工程勘察、设计、施工、监理等方面的技术规范、标准和规程。

③工程文件的内容必须真实、准确，与工程实际相符合。

④工程文件应采用耐久性强的书写材料，如碳素墨水、蓝黑墨水。不得使用易褪色的书写材料，如红色墨水、纯蓝墨水、圆珠笔、复写纸、铅笔等。

⑤工程文件应字迹清楚、图样清晰、图表整洁，签字盖章手续完备。

⑥工程文件中文字材料幅面尺寸规格宜为A4幅面（297 mm×210 mm）。图纸宜采用国家标准图幅。

⑦工程文件的纸张应采用能够长期保存的韧力大、耐久性强的纸张。图纸一般采用蓝晒图，竣工图应是新蓝图，计算机出图必须清晰，当采用计算机出图的复印件时，应重新签署和盖章。

⑧所有竣工图均应加盖竣工图章。竣工图章的基本内容应包括“竣工图”字样、施工单位、编制人、审核人、技术负责人、编制日期、监理单位、现场监理、总监。

⑨利用施工图改绘竣工图，必须标明变更修改依据；凡施工图结构、工艺、平面布置等有重大改变，或变更部分超过图面1/3的，应当重新绘制竣工图。

（2）竣工验收城建档案归档的建筑工程文件。

1）工程准备阶段文件：

①立项文件；②建设用地、征地、拆迁文件；③勘察、测绘、设计文件；④招投标及合同文件；⑤开工审批及建设许可文件；⑥财务文件；⑦建设单位项目经理部、施工单位项目经理部、监理单位项目监理部机构及负责人名单。

2）监理文件。

3）施工文件：

①土建（建筑与结构）工程：a. 施工技术准备文件；b. 施工现场准备；c. 地基处理记录；d. 图纸变更记录；e. 施工材料预制构件质量证明文件及复试、检验报告；f. 施工试验记录；g. 隐蔽工程检查记录；h. 施工记录；i. 工程质量事故处理记录；j. 工程质量检验记录。

②电气、给排水、消防、采暖通风、空调、燃气、建筑智能化、电梯工程：a. 施工记录；b. 图纸变更记录；c. 设备、产品质量检查、安装记录；d. 预检记录；e. 隐蔽工程检查记录；f. 施工检验记录；g. 质量事故处理记录；h. 工程质量检验记录。

③室外工程：a. 室外安装（给水、雨水、污水、热力、燃气、电信、电力、照明、电视、消防等）施工文件；b. 室外建筑环境（建筑小品、水景、道路、园林、绿化等）施工文件。

4）竣工图。

5）竣工验收文件：

①工程竣工总结：a. 工程概况表；b. 工程竣工总结。

②竣工验收记录：a. 单位（子单位）工程质量验工、验收记录；b. 竣工验收证明书；c. 竣工验收报告；d. 竣工验收备案表（包括各专项验收认可文件）；e. 工程质量保修书。

③财务文件：a. 决算文件；b. 交付使用财产总表和财产明细表。

④声像、缩微、电子档案。

2. 竣工验收备案

（1）备案的范围。

根据《房屋建筑工程和市政基础设施工程竣工验收备案管理暂行办法》的要求，中华人民共和国境内新建、扩建、改建各类房屋建筑工程和市政基础设施工程，均实行竣工验收备案。

（2）竣工验收备案的要求。

建设单位应当自工程竣工验收合格之日起 15 d 内，向工程所在地的县级以上人民政府建设行政主管部门（简称备案机关）备案。

备案机关收到建设单位报送的竣工验收备案文件，验证文件齐全后，应当在工程竣工验收备案表上签署文件收讫。工程竣工验收备案表一式两份，一份由建设单位保存；一份留备案机关存档。

工程质量监督机构应当在工程竣工验收之日起 5 d 内，向备案机关提交工程质量监督报告。

（3）建设单位办理工程竣工验收备案。

建设单位办理工程竣工验收备案应当填写“工程竣工验收申请表”，并提交下列文件：

①“工程竣工验收备案表”（由建设单位填写）。

②“工程竣工验收报告”（竣工验收报告应当包括工程报建日期，施工许可证号，施工图设计文件审查意见，勘察、设计、施工、工程监理等单位分别签署的质量合格文件及验收人员签署的竣工验收原始文件，市政基础设施的有关质量检测和功能性试验资料以及备案机关认为需要提供的有关资料）。

③“工程质量监督报告”（由工程质量监督机构提供）。

④“工程质量保修书”（由施工单位签署）。

⑤“施工许可证”、规划验收许可文件。

⑥公安、消防验收文件或准许使用文件、环保验收文件或准许使用文件。

⑦监理单位对建设工程质量的评估报告，设计文件质量检查报告（由设计单位提供），勘察文件质量检查报告（由地质勘察单位提供）。

⑧市政基础设施的有关质量检测和功能性试验资料。

⑨商品住宅还应提交“住宅质量保证书”和“住宅使用说明书”。

⑩法规、规章规定必须提供的其他文件。

（4）工程竣工验收备案程序。

①工程完工施工单位提交“工程竣工报验申请表”，申请竣工验收。

②建设单位提交规划、消防、环保部门进行专项验收。

③建设单位制订验收方案，并将有关资料提交给质量监督机构。

④工程质量监督机构审查验收条件。

⑤建设单位组织工程竣工验收。

⑥建设单位向备案机关提交“工程验收报告”、“备案表”及有关材料文件，申报备案。

⑦工程质量监督机构出具质量监督报告。

⑧备案机关（建设行政主管部门）办理备案手续。

第九章　建筑工程施工质量问题的预防与处理

质量通病、质量缺陷和质量事故统称质量问题，质量通病是建筑与市政工程中经常发生的、普遍存在的一些工程质量问题，质量缺陷是施工过程中出现的较轻微的、可以修复的质量问题，质量事故则是造成较大经济损失甚至有一定人员伤亡的质量问题。

由于影响建筑工程质量的因素众多而且复杂多变，建筑工程在施工和使用过程中往往会出现各种各样不同程度的质量问题。

质量员进行质量控制重点之一是加强质量风险分析，及早制定对策和措施，重视工程质量事故的预防和处理，避免已发生的质量问题进一步恶化和扩大。

第一节　施工质量问题的预防

一、施工质量问题产生的常见原因

工程质量问题发生后，首先应该查明原因，落实措施，妥善处理，消除隐患，界定责任。其核心及关键是查明原因。

由于建筑工程工期较长，所用材料品种繁杂，在施工过程中，受社会环境和自然条件方面异常因素的影响，这使得引起工程质量问题的成因也错综复杂，往往一项质量问题是由于多种原因复合作用引起。质量问题表现的形式多种多样，即使是同一类质量问题其发生的原因也不相同。但可以归纳为以下几个方面：

1. 违背建设程序

不按建设程序办事，通常表现有：未搞清地质情况就仓促开工；边设计、边施工；无图施工；不经竣工验收就交付使用等，这些都是导致工程质量问题的重要原因。

2. 违反法规行为

例如，无证设计；无证施工；越级设计；越级施工；工程招、投标中的不公平竞争；超常的低价中标；非法分包、转包、挂靠；擅自修改设计等行为。

3. 地质勘察原因

未认真进行地质勘察或勘探时钻孔深度、间距、范围不符合规定要求，地质勘察报告不详细、不准确，导致采用不恰当或错误的基础方案，造成地基不均匀沉降、失稳，使上部结构或墙体开裂、破坏，或引发建筑物倾斜、倒塌等质量问题。

4. 设计差错

采用不正确的结构方案，计算简图与实际受力情况不符，荷载取值过小，内力分析有误，结构构造措施不合理，沉降缝或变形缝设置不当等都是引发质量问题的原因。

5. 施工与管理问题

施工与管理不到位是造成质量问题或质量事故最常见的原因。主要表现为：不按图施工或未经设计单位同意擅自修改设计。不按有关的施工规范和操作规程施工，施工组织管理紊乱，不熟悉图纸，盲目施工；无施工方案或施工方案考虑不周，施工顺序颠倒；图纸未经会审，仓促施工；技术交底不清，施工人员素质差，违章作业；疏于检查、验收等。

6. 使用不合格的原材料、制品及设备

在建筑材料及制品方面，诸如，采用不合格钢筋导致钢筋混凝土结构开裂或受荷后断裂；水泥安定性不合格造成混凝土爆裂；水泥受潮、过期、结块，砂石含泥量及有害物含量超标，外加剂掺量等不符合要求，影响混凝土强度、和易性、密实性、抗渗性，从而导致混凝土结构强度不足、裂缝、渗漏等质量问题。此外，预制构件截面尺寸不足，支承锚固长度不足，预应力构件未可靠地建立预应力值；构件漏放或少放钢筋。

在建筑设备方面，诸如，变配电设备质量缺陷导致自燃或火灾，电梯质量不合格危及人身安全，均可造成工程质量问题。

7. 自然环境因素

空气温度、湿度、暴雨、大风、洪水、雷电、日晒和浪潮等均可能成为出现质量问题的诱因。

8. 使用不当

对建筑物或设施使用不当也易造成质量问题。例如，未经校核验算就任意对建筑物加层；任意拆除承重结构部位；任意在结构物上开槽、打洞、削弱承重结构截面等也会引起质量问题。

二、施工质量通病及预防

工程施工质量通病就是常见多发病，是指施工过程中往往由于疏于管理而难以彻底根治的工程质量问题。质量通病会对建筑物的结构安全、使用功能造成很大隐患，严重者可能给业主造成巨大的经济损失，但只要加强施工管理，质量通病是完全可以预防的。

1. 建筑工程施工质量通病

（1）砌筑工程。

1）砌体的整体性和稳定性差：纵横墙不同步砌筑；施工临时间断处直槎留量较多。漏放拉结钢筋，脚手洞留设不符合规定。

2）砂浆强度不符：砌筑砂浆强度低，导致砖砌体的水平裂缝、竖向裂缝。

3）组砌方法不正确：砌成包心柱，里外皮砖层互不相咬，形成周边通天缝；出现通缝和“二皮砖”，形成竖缝宽窄不均。

4）水平或竖直灰缝饱满度不合格：干砖上墙，铺长灰而使底灰产生空穴。

5）围护墙体、窗口与墙节点处渗水：组砌方法不正确；饰面层未能分层抹灰，存在砂眼和龟裂；门窗口与墙体的缝隙，没采用加有麻刀的砂浆自上而下塞灰压紧；铝合金和塑料窗不填充保温材料，未用防水密封胶封堵缝隙。门窗口的天盘不设置鹰嘴或滴水线。

（2）混凝土工程。

1）蜂窝：未严格控制混凝土配合比配料或计量不准确；混凝土拌和不均匀；混凝土下料高度超过2m未设串筒或溜槽；浇灌不分层下料，振捣不实或漏振，模板缝隙过大导致水泥浆流失。

2）麻面：模板表面不光滑，模板湿润不够，漏涂隔离剂；模板表面未清理干净，模板缝隙过大。

3）孔洞：在钢筋较密部位，混凝土被卡住或漏振。

4）露筋：主筋保护层垫块不足，导致钢筋紧贴模板，振捣不实；混凝土振捣时撞击钢筋，踩踏钢筋。

5）缝隙、夹层：施工缝及变形缝没有按规定进行清理和浇浆，接缝处杂物未清理干净或洗净。

6）缺棱掉角：木模板在浇筑混凝土前未充分湿润，混凝土浇筑后未浇水养护；拆模过早，拆模时用力过猛过急。

7）墙柱底部缺陷（烂脚）：模板下口缝隙不严密，导致漏水泥浆或浇筑前没有先浇灌足够50mm厚以上水泥砂浆。

（3）模板工程。

1）梁、板模板质量通病：梁身不平直，梁底不平，梁侧面鼓出，梁上口尺寸偏大，梁板中部下挠，底部混凝土面不平。

2）柱模板质量通病：炸模，造成断面尺寸鼓出不准；混凝土保护层过大；柱偏斜，一排柱子不在同一轴线上；柱身扭曲。

3）墙模板质量通病：墙体混凝土厚薄不一致，截面尺寸不准确；墙模板炸模、倾斜变形；拼接不严密，缝隙过大造成跑漏浆，模板底部被混凝土及砂浆裹住，拆模困难。

（4）钢结构工程。

1）结构件制孔不准确：孔距位移、孔径尺寸、孔内有毛刺。

2）起拱不准确：拱度计算不准，不符合设计要求。起拱构件在运输和吊装时未采取加固措施，导致变形。

3）放样、号料精度不准确：放样、下料未按规定的工艺进行。

4）运输、堆放时产生变形：场地松软，未设置垫土；运输和吊装构件时未采取加固措施。

5）螺栓连接质量通病：螺栓连接扭矩不准；连接板拼接不严密；丝口严重锈蚀，螺纹间有浊污杂质，丝口损伤。

6）拼装与吊装质量通病：构件刚度差，构件本身有挠度，拼装未拉通线，支撑杆件本身尺寸不准；焊缝布置不对称，焊接的电流、速度、方向及焊接时采用的装配卡具不合理，构件焊接后翘曲变形；安装孔位移，螺栓预留孔与预埋螺栓位置错位、不对中；柱、屋架、天窗架等构件垂直偏差大。

2. 建筑工程施工质量通病的预防

（1）质量管理是保障。

工程质量的好坏，关键取决于人的因素。质量管理和控制是保证工程质量所采取的作业技术和活动，它贯穿于质量形成的全过程、各环节，质量管理者要形成全面质量管理的理念。其控制按实施者不同，包括三个方面：

1）企业内部质保体系。这是保证工程质量的关键。通过企业自身的运作，消除质量通病于萌芽状态。它的特点是“全员参与、全面管理、全过程控制”，通过自检、互检、交接检、质量员验收等来控制质量。

2）社会监理。这是保证工程质量，防治质量通病的外部的、横向的控制。有时质量通病出现是操作时的随意性和方案中的盲目性引起的，通过监理的监督和把关，可以减少这种情况的出现，从而防止通病的产生。

3）政府监督。这是强制性的，是政策引导和最终认可的质量控制手段。通过政府的强制监督，可以宣传和引导参建各方增强质量意识，自觉克服质量通病；可以制订相应的技术文件，帮助企业克服质量通病；可以运用监督手段，强制企业按标准规范执行，从而减少质量通病的出现。

（2）严把材料质量关。

所有进场材料必须按规定进行检查和复验，杜绝不合格材料的流入。必要时可对材料生产过程进行抽查。

（3）施工工艺是关键。

为了防治质量通病，必须对施工过程和施工工艺进行重点控制，并从方案、人员、设备、工艺和环境等多方面采取措施：

①应编制有针对性、科学、先进、可靠的施工技术方案，并及时进行交底。方案应有针对性和可操作性，应明确质量标准和防治质量通病的措施。

②施工人员应进行岗位培训，特殊工种应具有上岗证，如电焊工、防水工等。班组长由有一定的工作经验和理论水平的人员担任。

③设备质量（包括测量设备）对工程质量也有较大的影响，对设备应及时进行校核和检修。

④严格按操作规程和工法进行施工是保证工程质量、预防质量通病的关键。因此，应组织操作人员学习操作规程等施工技术，要求大家严格执行，并采用自检、互检、交接检等手段予以保证。施工中应随时和图纸及规范标准加以比较，确保符合要求。如在屋面防水卷材施工前，应观测找平层或保温层的含水率，必要时应采用烘干或排汽措施后方可继续施工。否则，极易产生起泡等质量通病。

⑤环境因素对工程质量影响较大，特别是自然环境条件（如阴雨、寒冷天等），应采取一定措施进行控制和预防。如电焊时，当温度较低时，对焊接接头综合性能有影响；另外，在雨雪天焊接会使接头产生淬硬组织和裂纹，因此规范规定必须有较好的遮挡措施，否则不宜焊接。

第二节　施工质量问题的处理

一、施工质量问题的分析

1. 分析步骤

（1）进行细致的现场调查研究，观察记录全部实况，充分了解与掌握引发质量问题的现象和特征。

（2）收集调查与质量问题有关的全部设计和施工资料，分析摸清工程在施工或使用过程中所处的环境及面临的各种条件和情况。

（3）找出可能产生质量问题的所有因素。

（4）分析、比较和判断，找出最可能造成质量问题的原因。

（5）进行必要的计算分析或模拟试验予以论证确认。

2. 分析方法

一般采用逻辑推理法：

（1）确定质量问题的初始点，即所谓原点，它是一系列独立原因集合起来形成的爆发点。因其反映出质量问题的直接原因，在分析过程中具有关键性作用。

（2）围绕原点对现场各种现象和特征进行分析，区别导致同类质量问题的不同原因，逐步揭示质量问题萌生、发展和最终形成的过程。

（3）综合考虑原因复杂性，确定诱发质量问题的起源点即真正原因。工程质量问题原因分析是对一堆模糊不清的事物和现象客观属性和联系的反映，其结果不单是简单的信息描述，而是逻辑推理的产物。

3. 施工质量问题分析案例

【案例1】　某二层砖混结构，呈"T"形布局，其①～②轴建于湖岸长6 m，③～⑩轴采用砖柱支撑建于湖滨中，共长30 m。基础砖柱高5.3～7.2 m，以地形定柱的高度，设计用MU10的砖和M10的混合砂浆砌筑，上部三层楼房全部由20根砖柱支撑，房屋待正式竣工时坍塌于湖中，倒塌前整个结构无任何预兆，造成在该建筑内施工的工人死亡及30人重伤的质量事故。

分析：经事故现场勘察，分析发生该建筑倒塌质量事故的原因是：

（1）设计差错：

①结构不合理，该结构为横墙承重，上部三层承重横墙刚度较大，下部为两根独立砖柱支撑，刚度悬殊大。

②以地形定柱子高度，长度差异大，压缩变形、沉降变形严重不均。独立柱协调能力小，抗水平力弱。

③材料选用不合理。用MU10的砖和M10的混合砂浆砌筑水下结构物，混合砂浆在水中强度降低，致使砖砌体承载力严重不足。这是造成该质量事故的主要原因。

④不进行地质勘察，盲目自定地基承载力。

(2) 施工管理混乱：

①材料不检测，砂浆、砖和混凝土均无试验。

②砖柱采用包心砌法致使设计强度严重降低。

③隐蔽工程无验收记录。

【案例 2】 某工程建筑面积 78 000 m^2，现浇剪力墙结构，地下 3 层，地上 30 层。基础埋深 14.4 m，基础底板厚 3 m，底板混凝土强度等级为 C35/P12。

底板钢筋施工时，施工单位征得监理单位和建设单位同意后，将板厚 1.5 m 处的 HRB335 级直径 16 mm 的钢筋，用 HPB235 级直径 10 mm 的钢筋进行代换。

施工单位选定了某商品混凝土搅拌站，由该站为其制定了底板混凝土施工方案。该方案采用溜槽施工，分两层浇筑，每层厚度 1.5 m。

底板混凝土浇筑时当地最高大气温度 38℃，混凝土最高入模温度 40℃。

浇筑完成的第 16 h 采用覆盖一层塑料膜、一层保温岩棉方式进行养护，养护时间 7 d。

测温记录显示：混凝土内部最高温度 75℃，其表面最高温度 45℃。

监理工程师检查发现底板表面混凝土有裂缝，经钻芯取样检查，取样样品均有贯通裂缝。

上述哪些做法不妥，造成质量问题：

分析：

(1) 该基础底板钢筋代换不合理。因为钢筋代换时，应征得设计单位的同意，对于底板这种重要受力构件，不宜用 HPB235 代换 HRB335 钢筋。

(2) 由商品混凝土供应站编制大体积混凝土施工方案不合理。因为大体积混凝土施工方案应由施工单位编制，混凝土搅拌站应根据现场提出的技术要求做好混凝土试配。

(3) 本工程基础底板产生裂缝的主要原因有：

1) 混凝土的入模温度过高。

2) 混凝土浇筑后未在 12 h 内进行覆盖，且养护天数远远不够。

3) 大体积混凝土由于水化热高，没有采取相应的措施，内部与表面温差过大，产生裂缝。

【案例 3】 某高层住宅楼建筑面积约 27 000 m^2，两座塔楼建筑平面呈飞机状，地上 25 层，总高度 72 m，地下室 1 层，为剪力墙结构，剪力墙厚 400～250 mm，该工程在首层剪力墙放线时发现墙体钢筋大尺寸错位，错位率约 80%，最大钢筋错位值达 120 mm。

分析：造成剪力墙钢筋大错位的原因是：

(1) 首层剪力墙墙体放线错误。

(2) 首层与地下室剪力墙墙体轴线互相错位。

(3) 模板安装垂直度有偏差，钢筋随模板倾斜而走位。

(4) 模板支撑不当，平面外刚度小，泵送混凝土时泵管产生巨大的摩擦推力和浇捣混凝土时巨大的侧压力使墙体模板平面处变形，上部偏移倾斜，钢筋随之错位。

故主要原因是施工水平差，模板施工方案不合理，施工管理不到位，工序检验不到位。

4. 质量问题技术处理方案的确定方法

制定工程质量问题技术处理方案，其目的是消除质量隐患，以达到建筑物的安全可靠和正常使用各项功能及寿命要求，并保证施工的正常进行。其一般处理原则是：正确确定问题性质，是表面性还是实质性、是结构性还是一般性；正确确定处理范围，包括直接发生部位和相邻影响作用范围；其处理基本要求是：满足设计要求和用户期望；安全可靠，不留隐患；技术上可行，经济合理原则。

(1) 确定质量问题技术处理方案的一般方法。

1) 修补处理。

这是最常用的一类处理方案。通常当工程的某个检验批、分项或分部的质量虽未达到相关的规范、标准或设计要求，存在一定缺陷，但通过修补或更换器具、设备后还可达到要求的标准，又不影响使用功能和外观要求时可以进行修补处理。如对混凝土构件表面裂缝以及不影响使用和外观的表面的蜂窝、麻面进行剔凿、抹灰等表面封闭处理；对梁、柱等构件的复位纠偏；因材料强度不足需要结构补强等。

需要指出的是，对较严重的质量问题，可能影响结构的安全性和使用功能，必须按一定的技术方案进行加固补强处理，这样往往会造成一些永久性缺陷，如改变结构外形尺寸，影响一些次要的使用功能等。

2) 返工处理。

当某些严重质量问题对结构的使用和安全构成重大影响，且又无法通过修补处理时，可对检验批、分项、分部甚至整个工程返工处理。例如预应力构件的预应力严重偏差，影响结构安全；构件定位偏离过大不能满足正常使用等。有的工程，存在严重质量缺陷，若采用加固补强的处理费用比原工程造价还高，也应进行整体拆除，全面返工。

3) 不做处理。

某些工程由于某些方面的质量不符合规定的要求和标准构成了质量问题。但经过分析、论证、法定检测单位鉴定和设计单位验算，认定可不做专门处理。通常有以下几种情况：

①不影响结构安全和正常使用：例如，有的建筑物出现放线定位偏差，且严重超过规范标准规定，若要纠正会造成重大经济损失，若经过分析、论证其偏差不影响生产工艺和正常使用，在外观上也无明显影响，可不做处理。

②有些质量问题，经过后续工序可以弥补。例如，混凝土墙表面轻微麻面，可通过后续抹灰、喷涂或刷白等工序弥补，也可不做专门处理。

③经法定检测单位鉴定合格：例如，某检验批混凝土试块强度值不满足规范要求，强度不足，在法定检测单位，对混凝土实体采用非破损检验等方法测定其实际强度已达规范允许和设计要求值时，可不做处理。对经检测未达要求值，但相差不多，经分析论证，只要使用前经再次检测达到设计强度，也可不作处理，但应严格控制施工荷载。

④出现的质量问题，经检测鉴定达不到设计要求，但经设计单位核算，仍能满足结构安全和使用功能，可不做处理。例如，某一结构构件截面尺寸不足，或材料强度不足，影响结构承载力，但经按实际检测所得截面尺寸和材料强度复核验算，尚能满足设计的承载力，可不进行专门处理。这种处理方式实际上是挖掘了设计潜力，故需特

别慎重，准确核算。

(2) 确定工程质量问题处理方案的辅助方法。

某些较为复杂的工程质量问题，其技术处理方案并非容易作业决策，采用的处理方案做到既经济合理，又不留有安全隐患，往往需要依靠下列辅助决策方法来进一步论证所作出的决策。

1) 实验验证。

即对某些留有严重质量缺陷的问题，可采取合同规定的常规试验以外的试验方法进一步进行验证，以便确定缺陷的严重程度。例如，混凝土构件的试件强度低于要求的标准不大（例如：10%以下）时，可进行加载试验，以证明其是否满足使用要求。可根据对试验验证结果的分析、论证，再研究选择最佳的处理方案。

2) 定期观测。

有些工程，在发现其质量缺陷时其状态可能尚未达到稳定仍会继续发展，在这种情况下一般不宜过早作出决定，可以对其进行一段时间的观测，然后再根据情况作出决定。如建筑物的基础在施工期间发生沉降超过预计的或规定的标准；混凝土表面发生裂缝，并处于发展状态等。有些有缺陷的工程，短期内其影响可能不十分明显，需要较长时间的观测才能得出结论。

3) 专家论证。

对于某些工程质量问题，可能涉及的技术领域比较广泛，或问题很复杂，有时仅根据合同规定难以决策，这时可提请专家论证。而采用这种办法时，应事先做好充分准备，尽早为专家提供尽可能详尽的情况和资料，以便使专家能够进行较充分、全面和细致的分析、研究，提出切实的意见与建议。实践证明，采取这种方法，对于正确选择重大工程质量缺陷的处理方案十分有益。

4) 方案比较。

这种方法较为常用。同类型和同一性质的问题可先设计多种处理方案，然后结合当地的资源情况、施工条件等逐项给出权重，作出对比，从而选择具有较高处理效果又便于施工的处理方案。例如，结构构件承载力达不到设计要求，可采用改变结构构造来减少结构内力、结构卸荷或结构补强等不同处理方案，可将其每一方案按经济、工期、效果等指标列项并分配相应权重值，进行对比，辅助决策。

二、施工质量缺陷的处理

工程产品质量没有满足某个预期的使用要求或合理的期望（包括安全性和使用性有关的要求）则称为质量缺陷，如前所述，质量缺陷一般是可以采取措施实施修复的。

1. 处理方式

工程的施工过程中或完工以后，如发现工程项目存在不合格项或质量缺陷，应根据其性质和严重程度按如下方式处理：

(1) 当在日常检查时发现施工引起的质量缺陷处在萌芽状态时，应及时制止。并根据实际情况，要求立即更换不合格材料、设备或不称职人员，或要求施工人员立即改变不正确的施工方法和操作工艺，并进行跟踪检查。

(2) 当因施工而引起的质量缺陷已出现时，或监理工程师已发出了《质量监理通知》，应立即采取足以保证施工质量的有效措施，填报《监理通知回复单》报监理单位。监理单位根据质量缺陷的程度按有关要求批复后执行。

（3）当某道工序或分项工程完工以后，出现不合格项，由监理工程师填写《不合格项处置记录》，由施工单位及时采取措施予以整改。监理工程师应对其补救方案进行确认，跟踪处理过程，对处理结果进行验收，否则不允许进行下道工序或分项的施工。

（4）在交工使用后的保修期内发现的施工缺陷问题，监理工程师及时签发《监理通知》，由施工单位进行修补、加固处理。

2. 处理程序

工程的施工过程中或完工以后，发现工程质量缺陷，首先应判断其严重程度。一般按以下程序进行处理，见图 9-1。

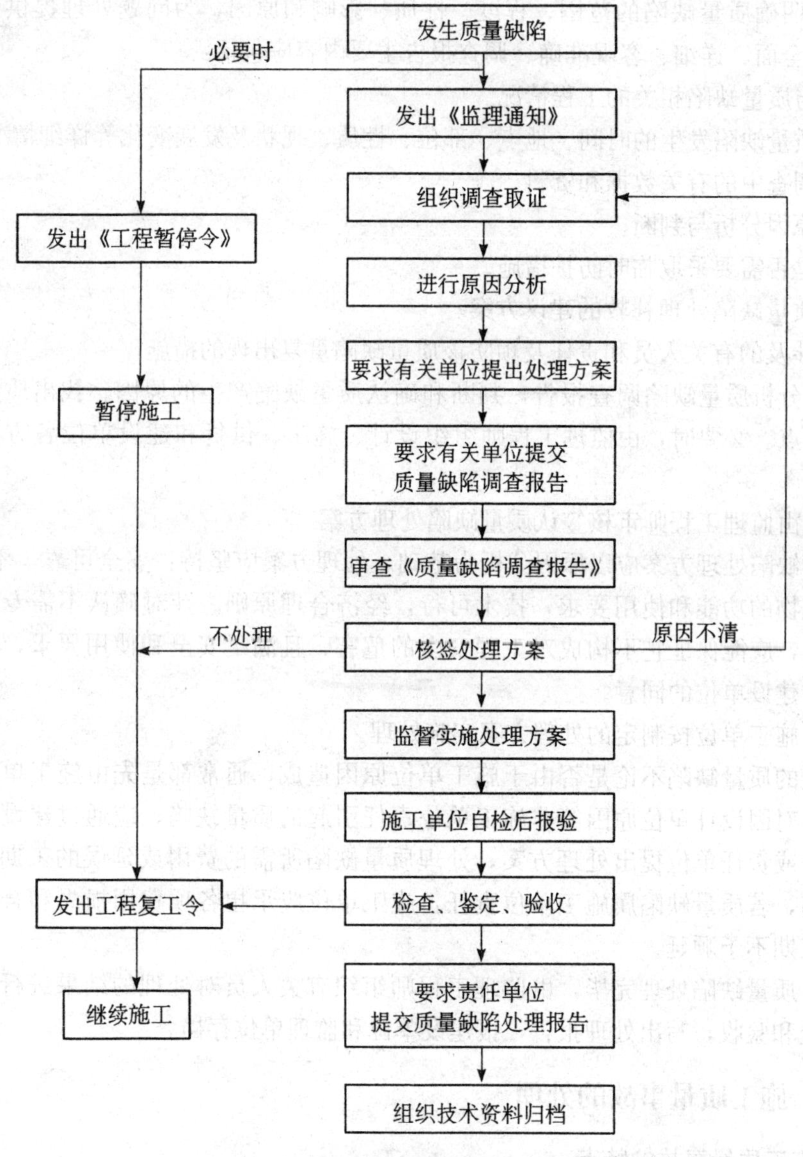

图 9-1　工程质量缺陷处理程序框图

（1）质量缺陷已经产生，由监理工程师签发《监理通知》，由施工单位写出质量缺陷调查报告，提出处理方案，填写《监理通知回复单》报监理工程师审核后，批复施工单位处理，必要时应经建设单位和设计单位认可，处理结果应重新进行验收。

（2）对需要加固补强的质量缺陷，或质量缺陷的存在影响下道工序和分项工程的质量时，由监理工程师签发《工程暂停令》，指令施工单位停止有质量缺陷部位和与其有关联部位及下道工序的施工。必要时，应采取防护措施，施工单位写出质量缺陷调查报告，由设计单位提出处理方案，并征得建设单位同意，批复施工单位处理。处理结果应重新进行验收。

（3）施工单位对质量缺陷开展调查及编写调查报告。

开展质量缺陷调查及编写调查报告应在监理工程师的组织参与下进行。调查的主要目的是明确质量缺陷的范围、程度、性质、影响和原因，为问题处理提供依据，调查应力求全面、详细、客观准确。调查报告主要内容应包括：

1）与质量缺陷相关的工程情况。

2）质量缺陷发生的时间、地点、部位、性质、现状及发展变化等详细情况。

3）调查中的有关数据和资料。

4）原因分析与判断。

5）是否需要采取临时防护措施。

6）质量缺陷处理补救的建议方案。

7）涉及的有关人员和责任及预防该质量缺陷重复出现的措施。

（4）分析质量缺陷调查报告，判断和确认质量缺陷产生的原因。找出质量缺陷的真正起源点。必要时，由监理工程师组织设计、施工、供货和建设单位各方共同参加分析。

（5）由监理工程师审核签认质量缺陷处理方案。

质量缺陷处理方案应以原因分析为基础。处理方案应坚持：安全可靠，不留隐患，满足建筑物的功能和使用要求，技术可行，经济合理原则。针对确认不需专门处理的质量缺陷，应能保证它不构成对工程安全的危害，且满足安全和使用要求，并必须征得设计和建设单位的同意。

（6）施工单位按制定的处理方案实施处理。

发生的质量缺陷不论是否由于施工单位原因造成，通常都是先由施工单位负责实施处理。对因设计单位原因等非施工单位责任引起的质量缺陷，应通过建设单位要求设计单位或责任单位提出处理方案，处理质量缺陷所需的费用或延误的工期，由责任单位承担，若质量缺陷属施工单位责任，施工单位应承担各项费用损失和合同约定的处罚，工期不予顺延。

（7）质量缺陷处理完毕，由监理工程师组织有关人员对处理的结果进行严格的检查、鉴定和验收，写出处理报告，报建设单位和监理单位存档。

三、施工质量事故的处理

1. 施工质量事故的特点

工程质量事故具有复杂性、严重性、可变性和多发性的特点。

（1）复杂性。

影响工程质量的因素繁多，造成质量事故的原因错综复杂，即使是同一类质量事故，而原因却可能多种多样截然不同。例如，就墙体开裂质量事故而言，其产生的原因就可能是：设计计算有误；结构构造不良；地基不均匀沉陷；温度应力的作用；也可能是施工质量低劣或材质不良等。使得对质量事故进行分析，判断其性质、原因及发展，确定处理方案与措施等都增加了复杂性及困难。

（2）严重性。

工程项目一旦出现质量事故，其影响较大。轻者影响施工顺利进行、拖延工期、增加工程费用，重者则会留下隐患成为危险的建筑，影响使用功能或不能使用，更严重的还会引起建筑物的失稳、倒塌，造成人民生命、财产的巨大损失。所以对于建设工程质量问题和质量事故均不能掉以轻心，必须予以高度重视。

（3）可变性。

许多工程的质量问题出现后，其质量状态并非稳定于发现的初始状态，而是有可能随着时间而不断地发展、变化。例如，基础的超量沉降可能随上部荷载的不断增大而继续发展；混凝土结构出现的裂缝可能随环境温度的变化而变化，或随荷载的变化及负担荷载的时间而变化等。因此，有些在初始阶段并不严重的质量问题，如不能及时处理和纠正，有可能发展成一般质量事故；一般质量事故有可能发展成为严重或重大质量事故。出现质量事故后，一定要注意质量事故的可变性，应及时采取可靠的措施，防止其进一步恶化；或加强观测与试验，取得数据，预测其发展的趋势。

（4）多发性。

建设工程中的质量事故，往往在一些工程部位中经常发生。例如，悬挑梁板断裂、模板支架倒塌、钢屋架失稳、混凝土柱烂根等。有些质量事故具有“常见病”、“多发病”的特点，而成为质量通病。因此，总结经验，吸取教训，采取有效措施予以预防十分必要。

2. 建筑工程施工质量事故的分类

1989 年 9 月 30 日，原建设部发布了《工程建设重大事故报告和调查程序规定》（建设部 3 号令），较长时间以来，建筑工程施工质量事故的分类按 3 号令中的规定执行。2007 年 4 月 9 日，国务院发布了《生产安全事故报告和调查处理条例》（国务院第 493 号令），自 2007 年 6 月 1 日起施行。在此背景下，建设部于当年的 5 月 9 日下发“关于学习和贯彻《生产安全事故报告和调查处理条例》的意见”，指出建筑工程事故按国务院第 493 号令的要求划分事故等级，进行事故报告和调查，并于 2007 年 9 月 21 日发文，决定废止《工程建设重大事故报告和调查程序规定》等部令。

国务院发布的《生产安全事故报告和调查处理条例》明确指出，该条例适用生产经营活动中发生的造成人身伤亡或者直接经济损失的生产安全事故的报告和调查处理。根据生产安全事故（以下简称事故）造成的人员伤亡或者直接经济损失，事故一般分为以下四个等级：

（1）特别重大事故，是指造成 30 人以上死亡，或者 100 人以上重伤（包括急性工业中毒，下同），或者 1 亿元以上直接经济损失的事故。

（2）重大事故，是指造成 10 人以上 30 人以下死亡，或者 50 人以上 100 人以下重伤，或者 5 000 万元以上 1 亿元以下直接经济损失的事故。

(3) 较大事故，是指造成 3 人以上 10 人以下死亡，或者 10 人以上 50 人以下重伤，或者 1 000 万元以上 5 000 万元以下直接经济损失的事故。

(4) 一般事故，是指造成 3 人以下死亡，或者 10 人以下重伤，或者 1 000 万元以下直接经济损失的事故。

规定中所称的"以上"包括本数，所称的"以下"不包括本数。

该条例还指出，国务院安全生产监督管理部门可以会同国务院有关部门，制定事故等级划分的补充性规定。值得注意的是，建设部 3 号令废止后，至今尚未制定相应的针对国务院第 493 号令的实施细则和出台新的规定。

3. 质量事故处理的依据

建筑施工项目发生质量事故后，无论是分析原因、界定责任，还是作出处理决定，都需要以切实可靠的客观依据为基础。概括起来，进行工程质量事故处理的主要依据有以下四个方面。

(1) 质量事故的实况资料。

要搞清质量事故的原因和确定处理对策，首要的是要掌握质量事故的实际情况。有关质量事故实况的资料主要可来自以下几个方面。

1) 施工单位的质量事故调查报告。

质量事故发生后，施工单位有责任就所发生的质量事故进行周密的调查、研究掌握情况，并在此基础上写出调查报告，提交监理工程师和业主。在调查报告中首先就与质量事故有关的实际情况做详尽的说明，其内容应包括：

①质量事故发生的时间、地点。

②质量事故状况的描述。例如，发生的事故类型（如混凝土裂缝、基础下沉等）；发生的部位（如楼层、构件及所在的具体位置）；分布状态及范围；严重程度（如裂缝长度、宽度、深度等）。

③质量事故发展变化的情况。如其范围是否继续扩大，程度是否已经稳定等。

④有关质量事故的观测记录、事故现场状态的照片或录像。

2) 监理单位调查研究所获得的第一手资料。其内容大致与施工单位调查报告中有关内容相似，可用来与施工单位所提供的情况对照、核实。

(2) 有关合同及合同文件。

1) 所涉及的合同文件可以是：工程承包合同；设计委托合同；设备与器材购销合同；监理合同等。

2) 有关合同和合同文件在处理质量事故中的作用是：确定在施工过程中有关各方是否按照合同有关条款实施其活动。例如，施工单位是否在规定时间内通知监理单位进行隐蔽工程验收，监理单位是否按规定时间实施了检查验收；施工单位在材料进场时，是否按规定或约定进行了检验等。借以探寻产生事故的可能原因。此外，有关合同文件还是界定质量责任的重要依据。

(3) 有关的技术文件和档案。

1) 有关的设计文件。

有关的设计文件如施工图纸和技术说明等是施工的重要依据。在处理质量事故中。

其作用一方面是可以对照设计文件，核查施工质量是否完全符合设计的规定和要求；另一方面，是可以根据所发生的质量事故情况，核查设计中是否存在问题或缺陷，成为导致质量事故的一方面原因。

2）与施工有关的技术文件、档案和资料。

①施工组织设计或施工方案、施工计划。

②施工记录、施工日志等。如：施工时的自然条件；施工人员的情况；施工工艺与操作过程的情况；使用的材料情况；施工环境等情况；借助这些资料可以追溯和探寻事故的发生原因。

③有关建筑材料的质量证明资料。例如，材料批次、出厂日期、出厂合格证或检验报告、施工单位抽检或试验报告等。

④现场制备材料的质量证明资料。例如，混凝土拌合料的级配、水灰比、坍落度记录；砂浆、混凝土试块强度试验报告等。

⑤对事故状况的观测记录、试验记录或试验报告等。

⑥其他有关资料。

上述各类技术资料对于分析质量事故原因，判断其发展变化趋势，推断事故影响及严重程度，考虑处理措施等都是不可缺少的，起着重要的作用。

（4）相关的建设法规。

建设法规是具有很高权威性、约束性、通用性和普遍性的依据，因而它在工程质量事故的处理事务中，也具有极其重要的、不容置疑的作用。

1）勘察、设计、施工、监理等单位资质管理方面的法规。

这类法规主要内容涉及勘察、设计、施工和监理等单位的等级划分；明确各级企业应具备的条件；确定各级企业所能承担的任务范围；以及其等级评定的申请、审查、批准、升降管理等方面。如《建筑业企业资质管理规定》中，明确规定建筑业企业经审查合格，“取得相应等级的资质证书，方可在其资质等级许可的范围内从事建筑活动”。

2）从业者资格管理方面的法规。

这类法规主要涉及建筑活动的从业者应具有相应的执业资格；注册等级划分；考试和注册办法；执业范围；权利、义务及管理等。例如《建造师执业资格制度暂行规定》中明确注册二级建造师只能担任二级及以下建筑业企业资质的建设工程项目施工的项目经理。

3）建筑市场方面的法规。

这类法律、法规主要涉及工程发包、承包活动，以及国家对建筑市场的管理活动。如《中华人民共和国合同法》和《中华人民共和国招标投标法》是国家对建筑市场管理的两个基本法律，以及与之相配套的国务院发布的《工程建设项目招标范围和规模标准的规定》和其他部委发布的相关办法、规定等。

4）建筑施工方面的法规。

这类法律、法规文件涉及的内容十分广泛，其特点是大多与现场施工有直接关系。例如《建设工程监理规范》明确了现场监理工作的内容、深度、范围、程序、行为规范和工作制度；《建设工程施工现场管理规定》则要求有施工技术、安全岗位责任制度、组织措施制度，对施工准备，计划、技术、安全交底，施工组织设计编制，现场总平面布置等均做了明确规定。特别是国务院颁布的《建设工程质量管理条例》，以《建筑法》为基础，全面系统地对与建设工程有关的质量责任和管理问题，做了明确的规定，它不但对建设工程的质量管理具有指导作用，而且是全面保证工程质量和处理工程质量事故的重要依据。

5）关于标准化管理方面的法规。

这类法规主要涉及技术标准（勘察、设计、施工、安装、验收等）、经济标准和管理标准（如建设程序、设计文件深度、企业生产组织和生产能力标准、质量管理与质量保证标准等）。如建设部发布《工程建设标准强制性条文》和《实施工程建设强制性标准监督规定》是典型的标准化管理类法规，是参与建设活动各方执行工程建设强制性标准和政府实施监督的依据，同时也是保证建设工程质量的必要条件，是分析处理工程质量事故，判定责任方的重要依据。

4. 质量事故处理的程序

按照国务院发布的《生产安全事故报告和调查处理条例》的规定，结合工程中对质量事故处理的实际做法惯例，质量事故处理依下列程序进行。

（1）事故报告。

1）事故发生后，事故现场有关人员应当立即向本单位负责人报告；单位负责人接到报告后，应当于1h内向事故发生地县级以上人民政府安全生产监督管理部门和负有安全生产监督管理职责的有关部门报告。情况紧急时，事故现场有关人员可以直接向事故发生地县级以上人民政府安全生产监督管理部门和负有安全生产监督管理职责的有关部门报告。安全生产监督管理部门和负有安全生产监督管理职责的有关部门逐级上报事故情况，每级上报的时间不得超过2 h。

2）报告事故应当包括下列内容：

①事故发生单位概况。

②事故发生的时间、地点以及事故现场情况。

③事故的简要经过。

④事故已经造成或者可能造成的伤亡人数（包括下落不明的人数）和初步估计的直接经济损失。

⑤已经采取的措施。

⑥其他应当报告的情况。

3）事故报告后出现新情况的，应当及时补报。自事故发生之日起30d内，事故造成的伤亡人数发生变化的，应当及时补报。

（2）应急措施。

1）事故发生单位负责人接到事故报告后，应当立即启动事故相应应急预案，或者采取有效措施，组织抢救，防止事故扩大，减少人员伤亡和财产损失。

2）事故发生地有关地方人民政府、安全生产监督管理部门和负有安全生产监督管理职责的有关部门接到事故报告后，其负责人应当立即赶赴事故现场，组织事故救援。

3）事故发生后，有关单位和人员应当妥善保护事故现场以及相关证据，任何单位和个人不得破坏事故现场、毁灭相关证据。

4）因抢救人员、防止事故扩大以及疏通交通等原因，需要移动事故现场物件的，应当做出标识，绘制现场简图并作出书面记录，妥善保存现场重要痕迹、物证。

5）质量事故发生后，总监理工程师应立即签发“工程暂停令”，并要求停止质量缺陷部位和与其有关部位及下道工序施工。

（3）事故调查。

1）成立事故调查组。

①特别重大事故由国务院或者国务院授权有关部门组织事故调查组进行调查。

②重大事故、较大事故、一般事故分别由事故发生地省级人民政府、设区的市级人民政府、县级人民政府负责调查。省级人民政府、设区的市级人民政府、县级人民政府可以直接组织事故调查组进行调查，也可以授权或者委托有关部门组织事故调查组进行调查。

③未造成人员伤亡的一般事故，县级人民政府也可以委托事故发生单位组织事故调查组进行调查。

④上级人民政府认为必要时，可以调查由下级人民政府负责调查的事故。

⑤自事故发生之日起30d内（道路交通事故、火灾事故自发生之日起7d内），因事故伤亡人数变化导致事故等级发生变化，依照本条例规定应当由上级人民政府负责调查的，上级人民政府可以另行组织事故调查组进行调查。

⑥特别重大事故以下等级事故，事故发生地与事故发生单位不在同一个县级以上行政区域的，由事故发生地人民政府负责调查，事故发生单位所在地人民政府应当派人参加。

2）事故调查组的成员组成。

①根据事故的具体情况，事故调查组由有关人民政府、安全生产监督管理部门、负有安全生产监督管理职责的有关部门、监察机关、公安机关以及工会派人组成，并应当邀请人民检察院派人参加。

②事故调查组成员应当具有事故调查所需要的知识和专长，可以聘请有关专家参与调查，事故调查组各成员与所调查的事故没有直接利害关系。

③事故调查组组长由负责事故调查的人民政府指定。事故调查组组长主持事故调查组的工作。

3）事故调查组的职责。

①查明事故发生的经过、原因、人员伤亡情况及直接经济损失。

②认定事故的性质和事故责任。

③提出对事故责任者的处理建议。

④总结事故教训，提出防范和整改措施。

⑤提交事故调查报告。

4）对事故调查组的工作要求。

①事故调查组有权向有关单位和个人了解与事故有关的情况，并要求其提供相关文件、资料，有关单位和个人不得拒绝。

②事故发生单位的负责人和有关人员在事故调查期间不得擅离职守，并应当随时接受事故调查组的询问，如实提供有关情况。

③事故调查中发现涉嫌犯罪的，事故调查组应当及时将有关材料或者其复印件移交司法机关处理。

④事故调查中需要进行技术鉴定的，事故调查组应当委托具有国家规定资质的单位进行技术鉴定。必要时，事故调查组可以直接组织专家进行技术鉴定。技术鉴定所需时间不计入事故调查期限。

⑤事故调查组成员在事故调查工作中应当诚信公正、恪尽职守，遵守事故调查组的纪律，保守事故调查的秘密。未经事故调查组组长允许，事故调查组成员不得擅自发布有关事故的信息。

⑥事故调查组应当自事故发生之日起 60d 内提交事故调查报告；特殊情况下，经负责事故调查的人民政府批准，提交事故调查报告的期限可以适当延长，但延长的期限最长不超过 60d。

5）事故调查报告。

事故调查报告应当包括下列内容：

①事故发生单位概况。

②事故发生经过和事故救援情况。

③事故造成的人员伤亡和直接经济损失。

④事故发生的原因和事故性质。

⑤事故责任的认定以及对事故责任者的处理建议。

⑥事故防范和整改措施。

事故调查报告应当附具有关证据材料。事故调查组成员应当在事故调查报告上签名。

（4）进行质量事故技术处理。

1）制定质量事故技术处理方案。

工程项目一旦发生质量事故，在事故处理过程中一项重要的工作就是要制定质量事故技术处理方案。此处所指的质量事故技术处理方案，是在事故调查组提出的“事故防范和整改措施”的基础上制定的，由监理单位组织相关单位研究，并责成相关单位完成技术处理方案，并给予审核签字。质量事故技术处理方案，一般应委托原设计单位提出，由其他单位提供的技术处理方案，应经原设计单位同意签认。技术处理方案的制订，应征求建设单位意见。技术处理方案必须依据充分，应在质量事故的部位、原因全部查清的基础上，必要时，应委托法定工程质量检测单位进行质量鉴定或请专家论证，以确保技术处理方案可靠、可行、保证结构安全和使用功能。

2）技术处理方案核签后，施工单位制定详细的施工方案，有关各方签字确认后，方可实施技术处理。

3）对施工单位质量事故技术处理完工自检后的报验结果，由监理工程师组织各方进行检查和必要的鉴定。并审核签认事故单位整理编写的质量事故技术处理报告，将有关技术资料归档。验收合格后，总监理工程师下达复工令，工程可以重新开工。

（5）事故处理结论。

对重大事故、较大事故、一般事故，负责事故调查的人民政府应当自收到事故调查报告之日起 15 d 内作出批复；特别重大事故，30 d 内作出批复，特殊情况下，批复时间可以适当延长，但延长的时间最长不超过 30 d。

5. 质量事故处理鉴定验收

质量事故的技术处理是否达到了预期目的，消除了工程质量不合格和工程质量问题，是否仍留有隐患。应通过组织检查和必要的鉴定，进行验收并予以最终确认。

(1) 检查验收。

工程质量事故处理完成后的检查验收，应在施工单位自检合格报验的基础上，由监理工程师组织，严格按施工验收标准及有关规范的规定进行，结合监理人员的旁站、巡视和平行检验结果，依据质量事故技术处理方案设计要求，通过实际量测，检查各种资料数据进行验收，并应办理交工验收文件，组织各有关单位会签。

(2) 必要的鉴定。

凡涉及结构承载力等使用安全和其他重要性能的处理工作，或质量事故处理施工过程中建筑材料及构配件保证资料严重缺乏，或对检查验收结果各参与单位有争议时，常需做必要的试验和检验鉴定工作。常见的检验工作有：混凝土钻芯取样，用于检查密实性和裂缝修补效果，或检测实际强度；结构荷载试验；确定其实际承载力；超声波检测焊接或结构内部质量等。检测鉴定必须委托政府批准的有资质的法定检测单位进行。

(3) 验收结论。

对所有质量事故无论经过技术处理，通过检查鉴定验收还是不需专门处理的，均应有明确的书面结论。若对后续工程施工有特定要求，或对建筑物使用有一定限制条件，应在结论中提出。

验收结论通常有以下几种：

1) 事故已排除，可以继续施工。

2) 隐患已消除，结构安全有保证。

3) 经修补处理后，完全能够满足使用要求。

4) 基本上满足使用要求，但使用时应有附加限制条件，例如限制荷载等。

5) 对耐久性的结论。

6) 对建筑物外观影响的结论。

7) 对短期内难以作出结论的，可提出进一步观测检验意见。

对于处理后符合《建筑工程施工质量验收统一标准》的规定的，监理工程师予以验收并应注明责任方主要承担的经济责任。对经加固补强或返工处理仍不能满足安全使用的分部工程、单位（子单位）工程，应拒绝验收。

附录　备考练习试题

专业基础知识篇

（单选题 200 多选题 55 案例题 0）

一、单选题

施工图识读

1. 在立面图中，最外轮廓线采用（　　）表示。

A. 粗实线　　B. 中实线　　C. 细线　　D. 点划线

2. 建筑平面图是假想用一个水平剖切平面在（　　）适当位置将房屋剖切开来所作的水平面投影图。

A. 勒脚以上　　B. 窗台线以上　　C. 楼面以上　　D. 圈梁以上

3. 下列关于建筑剖面图的表示方法，错误的是（　　）。

A. 比例为 1∶50 的剖面图，宜画出楼地面、屋面的面层线，抹灰层的面层线应根据需要而定。

B. 比例为 1∶100—1∶200 的剖面图，可画简化的材料图例（如砌体墙涂红、钢筋混凝土涂黑等），但宜画出楼地面、屋面的面层线。

C. 比例为 1∶300 的剖面图，可不画材料图例，剖面图的楼地面、屋面的面层线可不画出。

D. 被剖切到的墙身、屋面板、楼板、楼梯、楼梯间的休息平台、阳台、雨篷及门、窗过梁等用细实线表示

4. 构配件详图不包括（　　）。

A. 栏杆大样图　　B. 墙身大样图

C. 花格大样图　　D. 扶手大样图

5. 识读建筑总平面图时，应根据（　　）判定建筑物的朝向及当年常年风向。

A. 指北针和风玫瑰图　　B. 指北针和定位轴线

C. 详图索引和风玫瑰图　　D. 指北针和标高符号

6. 建筑构造详图是表述（　　）施工图。

A. 建筑物外部构造和节点　　B. 建筑物整体构造和节点

C. 建筑物局部构造和节点　　D. 建筑物地下构造和节点

7. (3/0A) 表示为（　　）。

A. A 号轴线之前的第三根附加轴线　　B. A 号轴线之后的第三根附加轴线

C. 0A 号轴线之前的第三根附加轴线　　D. 0A 号轴线之后的第三根附加轴线

8. 在总平面图中，等高线的标高采用（　　）。

A. 绝对标高　　B. 相对标高　　C. 建筑标高　　D. 结构标高

9. 楼层框架梁的代号为（　　）。

A. LL　　B. LKL　　C. KL　　D. KJL

10. 梁的集中标注中 KL2（3A）表示（　　）。

A. 2 号框架梁，3 跨，一端悬挑　　B. 3 号框架梁，2 跨，一端悬挑

C. 3 号框架梁，2 跨，两端悬挑　　D. 2 号框架梁，3 跨，两端悬挑

11. 梁的平面注写包括集中标注和原位标注，集中标注的内容包括（　　）项必注值及 1 项选注值。

A. 3　　B. 4　　C. 5　　D. 6

12. 梁平法施工图中，箍筋加密和非加密区是用（　　）号区分。

A. “;”　　B. “,”　　C. “/”　　D. “+”

13. 某框架梁，第二跨左边支座上部配筋注写为 6Φ22 4/2，表示（　　）。

A. 上一排纵筋为 2Φ22，下一排纵筋为 4Φ22

B. 上一排纵筋为 4Φ22，下一排纵筋为 2Φ22

C. 纵筋为 6Φ22，其中 2 根通长筋

D. 纵筋为 6Φ22，其中 2 根架立筋

14. Φ8@100（4）/200（2）表示（　　）。

A. 箍筋直径为Φ8，加密区间距为 100，双肢箍；非加密区间距为 200，四肢箍

B. 箍筋直径为Φ8，加密区间距为 100，四肢箍；非加密区间距为 200，双肢箍

C. 箍筋直径为Φ8，加密区间距为 100，四根纵筋；非加密区间距为 200，2 根纵筋

D. 箍筋直径为Φ8，加密区间距为 100，四根纵筋；非加密区间距为 200，双肢箍

15. 当梁侧面需配置受扭纵向钢筋时，此项注写值以（　　）打头，注写配置在梁两个侧面的总配筋值，且对称配置。

A. 大写字母 G　　B. 大写字母 A

C. 大写字母 B　　D. 大写字母 N

kL2(2A) 300x650
Φ8@100/200(2)
2Φ25
G4Φ10

16. 某框架梁集中标注如图所示，下列识读错误的是（　　）

A. 截面尺寸为 300×650

B. 加密区的钢筋为Φ10@100，非加密区为Φ10@200，四肢箍

C. 梁上部配有 2Φ25 通长筋

D. 梁侧面配有 4Φ10mm 的构造钢筋

17. 结构平面图表示（　　）的位置、数量、型号及相互关系。

A. 结构构件　　B. 模板构件

C. 建筑材料　　D. 栏杆、花格等构件

18. 通过识读基础平面图，不能（　　）。

A. 明确基础各部位的标高，计算基础的埋置深度

B. 与建筑平面图对照，校核基础平面图的定位轴线

C. 根据基础的平面布置，明确结构构件的种类、位置、代号

D. 查看剖切编号，通过剖切编号明确基础的种类，各类基础的平面尺寸

19. 采用平面整体设计方法表示时，KZ 表示（　　）。

A. 框支柱　　B. 梁上柱　　C. 框架柱　　D. 芯柱

20. 柱平法施工图是在（　　）采用列表注写方式或截面注写方式表达。

A. 柱平面布置图　　B. 柱立面图　　C. 柱配筋图　　D. 柱模板图

建筑材料的鉴别

1.（　　）是表示水泥力学性质的重要指标，也是划分水泥强度等级的依据。

A. 水泥体积安定性　　B. 标准稠度用水量

C. 水泥细度　　D. 水泥强度

2. 根据现行的国家标准，采用ISO法检验水泥胶砂强度时，所采用的水灰比为（）。

A. 0.50　　B. 0.60　　C. 0.65　　D. 0.40

3. 国现行国家标准《通用硅酸盐水泥》规定，不溶物、烧失量、三氧化硫、氧化镁、氯离子、凝结时间、安定性及强度中的（　　）不符合标准规定的，为不合格品。

A. 任何1项技术要求　　B. 任何2项技术要求

C. 任何3项技术要求　　D. 任何4项技术要求

4. 硅酸盐水泥不具有的特点是（　　）。

A. 凝结硬化快、强度高　　B. 抗冻性、耐磨性好

C. 水化热小　　D. 耐腐蚀性能较差、耐热性差

5. 水泥细度筛析法是用边长为80 μm和45 μm的方孔筛对水泥进行筛析试验，用（　　）来表示水泥的细度。

A. 筛余质量　　B. 筛余百分率

C. 筛余千分率　　D. 筛余体积率

6.（　　）非常适用于有抗裂性能要求的混凝土工程。

A. 粉煤灰硅酸盐水泥　　B. 火山灰质硅酸盐水泥

C. 矿渣硅酸盐水泥　　D. 普通硅酸盐水泥

7. 石灰具有（　　）。

A. 硬化快、强度低、体积膨胀

B. 硬化慢、强度低、体积收缩

C. 硬化慢、强度高、体积膨胀

D. 硬化快、强度低、体积收缩

8. 调制罩面用的石灰浆不得单独使用，应掺入砂子和纸筋以（）。

A. 减少收缩　　B. 易于施工　　C. 增加美观　　D. 增加厚度

9. 水泥细度采用比表面积法测定时，比表面积是指单位质量的水泥粉末所具有的总表面积，以（　　）表示。

A. m^2/kg　　B. m^2/t　　C. cm^2/kg　　D. cm^2/t

10. 根据国家标准规定，通用硅酸盐系水泥的初凝时间不早于（　　）。

A. 10h　　B. 6～5h　　C. 45min　　D. 1h

11. 混凝土坍落度试验中，拌合物应分（　　）层入料，每层插捣（）次。

A. 3，25　　B. 2，25　　C. 2，27　　D. 3，27

12. 混凝土拌合物的砂率是指（　　）。

A. 混凝土拌合物中砂的细度模数

B. 混凝土拌合物中砂的质量与砂石的总质量比值的百分率

C. 混凝土拌合物中砂的质量与混凝土质量的比

D. 混凝土拌合物中砂与混凝土的体积比

13. 进行水泥混凝土抗压强度代表值评定时，当三个试件中任何一个测值与中值的差值超过中值

的（　　）时，则取中值为测定值。

A. ±10%　　B. ±15%　　C. ±20%　　D. ±25%

14. 在混凝土拌和过程中掺入的能按要求改善混凝土性能，且一般情况下掺量不超过（　　）的材料，称为混凝土外加剂。

A. 水泥质量 3%　　B. 水泥质量 5%　　C. 水泥质量 8%　　D. 水泥质量 10%

15. 下列属于混凝土缓凝剂的是（　　）。

A. 糖钙　　B. 干燥气体　　C. 水玻璃　　D. 金属氧化膜

16. 国家现行规范规定规定，混凝土抗压强度标准值 f_{cu},k 是采用具有（　　）以上保证率的立方体抗压强度值。

A. 85%　　B. 90%　　C. 95%　　D. 97.5%

17. 大体积混凝土常用外加剂是（　　）。

A. 早强剂　　B. 缓凝剂　　C. 引气剂　　D. 速凝剂

18. 混凝土冬季施工时，可加的外加剂是（　　）。

A. 速凝剂　　B. 早强剂　　C. 减水剂　　D. 缓凝剂

19. C20 表示（　　）。

A. 混凝土立方体抗压强度最大值 $f_{cu\,max}=20MPa$

B. 混凝土轴心抗压强度标准值 $f_{ck}=20MPa$

C. 混凝土立方体抗压强度标准值 $f_{cu\,k}=20MPa$

D. 混凝土轴心体抗压强度最大值 $f_{c\,max}=20MPa$

20. 混凝土的配制强度应比要求的强度等级高，提高幅度的大小取决于要求的（　　）。

A. 骨料的质量和施工水平

B. 强度保证率和施工水平

C. 强度保证率和浆集比

D. 骨料的质量和和浆集比

21. 现场材料的实际称量应按砂石含水情况进行修正，其方法是（　　）。

A. 补充胶凝材料，砂石不变，扣除水量

B. 胶凝材料不变，补充砂石，扣除水量

C. 扣除胶凝材料，补充砂石，水量不变

D. 胶凝材料不变，扣除砂石，补充水量

22. 天然砂的颗粒级配情况用（　　）来判别。

A. 级配区　　B. 最大粒径　　C. 细度模数　　D. 压碎指标

23. 石子的表观密度可以采用（　　）测定。

A. 容量瓶法　　B. 液体天平法　　C. 比表面积法　　D. 负压筛析法

24. 针、片状颗粒测定时应分粒级分别通过针状和片状规准仪，选出针、片状颗粒，（　　）即为针片状颗粒含量。

A. 最后称取针、片状颗粒总重量，石子总质量与其比值

B. 最后称取针、片状颗粒总重量

C. 最后称取针、片状颗粒总重量，石子总质量与其差值

D. 最后称取针、片状颗粒总重量，其与石子总质量比值

25. 根据《混凝土用砂、石质量及检验方法标准》规定，下列错误的是（　　）。

A. 碎石的强度可用岩石的抗压强度和压碎指标表示

B. 岩石的抗压强度应比所配制的混凝土强度至少高 20%

C. 当混凝土强度大于或等于 C60 时，应进行岩石抗压强度检验

D. 当混凝土强度大于或等于 C30 时，应侧测试岩石压碎指标

26. 下列不属于混凝土和易性的是（　　）。

A. 保水性　　B. 抗渗性　　C. 流动性　　D. 黏聚性

27. 砂浆的保水性可以用（　　）来评价。

A. 沉入度　　B. 分层度　　C. 坍落度　　D. 标准稠度

28. 水泥砂浆的养护温度和湿度是（　　）。

A. 温度 20±1℃，相对湿度 90%以上

B. 温度 20±2℃，相对湿度 95%以上

C. 温度 20±3℃，相对湿度 90%以上

D. 温度 20±1℃，相对湿度 85%以上

29. 关于砂浆配合比设计的基本要求，错误的是（　　）。

A. 砂浆拌合物的和易性应满足施工要求

B. 砂浆的强度、耐久性也要满足施工要求。

C. 砂浆拌合物的体积密度：水泥砂浆宜大于或等于 1 900 kg/m^3，水泥混合砂浆宜大于或等于1 800kg/m^3。

D. 经济上要求合理，控制水泥及掺合料的用量，降低成本

30. 下列有关防水砂浆的叙述，（　　）不正确。

A. 防水砂浆可用普通水泥砂浆制作

B. 在水泥砂浆中掺入氯盐防水剂后，氯化物与水泥反应生成不溶性复盐填塞砂浆的毛细孔隙，提高抗渗能力。

C. 掺入水玻璃矾类防水剂产生不溶物质，填塞毛细孔隙，增强抗渗性能

D. 聚合物防水砂浆，可应用于地下工程的防渗防潮及有特殊气密性要求的工程中，具有较好成效

31. 烧结普通砖的外形为直角六面体，其公称尺寸为：（　　）。

A. 长 240mm、宽 115mm、高 53mm

B. 长 240mm、宽 180mm、高 53mm

C. 长 365mm、宽 180mm、高 53mm

D. 长 365mm、宽 115mm、高 53mm

32. 蒸压加气混凝土砌块以（　　）为基础，以铝粉为发气剂，经蒸压养护而成。

A. 镁质或硅质材料

B. 钙质或硅质材料

C. 钙质或镁质材料

D. 铁质或硅质材料

33. 冷轧钢板只有薄板一种，其厚度为（　　）。

A. 0. 2～4mm　　B. 0. 35～4mm　　C. 2～4mm　　D. 4～6mm

34. 冲击韧性指标是通过冲击试验确定的，冲击韧性值越大，说明（　　）。

A. 钢材断裂前吸收的能量越多，钢材的冲击韧性越差

B. 钢材断裂前吸收的能量越少，钢材的冲击韧性越好

C. 钢材断裂前吸收的能量越多，钢材的冲击韧性越差

D. 钢材断裂前吸收的能量越多，钢材的冲击韧性越好

35. 钢筋的冷弯性能是检验钢筋在（　　）性质。

A. 常温下的抵抗弹性变形性能

B. 常温下的抵抗塑性变形性能

C. 负温下的抵抗弹性变形性能

D. 负温下的抵抗塑性变形性能

36. 热轧钢筋是用加热的钢坯轧制的条型成品钢材，可分为（　　）。

A. 热轧带肋钢筋和热轧光圆钢筋

B. 热轧盘条钢筋和热轧刻痕钢筋

C. 热轧带肋钢筋和热轧盘条钢筋

D. 热轧光圆钢筋和热轧刻痕钢筋

37. 工程实践中，一般将直径小于（　　）的线材归类为钢丝。

A. 8mm　　B. 6mm　　C. 5mm　　D. 3mm

38. 我国建筑用热轧型钢主要采用碳素结构钢（　　），其强度适中，塑性和可焊性较好，成本较低。

A. 碳素结构钢 Q235－A

B. 低合金钢 Q345－A

C. 碳素结构钢 Q390－A

D. 低合金钢 Q390－A

39. 下列防水卷材中，（　　）不是合成高分子防水卷材。

A. 再生胶防水卷材

B. 三元乙丙橡胶防水卷材

C. SBS 防水卷材

D. 聚氯乙烯防水卷材

40. 由高温熔融的玄武岩经高速离心或喷吹制成的棉丝状无机纤维的材料是（ ）。

A. 石棉　　B. 岩棉　　C. 矿棉　　D. 膨胀珍珠岩

建筑构造知识

1. 为保证基础的稳定性，基础的埋置深度不能浅于（　　）。

A. 300mm　　B. 200mm　　C. 500mm　　D. 400mm

2. 在确定基础埋深时，下列错误的说法是（　　）。

A. 在满足地基稳定和变形要求的前提下，基础宜浅埋

B. 当上层地基的承载力大于下层土时，宜利用上层土作持力层

C. 一般情况下，基础应位于地下水位之下，以减少特殊的防水、排水措施

D. 当表面软弱土层很厚时，可采用人工地基或深基础

3. 无筋扩展基础所用材料的（　　），为保证基础安全不致被拉裂，基础的宽高比（B/H 或其夹角 α 表示）应控制在一定的范围之内。

A. 抗压强度高，抗拉、抗弯等强度较低

B. 抗压、抗拉强度高，抗弯等强度较低

C. 抗压、抗弯等强度高、抗拉强度较低

D. 抗压、抗拉、抗弯等强度均高

4. 砖基础的采用台阶式、逐级向下放大的做法，称为（　　）。

A. 大放脚　　B. 放大脚　　C. 挑出脚　　D. 出挑脚

5. 地基软弱的多层砌体结构，当上部荷载较大且不均匀时，一般采用（　　）。

A. 柱下条基　　B. 柱下独立基础　　C. 片筏基础　　D. 箱形基础

6. 桩基础一般由设置于土中的桩和承接上部结构的（　　）组成

A. 承台　　B. 基础梁　　C. 桩帽　　D. 桩架

7. 下列关于构造柱，说法错误的是（　　）。

A. 构造柱的作用是加强建筑物的整体刚度，提高墙体抗变形的能力，约束墙体裂缝的开展

B. 构造柱可以不与圈梁连接

C. 构造柱不宜小于 240mm×180mm

D. 构造柱应先砌墙后浇柱，墙与柱的连接处宜留出五进五出的大马牙槎

8. 砌块墙进行砌块的排列时，排列设计的原则不包括（　　）。

A. 正确选择砌块的规格尺寸，减少砌块的规格类型

B. 优先选用小规格的砌块做主砌块，以保证施工质量

C. 上下皮应错缝搭接，内外墙和转角处砌块应彼此搭接，以加强整体性

D. 空心砌块上下皮应孔对孔、肋对肋，错缝搭接。尽量提高主块的使用率，避免镶砖或少镶砖

9. 砌块墙垂直灰缝大于 30mm 时，则需用（　　）灌实。

A. 细石混凝土　　B. 水泥砂浆　　C. 沥青麻丝　　D. 石灰砂浆

10. 勒脚的作用是（　　）。

A. 保护墙脚　　B. 防止雨水对墙脚的侵蚀

C. 防止地面水对墙脚的侵蚀　　D. 防潮的作用

11. 外墙四周坡度为 3%～5%排水护坡构造，称为（　　）。

A. 勒脚　　B. 散水　　C. 踢脚　　D. 墙裙

12. 墙身水平防潮层应沿着建筑物内、外墙连续交圈设置，一般设置于首层室内地坪（　　）。

A. 以下 60m m 处　　B. 以上 60mm 处　　C. 以下 30mm 处　　D. 以上 30mm 处

13. 勒脚的作用是（　　）。

A. 加固和保护近地墙身，防止因外界机械碰撞而使墙身受损

B. 防止雨水对墙脚的侵蚀

C. 防止地面水对墙脚的侵蚀

D. 防潮的作用

14. 钢筋混凝土门窗过梁两端伸入墙内不小于（　　）mm。

A. 60　　B. 120　　C. 240　　D. 370

15. 将平板沿纵向抽孔，形成中空的一种钢筋混凝土楼板是（　　）。

A. 多孔板　　B. 空心板　　C. 槽形板　　D. 平板

16. 常用的预制钢筋混凝土楼板，根据其构造形式可分为（　　）。

A. 平板、组合式楼板、空心板

B. 槽形板、平板、空心板

C. 空心板、组合式楼板、平板

D. 组合式楼板、肋梁楼板、空心板

17. 空心板在安装前，孔的两端常用混凝土或碎砖块堵严，其目的是（　　）。

A. 增加保温性，避免板端滑移

B. 为了提高板端的承压能力，避免灌缝材料进入孔洞内

C. 为了提高板端的承压能力，增强整体性

D. 避免板端滑移，避免灌缝材料进入孔洞内

18. 预制板在墙搁置长度应不小于（　　）。

A. 80mm　　B. 100mm　　C. 120mm　　D. 150mm

19. 地坪层由（　　）构成。

A. 面层、垫层、基层　　B. 面层、结构层、素土夯实层

C. 面层、结构层、垫层　　D. 结构层、垫层、素土夯实层

20. 根据使用材料的不同，楼板可分为（　　）。
A. 木楼板、砖拱楼板、钢筋混凝土楼板、压型钢板组合楼板
B. 钢筋混凝土楼板、压型钢板组合楼板、预应力空心楼板
C. 肋梁楼板、预应力空心楼板、压型钢板组合楼板
D. 压型钢板组合楼板、木楼板、预应力空心楼板
21. 直接搁置在四周墙上的板称为（　　）。
A. 板式楼板　　B. 肋梁楼板　　C. 井式楼板　　D. 无梁楼板
22. 预制装配式钢筋混凝土楼板缺点是（　　）。
A. 浪费模板　　B. 施工周期长
C. 整体性能差，不利于抗震　　D. 现场工序非常复杂
23. 梁板式楼梯的楼梯段由踏步板和斜梁组成，踏步板把荷载传给斜梁，斜梁两端支承（　　）。
A. 在平台板上　　B. 在平台梁上　　C. 在圈梁上　　D. 在基础梁上
24. 楼梯按（　　）可分为主要楼梯、辅助楼梯、疏散楼梯、消防楼梯等几种。
A. 所在位置　　B. 使用性质　　C. 所用材料　　D. 形式
25. 建筑物中楼梯踏面应（　　）。
A. 具有较好的稳定性
B. 有足够的强度
C. 具有一定的刚度
D. 耐磨、防滑、便于清洗，并应有较强的装饰性
26. 木扶手、塑料扶手与栏杆顶部的压条一般用（　　）固定，
A. 螺钉　　B. 铆钉　　C. 焊条　　D. 铁丝
27.（　　）不可以作为疏散楼梯。
A. 直跑楼梯　　B. 剪刀楼梯　　C. 螺旋楼梯　　D. 多跑楼梯
28. 楼梯的组成部分不包括（　　）。
A. 踏步　　B. 梯段　　C. 平台　　D. 栏杆
29. 一个梯段的踏步数以（　　）为宜。
A. 2～10 级　　B. 3～10 级　　C. 3～15 级　　D. 3～18 级
30. 楼梯栏杆扶手高度一般不小于（　　）。
A. 800mm　　B. 900mm　　C. 1000mm　　D. 1100 mm
31. 卷材屋面防水，泛水处防水层向垂直面的上卷高度不宜小于（　　）mm
A. 150　　B. 200　　C. 250　　D. 300
32. 将屋面板直接搁在横墙、屋架或屋面梁上，上面铺瓦，称为（　　）。
A. 有檩体系　　B. 无檩体系
C. 挂瓦板屋面　　D. 钢筋混凝土板瓦屋面
33. 平屋顶的坡度一般小于（　　）。
A. 5%　　B. 4%　　C. 3%　　D. 2%
34. 屋面材料应有一定的（　　）。
A. 强度、良好的耐火性和耐久性能　　B. 强度、良好的防水性和耐好性能
C. 强度、良好的防水性和抗冻性能　　D. 强度、良好的防水性和耐久性能
35. 平屋顶的承重结构考虑到防水的要求宜采用（　　）。
A. 砖拱楼板　　B. 压型钢板楼板
C. 现浇钢筋混凝土楼板　　D. 木楼板
36. 屋顶的坡度形成中材料找坡是指（　　）来形成。

A. 利用预制板的搁置　　B. 选用炉渣等轻质材料找坡

C. 利用油毡等防水层的厚度　　D. 利用天棚等装饰层

37. 下列不属于屋顶结构找坡特点的是（　　）。

A. 经济性好　　B. 减轻荷载　　C. 室内顶棚平整　　D. 排水坡度较大

38. 卷材防水屋面的基本构造层次有（　　）。

A. 结构层、找平层、结合层、防水层、保护层 B. 结构层、找坡层、结合层、防水层、保护层

C. 结构层、找坡层、保温层、防水层、保护层 D. 结构层、找平层、隔热层、防水层

39. 在房屋适当位置设置的垂直缝隙，把房屋划分为若干个刚度较一致的单元，使相邻单元可以自由沉降，而不影响房屋整体，这种缝称为（　　）。

A. 沉降缝　　B. 防震缝　　C. 分格缝　　D. 伸缩缝

40. 防震缝设置原则错误的是（　　）。

A. 建筑物平面体型复杂，凹角长度过大或突出部分较多，应用防震缝将其分开，使其形成几个简单规整的独立单元

B. 建筑物立面高差在 3m 以上，在高差变化小的地方应设缝

C. 建筑物毗连部分的结构刚度或荷载相差悬殊的应设缝

D. 建筑物有错层，且楼板错开距离较大，须在变化处设缝

建筑力学与结构知识

1. 在受力刚体上加上或去掉任何一个平衡力系，并不改变原力系对刚体的作用效果，称为（ ）。

A. 作用力与反作用力公理

B. 加减平衡力系公理

C. 力的平行四边形法则

D. 二力平衡公理

2. 集中力作用处 C，剪力图（　　）。

A. 没有变化　　B. 出现尖点　　C. 出现凹点　　D. 发生突变

3. 梁受力如图，梁 1－1 截面的剪力为（　　）kN，弯矩为（　　）kN·m。

A. 2，－3　　B. －2，3　　C. －2，－3　　D. 2，3

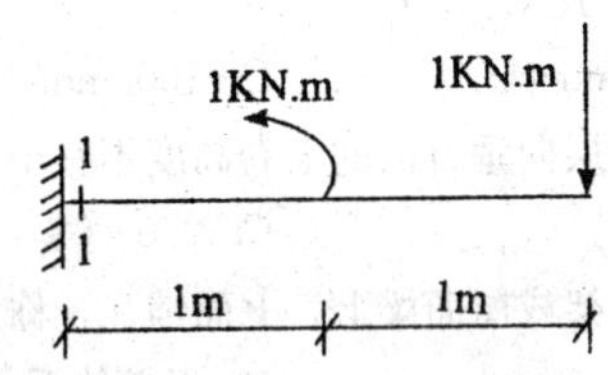

4. 求图示梁最大弯矩（　　）。

A. Mmax＝12kN·m　B. Mmax＝16kN·m　C. Mmax＝18kN·m　D. Mmax＝20kN·m

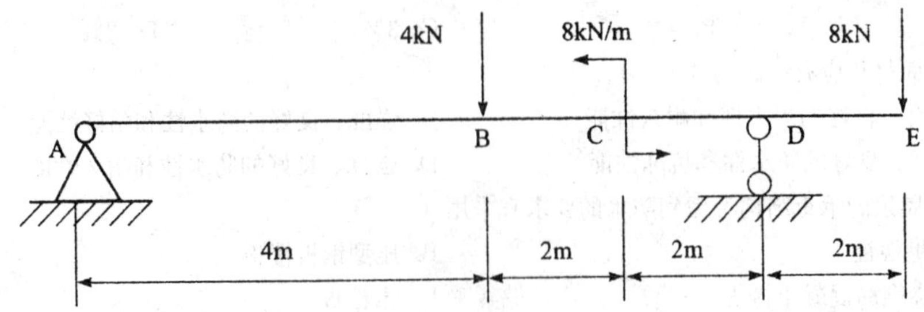

5. 力的三要素不包括（　　）。

A. 大小　　B. 方向　　C. 力的作用点　　D. 力的作用线

6. 求图示梁最大剪力（　　）。

A. Vmax＝2kN　　B. Vmax＝4kN　　C. Vmax＝6kN　　D. Vmax＝8kN

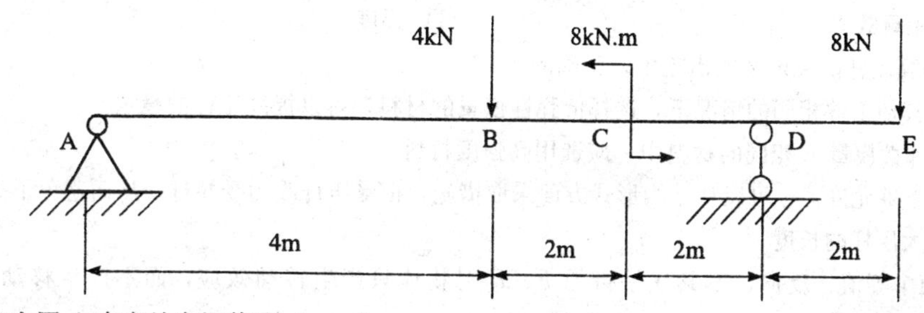

7. 如右图 A 支座处弯矩值为（　　）。

A. －4kN·m　　B. －8kN·m　　C. －10kN·m　　D. －12kN·m

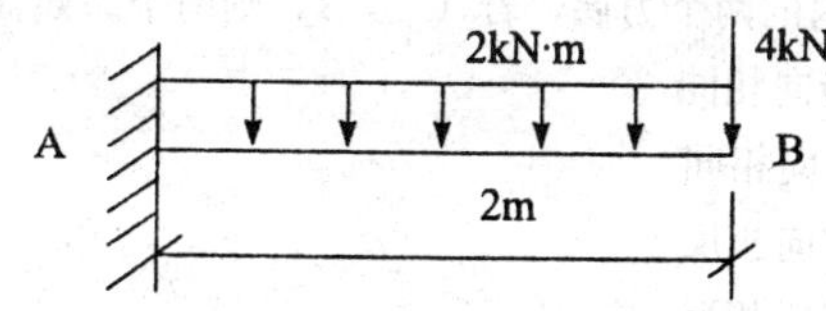

8. 平面弯曲的梁横截面上任一点的正应力计算公式为：$\sigma=\dfrac{M \cdot y}{Iz}$，其中 Iz 表示：（　　）

A. 所求应力点到中性轴的距离。　　B. 横截面上的弯矩

C. 截面对中性轴的惯性矩　　D. 截面面积

9. 工字形、T 形、圆形、圆环形等，其剪应力在截面的分布较为复杂，但最大剪应力仍在（　　）。

A. 中轴上　　B. 中性轴上　　C. Y 轴上　　D. X 轴上

10. 对于等直杆梁，（　　）就是危险截面。

A. 弯矩最大的截面　　B. 弯矩最小的截面

C. 剪力最大的截面　　D. 剪力最小的截面

11. 危险截面上最大正应力处称为危险点。危险点发生在距中性轴（　　）边缘处。

A. 最远的左、右　　B. 最近的左、右

C. 最远的上、下　　D. 最近的上、下

12. 下列关于力错误的说法是（　　）。

A. 力的分力是矢量

B. 力的分力具有确切的大小、方向和作用点（线）

C. 力的投影也是矢量

D. 力的投影与力的大小及方向有关

13. 由等截面梁的正应力强度条件可知（　　）。

A. 梁横截面上最大正应力与最大弯矩成正比，与抗弯截面模量成正比

B. 梁横截面上最大正应力与最大弯矩成反比，与抗弯截面模量成正比

C. 梁横截面上最大正应力与最大弯矩成正比，与抗弯截面模量成反比

D. 梁横截面上最大正应力与最大弯矩成反比，与抗弯截面模量成反比

14. 杆的抗拉（抗压）刚度 EA 反映了杆件（　　）。

A. 抵抗扭曲变形　　B. 抵抗弯曲变形

C. 抵抗剪切变形　　D. 抵抗拉伸（压缩）变形

15. 为了提高梁的弯曲刚度可以增大截面尺寸，尤其（　　）最有效。

A. 增大梁长　　B. 增大梁宽　　C. 增大梁高　　D. 增大梁的体积

16. 提高压杆稳定性的关键在于提高压杆的（　　）。

A. 临界力或临界应力　　B. 体积

C. 弯矩承载力　　D. 强度

17. 提高压杆的稳定性的措施中，正确的是（　　）。

A. 在其他条件相同的情况下，选择低弹性模量的材料，可以提高压杆的稳定

B. 在弹性模量 E 相同的材料中，应选用高强度材料

C. 如条件允许，也可以从结构形式方面采取措施，把受压杆改为受拉杆，从而避免了失稳问题

D. 加大压杆的长度

18. 两个等值、反向、不共线平行力 F、F' 对物体只产生转动效应，而不产生移动效应，称为（　　）。

A. 力偶　　B. 力矩　　C. 合力　　D. 内力

19. 作用在刚体同一平面内的两个力偶，若（　　），则两个力偶彼此等效。

A. 若力偶矩大小相等、转向相同

B. 若力偶矩大小不等，转向相同

C. 若力偶矩大小相等、转向相反

D. 若力偶矩大小不等、转向相反

20. 根据（　　），可以将一个力等效为一个力和一个力偶。

A. 作用力与反作用力公理

B. 加减平衡力系公理

C. 力的平移定理

D. 二力平衡公理

21. 高强螺栓的受力（　　）。

A. 靠栓杆受压来传力

B. 直接靠栓杆受拉来传力

C. 直接靠栓杆抗剪来传力

D. 靠施工时紧固螺帽使螺栓产生预压力从而使连接板之间形成强大的摩擦阻力来传递剪力

22. 当偏心矩 $e<l/6$ 时，基底压力分布图呈（　　）。

A. 三角形　　B. 矩形　　C. 梯形　　D. 抛物线

23. 关于库仑定律，下列错误的说法是（　　）。

A. 表明在一般荷载范围内土的法向应力和抗剪强度之间呈直线关系

B. 表明影响抗剪强度的外在因素是剪切面上的切向应力

C. 表明当法向应力一定时，抗剪强度则取决于土的粘聚力 c 和内摩擦角 ϕ

D. c 和 ϕ 是影响土的抗剪强度的内在因素，它反映了土抗剪强度变化的规律性，称为土的强度指标

24. 土体的压缩主要由（　　）来表示。

A. 压缩系数　　B. 变形模量　　C. 压缩模量　　D. 挤压系数

25. 关于无筋扩展基础，下列表述错误的是（　　）。

A. 无筋扩展基础系指由砖、毛石、混凝土或毛石混凝土、灰土和三合土等材料组成的，且不需配置钢筋的墙下条形基础或柱下独立基础

B. 无筋扩展基础所用的材料抗压、抗拉、抗剪强度均较高

C. 通过限制基础的外伸宽度与基础高度的比值来限制其悬臂长度，防止弯曲拉裂破坏

D. 由于受构造要求的影响，无筋扩展基础的相对高度都比较大，几乎不发生挠曲变形

26. 扩展基础的混凝土强度等级不应低于（　　）。

A. C10　　B. C15　　C. C20　　D. C30

27. 根据（　　）的不同，砌体结构房屋的结构布置分为横墙承重、纵墙承重、纵横墙承重及内框架承重。

A. 荷载传递路径　　B. 砌体构造

C. 材料不同　　D. 结构形式

28. 内框架结构是指（　　）。

A. 屋盖或楼盖构件均搁置在横墙上，横墙承担屋盖或楼盖传来的荷载，纵墙仅承受自重和起围护作用

B. 屋盖或楼盖构件主要搁置在纵墙上，纵墙承担屋盖或楼盖传来的荷载，横墙承受自重和一小部分楼（屋）盖荷载

C. 楼（屋）盖传来的荷载主要由纵墙、横墙共同承受

D. 屋（楼）传来的荷载主要由混凝土框架结构和外墙、柱共同承受的结构

29. 当房屋横墙间距较大，屋（楼）盖的水平刚度较小时，房屋的空间刚度则小，在确定内力计算简图时，可按屋（楼）盖与墙、柱顶端为铰接的、不考虑空间工作性能的平面排架计算的方案称为（　　）。

A. 刚弹性方案　　B. 弹性方案

C. 刚性方案　　D. 柔性方案

30. 作为刚性和刚弹性静力计算方案的房屋横墙，应具有足够的（　　）。

A. 刚度　　B. 强度　　C. 抗冲击性　　D. 耐腐蚀性

31. 不论带壁柱墙的静力计算方案采用哪一种，壁柱间墙 H 的计算，一律按（　　）考虑。

A. 刚性方案　　B. 弹性方案　　C. 柔性方案　　D. 刚弹性方案

32. 墙、柱一般构造要求中，板支承于外墙时，板端钢筋伸出长度不小于（　　）mm。

A. 70　　B. 90　　C. 100　　D. 120

33. 预制钢筋混凝土板与现浇板对接时，（　　），在浇筑现浇板。

A. 预制板应伸入现浇板进行连接后

B. 现浇板应伸入预制板进行连接后

C. 预制板与现浇板不需连接

D. 现浇板应覆盖预制板后

34. 承重的独立柱截面尺寸不应小于（　　）。

A. 240mm×240mm　　B. 240mm×370mm

C. 370mm×370mm　　D. 370mm×490mm

35. 山墙处的壁柱宜砌至（　　），屋面构件应与山墙可靠拉结。

A. 山墙顶部　　B. 山墙根部　　C. 高侧窗顶部　　D. 高侧窗底部

36. 支承在 240mm 厚的砖墙的梁，跨度为大于 6m 时，其支承处宜加设（　　），或采取其他加强措施。

A. 构造柱　　B. 圈梁　　C. 壁柱　　D. 梁垫

37. 下列关于房屋顶层墙体减轻或防止开裂的措施中，错误的是（　　）。

A. 屋面应设置保温、隔热层

B. 屋面保温隔热或刚性防水层不一定要设置分隔缝

C. 顶层屋面板下设置现浇钢筋混凝土圈梁

D. 构造柱应伸至女儿墙顶并与钢筋混凝土压顶整体现浇在一起

38. 下列说法错误的是（　　）。

A. 钢筋混凝土梁不允许带裂缝工作

B. 梁中常配有纵向受拉钢筋、箍筋、弯起钢筋和架立钢筋

C. 箍筋和弯起钢筋均属于腹筋

D. 钢筋混凝土梁是典型的受弯构件

39. 混凝土保护层厚度是指（　　）的距离。

A. 箍筋内表面到混凝土表面

B. 箍筋外表面到混凝土表面

C. 受力纵筋内表面到混凝土表面

D. 受力纵筋外表面到混凝土表面

40. 破坏始于受拉区钢筋的屈服的梁，是属于（　　）破坏形式。

A. 超筋梁　　B. 多筋梁　　C. 适筋梁　　D. 少筋梁

41. 受弯构件正截面承载力计算基本公式的建立是依（　　）据形态建立的。

A. 少筋破坏　　B. 适筋破坏　　C. 超筋破坏　　D. 界限破坏

42. 单筋矩形梁应满足 $A_s \geqslant r_{min} bh$，是为了（　　）。

A. 满足强度要求　　B. 防止超筋破坏

C. 防止少筋破坏　　D. 满足刚度要求

43. 在保持钢筋用量不变的前提下，减少钢筋混凝土受弯构件的裂缝宽度，首先应（　　）。

A. 应考虑采用直径较细的钢筋

B. 应考虑采用直径较粗的钢筋

C. 应考虑降低钢筋的强度等级

D. 应考虑提高钢筋的强度等级

44. 肋形楼盖设计中，当区格板的长边 l_2 与短边 l_1 之比≤（　　）时按双向板设计，称为双向板肋形楼盖。

A. 1. 5　　B. 2　　C. 2. 5　　D. 3

45. 分布钢筋的作用不包括（　　）。

A. 将板承受的荷载均匀地传给受力钢筋

B. 承受温度变化及混凝土收缩在垂直板跨方向所产生的拉应力

C. 在施工中固定受力钢筋的位置

D. 承受弯矩产生的拉力

46. 关于柱内箍筋，下列（　　）表述是错误的。

A. 箍筋与纵向钢筋构成空间骨架

B. 箍筋在施工时对纵向钢筋起固定作用外

C. 箍筋给纵向钢筋提供侧向支点，防止纵向钢筋受压弯曲而降低承压能力

D. 箍筋在柱中不能起到抵抗水平剪力的作用

47. 土的物理状态，对于无粘性土是指土的（　　）。

A. 密度　　B. 稠度　　C. 密实度　　D. 孔隙率

48. 房屋内部由梁、柱组成的框架承重，外部由砌体承重，楼（屋）面荷载由框架与砌体共同承担，这种框架称为（　　）。

A. 纯框架结构　　B. 底层框架结构　　C. 内框架结构　　D. 全框架结构

49. 框架梁的箍筋沿梁全长范围内设置，第一排箍筋一般设置在距离节点边缘（　　）处。

A. 50mm　　B. 80mm　　C. 100mm　　D. 120mm

50. 关于框架柱纵向钢筋的锚固，正确的表述是（　　）。

A. 纵向钢筋在中间层不需要贯穿中间层的中间节点

B. 顶层端节点柱外侧纵向钢筋可弯入梁内做梁上部纵向钢筋

C. 梁上部纵向钢筋与柱外侧纵向钢筋不能在节点及附近部位搭接

D. 柱纵向钢筋连接的接头应设置在节点区以内

51. 多层砌体房屋抗震构造措施中，承重房屋的层高不应超过（　　）。

A. 3m　　B. 3.3m　　C. 3.6m　　D. 3.9m

52. 根据多层砌体房屋抗震构造要求，构造柱与圈梁连接处，构造柱的纵筋应（　　）。

A. 在圈梁处搭接

B. 在圈梁处断开

C. 穿过圈梁，保证构造柱纵筋上下贯通

D. 在圈梁处断开或穿过都可以

53. 根据多层砌体房屋抗震构造要求，现浇钢筋混凝土楼板或屋面板伸进纵、横墙内的长度，均不应小于（　　）。

A. 80mm　　B. 100mm　　C. 120mm　　D. 150mm

54. 根据多层砌体房屋楼梯处的抗震要求，下列错误的是（　　）

A. 突出屋顶的楼、电梯间，构造柱应伸至顶部，不应与顶部圈梁连接

B. 内外墙交接处应沿墙高每隔 500mm 设 2Φ6 拉结钢筋，且每边伸入墙内不宜小于 1m

C. 装配式楼梯段应与平台板的梁可靠连接

D. 不应采用墙中悬挑式踏步或踏步竖肋插入墙体的楼梯，不应采用无筋砖砌栏板

55. 根据多层砌块房屋抗震要求，芯柱的混凝土强度等级不应低于（　　）。

A. Cb15　　B. Cb20　　C. Cb25　　D. Cb30

56. 钢筋混凝土防震缝两侧结构类型不同时，宜按需要（　　）确定缝宽。

A. 较窄防震缝的结构类型和较低房屋高度

B. 较窄防震缝的结构类型和较高房屋高度

C. 较宽防震缝的结构类型和较高房屋高度

D. 较宽防震缝的结构类型和较低房屋高度

57. 框架梁的基本抗震构造措施中，下列错误的是（　　）。

A. 截面宽度不小于 200mm

B. 截面高度比不宜大于 4

C. 净跨与截面高度比不宜小于 4

D. 梁中受力钢筋宜采用光圆钢筋

58. 框架柱的基本抗震构造措施中，采用拉筋复合箍时，（　　）。

A. 拉筋宜紧靠纵向钢筋并勾住箍筋

B. 拉筋宜紧靠箍筋并勾住纵向钢筋

C. 拉筋宜紧靠箍筋并勾住横向钢筋

D. 拉筋宜紧靠横向钢筋并勾住箍筋

59.《混凝土结构设计规范》规定，预应力混凝土构件的混凝土强度等级不应低于（　　）。

A. C20　　B. C30　　C. C35　　D. C40。

60. 粒径大于 2mm 的颗粒含量超过全重 50%的土，称为（　　）。

A. 岩石　　B. 砂土　　C. 粉土　　D. 碎石土

61. 钢结构中，在一个主平面内受弯的梁，称为（　　）。

A. 拉弯构件　　B. 压弯构件　　C. 单向受弯梁　　D. 双向受弯梁

62. 钢结构中，轴心压力和弯矩共同作用下的构件称为（　　）。

A. 拉弯构件　　B. 压弯构件　　C. 轴压构件　　D. 轴拉构件

63. 钢结构中最常用的焊接方法是（　　）。

A. 自动焊　　B. 半自动焊　　C. 手工电弧焊　　D. 接触焊

64. 钢结构焊接时，（　　）因条件差，不易保证质量，应尽量避免。

A. 仰焊　　B. 俯焊　　C. 立焊　　D. 平焊

65. 钢结构焊缝代号中：辅助符号·表示（　　）。

A. 现场安装焊缝　　B. 溶透角焊缝

C. 单面角焊缝　　D. 坡口对接焊

66. 土的竖向自重应力随着深度直线增大，呈（　　）分布。

A. 矩形　　B. 三角形　　C. 抛物线　　D. 锯齿线

67. 钢结构焊缝代号中，图形符号 V 表示（　　）。

A. V 形坡口对接焊缝　　B. V 形安装焊缝

C. V 形单面角焊缝　　D. V 形透角焊缝

68. 钢结构焊件的坡口形式，取决于焊件的（　　）。

A. 厚度　　B. 宽度　　C. 材料　　D. 焊接方法

69. 每一构件在节点上以及拼接接头的一端（组合构件的缀条，端部连接除外），永久性螺栓数不宜少于（　　）。

A. 一个　　B. 两个　　C. 三个　　D. 四个

70. 下列说法错误的是（　　）。

A. 螺栓在角钢上的排列要考虑螺帽和垫圈能布置在角钢肢的平整部分

B. 螺栓在角钢上的排列并应使角钢肢不致过分削弱

C. 对螺栓孔的最大直径也要作一定限制。

D. 螺栓排列有并列和错列两种形式，错列式因简单、整齐而较常用

施工测量知识

1. 从某一已知高程的水准点出发，沿某一路线，测定若干个高程待定的水准点，并联测到另一个高程已知的水准点，称为（　　）。

A. 支水准路线　　B. 附合水准路线

C. 主水准路线　　D. 闭合水准路线

2. 关于水准路线，下列叙述错误的是（　　）

A. 闭合水准路线测得的高差总和应等于零，作为观测的检核

B. 附合水准路侧得的高差总和应等于两端已知高程点的高差，作为观测的检核

C. 支水准路线往测高差总和与返测高差总和值和符号均相等

D. 支水准路线用往、返观测进行检验

3. 使用方向观测法测定水平角时，错误的叙述是（　　）。

A. 在一个测站上如果需要观测 2 个或 2 个以上的水平角，可采用方向观测法观测水平方向值

B. 两个相邻方向的方向值之差，即为该两方向间的水平角值

C. 盘左、盘右均按顺时针方向依次瞄准各个目标，进行水平度盘读数

D. 对于每个方向，度数取盘左的观测值，分、秒则取盘左、盘右读数的平均值，作为该方向的方向值

4. 由于直线定线不准确，造成丈量偏离直线方向，其结果使距离（　　）。

A. 偏大　　B. 偏小

C. 无一定的规律　　D. 忽大忽小相互抵消结果无影响

5. 钢卷尺量距的成果最后要进行各项长度改正，但其中不包括（　　）。

A. 尺长改正　　B. 高差改正　　C. 温度改正　　D. 角度改正

6. 在使用水准仪进行水准测量时，下面叙述错误的是（　　）。

A. 水准仪使用时，首先调节好三脚架腿的伸缩长度，把脚尖踩紧于地面，再从仪器箱中取出水准仪，用脚架上的连接螺旋旋入水准仪基座中心螺孔内

B. 架设好水准仪后，按照瞄准—粗平—精平—读数的程序进行操作

C. 粗平即粗略置平仪器。转动脚螺旋，使圆水准器气泡居中

D. 水准仪精平后，应立即用十字丝的横丝在水准尺上读数

7. 在使用水准仪进行水准测量时，进行瞄准时，要使十字丝清晰，转动（　　）。

A. 制动螺旋　　B. 目镜调焦螺旋

C. 物镜调焦螺旋　　D. 微动螺旋

8. 经纬仪整平的方法是（　　），使平盘水准管在平行于一对脚螺旋的方向上及其垂直方向上气泡都居中。

A. 旋转脚螺旋　　B. 旋转基座

C. 转动望远镜　　D. 移动支架

9. 经纬仪视准轴检校的目的是（　　）。

A. 使视准轴垂直横轴

B. 使十字丝纵丝垂直横轴

C. 使视准轴垂直仪器竖轴

D. 使视准轴平行于水准管轴

10. 水准测量中的转点指的是（　　）。

A. 水准仪所安置的位置

B. 水准尺的立尺点

C. 为传递高程所选的立尺点

D. 水准路线的转弯点

11. 关于高层建筑施工测量，下列叙述错误的是（　　）。

A. 高层建筑物施工测量的主要任务是将建筑物基础轴线正确地向高层引测（垂直投影），以保证各层的相应轴线位于同一竖直面内

B. 高层建筑物的基础工程完工以后，用经纬仪将建筑物主轴线精确地投测到建筑物的底层（地坪层），并设立轴线标志，供向上层投测之用

C. 使用垂准仪时，建筑轴线的控制点设在建筑物内，各层楼板上留一小方孔（称为垂准孔），使垂准仪能通过此孔向上或向下引测轴线控制点，使各层楼面可以据此正确测设柱、墙等位置

D. 当建筑物楼层增加时，经纬仪投测的仰角增大，操作不方便，因此必须将主轴线控制桩设在建筑物内，以减小仰角

12. 关于施工测量，错误的表述是（　　）。

A. 建筑施工测量的基本任务是将图纸上设计的建筑物、构筑物的平面位置和高程测设到实地上，又称建筑施工放样

B. 变形观测不属于建筑施工测量

C. 施工测量首先在施工现场建立统一的平面控制网和高程控制网，然后以此为基础，测设各建筑物或构筑物的细部。

D. 竣工测量也属于建筑施工测量

13. 浇筑地下室底板后，沉降观测可每隔 3～4 天观测一次，至（　　）为止。

A. 支护结构变形稳定　　B. 地下室浇筑完毕

C. 地下水排除　　　　　　　　　　　　D. 支护结构拆除

14. 每次沉降监测工作，均需采用（　　）进行检查，闭合差的大小应根据不同建筑物的监测要求确定。

A. 基准线法

B. 悬挂垂球法

C. 环形闭合方法或往返闭合方法

D. 角度交会法

15. 下列（　　）项不是用于观测上部结构倾斜观测的方法。

A. 用水准仪测定建筑物两端基础的差异沉降量 Δh，再根据建筑物的宽度 L 和高度 H，推算建筑物顶部的倾斜位移值

B. 从顶部穿过通道挂下大垂球，根据上、下应在同一位置的点，直接在底层测定位移值

C. 利用经纬仪在相互垂直的两个方向投测的方法，将建筑物外墙的上部角点投影至平地，量取与下面角点的倾斜位移值 Δ

D. 利用监测基准点，采用精密导线或前方交会法测出各变形观测点的坐标，将每次测出的坐标值与前一次测出的坐标值进行比较

16. 下列哪个方法不是用于测定建筑物的水平位移（　　）。

A. 基线法　　　　　　　　　　　　B. 小角法

C. 导线法和前方交会法　　　　　　D. 经纬仪投测法

17. 对于比较整齐的裂缝（如伸缩缝），则可用（　　）取裂缝的变化。

A. 千分尺直接　　　　　　　　　　B. 设置石膏薄片

C. 金属棒　　　　　　　　　　　　D. 镀锌薄钢板

18. 建筑施工场地的平面控制网采用（　　）。

A. 高斯坐标系　　　　　　　　　　B. 大地坐标系

C. 施工坐标系　　　　　　　　　　D. 直角坐标系

19. 当墙体砌筑到 1～2 m 时，可用水准仪测设出高出室内地坪线＋0～500m 的标高线于墙体上，此标高线作用里，不包括（　　）。

A. 控制层高

B. 作为设置门、窗、过梁高度的依据

C. 后期进行室内装饰施工时控制地面标高、墙裙、踢脚线、窗台等的标高的依据

D. 控制墙面平整度

20. 内墙面的垂直度一般用（　　）检测。

A. 2m 托线板　　　　B. 皮树杆　　　　C. 塞尺　　　　D. 钢角尺

工程质量抽样统计分析

1. 总体中的全部个体逐一观察、测量、计数、登记，从而获得对总体质量水平评价结论的方法是（　　）。

A. 全数检验　　　　　　　　　　　B. 随机抽样检验

C. 简单随机抽样　　　　　　　　　D. 分层抽样

2. 组成检验批的基本原则是（　　）。

A. 具有生产条件及时间基本相同、质量基本均匀的一定量同批次个体产品

B. 可以是不同生产条件及时间、但质量基本均匀的一定量同批次个体产品

C. 具有生产条件及时间基本相同、但质量不均匀的一定量同批次个体产品

D. 不需具有生产条件及时间基本相同、质量也可以是不均匀的一定量同批次个体产品

3. 将总体按自然存在的状态分为若干群，并从中抽取样品群组成样本，然后在中选群内进行全数检验的方法（　　）。

A. 简单随机抽样　　B. 分层抽样

C. 整群抽样　　D. 等距抽样

4.（　　）是个体数据与均值离差平方和的算术平均数的算术根，是大于 0 的正数。

A. 标准偏差　　B. 极差

C. 变异系数　　D. 算术平均数

5. 直方图图形特征为折齿型，说明（　　）。

A. 主要是由于操作中对上限（或下限）控制太严造成的

B. 原材料发生变化，或者临时他人顶班作业造成的

C. 由于用两种不同方法或两台设备或两组工人进行生产，然后把两方面数据混在一起整理产生的

D. 由于分组组数不当或者组距确定不当出现的直方图

6. p_0（AQL）是生产者比较重视的参数，p_1（LTPD）是使用者比较重视的参数，它们是制定抽样检验方案的基础，（　　）不是确定时综合考虑的因素。

A. 确定 p_0、p_1 应以 α、β 为标准

B. 生产过程的质量水平，即过程平均批不合格品率 的大小

C. 质量要求及不合格品对使用性能的影响程度

D. 制造时间和检查项目

7. 利用专门设计的统计表对质量数据进行收集、整理和粗略分析质量状态的方法是（　　）。

A. 控制图法　　B. 统计调查表法

C. 鱼刺图法　　D. 直方图法

8. 排列图法中，B 类问题是指（　　）。

A. 主要问题　　B. 一般问题　　C. 次要问题　　D. 特殊问题

9. 排列图中，通常按（　　）分为 A、B、C 三部分，

A. 出现频率大小　　B. 累计频率大

C. 严重程度　　D. 出现先后顺序

10. 对每一个质量特性或问题逐层深入排查可能原因的方法是（　　）。

A. 排列图法　　B. 因果分析图法　　C. 控制图法　　D. 直方图法

二、多选题

施工图识读

1. 关于定位轴线表述正确的是（　　）。

A. 是确定房屋主要结构构件的位置及其标志尺寸的基线

B. 纵向定位轴线用阿拉伯数字从左至右编号

C. 承重外墙的定位轴线距顶层墙身内缘 120mm

D. 内墙的定位轴线一般与墙体的中心线重合

2. 关于建筑详图图示方法，下列表述正确的是（　　）。

A. 详图的比例视细部的构造复杂程度而定，以能表达详尽清楚、尺寸标注齐全为目的

B. 详图数量的选择，与建筑的复杂程度及平、立、剖面图的内容及比例有关

C. 详图常选用的比例是 1∶100 、1∶50 、1∶20 、1∶10

D. 详图的图示方法有局部平面图、局部立面图、局部剖面图，详图可分为节点构造详图和构配件详图两类

3. 结构设计说明，主要说明（　）。

A. 结构设计的依据　　B. 结构形式、构造做法、施工要求

C. 构件材料及要求　　D. 装修材料及做法

4. 识读下列梁图，从原位标注可知，（　）。

A. 第1跨梁左边支座上部配有四根纵筋，2⏀25放在角部，2⏀22放在中部

B. 第1跨梁下部纵筋注写为6⏀25 2/4，表示上一排纵筋为2⏀25，下一排纵筋为4⏀25，全部伸入支座

C. 第1跨右边上部没有标注，表示第1跨右边上部支座没有配筋

D. 第二跨左边支座上部配筋为注写为6⏀25 4/2，表示第1跨右边上部支座配筋与第2跨左边支座上部配筋相同，上一排纵筋为2⏀25，下一排纵筋为4⏀25

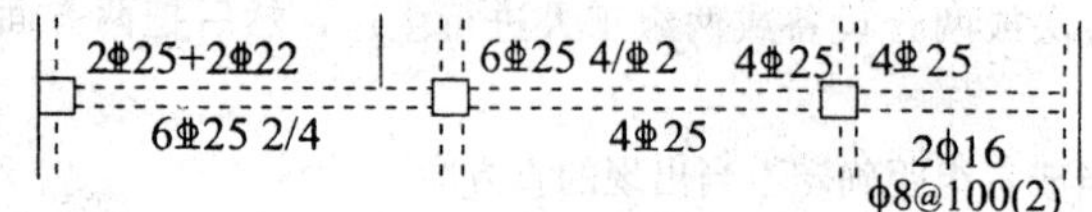

5. 板支座原位标注的内容为（　）。

A. 底贯通筋　　B. 悬挑板上部受力钢筋

C. 板支座上部非贯通纵筋　　D. 板面温度筋

建筑材料的鉴别

1. 测定水泥胶砂强度时，需要检验的指标有（　）。

A. 3天抗折强度、抗压强度　　B. 7天抗折强度、抗压强度

C. 14天抗折强度、抗压强度　　D. 28天抗折强度、抗压强度

2. 根据现行国家标准关于水泥凝结时间的规定中，初凝不小于45min，终凝不大于600min是（　）。

A. 普通硅酸盐水泥　　B. 矿渣硅酸盐水泥

C. 火山灰质硅酸盐水泥　　D. 硅酸盐水泥

3. 下列（　）是引起水泥安定性不良的主要原因。

A. 过量的f-CaO（游离氧化钙）　　B. 硅酸三钙较多

C. 掺入过多石膏　　D. 过量的f-MgO（游离氧化镁）

4. 关于粗骨料，下列说法正确的有（　）。

A. 粒径大于5mm的骨料称为粗骨料，通称“石子”

B. 粗骨料品种有天然卵石和人工碎石两种

C. 石子颗粒粒型以接近针片状为好

D. 粗骨料各粒级的比例要适当，使骨料的空隙率尽可能小

5. 测定混凝土的立方体抗压强度时，下列正确的表述是（　）。

A. 养护时间为28天

B. 标准养护条件是温度20±2℃，相对湿度大于95%

C. 要将混凝土制成70～7mm边长的立方体试块（每组三块）

D. 制作7天后，将混凝土移人标准养护间进行养护

6. 关于影响混凝土强度因素中，下列正确的表述是（　）。

A. 试验证明，在其他条件相同时，水泥强度也与混凝土的强度无关

B. 使用级配良好、质地坚硬、杂质含量少的砂石，才能保证混凝土的密实度和强度

C. 浇筑后的混凝土在正常养护下，其强度随龄期的增加而不断增长，早期（3～7d）发展较快，以后渐慢

D. 测试条件对混凝土强度测值的不会有任何的影响

7. 混凝土耐久性表现在（　　）。

A. 耐蚀　　B. 抗渗、抗冻

C. 抗碳化、碱—骨料　　D. 耐热

8. 关于砂浆分层度试验，下列叙述正确的是（　　）。

A. 分层度不得大于 30mm，也不宜小于 10mm

B. 新拌砂浆测定其稠度后，再装入分层度测定仪中，静置 30min 后取底部 1/3 砂浆再测其稠度

C. 砂浆的保水性用分层度试验测定

D. 分层度为砂浆静置 30min 后，底部 1/3 砂浆的稠度

9. 关于烧结普通砖用途，下列叙述正确的是（　　）。

A. 烧结普通砖可用于砌筑柱、拱、窑炉、烟囱、台阶、沟道及基础等

B. 在砖砌体中配置适当的钢筋或钢筋网成为配筋砖砌体，可代替钢筋混凝土过梁

C. 在现代建筑中，砖还可与轻骨料混凝土、加气混凝土、岩棉等复合，砌筑成各种轻体墙，以增大其保温隔热性能

D. 烧结普通砖不可砌成薄壳，修建跨度较大的屋盖

10. 普通热轧带肋钢筋有（　　）。

A. HRB300　　B. HRB335　　C. HRB400　　D. HRB500

11. 热轧型钢的类型有（　　）等。

A. 角钢　　B. 工字型钢　　C. 槽型钢　　D. 压型钢板

12. 下列材料中（　　）属于无机保温材料。

A. 石棉及其制品　　B. 膨胀珍珠岩及其制品

C. 泡沫塑料　　D. 软质纤维板

建筑构造知识

1. 建筑物的基础按构造方式分可分为（　　）。

A. 刚性基础　　B. 条形基础

C. 独立基础　　D. 箱形基础

2. 当地下室的墙体和地坪均为钢筋混凝土结构时，可通过混凝土构件自防水方式进行防水，具体做法为（　　）。

A. 增加混凝土的密实度

B. 在混凝土中添加防水剂、加气剂等方法

C. 以刷涂、刮涂、滚涂等方式，将防水涂料在常温下涂盖于地下室结构表面

D. 采用高聚物改性沥青防水卷材与相应的胶结材料粘结

3. 勒脚的作用是（　　）。

A. 加固和保护近地墙身　　B. 防止因外界机械碰撞而使墙身受损

C. 防止地面水对墙脚的侵蚀　　D. 防潮的作用

4. 砌块墙具有（　　）等特点。

A. 生产效率高　　B. 热工性能好

C. 增加墙体的自重　　D. 减少环境污染

5. 下列关于梁板式楼板正确的叙述是（　　）。

A. 当房间有一个方向的平面尺寸相对较小时，可以只沿短向设梁，梁直接搁置在墙上

B. 井式楼板是一种特殊的双梁式楼板，梁无主次之分

C. 压型钢板组合楼板是在型钢梁上铺设压型钢板，再在其下整浇钢筋混凝土而构成的楼板结构。

D. 无梁楼板是不设置梁，用柱子直接支承楼板

6. 下列关于预制板的构造正确的是（　　）。

A. 布置预制板时，当房间的平面尺寸较小时，需先在墙上搁置梁，由梁来支承楼板

B. 预制板支承于墙上时其搁置长度不小于80mm，并在梁或墙上铺M5水泥砂浆找平（坐浆），厚度为20mm，以保证板的平稳，传力均匀

C. 空心板安装前，为了提高板端的承压能力，避免灌缝材料进入孔洞内，应用混凝土或砖填塞端部孔洞

D. 预制板铺设时，应留置10～20mm宽的侧缝，侧缝的形式一般有V形缝、U形缝和凹槽缝三种

7. 楼梯由（　　）组成。

A. 平台　　B. 梯段　　C. 台阶　　D. 栏杆扶手

8. 楼梯段宽度应根据（　　）等因素确定。

A. 设计人流股数　　B. 投入的资金

C. 防火要求　　D. 建筑物的使用性质

9. 屋顶的设计要求包括（　　）。

A. 结构布置合理、坚固耐久、整体性好

B. 具有良好的防水、排水、保温、隔热、隔声等隔绝性，能抵御自然界对室内使用空间的不良影响

C. 构造简单、自重轻、取材方便、经济合理

D. 对于色彩和造型没有要求

10. 关于平屋顶排水装置有（　　）。

A. 天沟　　B. 泛水　　C. 雨水管　　D. 雨水口

11. 关于建筑物的变形缝，下列说法正确的有（　　）。

A. 变形缝包括伸缩缝、沉降缝和防震缝，其作用在于防止墙体开裂，结构破坏

B. 一般沉降缝的宽度与地基、建筑物的长度有关

C. 建造在抗震设防烈度为6～9度地区的房屋，为避免破坏，按抗震要求设置的垂直缝隙即防震缝

D. 伸缩缝的最大间距与建筑的结构类型、结构材料、施工方式、建筑所处环境等因素有关

建筑力学与结构知识

1. 影响压杆的临界力或临界应力大小的因素有（　　）。

A. 压杆的材料性质　　B. 截面的形状和尺寸

C. 压杆的长度　　D. 外力的大小

2. 作用在同一物体上的两个力，使刚体平衡的必要和充分条件是（　　）。

A. 两个力的大小相等　　B. 方向相反

C. 作用在同一直线上　　D. 必须作用在同意作用点上

3. 关于轴力下列说法正确的是（　　）。

A. 受垂直轴向的外力作用的杆件，截面上产生的内力称为轴向内力，简称轴力

B. 当作用在杆件上的外力（或外力的合力）作用线与杆件的轴线重合时，称为轴向外力

C. 在轴向力的作用下，杆件伸长为轴向拉伸，称为拉杆

D. 若杆件缩短称为轴向压缩，此杆称为压杆

4. 利用强度条件式 $\sigma_{max}=\frac{N}{A}\leqslant[\sigma]$ 可以解决工程实际中有关构件强度的问题（　　）。

A. 强度校核　　B. 设计截面　　C. 确定允许荷载　　D. 稳定性验算

5. 对于细长梁，一般都能满足剪应力强度条件，可不必再作剪应力强度校核。在以下（　　）情况下，需作剪应力强度校核。

A. 梁的跨度较短，或在支座附近作用有较大荷载时，梁内可能出现弯矩较小而剪力很大的情况

B. 使用组合截面钢梁时，横截面的腹板厚度很小，横截面上的剪应力数值又很大时

C. 使用某些抗剪能力相对较差的材料制作梁时，如木梁

D. 梁的跨度较大，截面小，梁内弯矩较大而剪力很小的情况

6. 对于房屋顶层墙体，下列防止或减轻墙体开裂的构造措施中，正确的有（　　）。

A. 可以在屋面设保温、隔热层

B. 可以增大基础圈梁的刚度

C. 可以在顶层屋面板下设现浇钢筋混凝土圈梁

D. 可以顶层屋面板下设现浇屋盖和瓦材屋盖

7. 多层砌体房屋抗震构造措施中，下列正确的是（　　）。

A. 纵横墙数量可以相差较远

B. 纵横墙的布置宜均匀对称，沿平面内宜对齐，沿竖向应上下连续

C. 同一轴线上的窗间墙宽度宜均匀

D. 应优先采用横墙承重或纵横墙共同承重的结构体系

8. 框架结构抗震构造措施中，楼梯应符合（　　）。

A. 宜采用装配式钢筋混凝土楼梯

B. 楼梯间的布置不应导致结构平面特别不规则

C. 宜采取构造措施，减少楼梯构件对主体结构刚度的影响

D. 楼梯间两侧填充墙与柱之间可以不拉结

9. 常见的预应力损失包括：（　　）应力松弛损失和混凝土收缩、徐变所引起的预应力损失等。

A. 锚具变形损失　　B. 摩擦损失　　C. 温差损失　　D. 张拉损失

10. 用作钢结构的钢材必须具有下列性能（　　）。

A. 较高的强度　　B. 良好的加工性能

C. 足够的变形能力　　D. 较好的美观性能

11. 下列钢结构构件截面选型正确的是（　　）。

A. 对于单项受弯梁，当荷载和跨度均较大时，若受型钢规格的限制，满足不了要求时，以采用焊接工字形截面为宜

B. 城市人行天桥钢梁宜采用抗扭性能较好的型钢梁

C. 对于承受的弯矩较小而轴心压力相对较大的压弯构件，可选用和一般轴心受压柱相同的双轴对称截面（如工字钢、H 型钢、焊接工字形截面等）

D. 对于压弯构件，当弯矩很大时，为提高构件在弯矩作用平面内的承载能力，应在弯矩作用方向采用较大的截面尺寸

12. 土的基本物理性质试验。包括（　　）。

A. 土的颗粒成分试验　　B. 土的密度试验

C. 土粒比重或相对密度试验　　D. 土的含水量试验

13. 焊缝代号主要由（　　）组成。

A. 图形符号　　B. 辅助符号　　C. 尺寸标注　　D. 引出线

14. 普通螺栓按力的方式可分为（　　）连接。

A. 受压螺栓连接　　B. 受剪螺栓连接

C. 受拉螺栓连接　　D. 同时受剪和受拉螺栓

15. 判别砂土密实状态的指标通常有下（　　）。

A. 孔隙比 e　　B. 土的饱和度 Sr

C. 标准贯入锤击数 N　　D. 相对密实度 D_r

16. 无筋扩展基础系指由（　　）混凝土或毛石混凝土等材料组成的，且不需配置钢筋的墙下条形基础或柱下独立基础。它适用于多层民用建筑和轻型厂房。

A. 钢筋混凝土　　B. 毛石

C. 灰土和三合土　　D. 砖

17. 砌体结构的构造措施主要包括（　　）。

A. 墙、柱高厚比的要求　　B. 墙、柱的一般构造要求

C. 防止或减轻墙体开裂的主要措施　　D. 墙、柱强度的要求

18. 作为刚性和刚弹性静力计算方案的房屋横墙，应具有足够的刚度。规范规定，刚性和刚弹性方案房屋的横墙应符合下列的（　　）要求。

A. 横墙中开有洞口时，洞口的水平截面面积不应超过横墙截面面积的 50%

B. 横墙的厚度不宜小于 120mm

C. 单层房屋的横墙长度不宜小于其高度

D. 多层房屋的横墙长度不宜小于$\frac{H}{2}$（H 为横墙总高度）

施工测量知识

1. 下列关于水准仪叙述中，正确的是（　　）。

A. 水准仪由测量望远镜、水准器（或重力摆）和基座三个主要部分组成

B. 精平时，旋转制动螺旋，使水准管气泡居中

C. 望远镜一般是由物镜、物镜调焦镜、目镜和十字丝分划板组成

D. 当圆水准器气泡居中时，圆水准器轴处于铅垂位置

2. 下列关于经纬仪的叙述中，正确的是（　　）。

A. 经纬仪测水平角时，以望远镜目镜中十字丝的横丝对准目标；测垂直角时，以纵丝对准目标

B. 经纬仪望远镜的瞄准目标之前，先进行目镜调焦使十字丝清晰，再进行物镜调焦使目标像清晰，并且必须消除视差

C. 经纬仪整平的方法是旋转脚螺旋，使平盘水准管在平行于一对脚螺旋的方向上及其垂直方向上气泡都居中

D. 光学经纬仪的度盘读数装置包括光路系统和测微器

3. 水准测量时，常用的水准路线是（　　）。

A. 闭合水准路线　B. 附合水准路线　C. 测回水准路线　D. 支水准路线

4. 施工测量和测绘地形图一样，也是遵循（　　）的原则。

A. 由整体到局部　B. 先控制后细部　C. 先复杂后简单　D. 由上往下

5. 建筑物定位后，根据交点桩即可测定各内墙轴线交点桩（称为中心桩）。为在施工中恢复各交点位置，施工前必须将轴线延至开挖线外的（　　）上。

A. 龙门板　B. 轴线控制桩　C. 沉降基准点　D. 水准点

6. 高层建筑施工中，传递高层的方法有（　　）。

A. 激光铅垂仪投测法　B. 钢尺丈量法　C. 悬吊钢尺法　D. 全站仪天顶测高法

工程质量抽样统计分析

1. 根据质量数据的特点，可以将其分为（　　）。

A. 计量值数据　B. 计数值数据　C. 计件值数据　D. 计点值数据

2. 用于整理质量特性统计数《建筑工程施工质量验收统一标准》中的规定是（　　）。

A. 在抽样检验中，两类风险一般控制范围是 $\alpha=1\%\sim5\%$；$\beta=5\%\sim10\%$

B. 对于主控项目，其 α、β 均不宜超过 5%

C. 对于一般项目，α 不宜超过 5%，β 不宜超过 10%

D. 在抽样检验中，两类风险一般控制范围是 $\alpha=1\%\sim10\%$；$\beta=5\%\sim10\%$

3. 下列关于因果分析图法的说法中，正确的有（　　）。

A. 因果分析图法又称为质量特性要因分析法

B. 因果分析图的绘制步骤是从“起因”开始逐层汇总的

C. 基本原理是对每一个质量特性或问题逐层深入排查可能原因

D. 因果分析图由质量特性、枝干、主干等所组成

岗位知识及专业实务篇

（单选题254 多选题102 案例题17）

一、单选题

建筑工程施工工艺及质量标准

1. 砂土注浆地基的注浆体强度及承载力检验应在（　　）天后进行。

A. 15　　B. 30　　C. 45　　D. 60

2. 为了能使桩较快地打入土中，沉桩宜采用（　　）。

A. 轻锤高击　　B. 重锤低击　　C. 轻锤低击　　D. 重锤高击

3. 在锤击沉桩施工中，如发现桩锤经常回弹大、桩下沉量小，说明（　　）。

A. 桩锤太重　　B. 桩锤太轻　　C. 落距小　　D. 落距大

4. 水下灌注混凝土过程中，导管埋深宜为（　　）m。

A. 1～3　　B. 2～4　　C. 2～6　　D. 4～8

5. 桩基础承台纵向钢筋的混凝土保护层厚度，当有混凝土垫层时，不应小于（　　）mm。

A. 25　　B. 30　　C. 40　　D. 70

6. 对由地基基础设计为甲级或地质条件复杂，成桩质量可靠性低的灌注桩应采用（　　）进行承载力检测。

A. 静荷载试验方法　　B. 高应变动力测试方法

C. 低应变动力测试方法　　D. 自平衡测试方法

7. 泥浆护壁成孔灌注桩浇筑混凝土时桩顶标高至少要比设计标高高出（　　）m。

A. 0.5　　B. 0.8　　C. 1　　D. 1.5

8. 对含水量大的淤泥质地层最合适的桩基施工工法为：（　　）

A. 人工挖孔桩　　B. 预制桩

C. 沉管灌注桩　　D. 泥浆护壁钻孔灌注桩

9. 正挖土机挖土的施工特点是（　　）。

A. 后退向下，强制切土　　B. 前进向上，强制切土

C. 后退向下，自重切土　　D. 直上直下，自重切土

10. 填方工程中，若同时采用砂性土和粘性土，应（　　）。

A. 砂性土填在上部　　B. 砂性土填在中间　　C. 砂性土填在下部　　D. 应分区填筑

11. 抓铲挖土机适于开挖（　　）。

A. 山丘开挖　　B. 场地平整土方　　C. 水下土方　　D. 大型基础土方

12. 下列方法中，（　　）不是填土的压实方法。

A. 碾压法　　B. 夯击法　　C. 振动法　　D. 加压法

13. 经地基处理的建筑，应在（　　）期间进行沉降观测。

A. 施工　　B. 使用　　C. 施工及使用　　D. 不需要

14. 地基开挖至设计标高后，由质量监督、建设、设计、勘察、监理及施工单位共同进行（　　）。

A. 设计交底　　B. 地基验槽　　C. 基础验收　　D. 图纸会审

15. 某基坑宽度大于6m，降水轻型井点在平面上宜采用（　　）形式

A. 单排　　B. 双排　　C. 环形　　D. U形

16. 基坑土方开挖的顺序在深度上应（　　）。

A. 分层开挖　　B. 分段开挖　　C. 分块开挖　　D. 分区开挖

17. 基坑开挖时，顶部堆载应尽量远离基坑边缘，堆土高度不宜高于（　　）m。

A. 1. 2　　B. 1. 5　　C. 1. 8　　D. 2. 0

18. 地下连续墙质量验收时，垂直度和（　　）是主控项目。

A. 导墙尺寸　　B. 沉渣厚度　　C. 墙体强度　　D. 墙体嵌岩深度

19. 采用高压旋喷注浆的目的是为了提高土层地基的（　　）。

A. 强度　　B. 整体性　　C. 抗渗性　　D. 耐久性

20. 振冲地基处理中，振冲碎石桩法应按（　　）的工艺流程施工。

A. 成孔、清孔、填料、振密　　B. 填料、振密、成孔、清孔

C. 成孔、振密、填料、清孔　　D. 成孔、填料、清孔、振密

21. 某砖墙为 370 墙，该墙体在需设拉结钢筋的地方应设（　　）根。

A. 1　　B. 2　　C. 3　　D. 4

22. 砖砌墙体构造柱的最小截面尺寸应为（　　）。

A. 240mm×120mm　　B. 240mm×180mm

C. 240mm×240mm　　D. 240mm×370mm

23. 正常情况下，墙体抹灰应在砌筑完成至少（　　）天后才能进行

A. 15　　B. 30　　C. 45　　D. 60

24. 一般地，砖墙每日砌筑高度不宜超过（　　）。

A. 1. 2m　　B. 1. 5m　　C. 1. 8m　　D. 2. 1m

25. 常用的砌砖方法中最有利于砌体整体砂浆饱满的是（　　）。

A. 铺浆法　　B. 灌浆法　　C. 挤浆法　　D. 三一砌砖法

26. 气温超过 30°C 时，砌筑用的水泥砂浆应在（　　）h 内使用完毕。

A. 0. 5　　B. 1　　C. 2　　D. 3

27. 砌体工程中宽度超过（　　）mm 的洞口上部，应设置过梁。

A. 300　　B. 400　　C. 500　　D. 600

28. 配筋砌体剪力墙中，采用搭接接头的受力钢筋搭接长度不应小于（　　）d，（d——钢筋直径）且不应少于 300mm。

A. 20　　B. 25　　C. 30　　D. 35

29. 气温超过 30℃，采用铺浆法砌砖时，铺浆长度不得超过（　　）mm。

A. 250　　B. 500　　C. 750　　D. 1 000

30. 一般砖基础大放脚的组砌形式是（　　）。

A. 一顺一丁　　B. 三顺一丁　　C. 梅花丁　　D. 两平一侧

31. 毛石挡土墙应每砌（　　）皮为一个分层高度，每个分层高度应找平一次。

A. 2～3　　B. 3～4　　C. 4～5　　D. 5～6

32. 检查水平灰缝厚度是用尺量（　　）皮砖砌体高度折算。

A. 8　　B. 10　　C. 12　　D. 14

33. 抗震设防烈度 6 度、7 度地区砌体的临时间断处，应加设拉结钢筋，拉结钢筋间距沿墙高不应超过 500mm，埋入长度从留槎处算起每边均不应小于（　　）mm。

A. 500　　B. 800　　C. 1 000　　D. 1 200

34. 采用混凝土小型空心砌块砌筑墙体时，水平灰缝砂浆饱满度不应低于（　　）%。

A. 75　　B. 80　　C. 85　　D. 90

35. 砖砌体的轴线位移允许偏差为≤（　　）mm

A. 5　　B. 10　　C. 15　　D. 20

36. 某框架结构底层层高为 6m，采用加气混凝土砌块砌筑，施工时最紧迫的最有效的措施是（　　），以加强墙体的抗震整体性。

A. 增设构造柱　　B. 增设腰梁　　C. 提高砌筑质量　　D. 采用专用砂浆

37. 小砌块砌筑工程砂浆饱满度指标的检查方法是（　）。

A. 每处检测 3 块小砌体，取平均值　　B. 每处检测 3 块小砌体，取最大值

C. 每处检测 5 块小砌体，取平均值　　D. 每处检测 5 块小砌体，取最大值

38. 填充墙采用加气混凝土砌块砌筑时，搭砌长度不应（　）。

A. 小于砌块长度的 1/3　　B. 小于砌块长度的 1/2

C. 大于砌块长度的 1/3　　D. 大于砌块长度的 1/2

39. 砌筑砂浆强度指标合格的前提是同一验收批砂浆试块抗压强度（　　）。

A. 平均值大于或等于设计值，最小值大于或等于设计值的 0. 75 倍

B. 平均值大于或等于设计值，最小值大于或等于设计值的 0. 85 倍

C. 平均值大于或等于设计值的 1. 1 倍，最小值大于或等于设计值的 0. 75 倍

D. 平均值大于或等于设计值的 1. 1 倍，最小值大于或等于设计值的 0. 85 倍

40. 对砌筑工程“摆砖”这个施工工序，说法错误的是（　　）。

A. 摆砖目的是为了组砌更合理　　B. 经过摆砖可以调整灰缝更均匀

C. 尽可能减少砍砖　　D. 纵墙方向摆丁砖，山墙方向摆顺砖

41. 下列墙体部位不要求“整砖丁砌”（　）。

A. 每楼层的最上一皮砖　　B. 承重梁下的部分砖

C. 腰线部位的砖　　D. 预留洞口下面的部分砖

42. 基础大放脚施工遇基底标高不一致，砌筑时应该（　）。

A. 先砌标高较低部分，由低处向高处搭砌　　B. 先砌标高较低部分，由高处向低处搭砌

C. 先砌标高较高部分，由低处向高处搭砌　　D. 先砌标高较高部分，由高处向低处搭砌

43. 砌块填充墙时，砌至接近梁底或板底时应留一定的空隙，待间隔（　　）天以后方可补砌。

A. 7　　B. 10　　C. 15　　D. 28

44. 检查墙面垂直度的工具是（　）。

A. 钢尺　　B. 靠尺　　C. 托线板　　D. 锲形塞尺

45. 砌筑工程的施工工序正确的是（　　）。

A. 抄平放线→摆砖→立皮数杆→盘角、挂线→砌筑

B. 摆砖→抄平放线→立皮数杆→盘角、挂线→砌筑

C. 立皮数杆→摆砖→抄平放线→盘角、挂线→砌筑

D. 抄平放线→立皮数杆→盘角、挂线→摆砖→砌筑

46. 梁跨度为 3m 时，梁底模最合适的起拱高度为（　　）mm。

A. 0　　B. 3　　C. 6　　D. 9

47. 钢材有下列情形时（　　），经过检验或者适当处理后仍能做受力钢筋。

A. 表面浮锈　　B. 起皮裂缝　　C. 屈服强度不合格　　D. 弯起钢筋敲直

48. 现浇钢筋混凝土框架柱的纵向钢筋的焊接应优先采用（　　）。

A. 闪光对焊　　B. 坡口立焊　　C. 电弧焊　　D. 电碴压力焊

49. 不是钢筋连接的方法是（　　）。

A. 绑扎连接　　B. 机械连接　　C. 弯钩连接　　D. 焊接连接

50. 光圆钢筋弯曲成 180°的半圆弯钩，若取弯心直径为 2. 5d，平直部分为 3d 时，则弯钩增加长度为（　　）。

A. 2d　　B. 3. 25d　　C. 4 d　　D. 6. 25d

51. 关于柱木模板施工，下列说法不妥的是（　　）。

A. 柱底宜设有一钉在底部混凝土上的木框

B. 柱模板底部需开清理孔

C. 柱模板越靠近下部柱箍宜越密

D. 框架结构模板拆除宜最先拆梁底模板，最后拆柱模板

52. 现有一根梁配置 HRB335 级 6 根Φ 16mm 的钢筋，现工地现场没有Φ 16mm，但有Φ 18 和Φ 14 的钢筋，那么最合适的做法是（　　）。

A. 用 6 根 18 的直接代替

B. 用 8 根 14 的直接代替

C. 用 6 根 14 的直接代替，并办理设计变更文件

D. 用 8 根 14 的代替，并办理设计变更文件

53. 钢筋螺纹套管连接主要适用于（　　）。

A. 光圆钢筋　　B. 变形钢筋　　C. 较细钢筋　　D. 粗大钢筋

54. 除焊接封闭环式箍筋外，箍筋的末端应作弯钩，对有抗震要求的结构，箍筋端部弯钩的弯折角度不应小于（　　）度。

A. 45　　B. 60　　C. 90　　D. 135

55. 梁端附近的纵向受力钢筋在同一焊接接头连接区段内的接头面积百分率应（　　）。

A. 不超过 25%　　B. 不超过 50%　　C. 不受限制　　D. 不宜接头连接

56. 同厂家、同牌号、同规格的钢筋（　　）进场检验均合格时，其后的检验批量可扩大一倍。

A. 2 次　　B. 连续 2 次　　C. 3 次　　D. 连续 3 次

57. 钢筋直螺纹连接质量检查时，应以（　　）个接头为一个验验批。

A. 200　　B. 300　　C. 400　　D. 500

58. 梁底模板设计时，何种荷载不考虑（　　）。

A. 施工荷载　　B. 混凝土及模板自重

C. 钢筋自重　　D. 混凝土侧压力

59. 同工程、同原材料来源、同组生产设备生产的成型钢筋，检验批量不应大于（　　）T。

A. 50　　B. 60　　C. 100　　D. 200

60. 绑扎钢筋网眼尺寸的检验方法，正确的是（　　）。

A. 钢尺量连续三挡，取最小值　　B. 钢尺量连续三挡，取平均值

C. 钢尺量连续三挡，取最大值　　D. 钢尺量连续五挡，取平均值

61. 梁类、板类构件上部纵向受力钢筋保护层厚度的合格点率应达到（　　）及以上，且不得有超过允许尺寸偏差数值的 1. 5 倍的情况。

A. 80%　　B. 85%　　C. 90%　　D. 100%

62. 水泥属于“双控”材料，“双控”指的是控制水泥的（　　）。

A. 品牌、数量　　B. 标号、品种

C. 炉批号、生产方式说明　　D. 合格证、现场抽样检验报告

63. 强制式搅拌机拌制干硬性混凝土一般搅拌时间均不得少于（　　）。

A. 60s　　B. 90s

C. 120s　　D. 与搅拌机出料容量有关

64. 一般情况下，混凝土拌合物入模温度应（　　）。

A. 不低于 0℃，且不应高于 30℃　　B. 不低于 5℃，且不应高于 30℃

C. 不低于 0℃，且不应高于 35℃　　D. 不低于 5℃，且不应高于 35℃

65. 柱子混凝土施工缝宜留于柱的（　　）。

A. 中段　　B. 楼层结构顶上 60mm 处
C. 柱身任意处　　D. 楼层结构底下 60mm 处

66. 木质梁侧模和梁底模的位置关系为（　　）。
A. 侧包底（侧模夹底模）　　B. 底包侧（底模托侧模）
C. 侧包底、底包侧都可以　　D. 45°对角接

67. 关于混凝土后浇带下列说法最合适的是，宜优先采用（　）混凝土施工。
A. 防水性好的　　B. 流动性好的　　C. 补偿收缩的　　D. 早强的

68. 水下浇筑混凝土时，导管口应距浇筑面（　　）mm。
A. 200　　B. 300　　C. 500　　D. 600

69. 水下混凝土浇筑完毕后，应清除顶面与水接触的厚约（　　）mm 一层松软部分。
A. 200　　B. 300　　C. 500　　D. 600

70. 冬期施工中，配制混凝土用的水泥强度等级不得低于（　）。
A. 32. 5　　B. 42. 5　　C. 52. 5　　D. 62. 6

71. 为提高混凝土的抗冻性能，可掺用防冻剂，但在防水钢筋混凝土中，严禁使用（　　）。
A. 减水型防冻剂　　B. 早强型防冻剂
C. 缓凝型防冻剂　　D. 氯盐型防冻剂

72. 混凝土浇筑前如发生了初凝或离析现象，则应（　　）。
A. 丢弃　　B. 降低一个等级使用
C. 运回搅拌机重新搅拌　　D. 就地重新搅拌

73. 用插入式振动棒对混凝土进行振捣时，应（　　）。
A. 快插慢拔　　B. 慢插快拔　　C. 慢插慢拔　　D. 快插快拔

74. 混凝土配合比的原材料数量应采用（　　）计量。
A. kG　　B. kN　　C. 立方米　　D. 比值

75. 模板的一般施工工艺过程为（　）。
A. 设计、选材、加工、安装、拆除、周转
B. 选材、设计、加工、安装、拆除、周转
C. 设计、选材、加工、安装、养护、周转
D. 选材、设计、加工、安装、养护、周转

76. 关于钢筋除锈，正确的是（　）。
A. 所有钢筋锈迹均应去除干净　　B. 有些浮锈可以不做处理
C. 有些陈锈可以不做处理　　D. 有些老锈可以不做处理

77. 关于混凝土浇筑施工，错误的是（　　）。
A. 混凝土浇筑自由倾落高度，对竖向构件混凝土不宜超过 3m
B. 浇筑过程中散落的混凝土不能用于结构浇筑
C. 分层浇筑时间隔不应超过混凝土终凝时间
D. 严禁雨天浇筑混凝土

78. 预应力钢筋混凝土施工中，后张法孔道灌浆最主要的作用是（　　）。
A. 提高构件美观性　　B. 防止钢筋锈蚀
C. 提高锚具耐久性　　D. 提高混凝土强度

79. 后张法预应力混凝土偏心受力构件，放张预应力钢筋时，应先放张（　　）。
A. 断面中心钢筋　　B. 同时放张所有钢筋
C. 预压力较大区域的钢筋　　D. 预压力较小区域的钢筋

80. 梁跨度为 8m 时，梁底模的起拱高度可取（　　）mm。

A. 4～12　　B. 8～24　　C. 16～48　　D. 20～60

81. 设计要求全焊透的一、二级焊缝，内部缺陷的检验方法是（　　）。

A. 用超声波检查，不用判断缺陷时采用射线探伤

B. 用射线探伤检查，不用判断缺陷时采用超声波

C. 先用超声波检查，再用射线探伤

D. 先用射线探伤，再用超声波检查

82. 所有焊缝表面均不得有（　　）缺陷。

A. 夹渣　　B. 裂纹　　C. 气孔　　D. 弧坑缩孔

83. 防止钢结构焊缝产生冷裂纹的办法之一是（　　）。

A. 焊前预热　　B. 焊后速冷　　C. 控制焊接电流　　D. 增加焊缝厚度

84.（　　）不要求与焊接母材相匹配。

A. 焊条　　B. 焊剂　　C. 熔嘴　　D. 电焊机

85. 关于钢结构焊接施工，下列说法中错误的是（　　）。

A. 多层焊接时每焊完一层宜停歇一段时间，不宜连续施焊

B. 焊缝同一部位的返修次数，不宜超过两次

C. 焊缝出现裂缝时，焊工不得擅自自行处理

D. 对焊缝金属中的裂纹，在修补前应用无损检测方法确定裂纹的界限范围

86. 螺栓长度大小通常是指螺栓螺头内测到螺栓端头的长度，一般都是以（　　）进制。

A. 2mm　　B. 5mm　　C. 3mm　　D. 10mm

87. 钢结构施工中，螺丝杆、螺母、垫圈应配套使用，螺纹应高出螺帽（　　）以防使用时松扣降低顶紧力。

A. 2 扣　　B. 3 扣　　C. 4 扣　　D. 5 扣

88. 钢结构柱吊装时，吊点应优先选择（　　），以尽可能防止柱身弯曲变形。

A. 柱子中点位置　　B. 柱子全长 1/3 以上位置

C. 柱子全长 2/3 以上位置　　D. 柱子全长 2/3 以下位置

89. 当钢屋架安装过程中垂直偏差过大时，应在屋架间加设（　　）以增强稳定性。

A. 垂直支撑　　B. 水平支撑　　C. 剪刀撑　　D. 斜向支撑

90. 在用高强螺栓进行钢结构安装中，（　　）是目前被广泛采用的基本连接形式。

A. 摩檫型连接　　B. 摩檫—承压型连接

C. 承压型连接　　D. 张拉型连接

91. 进行钢结构柱子安装垂直度校核施工时，应（　　）。

A. 应先校核中间柱子，后校核两端柱子

B. 先校核两端柱子，后校核中间柱子

C. 从一端向另一端进行校核

D. 校核方式不影响施工质量

92. 钢结构厂房吊车梁的安装应从（　　）开始。

A. 有柱间支撑的跨间　　B. 端部第一跨间

C. 剪刀撑　　D. 斜向支撑

93. 钢屋架在制作时，应按设计规定的跨度起拱，当设计没有规定时，可以按（　　）起拱。

A. 1/100　　B. 1/300　　C. 1/500　　D. 1/700

94. 对钢结构构件进行防腐涂饰施工的检查验收应抽查（　　）。

A. 按构件数抽查 1%，但不少于 3 件　　B. 按构件数抽查 10%，但不少于 3 件

C. 按构件数抽查 1%，但不少于 5 件　　D. 按构件数抽查 10%，但不少于 5 件

95. 当采用不同强度等级的钢材进行焊接时，对焊接材料的要求是（　　）。

A. 存放时间在二年之内的可直接使用　　B. 采用与低强度钢材相适应的焊接材料

C. 采用与高强度钢材相适应的焊接材料　　D. 焊条强度必须高于母材强度

96. 对钢结构构件进行涂饰时，（　　）适用于快干性和挥发性强的涂料。

A. 弹涂法　　B. 刷涂法　　C. 擦试法　　D. 喷涂法

97. 钢材切割面或剪切面不属于主控项目的缺陷是（　　）。

A. 裂纹　　B. 夹渣　　C. 几何尺寸偏差　　D. 分层

98. 钢结构进行焊接时，对于存放时间超过一年的，原则上应进行焊接工艺及机械性能复验，除（　　）外，均应按产品说明书进行烘焙。

A. 焊条　　B. 焊剂　　C. 药芯焊丝　　D. 熔嘴

99. 屋面细石防水钢筋混凝土的钢筋网片，应放置在混凝土的（　　）位置。

A. 底部　　B. 中部　　C. 中上部　　D. 上部

100. 地下防水混凝土结构迎水面的钢筋保护层厚度不得少于（　　）。

A. 25mm　　B. 35mm　　C. 50mm　　D. 100mm

101. 地下室水泥砂浆防水层施工，下列做法不妥的是

A. 一般先抹立墙后抹地面　　B. 接槎位应甩在阴阳角处

C. 多层做法连续施工　　D. 地面上的阴角做成圆角过渡

102. 地下室外墙防水混凝土的水平施工缝应留在（　　）。

A. 底板下表面处　　B. 底板上表面处

C. 距底板上表面 300mm 处的墙体上　　D. 距孔洞边缘 200mm 处的墙体上

103. 地下室外墙卷材防水层未作保护结构前，应保持地下水位低于卷材底部不少于（　　）。

A. 200mm　　B. 300mm　　C. 500mm　　D. 1000mm

104. 地下工程的防水卷材的设置与施工最适宜采用（　　）法。

A. 外防外贴　　B. 外防内贴　　C. 内防外贴　　D. 内防内帖

105. 在涂膜防水屋面施工的工艺流程中，基层处理剂干燥后的第一项工作是（　　）。

A. 基层清理　　B. 节点部位增强处理

C. 涂布大面防水涂料　　D. 铺贴大面胎体增强材料

106. 屋面刚性防水层的细石混凝土最好采用（　　）拌制。

A. 火山灰水泥　　B. 矿渣硅酸盐水泥

C. 普通硅酸盐水泥　　D. 粉煤灰水泥

107. 屋面防水涂膜严禁在（　　）进行施工。

A. 4 级风的晴天　　B. 0～5℃的晴天

C. 35℃以上的无风晴天　　D. 雨天

108. 细石混凝土刚性防水屋面设置隔离层的目的是（　　）。

A. 缓解基层变形对刚性防水层的影响　　B. 增加一道防水措施

C. 作为细石混凝土防水层的执垫层　　D. 降低费用

109. 现浇水磨石地面施工时水泥石子浆虚铺厚度比分格条高（　　）mm。

A. 1～2　　B. 2～3　　C. 3～4　　D. 4～5

110. 在室内抹灰施工中，墙面、柱面和门洞口的阳角应做护角，护角宜采用（　　）。

A. 石灰砂浆　　B. 粘土砂浆　　C. 混合砂浆　　D. 水泥砂浆。

111. 水泥砂浆地面施工不正确的做法是（　　）。

A. 基层处理应达到密实、平整、不积水、不起砂

B. 水泥砂浆铺设前，先涂刷水泥浆黏结层

C. 水泥砂浆初凝前完成抹面和压光

D. 地漏周围做出不小于5%的泛水坡度

112. 下列关于现浇水磨石地面检验标准中属于一般项目的是（　　）。

A. 面粒材料质量　　B. 拌合料体积比

C. 水磨石面层表面平整度偏差　　D. 面层与下一层结合情况

113. 某建筑有防水要求的地砖地面检验批数量共4间房间，则检验时抽检房间数量应为（　　）间。

A. 1　　B. 2　　C. 3　　D. 4

114. 细石混凝土楼地面第三遍的压光工作应在面层砂浆（　　）进行。

A. 初凝前　　B. 初凝后　　C. 终凝前　　D. 终凝后

建筑工程施工质量控制

1. 下列描述中，不符合工程质量控制基本原则的是（　　）。

A. 竖持质量第一　　B. 坚持以建筑产品为核心

C. 坚持以预防为主　　D. 坚持质量标准

2. 为了保证某工程在“国庆节”前竣工，建设单位要求施工单位压缩工期，并主动承担相关费用。对此，下面说法正确的是（　　）。

A. 因为工程是属于业主的，业主有权这样要求

B. 只要施工单位同意，他们之间就形成了原合同的变更，是合法有效的

C. 建设单位不可以直接这样要求，应该委托监理工程师来下达这样的指令

D. 施工单位有权拒绝建设单位这样的要求

3. 某成本价为120万的工程，合理工期为180天，由于建设方受到建设经费的限制，根据工程特点，在招标活动中下列做法合理的是（　　）。

A. 自行组织机构实施施工招标

B. 规定承包商的报价上限110万

C. 允许施工单位低于建设强制性标准建造以节约造价

D. 允许施工单位在210天内完成

4. 建筑工程质量控制的基本原理中，（　　）是人们在管理实践中形成的基本理论方法。

A. 三阶段控制原理　　B. 三全控制管理

C. 全员参与控制　　D. PDCA循环原理

5. 根据国家有关规定，（　　）应按照国家有关规定组织竣工验收，建设工程验收合格的，方可交付使用。

A. 建设单位　　B. 施工单位　　C. 监理单位　　D. 设计单位

6. 某建设单位将办公楼改建为公寓的装修工程，并需要拆除其中一道承重墙，则下列说法正确的是（　　）。

A. 需要申请施工许可证即可

B. 不允许这种做法存在

C. 需要有相应资质的设计单位的设计方案，报原审查机构审批

D. 因属装修工程，不需要任何其他条件，可以直接进行装修

7. 关于勘察设计单位的质量责任，下面说法正确的是（　　）。

A. 设计单位将承揽的工程转包并以另一公司的名义设计必须提供转包合同

B. 为确保工程质量，设计文件中可以指定有信誉的钢材生产厂或供应商

C. 各方同意的施工单位提出的设计变更方案也应由设计单位出变更文件

D. 当合同条款与国家现行的有关规定的设计标准发生冲突时，应以合同为准

8. 甲是乙的分包单位，若甲出现了质量事故，则下列说法正确的是（　　）。

A. 业主只可以要求甲公司承担责任

B. 业主只可以要求乙公司承担责任

C. 业主可以要求甲公司和乙公司承担连带责任

D. 业主必须要求甲公司和乙公司同时承担责任

9. 对于非重大及技术复杂项目的施工图审查，审查机构应当在收到审查材料后（　　）个工作日内完成审查工作，并提出审查报告。

A. 10　　B. 20　　C. 30　　D. 40

10. 下列各项中，（　　）不属于工程质量监督机构的监督任务范围

A. 检查施工现场工程建设各方主体及有关人员的资质或资格

B. 对建设工程中涉及安全的关键部位进行现场实地抽查

C. 对预制建筑构件和商品混凝土的质量进行监督

D. 组织工程质量验收

11. 根据我国关于工程质量保修制度的规定，供热与供冷系统的最低保修期为（　　）。

A. 6个月　　B. 一个采暖期、供冷期

C. 3年　　D. 两个采暖期、供冷期

12. 我国按照等同原则，从国际标准转化而成的质量管理系统标准是（　　）

A. ISO 9000　　B. ISO 14000

C. GB/T 19000　　D. GB/T 9000

13. 质量管理体系文件中，明确企业质量目标的文件是（　　）。

A. 质量体系程序文件　　B. 质量策划书

C. 质量记录　　D. 质量手册

14. 对质量活动的行为、过程和结果进行控制，属于（　　）的内容。

A. 事前控制　　B. 事中控制

C. 事后控制　　D. 前馈控制

15. 质量认证制度是由（　　）对企业的产品及质量体系作出正确可靠的评价，从而使社会对企业的产品建立信心。

A. 政府主管部门　　B. 顾客方

C. 公正的第三方　　D. 企业自身

16. 企业获准质量管理体系认证的有效期一般为（　　）。

A. 2年　　B. 3年　　C. 5年　　D. 10年

17. 下列关于认证撤销的说法中，正确的是（　　）。

A. 撤销认证的企业半年后可以重新提出认证申请

B. 撤销认证的企业一年后可以重新提出认证申请

C. 撤销认证的企业三年后可以重新提出认证申请

D. 撤销认证的企业不能再提出认证申请

18. 就ISO 9000族标准而言，关于不断进行质量管理体系的改进和优化，要达到高水平的质量管理，是（　　）要求的内容。

A. ISO 9000　　B. ISO 9001　　C. ISO 9004　　D. ISO 19011

19. 根据质量管理八项原则，领导在建筑企业质量管理中起着（　　）作用。

A. 支持　　B. 辅助　　C. 决定　　D. 保证

20. 下列（　　）项不是ISO 9000质量管理体系的建立要素。

A. 制定体系文件

B. 确定企业在生产全过程的作业内容、程序要求和工作标准

C. 组织不同层次的员工培训

D. 进行企业经济状况审查

21. 全员参与质量控制作为全面质量不可或缺的重要手段是（　　）。

A. 过程方法　　B. 持续改进　　C. 目标管理　　D. PDCA 循环

22. 下列活动属于工程施工项目事前控制的是（　　）。

A. 按计划行动方案进行作业技术活动

B. 编制施工组织设计

C. 施工质检员实施质量检查

D. 对质量结果进行评价

23. 在进行施工项目质量控制时，坚持以预防为主的原则，最合适的描述是（　　）。

A. 出现质量问题及时进行妥善处理

B. 注重对质量结果进行检查

C. 事先对影响质量问题的各项因素加以控制

D. 坚持质量第一的管理思想

24. 下列对专项施工方案相关描述错误的是（　　）。

A. 规模不大的一般性工程，可不单独编制专项施工方案

B. 专业工程实行分包的，该专业工程的专项方案可由专业承包单位组织编制

C. 实行施工总承包的，专项方案应当由总承包单位技术负责人及相关专业承包单位技术负责人共同签字

D. 不需要专家论证的专项方案，经施工单位技术负责人审核合格后即可实施

25. 下列描述中（　　）不是施工单位施工阶段质量控制的内容。

A. 对所进材料进行质量控制

B. 按规定控制计量器具的使用、保管、维修和检验

C. 严格执行工程变更程序，经有关部门批准后方可实施

D. 按要求进行质量知识培训，并应保存培训记录

26. 进行施工工序质量控制，下列做法不妥的是（　　）。

A. 应贯彻全面监控思想，不设重点检查项目作为工序质量检查点进行监控

B. 应落实工序操作质量巡查、抽查及跟踪检查等方法

C. 对合格工序产品应及时提交监理进行隐蔽工程验收

D. 作好各项检查记录、检测资料及验收资料，为工程质量分析提供可追溯的依据

27. 承包单位在工程施工时应根据施工过程质量控制提交的（　　）作为重点检查项目进行预控。

A. 施工组织设计　　B. 隐蔽工程明细表

C. 质量控制点明细表　　D. 施工方案

28. 下列试块，试件和材料必须实施见证取样和送检的有（　　）。

A. 用于承重结构的混凝土试块

B. 用于承重结构的钢筋及连接接头试件

C. 用于承重墙的砖和混凝土小型砌块

D. 用于粉刷抹面砂浆的水泥

29. 关于施工见证取样的见证人员，下列说法不妥的是（　　）。

A. 见证人员可由建设单位的相关专业技术人员担任

B. 见证人员可由该工程监理单位的相关专业技术人员担任

C. 见证人员可由检测单位的相关专业技术人员担任

D. 见证人员不能由施工单位的人员担任

30. 对于重要的工序或对工程质量有重大影响的工序，实行“三检制”，“三检制”不包括（　　）。

A. 自检　　B. 互检　　C. 工序交接检查　　D. 抽样检查

31. 下列各项中，（　　）不是质量计划的作用范畴。

A. 对外作为工程项目的质量保证

B. 对内作为工程项目的质量管理依据

C. 是工程验收评价的必备文件

D. 是质量策划结果的一项管理文件

32. 下列各手段中（　　）不是施工质量控制的常用手段。

A. 日常性的检查　　B. 突击检查

C. 试验及见证取样　　D. 实行竣工抽查检测

33. 现场施工过程中，对混凝土搅拌的配合比、成品强度进行判定。这种做法属于施工质量控制手段中的（　　）。

A. 日常性的检查　　B. 测量和检测

C. 试验及见证取样　　D. 实行质量否决制度

34. 下列各项中（　　）不属于隐蔽工程验收范畴。

A. 桩基检测　　B. 基础验槽　　C. 墙面粉刷　　D. 钢筋检查

35. 隐蔽工程验收是对一些已完成分项、分部工程质量的（　　）检查。

A. 最先一道　　B. 中间一道　　C. 附加项目　　D. 最后一道

36. 监理工程师在收到承包单位的隐蔽工程检验申请后，首先对质量证明资料进行审查，并在合同规定的时间内到现场检查，一般情况下，（　　）应随同一起到现场。

A. 设计单位代表　　B. 工程质量监督机构派出人员

C. 建设单位代表　　D. 承包方专职质检员和相关施工人员

37. 参加检查人员按隐蔽工程检查表的内容进行检查验收后，如符合质量要求，由（　　）在“隐蔽单”上填写检查情况，然后交参加检查人员签字证明。

A. 施工承包单位质量检查员　　B. 施工单位技术负责人

C. 专业监理工程师　　D. 质量监督站监督员

38. 准予承包单位对隐蔽工程隐蔽、覆盖，进行下一道工序施工的条件是（　　）。

A. 符合质量要求，由施工承包单位质量检查员在“隐蔽单”上填写检查情况，然后交参加检查的人员签字后

B. 存在问题需要进行整改时，在整改后，再次邀请有关各方进行复查达到要求，办理签证手续后

C. 对隐蔽工程检查中提出的质量问题进行了处理，经有关各方复验符合要求，办理签证手续后

D. 经作业人员自检合格，填写“报验申请表”，由施工承包单位质量检查员检查符合质量要求并办理签证手续后

39. 下列各项中（　　）不是基础隐蔽工程验收的主要内容。

A. 对钢筋布置进行检查

B. 对钢筋进场检验报告进行检查

C. 对模板及支撑系统稳定性进行检查

D. 对基础尺寸进行检查

40. 施工质量现场管理检查记录表应由（　　）进行对照检查，并做出结论。

A. 施工单位质量员　　B. 建设单位负责人

C. 施工单位技术负责人　　D. 质量监督站人员

41. 关于施工质量交底，不合适的描述是（　　）。

A. 施工质量交底可包含在技术交底之中

B. 交底只能以现场口头讲授的方式进行，不必通过书面形式

C. 交底的内容应单独形成交底文件

D. 交底要作好记录，交底文件要有交底人、接收人签字

42. 卫生器具安装这一分项工程是按照设备安装工程中的（　　）来划分的。

A. 系统、区段　　B. 工种种类、设备组别

C. 设备组别　　D. 质量要求

43. 按照施工质量验收层次划分方法，木工的木门窗安装工程属于（　　）。

A. 分部工程　　B. 检验批　　C. 分项工程　　D. 单位工程

44. 一栋3层楼的框架结构的住宅工程，装饰装修部分由基层、面层、抹灰、门窗、吊顶等工程组成，验收时，第二层地面基层工程验收按照验收层次划分属于（　　）。

A. 检验批　　B. 分项工程　　C. 分部工程　　D. 单位工程

45. 一栋5层楼的砖混结构，地基与基础工程中的混凝土灌注桩工程验收按照验收层次划分属于（　　）。

A. 单位工程　　B. 分部工程　　C. 分项工程　　D. 检验批

46. 房屋建筑物（构筑物）的单位工程目前最多包括由建筑及结构分部工程和建筑设备安装工程组成的共（　　）个分部工程。

A. 3　　B. 5　　C. 7　　D. 9

47. 下列各项中，（　　）不属于建筑设备安装的分部工程。

A. 装饰装修　　B. 建筑给水、排水

C. 电梯和智能建筑　　D. 采暖

48. 单位工程完工后，施工单位应自行组织检查、评定，符合验收标准后，向（　　）提交验收工程验收报告。

A. 施工单位　　B. 建设单位　　C. 设计单位　　D. 监理单位

49. 某市南苑北里小区23号楼为6层混合结构住宅楼，则其基础工程应当由（　　）组织相关负责人进行工程验收。

A. 施工单位负责人　　B. 建设单位项目负责人

C. 专业监理工程师　　D. 设计单位项目负责人

50. 具备独立施工条件并能形成独立使用功能的建筑物及构筑物为一个（　　）。

A. 单位工程　　B. 分部工程　　C. 分项工程　　D. 检验批

51. 单位工程质量验收合格后，（　　）应在规定时间内将工程竣工验收报告和有关文件，报建设行政管理部门备案。

A. 施工单位　　B. 建设单位　　C. 监理单位　　D. 质量监督部门

52.（　　）条文是必须达到的要求，是保证工程安全和使用功能的重要检验项目，是对安全、卫生、环境保护和公众利益起决定性作用的检验项目。

A. 主控项目　　B. 一般项目　　C. 特殊项目　　D. 合同项目

53. 检验批的质量验收记录一般由（　　）填写。

A. 施工项目专业施工员　　B. 施工项目专业资料员

C. 施工项目专业质量检查员　　D. 施工项目专业材料员

54. 监理工程师对安装模板的稳定性、刚度、强度、结构物轮廓尺寸的检验应采用（　　）。

A. 抽样检验　　B. 普遍检验　　C. 二次检验　　D. 随机检验

55. 为把质量隐患消灭在萌芽状态，在最先进行的（　　）的验收时就应及时发现并处理不合格的施工质量。

A. 检验批　　B. 分项工程　　C. 子分部工程　　D. 分部工程

56. 建筑工程施工质量验收中，经返工重做或更换器具、设备的检验批，应（　　）。

A. 给予验收合格　　B. 重新进行验收

C. 必须鉴定后再验收　　D. 不予验收

57. 检验批合格质量的规定不包括（　　）。

A. 主控项目的质量经抽样检验合格

B. 具有完整的质量三检制度

C. 具有完整的施工操作依据

D. 具有完整的质量检验记录

58. 检验批合格质量的验收规定中，对"主控项目的质量经抽样检验合格"不妥当的理解是(　　)。

A. 规范中规定的主控项目条文要求是必须全部达到的

B. 规范中规定的主控项目的大多数条文是应该达到的，只不过对少数不影响工程安全和使用功能的条文可以适当放宽一些

C. 规范中规定的主控项目其检查数量不需要通遍全部检查

D. 主控项目是对安全、卫生、环境保护等公众利益起决定性作用的检验项目

59. 检验批合格质量的验收规定中，对"一般项目的质量经抽样检验合格"不妥当的理解是(　　)。

A. 规范中规定的一般项目的大多数条文是应该达到的，只不过对少数不影响工程安全和使用功能的条文可以适当放宽一些

B. 在抽检的数量中超出规定指标的数量不允许超过50％

C. 少数检验项目数值可以超过一定的指标，但通常不能超过规定值的150％

D. 一般项目的条文不像主控项目那么重要

60. 施工过程中，检验批的验收应由（　　）组织。

A. 施工项目技术负责人　　B. 项目专业质量检查员

C. 项目经理　　D. 专业监理工程师

61. 一般检验项目的合格判定条件：抽查样本的（　　）符合各专业质量验收规范规定的质量指标，其余样本的缺陷通常不超过规定允许偏差的1．5倍。

A. 65％及以上　　B. 70％及以上　　C. 75％及以上　　D. 80％及以上

62. 某钢筋混凝土工程，若其混凝土检验批质量合格，则其检验批一般项目采用计数检验时，除有专门要求外，一般项目的合格点率应达到（　　）及以上，并不得有严重缺陷。

A. 80％　　B. 85％　　C. 90％　　D. 95％

63. 进行纵向受拉钢筋搭接接头面积百分率检查时，同一检验批内，对梁、柱和独立基础，应抽查构件数量的（　　），且不少于3件。

A. 10％　　B. 20％　　C. 30％　　D. 40％

64. 用于检查结构构件混凝土强度的试件，应在混凝土的浇筑地点随机抽取。某工程当一次连续浇筑1200m^{3}时，按规定该同一配合比的混凝土试件留置取样应不小于（　　）次。

A. 3　　B. 4　　C. 5　　D. 6

65. 根据分项工程质量验收的规定，下列说法欠妥当的是（　　）。

A. 分项工程所含的检验批均符合合格质量的规定是分项工程质量验收合格的唯一条件

B. 分项工程所含的检验批均符合合格质量的规定是分项工程质量验收合格的必备条件之一

C. 分项工程所含的检验批不符合合格质量的规定，则分项工程不必组织验收

D. 分项工程是一个统计过程，没有直接的现场验收内容

66. 关于分项工程质量验收记录，下列说法欠妥的是（　　）。

A. 要将所含检验批部位、区段分别列出

B. 要有施工单位检查评定结果并签字

C. 要有政府质量监督部门验收结论并签字

D. 要有监理（建设）单位验收结论并签字

67. 下列选项中，属于混凝土基础分项工程的是（　　）。

A. 现浇结构　　B. 装配式结构　　C. 后浇带混凝土　　D. 紧固件连接

68. 关于单位工程的划分，下列说法中不妥的是（　　）。

A. 子单位工程的划分，应在施工前由建设、监理、施工单位自行商议确定即可

B. 某由 30 层塔楼及裙房组成的公共建筑，裙房不能作为子单位工程进行验收提前使用

C. 子单位工程可单独办理竣工备案手续，分别验收

D. 各子单位工程验收合格，则单位工程也验收合格了

69. 装饰装修分部工程的验收，参加人员可不包括（　　）。

A. 监理工程师　　B. 建设单位项目专业负责人

C. 质量监督部门负责人　　D. 施工单位技术负责人

70. 现场进行钢筋混凝土框架结构主体阶段的施工时，若采用的是全现浇的施工方法。其中对支模板工序的稳定性、刚度、强度、结构物轮廓尺寸等应进行（　　）。

A. 全数检验　　B. 抽样检验　　C. 免检　　D. 平行检验

71. 一栋 12 层楼框剪结构，其地基与基础工程验收按照验收层次划分属于（　　）。

A. 分项工程　　B. 分部工程　　C. 单位工程　　D. 检验批

72. 在建筑工程施工质量验收时，对涉及结构安全和使用功能的分部工程应进行（　　）检测。

A. 抽样　　B. 全数　　C. 无损　　D. 见证取样

73. 在分部工程中，为了更好地评价工程质量和验收，应按（　　）将分部工程划分为若干个子分部工程。

A. 建筑物的主要部位　　B. 专业

C. 使用性能　　D. 相近工作内容和系统

74. 下列选项中，（　　）不是分部工程质量验收合格的规定。

A. 分部工程所含分项工程的质量应至少有 80%验收合格

B. 应具有完整的质量控制资料

C. 地质与基础、主体结构和设备安装等分部工程应进行安全及功能的检验和抽样检测结果应符合有关规定

D. 观感质量验收应符合质量要求

75. 单位（子单位．工程质量竣工验收记录由施工单位填写；验收结论由监理（建设．单位填写；综合验收结论由参加验收各方共同商定，（　　）填写。

A. 施工单位　　B. 监理单位　　C. 建设单位　　D. 总监理工程师

76.（　　）质量验收是建筑工程投入使用前的最后一次验收，也是最重要的一次验收。

A. 检验批　　B. 分项工程　　C. 分部工程　　D. 单位工程

77. 单位（子单位）工程质量控制资料核查记录中的结论，应由（　　）共同签认。

A. 项目经理、质监站监督员

B. 项目经理、总监理工程师

C. 建设、设计、监理、施工单位

D. 建设单位项目负责人、总监理工程师

78. 主体结构按照施工质量验收层次划分属于（　　）。

A. 分项工程　　B. 检验批　　C. 分部工程　　D. 单位工程

79. 下列关于单位工程质量验收的描述，不妥当的是（　　）。

A. 单位工程质量验收，总体上讲是一个统计性的审核和综合性的评价

B. 要对有关安全、功能检查资料、进行的必要的主要功能项目的复查及抽测

C. 要核查分部工程验收质量控制资料

D. 不需要组织人员到现场进行总体工程观感质量的查看

80. 竣工验收归档的工程文件应当为（　　）。

A. 复印件　　B. 原件　　C. 扫描件　　D. 打印件

81. 凡施工图结构、工艺、平面布置等有重大改变，或变更部分超过图面（　　）的，应重新绘制竣工图。

A. 1/2　　B. 1/3　　C. 1/4　　D. 1/5

82. 工程质量保修书应由（　　）签署。

A. 建设单位　　B. 施工单位　　C. 监理单位　　D. 设计单位

83. 工程竣工验收备案表一式两份，一份由（　　）保存，一份留备案机关存档。

A. 建设单位　　B. 施工单位　　C. 监理单位　　D. 工程质量监督机构

84. 下列各项中，（　　）不是一个单位工程中所划分的4个建筑及结构分部工程之一。

A. 地基与基础　　B. 主体结构　　C. 门窗工程　　D. 屋面

85. 检查墙面水平灰缝饱满度的工具是（　　）。

A. 水平仪　　B. 百格网　　C. 靠尺　　D. 塞尺

86. 小规模饰面板适宜的施工方法是（　　）。

A. 镶贴法　　B. 胶粘法　　C. 挂钩法　　D. 湿挂法

87. 大理石墙面湿挂法粘贴时，施工缝应留在饰面板水平接缝以下（　　）mm处。

A. 10～20　　B. 30～45　　C. 50～100　　D. 100～150

88. 下列对饰面砖“空鼓”进行检查最有效、便捷的工具为（　　）。

A. 大铁锤　　B. 小铁锤　　C. 小橡胶锤　　D. 凿开检查

89. 吊顶施工的最合理工序应为（　　）。

A. 弹水平控制线、安装管线等设施、安装大小龙骨、防火处理、安装罩面板

B. 安装管线等设施、弹水平控制线、安装大小龙骨、防火处理、安装罩面板

C. 弹水平控制线、安装管线等设施、安装大小龙骨、安装罩面板、防火处理

D. 安装管线等设施、弹水平控制线、安装大小龙骨、安装罩面板、防火处理

建筑工程施工质量问题的预防与处理

1. 引起砌体裂缝的原因不包括（　　）。

A. 地基不均匀沉降　　B. 温差变化

C. 砖砌体承载力不足　　D. 砌块质量差

2. 下列不是预制桩施工中单桩承载力低于设计要求的原因是（　　）。

A. 桩施工深度不足　　B. 桩端未进入规定的持力层

C. 最终贯入度过小　　D. 桩身断裂

3. 下列选项中，（　　）不是造成混凝土强度不足的主要原因。

A. 材料质量差　　B. 混凝土配合比不当

C. 混凝土施工工艺不当　　D. 混凝土试块管理不规范

4. 预应力空心多孔楼板安装后，在相邻两板的接缝处，楼板上下部出现平行板跨的纵向裂缝，（　　）不是造成该质量问题的原因。

A. 在墙或梁上直接摆放楼板，未铺砂浆垫层

B. 多孔板的端口未封堵

C. 灌缝用的细石混凝土质量及密实性

D. 将相邻两板紧靠

5. 砌体结构下列施工质量通病中（　　）不会造成砌体的整体性和稳定性降低。

A. 纵横墙不同步砌筑

B. 施工临时间断处留量过多直槎

C. 不按规定留设脚手洞

D. 铝合金和塑料窗不填充保温材料，未用防水密封胶封堵缝隙

6. 下列不属于一般抹灰常见质量通病的是（　　）。

A. 面层灰浆脱落　　B. 墙面空鼓　　C. 墙体面层开裂　　D. 墙面污染

7. 模板工程施工，下列做法（　　）最易造成成型后梁中部下挠，底部混凝土面不平这一质量通病。

A. 模板加工尺寸误差大　　B. 模板支撑的基层土不实

C. 模板夹木安装不紧　　D. 模板未刷隔离剂

8. 下列施工做法（　　）不会造成铝合金窗安装质量通病。

A. 外框与洞口周围用弹性材料连接

B. 对于砖砌体墙可用射钉与窗框连接

C. 外框与洞口周围用水泥砂浆直接抹面嵌缝连接

D. 采用先安装窗框后砌口的方法

9. 钢结构施工时堆放场地松软，未设置垫土；运输和吊装构件时未采取加固措施最易造成（　　）质量通病。

A. 焊接质量差　　B. 产生变形

C. 放样、号料精度不准确　　D. 构件生锈

10. 下列选项中，属于工程质量事故原因中违反建设程序的是（　　）。

A. 不经竣工验收就交付使用

B. 非法分包

C. 地质勘察报告不详细、不准确导致采用不恰当的基础方案

D. 施工组织管理混乱，盲目施工

11. 下列选项中，属于工程质量事故原因中违反法规行为的是（　　）。

A. 边设计、边施工　　B. 越级施工

C. 施工顺序颠倒　　D. 混凝土外加剂含量不符要求

12. 某工程在进行楼面混凝土浇筑后当地天气发生骤变，室外气温下降至2℃，经检测混凝土等级未达到设计要求，出现质量事故，上述信息反映其可能的主要原因是（　　）。

A. 施工与管理不到位　　B. 违章作业

C. 自然环境因素　　D. 材料使用不当

13. 下列选项中，不属于事故发生原因中违反现行法规行为的是（　　）。

A. 违背建设程序　　B. 工程项目无证设计

C. 低于成本价的低价中标　　D. 采用了不合格的建筑设备

14. 为了便于控制、检查和评定每个施工工序和工种的操作质量，建筑工程划分四个施工质量验收层次，其中最基础的验收层次为（　　）。

A. 单位工程　　B. 分部工程　　C. 分项工程　　D. 检验批

15. 对工程质量问题进行处理时，要进行的核心和关键性工作是（　　）。

A. 查明问题原因　　B. 问题处理

C. 采取防护措施　　D. 上报

16. 关于工程质量问题的处理，下列各项最妥当的是，应达到（　　）、不留隐患、满足生产和使用要求、施工方便、经济合理的目的。

A. 安全可靠　　B. 教育为主　　C. 各方满意　　D. 排除危险

17. 对可能影响结构的安全性和使用功能的质量问题，选择按一定的技术方案进行处理，符合基本原则要求的是（　　）。

A. 不允许留下诸如改变结构外形的永久性缺陷

B. 不允许留下任何结构安全隐患

C. 不允许留下任何影响使用功能的永久性缺陷

D. 如何处理最终由建设单位听取各方意见后决定

18. 对可能影响结构的安全性和使用功能的质量问题，选择按一定的技术方案进行处理，其基本原则是（　　）。

A. 如何处理由设计单位决定

B. 如何处理由监理单位决定

C. 如何处理最终由建设单位听取各方意见后决定

D. 如何处理都要备好各方协商的书面文件，论证鉴认

19. 下列各项中，（　　）不是质量计划中必须包括的内容。

A. 质量目标　　B. 质量检验方法

C. 关键过程和特殊过程及作业的指导　　D. 质量管理组织机构

20. 某梁主体结构的混凝土出现质量问题，原设计混凝土的强度等级为C30，实测其强度为26N/mm²，经计算其承载力约为规范要求的90%，问该梁宜采取（　　）处理方案。

A. 修补　　B. 返工　　C. 不作处理　　D. 限制使用

21. 某商场采用框架结构，由某建筑公司承接施工，在拆除第二层楼面大梁的混凝土模板时，发现有些局部出现较为严重的蜂窝、麻面，对于这一质量问题，一般的处理方法是（　　）。

A. 修补　　B. 返工　　C. 不作处理　　D. 限制使用

22. 下列各项中（　　）不是混凝土工程施工试验记录的内容。

A. 混凝土工人每台班的浇灌数量

B. 配合比申请和试验室签发的配合比通知单

C. 留置28天标养的试块和相应数量同条件养护试块的抗压强度试验报告

D. 承重结构的混凝土抗压试块按规定实行的见证取样和送检资料

23. 下列各项中（　　）不是钢筋连接施工试验记录的内容。

A. 对每批进场钢筋，在现场条件下进行的工艺检验资料

B. 钢筋焊接接头或焊接制品、机械连接接头进行的现场取样复试资料

C. 焊接工人是否具有有效的岗位证书

D. 焊接工人每台班的焊接数量

24. 某单层钢结构工业厂房，由某建筑公司承接施工，其中有两个工字形钢柱出现放线定位偏差，严重超过规范规定，若按原设计要求纠正，需要重做基础，经济损失较大，后经多方论证，该偏差对生产工艺和使用影响不大，对于这一质量问题，合适的处理方法是（　　）。

A. 修补　　B. 返工　　C. 不作处理　　D. 限制使用

25. 下列各项中（　　）不是砌筑砂浆施工试验记录的内容。

A. 配合比申请和实验室签发的配合比通知单

B. 留置 28 天标养试块的抗压强度试验报告

C. 砂浆各组成材料的价格和来源

D. 承重结构的砌筑砂浆试块按规定实行有见证取样和送检资料

26. 某办公楼采用框架结构，由某建筑公司承接施工，由于第二层楼面大梁的混凝土模板拆除过早，引起梁的挠度超过规范标准 20mm，经检测结构承载力满足要求，对于这一质量问题，适宜的处理方法是（　　）。

A. 修补　　B. 返工　　C. 不作处理　　D. 限制使用

27. 某住宅楼采用框架剪力墙结构，共 20 层，由某建筑公司承接施工，在第 14 层 1－6 轴楼面框架梁的混凝土施工时，现场取样制作的混凝土试块，经检测鉴定达不到设计要求，后经法定质检单位进行实物实际强度检测结果表明达到了规范和设计要求，对于这一质量问题，下一步最适宜的处理方法是（　　）。

A. 拆除这批梁，重做　　B. 加固

C. 不作处理　　D. 降低使用标准

28. 砌体因承载力或稳定性不足或危及结构物安全的裂缝，应作（　　）处理。

A. 表面覆盖处理　　B. 等裂缝稳定后处理

C. 在裂缝发展到最大时处理　　D. 及时卸荷或补强

29. 某砖混结构住宅采用条形基础，一楼墙体砌筑 300mm 高时，监理检查发现由于施工放线的失误，导致山墙的位置偏离 30cm，影响用户的使用功能，这时应该（　　）。

A. 加固处理　　B. 修补处理　　C. 返工处理　　D. 不作处理

30. 某砖混结构办公楼已施工完毕等待交验时，发现该楼顶层开始出现从檐口板下墙体向下延伸的裂缝，两端山墙及拐角处稍严重些，但这些裂缝均不危及结构安全与稳定。为找出质量缺陷的原因，最适宜选择工程质量事故处理方案决策辅助方法中的（　　）法。

A. 实验验证　　B. 定期观测　　C. 专家论证　　D. 方案比较

31. 下述对质量缺陷的描述中，最妥当的是（　　）。

A. 质量缺陷是指产品质量没有满足某个预期的使用要求

B. 质量缺陷是不可以修复的质量问题

C. 质量缺陷是专指造成较大经济损失的质量问题

D. 质量缺陷是常见的、普遍存在的质量问题

32. 若质量缺陷属施工单位的责任，则质量缺陷处理耽误的工期（　　）。

A. 不可以顺延　　B. 可以顺延

C. 协商解决　　D. 是否延期由监理单位确定

33. 施工单位接到质量通知单后，在（　　）的组织和参与下，尽快进行质量缺陷调查，写出调查报告。

A. 监理工程师　　B. 业主

C. 设计单位　　D. 建设单位代表

34. 质量缺陷处理完毕后，（　　）应组织有关人员，对处理结果进行严格的检查和验收。

A. 业主　　B. 监理工程师

C. 质量员　　D. 项目负责人

35. 在保修期内，因使用单位使用不当造成损坏问题，先由施工单位负责维修，其经济责任由（　　）负责。

A. 使用单位　　B. 施工单位　　C. 建设单位　　D. 设计单位

36. 由施工单位以外的责任单位造成的质量问题，下列处理较为妥当的是（　）。

A. 其质量处理实施和费用均由施工单位承担

B. 其质量处理实施和费用均由责任单位承担

C. 其质量处理实施和费用均由监理单位承担

D. 其质量处理实施由施工单位承担，费用由责任单位承担

37. 墙体开裂质量事故产生的原因可能是设计计算有误，计算简图与实际受力不符，地基不均匀沉降，或温度应力，冻胀力的作用，也可能是施工偷工减料．材料不良等造成。由此可体现出建筑工程质量事故的（　）。

A. 复杂性　　B. 严重性　　C. 可变性　　D. 多发性

38. 基础的超量沉降可能随上部荷载的增加而继续发展；混凝土结构出现裂缝可能随环境温度的不同而发展，构造的变形会随荷载作用持续的时间增长而增大。这些现象体现出建筑工程质量事故的（　）。

A. 复杂性　　B. 严重性　　C. 可变性　　D. 多发性

39. 关于建筑工程质量事故的特点的描述，下列说法错误的是（　）。

A. 同一类质量事故其原因是相同的

B. 往往造成人民生命财产的巨大损失

C. 一些初始阶段并不严重的质量问题，如不及时处理和纠正，可能会发展成严重的质量问题

D. 据统计，一些同类事故往往一再重复出现

40. 国务院发布的第 493 号令《生产安全事故报告和调查处理条例》中将事故分为四级，其中造成 3 人以上 10 人以下死亡的是（　）。

A. 一般事故　　B. 较大事故　　C. 重大事故　　D. 特别重大事故

41. 某工程出现安全质量事故，造成 15 人重伤，按国务院发布的第 493 号令《生产安全事故报告和调查处理条例》规定，该事故属于（　）。

A. 一般事故　　B. 较大事故　　C. 重大事故　　D. 特别重大事故

42. 某工程出现安全质量事故，该事故并未造成人员伤亡，但造成直接经济损失达 800 万元，间接经济损失 300 万元，按国务院发布的第 493 号令《生产安全事故报告和调查处理条例》规定，该事故属于（　）。

A. 一般事故　　B. 较大事故　　C. 重大事故　　D. 特别重大事故

43. 某工程发生 2 人死亡，11 人重伤的安全质量事故，按国务院发布的第 493 号令《生产安全事故报告和调查处理条例》规定，该事故属于（　）。

A. 一般事故　　B. 较大事故　　C. 重大事故　　D. 特别重大事故

44. 某工程发生安全质量事故，该事故造成 2 人死亡，直接经济损失达 500 万元，按国务院发布的《生产安全事故报告和调查处理条例》（国务院第 493 号令）规定，该事故属于（　）。

A. 一般事故　　B. 较大事故　　C. 重大事故　　D. 特别重大事故

45. 某在建工程因设计及施工过失的质量问题，出现倒塌事件，所幸倒塌时施工人员已下班，并未造成人员伤亡，但经鉴定已投资的 1. 1 亿元已全部损失，按国务院发布的《生产安全事故报告和调查处理条例》（国务院第 493 号令）规定，该事故属于（　）。

A. 一般事故　　B. 较大事故　　C. 重大事故　　D. 特别重大事故

46. 按国务院发布的《生产安全事故报告和调查处理条例》（国务院第 493 号令）规定，事故等级划分，其经济损失按（　）计。

A. 直接经济损失

B. 直接经济损失与间接经济损失之和

C. 直接经济损失与赔偿款之和

D. 无论数量多少，若按规定赔偿，就不列入事故等级

47. 建设工程重大事故的等级是以（　　）为标准划分的。

A. 直接经济损失额度或人员伤亡数量

B. 违法行为严重程度

C. 造成损害程度

D. 永久质量缺陷对结构安全的影响程度

48. 工程质量事故处理后是否达到了预期的目的，应通过检查鉴定和验收作出确认，检查和鉴定的结论不能包括（　　）。

A. 事故排除，可以继续施工

B. 隐患已消除，结构安全有保证

C. 经过修补、处理后，结构安全基本满足

D. 对耐久性的结论

49. 关于质量事故处理的验收结论，下述描述错误的是（　　）。

A. 质量事故处理方案已明确需做专门处理的质量事故，应有明确的验收书面结论

B. 质量事故处理方案已明确不需做专门处理的质量事故，也应有事故处理验收书面结论

C. 不能出现“基本上满足使用要求，降低结构使用荷载标准”的验收结论

D. 允许有的质量事故处理的验收暂时不作出结论，提出进一步观测检验意见

50. 某建筑公司于某年 4 月与某厂签订了修建建筑面积为 3 000m² 的工业厂房（带地下室）的施工合同，则该单位工程应当由（　　）组织相关负责人进行工程验收。

A. 施工单位项目负责人　　B. 监理单位项目负责人

C. 设计单位项目负责人　　D. 建设单位项目负责人

51. 一栋 14 层楼的框剪结构，地基与基础工程中地下防水的防水混凝土工程验收按照验收层次划分属于（　　）。

A. 检验批　　B. 分项工程　　C. 分部工程　　D. 单位工程

二、多选题

建筑工程施工工艺及质量标准

1. 填土采用环刀取样检测压实系数时，取样点可以位于每层的（　　）深处。

A. 1/4　　B. 1/2　　C. 2/3　　D. 3/4

2. 土方开挖工程质量检验的主控项目有（　　）

A. 标高　　B. 长度宽度　　C. 边坡　　D. 基底土性

3. 填方施工过程中应检查的内容（　　）。

A. 压实遍数　　B. 每层填筑厚度

C. 含水量控制　　D. 压实程度

4. 填土施工时，应适当控制含水量，一般以（　　）为准

A. 手握成团　　B. 拌和均匀　　C. 落地开花　　D. 颜色一致

5. 砂石地基质量验收时，其主控项目为（　　）。

A. 地基承载力　　B. 配合比　　C. 压实系数　　D. 分层厚度

6. 按桩的承载性质不同可分为（　　）。

A. 摩擦型桩　　B. 预制桩　　C. 灌注桩　　D. 端承型桩

7. 沉桩宜用（　　），可取得良好效果。

A. 重锤低击　　B. 轻锤高击

C. 高举高打　　D. 低提重打

8. 制作预制桩钢筋骨架，对（　　），其桩体应通长配筋。

A. 坡地岸边桩　　B. 抗拔桩　　C. 嵌岩端承桩　　D. 摩擦桩

9. 常用的砌砖方法主要有（　　）。

A. 铺浆法　　B. 灌浆法　　C. 挤浆法　　D. 三一砌砖法

10. 属于符合砌筑施工基本要求的是（　　）。

A. 横平竖直　　B. 砂浆饱满　　C. 上下错缝　　D. 直槎接槎

11. 砖砌体的转角处和交接处应同时砌筑，对不能同时砌筑而又必须留置的临时间断处妥当的处理是（　　）。

A. 宜砌成斜槎

B. 除转角处外，可留直槎

C. 留斜槎和直槎处均应加设拉结钢筋

D. 斜槎水平投影长度不小于高度的一半

12. 属于填充墙砌体质量检验标准中主控项目的是（　　）。

A. 块材和砂浆的强度等级　　B. 填充墙砌体与主体结构连接状况

C. 墙轴线偏移值　　D. 墙表面平整度

13. 下列砖砌体构造或部位应设拉结钢筋的有（　　）

A. 构造柱砌体　　B. 斜槎砌体　　C. 直槎砌体　　D. 预留临时洞口砌体

14. 砌砖采用的"三一砌筑法"，其通俗的含义是（　　）。

A. 一把刀　　B. 一铲灰　　C. 一块砖　　D. 一揉压

15. 砖砌体施工临时间断处补砌时，必须将接槎处（　　）。

A. 清理干净　　B. 浇水湿润　　C. 填实砂浆　　D. 设置拉结钢筋

16. 砌砖时，皮数杆一般立在（　　）位置。

A. 墙体的中间　　B. 房屋的四大角

C. 内外墙交接处　　D. 楼梯间

17. 砌体工程的下列部位不得搭设脚手架眼（　　）。

A. 180mm 厚墙体　　B. 宽度小于 1m 的窗间墙

C. 梁下 500mm 范围　　D. 过梁上与过梁成 60°以外的范围

18. 砌体工程施工中，下列做法中妥当的有（　　）。

A. 采用强度等级小于 M5 水泥砂浆替代同强度等级水泥混合砂浆

B. 块状生石灰通过 10 天熟化后用作砌筑用混合砂浆的石灰膏

C. 施工时最高气温 35℃，为不影响材料供应上午 9 点前拌好全天用的砌筑砂浆

D. 采用水泥砂浆砌卫生间隔墙

19. 下列关于小砌块砌体质量检验标准中正确的是（　　）。

A. 砌体水平灰缝和竖向灰缝的砂浆饱满度，按净面积计算不得低于 80%

B. 临时间断处应砌成斜搓，斜搓水平投影长度不应小于斜搓高度 2/3

C. 洞口预留直搓时，在洞口砌筑和补砌时，应在直接上下搭砌的小砌块孔洞内用混凝土灌实

D. 水平灰缝厚度和竖向灰缝宽度宜为 8～12mm

20. 关于泵送混凝土施工，做法正确的有（　　）。

A. 浇筑顺序宜结合结构形状及尺寸

B. 管路转弯处尽量用橡胶管

C. 泵送前应用水先湿润管路

D. 混凝土供应不及时，可以采取间歇泵送方式

21. 混凝土施工时，现场施工人员必须进行（　　）。

A. 水泥安定性检验　　B. 砂石质量检验

C. 混凝土坍落度测试　　D. 混凝土试块留设

22. 对于模板体系拆除说法正确的是（　　）。

A. 先安装的后拆

B. 大跨度梁的梁下支撑应分别从两端开始拆向跨中

C. 先拆除承重部分

D. 上层楼板正在浇筑混凝土时，下一层楼板的模板不得拆除

23. 关于搅拌混凝土，下列做法妥当的是（　　）。

A. 人工搅拌混凝土应先将水泥加入砂中干拌两遍再加入石子翻拌一遍，最后缓慢地加水，反复湿拌三遍

B. 机械搅拌干硬性混凝土宜选用自落式搅拌机

C. 混凝土搅拌时间越长越好

D. 砂、石必须严格过磅，不得随意加减用水量

24. 关于混凝土振捣，下列做法妥当的是（　　）。

A. 插人式振动器振动混凝土时，应倾斜插入，并采用慢插快拔的施工方式

B. 平板振动器适用于捣实楼板、地面、板形构件和薄壳等薄壁结构

C. 平板振动器振动时第一遍和第二遍的方向要互相垂直

D. 无论何种情况，只要时间允许，混凝土振捣的时间越长越好

25. 关于混凝土养护，下列说法妥当的是（　　）。

A. 自然养护适于室外平均气温高于+5℃的条件下

B. 无论气温过高或过低，都要浇水养护

C. 浇水养护日期与水泥品种有关，火山灰质硅酸盐水泥比普通硅酸盐水泥要长些

D. 养护的目的就是为混凝土硬化创造必要湿度和温度条件

26. 对于长线台座预应力先张法，以下说法正确的是（　　）。

A. 在浇筑混凝土之前先张拉预应力钢筋并固定在台座或钢摸上

B. 浇筑混凝土后养护一定强度后才能放松钢筋

C. 放张预应筋前，不得拆除构件侧模

D. 用长线台座制作空心板时，切断顺序宜从非张拉端开始

27. 某后张法预应力混凝土偏心受压构件采用胶管抽芯成孔，下列说法妥当的是（　　）。

A. 其抽管顺序是先上部孔后下部孔，先曲线孔后直线孔

B. 其抽管顺序是先上部孔后下部孔，先直线孔后曲线孔

C. 无论设计有无要求，混凝土强度达到设计强度标准值的100%才能放张预应力筋

D. 设计无要求时，混凝土强度达到设计强度标准值的75%即可放张预应力筋

28. 对模板安装的要求下列正确的是（　　）。

A. 模板与混凝土的接触面可涂刷隔离剂

B. 上、下支架的立柱应对准并铺设垫扳

C. 浇水后模板内可适量积水

D. 模板内遗留的木屑可不清理

29. 现浇框架结构承重模板拆除时，以下构件的底模需要混凝土强度达到设计值100%的是（　　）。

A. 跨度为4m的板　　B. 跨度为6m的梁除

C. 悬臂长度为0.9m的悬臂梁　　D. 悬臂长度为2.1m的悬臂梁

30. 钢结构中吊车梁安装标高有误差时，应优先考虑（　　）。

A. 基础平面上进行调整　　B. 牛腿支承面上进行调整

C. 吊车轨道下进行调整　　D. 更换吊车梁

31. 单层钢结构安装工程质量验收的主控项目有（　　）。

A. 构件验收　　B. 主体结构尺寸

C. 地脚螺栓精度　　D. 吊车梁安装精度

32. 属于钢结构防腐涂料质量检查一般项目的是（　　）。

A. 材料的品种、规格、性能等应符合现行国家产品标准和设计要求

B. 涂料、涂装遍数、涂层厚度均应符合设计要求

C. 涂料的型号、名称、颜色及有效期应与其质量证明文件相符

D. 构件表面不应误涂、漏涂，涂层不应脱皮和返锈等

33. 关于钢结构零件加工成型，说法正确的有（　　）。

A. 碳素结构钢和低合金结构钢在过低的自然环境下不应进行冷矫正和冷弯曲

B. 对钢材加热矫正的加热温度没有限制

C. 碳素结构钢在热加工和加热矫正后应自然冷却

D. 低合金结构钢在热加工和加热矫正后应自然冷却

34. 钢结构焊接变形有（　　）。

A. 线性缩短　　B. 塑性伸长　　C. 拉伸变形　　D. 角变形

35. 钢结构焊接的连接形式按钢材的相互位置划分，其中有（　　）。

A. 对接　　B. 搭接　　C. 斜接　　D. 角部连接

36. 钢结构采用螺栓连接时，常用的连接形式主要有：（　　）。

A. 平接连接　　B. 搭接连接　　C. T形连接　　D. 对接

37. 关于卷材防水屋面施工说法正确的有（　　）。

A. 屋面坡度小于3%时，卷材宜平行屋脊铺贴

B. 屋面坡度大于15%或屋面受震动时，卷材应平行屋脊铺贴

C. 上下层卷材可以相互垂直铺贴

D. 屋面坡度在3%～15%时，卷材可平行或垂直屋脊铺贴

38. 对屋面涂膜防水增强胎体施工的正确做法包括（　　）。

A. 屋面坡度大于15%时应垂直于屋脊铺设

B. 铺设应由高向低进行

C. 长边搭接宽度不得小于50mm

D. 上下层胎体不得相互垂直铺设

39. 变形缝的防水构造处理应符合下列要求（　　）。

A. 变形缝的泛水高度不应小于200mm

B. 防水层应铺贴到变形缝两侧砌体的上部

C. 变形缝内可以填充聚苯乙烯泡沫塑料，上部填放衬垫材料，并用卷材封盖

D. 变形缝顶部应加扣混凝土或金属盖板，混凝土盖板的接缝应用密封材料嵌填

40. 卫生间聚胺酯涂膜防水施工，下列做法妥当的是（　　）。

A. 基层必须基本干燥

B. 防水混合物材料涂刷前底胶不能干固

C. 涂膜的总厚度不小于1.5mm

D. 后一涂与前一涂的涂布方向相一致

41. 大规格饰面板的安装方法通常较适宜的有（　　）。

A. 镶贴法　　B. 胶粘法　　C. 湿挂法　　D. 干挂法

建筑工程施工质量控制

1. 任何单位和个人对建筑工程质量事故、质量缺陷，有权向建设行政主管部门或其它有关部门进行（　　）

A. 控告　　B. 检举　　C. 诉讼　　D. 投诉

2. 建设工程在办理交工验收手续后，在规定的保修期限内，因各种原因造成的质量问题，均要由施工单位负责维修、更换，经济责任的承担妥当的处理方式是（　　）。

A. 无论是何原因均由施工单位承担

B. 无论是何原因均由使用单位承担

C. 因设计方面的原因，由建设单位向设计单位索赔

D. 因监理单位错误管理造成的，由建设单位向监理单位索赔

3. 质量体系文件一般主要由（　　）几部分构成。

A. 形成文件的质量方针和质量目标

B. 质量手册

C. 质量成本的构成和经济性评价

D. 质量管理标准所要求的质量记录

4. 在 PDCA 循环中，对计划实施过程中进行各种检查，包括（　　）。

A. 作业者自检　　B. 互检

C. 施工企业质检员检查　　D. 质量监督部门检查

5. 质量记录应（　　）。

A. 包括质量管理的组织机构和质量职责

B. 具有可追溯性

C. 有实施、验证和审核等签署意见

D. 如实反映质量偏差，但不必反映纠正措施和纠正效果

6. 属于三阶段控制原理中要素的是（　　）。

A. 事前控制　　B. 全面质量控制

C. 事中控制　　D. 全过程质量控制

7. 三全控制管理是来自于全面质量管理 TQC 的思想，其基本原理要素是指生产企业的质量管理应该是（　　）的。

A. 全面　　B. 全过程　　C. 全部产品　　D. 全员参与

8. 属于工程质量控制中的自控主体的是（　　）。

A. 政府的质量控制　　B. 工程监理单位的质量控制

C. 勘察设计单位的质量控制　　D. 施工单位的质量控制

9. 施工图报请审查时，应同时提供的资料包括（　　）。

A. 批准的立项文件

B. 建筑施工图预算资料

C. 工程勘察成果报告

D. 结构计算书及计算软件的名称

10.（　　）验收属于隐蔽工程验收。

A. 地基验槽　　B. 验桩

C. 地下室钢筋检验　　D. 主体验收

11. 下列各项验收中（　　）属于隐蔽工程验收。

A. 卷材、涂膜防水层的基层

B. 卷材、涂膜防水层的搭接宽度和附加层
C. 刚性防水层的隔离层
D. 卷材、涂膜防水层的保护层
12. 以下关于施工质量计划的说法，正确的是（　　）。
A. 必须全面体现和落实企业质量管理体系文件的要求
B. 总包与分包的施工按计划是独立的，彼此没有联系
C. 结合具体工程特点，编写专项管理要求
D. 质量计划包括施工质量控制点的设置
13. 桩基工程施工试验记录应包括（　　）。
A. 桩形状尺寸检查报告
B. 地基按设计要求进行承载力检验，有承载力检验报告
C. 检测机构出具的桩基进行承载力和桩体质量检测报告
D. 使用的混凝土应有配合比和强度试验报告
14. 关于施工质量交底，下列说法妥当的是（　　）。
A. 施工质量交底是设计单位、建设单位等对施工单位的一种质量要求的交底
B. 施工质量交底是施工单位内部确保工程质量的一种自我管理措施
C. 施工质量交底应在图纸会审，编制施工组织设计方案之后进行
D. 施工质量交底的情况不必单独形成交底文件
15. 对施工现场劳动组织及作业人员上岗资格的控制主要是指（　　）。
A. 检查从事作业活动的操作者数量是否满足需要、工种配置是否合理
B. 检查作业活动的直接负责人、专职质检人员是否在岗和紧急情况的应急处理规定
C. 检查和核实从事特殊作业的人员是否持证上岗
D. 检查其是否遵守劳动纪律等工作状态
16. 进行质量控制的有效方法是设置工序质量控制点，其目的是（　　）。
A. 加强重点部位和重点工序质量控制
B. 贯彻预防为主的基本要求
C. 及时掌握施工质量总体状况
D. 动态合理安排劳动力，提高作业效率
17. 目测法是根据质量要求，采用（　　）等手段对检查对象进行检查。
A. 看　　B. 摸　　C. 敲　　D. 量
18. 现场钢筋隐蔽验收时，需检查（　　）。
A. 模板标高　　B. 垫层厚度　　C. 钢筋直径　　D. 钢筋间距
19. 分部工程验收的组织牵头人通常是（　　）。
A. 监理工程师
B. 总监理工程师
C. 建设单位项目负责人
D. 政府质量管理部门负责人
20. 建筑工程施工质量验收中，检验批质量验收的内容包括（　　）检查。
A. 质量资料　　B. 主控项目　　C. 一般项目　　D. 观感质量
21. 主控项目是保证工程（　　）的重要检验项目，其条文是必须要达到的。
A. 安全　　B. 使用功能　　C. 质量　　D. 实用性
22. 具备独立施工条件并能形成独立使用功能的（　　）为一个单位工程。
A. 建筑物　　B. 构筑物　　C. 结构物　　D. 施工物

23. 分项工程分为一个或几个检验批来验收。检验批合格质量要符合如下规定（　　）。
A. 主控项目质量经过抽样检验合格
B. 一般项目质量经过抽样检验合格
C. 观感质量验收符合质量要求
D. 具有完整的施工操作依据和质量检验记录
24. 检验批质量验收的合格标准是（　　）。
A. 主控项目和一般项目的质量经抽样检验合格
B. 使用功能合格
C. 具有完整的操作依据、质量检查记录
D. 工程使用的材料、构配件和设备的检验均合格
25. 在检验批验收过程中，发现质量不符合要求时，下列情况中（　　）可以组织进行验收。
A. 返工重做的检验批经有资质的检测单位鉴定达到设计要求的
B. 经原设计单位核算认可能满足结构安全和使用功能的
C. 经返修加固，虽改变外形尺寸但是仍能满足安全使用要求
D. 建设单位认可的
26. 分项工程质量验收合格的规定妥当的理解为（　　）。
A. 要核对所含检验批的部位、区段是否全部覆盖该分项工程的范围，确定没有缺漏
B. 要查验所含的检验批 90%以上要符合合格质量的规定，其余 10%也要基本符合
C. 要查验该分项工程所含的检验批质量验收记录及相关资料是否正确、齐全
D. 不强制到现场进行实物观感质量验收
27. 对于分部工程观感质量进行验收检查，通常给出综合质量评价，其结论分为（　　）。
A. 优　　B. 良　　C. 好　　D. 一般和差
28. 下列（　　）项，属于分部工程质量验收合格规定必须验收内容。
A. 监理资料应完整　　B. 施工日志应完整
C. 质量控制资料应完整　　D. 观感质量应符合要求
29. 关于单位工程质量验收，下列说法妥当的是（　　）。
A. 是建筑工程投入使用之前的最后一次验收
B. 总体上讲是一个统计性的审核和综合性的评价
C. 若其所含的少量分部（子分部）工程的质量验收不合格，必须由建设单位同意后才能进行该单位工程质量验收
D. 按规定必须到现场进行观感质量验收
30. 对单位工程质量验收汇总表，下列说法妥当的是（　　）。
A. 表中"验收记录"由施工单位填写
B. 表中的"验收结论"由监理（建设）单位填写
C. 表中的"综合验收结论"经参加验收各方共同商定后，由施工单位填写
D. 表中结论应由建设、设计、施工、监理四个单位相关负责人签字认可
31. 为了加强室外工程的管理和验收，促进室外工程质量的提高，将室外工程根据专业类别和工程规模分为（　　）两个室外单位工程。
A. 室外建筑环境　　B. 室外安装　　C. 室外道路　　D. 室外结构
32. 建筑工程施工质量验收层次划分的目的是实施对工程施工质量的（　　），确保工程施工质量达到工程项目决策阶段所确定的质量目标和水平。
A. 过程控制　　B. 终端把关　　C. 竣工验收　　D. 强化验收
33. 下列各项中，属于一个单位工程的是（　　）。

A. 一栋教学楼

B. 一个电视发射塔架

C. 砌筑工程

D. 主体结构

34. 下列各项中，属于一个分项工程的是（　　）。

A. 砌筑工程　　B. 主体结构　　C. 钢筋绑扎工程　　D. 屋面工程

35. 构件交接处的钢筋位置关系正确的有（　　）。

A. 应优先保证主要受力方向的钢筋位置

B. 框架节点处梁纵向受力钢筋宜置于柱纵向钢筋内侧

C. 次梁钢筋宜放在主梁钢筋内侧

D. 剪力墙中水平分布钢筋宜放在内部

36. 下列各项中，属于一个分部工程的是（　　）。

A. 砌筑工程　　B. 屋面工程　　C. 钢筋绑扎工程　　D. 主体结构

37. 当发现（　　）等现象时，应停止使用该批钢筋，并进行化学成分检验或其他专项检验。

A. 钢筋脆断

B. 焊接性能不良

C. 严重锈斑

D. 力学性能显著不正常

38. 关于检验批及其划分，下列说法合理的包括（　　）。

A. 检验批是施工质量验收层次划分中的最小单元

B. 检验批的划分只能按楼层进行

C. 检验批的划分只能按施工段进行

D. 检验批的划分可以根据需要按楼层、施工段、变形缝等为单元进行

39. 窗台、雨篷等部位抹灰施工时，应（　　）。

A. 先抹立面，再抹顶面

B. 先抹顶面，再抹立面

C. 滴水线内高外低

D. 滴水线内低外高

40. 当框架结构填充墙采用（　　）材料时，在交接处墙面粉刷前应采取铺设镀锌钢丝网等措施。

A. 实心粘土砖

B. 空心粘土砖

C. 混凝土空心砌块

D. 蒸压加气混凝土砌块等

41. 水磨石地面验收的主控项目有（　　）。

A. 所用石粒品种

B. 整体强度

C. 分格设置

D. 颜料品种

建筑工程施工质量问题的预防与处理

1. 下列选项中，属于质量问题原因中违背建设程序的是（　　）。

A. 未作地质勘察，估算地质状况指导施工图设计

B. 交给没有资质的施工队施工

C. 施工队擅自修改设计

D. 工程已完工，但没有进行竣工验收，工程款已付清，建设单位与施工协商后同意交付其使用

2. 常见的工程质量问题的原因包括（　　）。

A. 违反法规行为

B. 施工员素质差

C. 施工与管理不到位

D. 自然环境因素

3. 下列选项中，属于工程质量事故原因中施工与管理不到位的是（　　）。

A. 将铰接做成刚接

B. 结构构造不合理

C. 施工顺序颠倒

D. 越级承包施工

4. 下列关于施工质量通病的说法合理的有（　　）。

A. 工程施工质量通病就是常见多发病
B. 质量通病是很难预防的
C. 产生质量通病，往往是由于疏于管理所至
D. 施工时自然环境条件对产生质量通病没有影响

5. 砌筑工程中下列做法，（　　）往往是引起围护墙体、窗口与墙节点处渗水质量通病的原因。
A. 饰面层分层抹灰
B. 门窗口与墙体的缝隙，没采用加有麻刀的砂浆压紧
C. 门窗口的天棚设置滴水线
D. 墙体灰缝大多通缝砌筑

6. 某地基基槽隐蔽工程验收前施工承包单位必要的准备工作包括（　　）。
A. 先进行自检，自检合格
B. 填写“报验申请表”及有关材料证明资料报送项目监理机构
C. 准备会议记录备查
D. 邀请监理单位派员参加，双方共同对隐蔽工程进行检查验收

7. 当质量员在日常检查时发现施工引起的质量缺陷处在萌芽状态时，妥当的做法是（　　）。
A. 应及时制止
B. 应立即查明原因，要求更换不合格材料或设备或不称职人员
C. 应要求无条件作返工处理
D. 应进行跟踪检查

8. 关于施工单位对质量缺陷调查及编写质量缺陷调查报告，下列说法妥当的是（　　）。
A. 开展质量缺陷调查及编写调查报告应由施工单位人员独立进行
B. 开展质量缺陷调查及编写调查报告应在监理工程师的组织参与下进行
C. 调查的最主要目的是为了找出质量缺陷的责任人进行处罚
D. 调查报告应由监理工程师组织设计、施工、供货和建设单位各方共同参加分析

9. 关于施工缺陷处理方案的实施，下列处理方式妥当的是（　　）。
A. 不论是否由于施工单位原因造成，通常都是先由施工单位按处理方案负责实施处理
B. 若因设计单位原因引起，由设计单位负责实施处理并承担所需的费用或延误的工期损失
C. 若因施工单位责任，施工单位应承担各项费用损失和合同约定的处罚，工期不予顺延
D. 若因建设单位责任，建设单位应承担各项费用损失，并顺延工期

10. 工程质量事故具有（　　）的特点。

A. 复杂性　　B. 严重性　　C. 隐蔽性　　D. 可变性

11. 建筑生产与一般工业品生产相比，具有（　　）特点。
A. 产品固定、生产固定、构件单一
B. 露天作业，受自然条件影响大
C. 材料品种、规格不同、性质各异
D. 交叉作业、现场配合复杂、施工方法各异

12. 国务院安全生产监督管理部门会同国务院有关部门，制定的事故等级划分的补充性规定中关于经济损失、人员伤亡的数量所称的（　　）。

A.“以上”包括本数　　B.“以上”不包括本数

C.“以下”包括本数　　D.“以下”不包括本数

13. 施工单位的质量事故调查报告是工程质是事故处理依据中的重要实况资料，对与质量事故有关的实际情况做详细的说明，其内容应包括（　　）。

A. 事故发生的时间、地点以及事故现场情况

B. 质量事故状况的描述。

C. 质量事故发展变化的情况

D. 事故处理意见

14. 工程质量事故技术处理完成后，在施工单位自检合格报验的基础上，应（　　）进行验收。

A. 严格按施工验收标准及有关规范

B. 结合监理人员的旁站、巡视、平行检验结果

C. 依据质量事故调查报告的结果

D. 依据质量事故技术处理方案的要求

15. 工程质量问题处理方案的基本要求是（　　）。

A. 满足设计要求和用户期望

B. 保证结构安全可靠

C. 若存在质量隐患应给予赔偿

D. 符合经济合理的原则

16. 工程质量问题的下列处理方案中，（　　）属于修补处理的具体方案。

A. 复位纠编　　B. 结构补强　　C. 剔凿处理　　D. 钻心取样

17. 混凝土构件拆模时，发现其表面露筋的可能原因有（　　）。

A. 保护层厚度太大

B. 浇筑混凝土时振捣不密实

C. 振捣混凝土时振动器撞击钢筋

D. 保护层砂浆垫块间距太大

18. 钢筋混凝土工程中，钢筋脆断的主要原因有（　　）。

A. 钢材材质不合格　　B. 运输装卸不当

C. 钢筋制作加工工艺不当　　D. 焊接工艺不良

19. 下列对于模板及其支架要求正确的是（　　）。

A. 具有足够的刚度

B. 要考虑施工人员在其上面行走的重量

C. 有良好的稳定性

D. 自重轻

三、案例题

1.【背景资料】某高层商业建筑位于闹市区，周边建筑物较多，地质条件复杂，地下水位较高；设计采用两种桩基础：泥浆护壁成孔灌注桩（80 根，桩径 1. 2m，水下 C30 混凝土，均为端承桩），预应力混凝土管桩（234 根，桩径 0. 4m，均为摩擦桩）。

情形 1：　A 区管桩群北边临近有一危房，施工过程发现其中一根桩沉桩困难，压载力达到设计要求，桩顶标高未达到，质量员取得现场监理认可后同意验收。

情形 2：　灌注桩施工时，技术交底要求严格按设计桩顶标高控制桩顶浇筑标高，混凝土坍落度控制在 80～120mm，桩身垂直度控制在 1%以内，在砂性土中清孔后泥浆比重控制在 1. 2 左右，沉渣厚度不超过 50mm。

情形 3：　某根灌注桩长 27m，钢筋笼分段加工吊放，受力钢筋（Φ25）搭接连接采用双面电弧焊，钢筋笼内侧对称安装超声波检测管。

情形 4：　有 5 根桩的混凝土标准养护试块强度不合格，经对桩体钻芯取样检测，桩体混凝土实际强度均满足要求。

请根据背景资料完成相应小题选项，其中判断题二选一（A、B 选项），单选题四选一（A、B、

C、D选项)，多选题四选二或三（A、B、C、D选项)。不选、多选、少选、错选均不得分。

1)（判断题）情形4可以验收（　　)。

A. 正确　　B. 错误

2)（单选题）情形1中，预制的预应力管桩，混凝土强度至少应达到（　　）设计强度等级才能运输。

A. 50%　　B. 75%　　C. 100%　　D. 根据地质条件而定

3)（判断题）情形1中，“施工过程发现其中一根桩沉桩困难，压载力达到设计要求，桩顶标高未达到，质量员取得现场监理认可后可以验收”做法是否正确（　　)。

A. 正确　　B. 错误

4)（判断题）泥浆护壁成孔灌注桩混凝土灌注时应该用导管法，且导管要沉入孔底（　　)。

A. 正确　　B. 错误

5)（单选题）对地质条件复杂、成桩质量可靠性低的灌注桩应采用（　　）试验方法进行承载力检测。

A. 动力参数法　　B. 静荷载　　C. 小应变法　　D. 抽芯法

6)（多选题）泥浆护壁钻孔灌注桩，下列说法妥当的有（　　)。

A. 仅适用于地下水位较低的土层　　B. 泥浆具有排渣作用

C. 泥浆具有护壁作用　　D. 对泥浆的相对密度没有要求

7)（单选题）混凝土灌注桩质量检验，下列项目中属于主控项目的是（　　)。

A. 桩体质量　　B. 垂直度　　C. 桩径　　D. 泥浆比重

8)（单选题）情形3中，按规定应至少安装3根超声波检测管，超声波检测管埋设数量通常是以桩的（　　）来确定的。

A. 长度　　B. 直径　　C. 混凝土级别　　D. 泥浆的密度

9)（多选题）情形1中，关于打桩顺序做法正确的有（　　)。

A. 由南向北顺序　　B. 由北向南顺序

C. 先打深桩后打浅桩　　D. 先打浅桩后打深桩

10)（多选题）情形2中，妥当的做法有（　　)。

A. 严格按设计桩顶标高控制桩顶浇筑标高

B. 泥浆的相对密度宜大于1

C. 桩身垂直度控制在1%以内

D. 清孔后沉渣厚度不超过50mm

2.【**背景资料**】某住宅楼基础为梁板式钢筋混凝土筏形基础，埋深14.2m，梁式筏形钢筋混凝土底板厚度为800mm，筏形基础底板配筋均为双层双向配筋，底板混凝土为C35/P12，混凝土采用集中搅拌站泵送混凝土。

情形1:　底板局部配置了HRB335级直径22mm钢筋，施工单位征得监理单位和建设单位同意后，采用HPB235级直径16mm的钢筋进行了代换，代换后钢筋强度满足设计要求。

情形2:　施工单位选定了某商品混凝土搅拌站，由该站制定底板混凝土施工方案。该方案采用溜槽施工，并分两层浇筑。底板混凝土浇筑时当地最高大气温度39℃，混凝土最高入模温度40℃。浇筑完成12h以后，采用覆盖一层塑料膜及一层保温岩棉养护7天。测温记录显示：混凝土内部最高温度75℃，其表面最高温度47℃。

情形3:　监理工程师检查发现底板表面混凝土有裂缝，经钻芯取样检查，取样样品均有贯通裂缝。

请根据背景资料完成相应小题选项，其中判断题二选一（A、B选项)，单选题四选一（A、B、C、D选项)，多选题四选二或三（A、B、C、D选项)。不选、多选、少选、错选均不得分。

1）（判断题）情形 3 裂缝的处理方案必须报告设计单位认可（　）。

A. 正确　　B. 错误

2）（判断题）该基础底板钢筋代换是否合理（　）。

A. 合理　　B. 不合理

3）（判断题）由商品混凝土供应站编制大体积混凝土施工方案是否合理（　）。

A. 合理　　B. 不合理

4）（单选题）下列方法中（　）不是地基承载力检验的常用方法（　）。

A. 标准贯入度试验　B. 动力触探　C. 静力触探　D. 回弹仪检测

5）（单选题）按照现行规范，混凝土的最高入模温度不应超过（　）℃。

A. 25　B. 30　C. 35　D. 40

6）（单选题）按情形 3，该底板混凝土养护时间最少应为（　）天。

A. 7　B. 14　C. 28　D. 60

7）（单选题）下列（　）不是填土压实的主要影响因素。

A. 压实功　B. 土的含水量　C. 每层铺土厚度　D. 场地大小

8）（单选题）造成情形 3 裂缝的最直接原因是（　）。

A. 混凝土配料不当　　B. 外界气温过高

C. 混凝土内外温差过大　　D. 未及时进行收水抹压

9）（多选题）情形 1 中施工单位错误的做法有（　）。

A. 用直径 16mm 的钢筋代换直径 22mm 的钢筋

B. 用 HPB235 级钢筋代换 HRB335 级钢筋

C. 钢筋代换征得建设单位和监理单位同意即可

D. 该钢筋代换满足设计强度要求即可

10）（多选题）你认为控制大体积混凝土裂缝有效的施工措施为（　）。

A. 优先选用低水化热矿渣水泥拌制混凝土，并适当使用缓凝减水剂

B. 降低混凝土的入模温度，控制混凝土内外的温差

C. 尽可能地延长混凝土养护时间

D. 可预埋冷却水管，通入循环水将混凝土内部热量带出，进行人工导热

3.【背景资料】某写字楼主体为框剪结构，地下 2 层，地上 22 层，柱网为 9m×9m（局部柱距为 6m，柱截面均小于 1m×1m），墙体采用普通黏土砖、混凝土空心砌块和加气混凝土砌块砌筑，抗震 7 级设防。

情形 1： 砌筑施工单位一次性购进普通黏土砖 18 万块，并按规定进行见证取样。

情形 2： 考虑到施工时气温 30℃以上，施工单位提前 2 天将加气混凝土砌块浇水淋湿，用于砌筑地下室内墙；4 层楼面非承重外墙窗洞以下部分全部采用加气混凝土砌块砌筑，以上部分采用混凝土小型空心砌块，但在 9 m 柱距的墙体中部位置加设一道构造柱；砌筑过程中碰到突发大雨天气，工人对砌筑好的墙体及未使用混合砂浆进行防雨保护，3 小时后未采取任何处理措施继续原位砌筑施工（已经停雨）。

情形 3： 质检员发现某检验批混凝土小型空心砌块少做 1 组见证取样试件，在现场监理的见证下重新取样补做 1 组（同一厂家生产），经检测质量合格。

请根据背景资料完成相应小题选项，其中判断题二选一（A、B 选项），单选题四选一（A、B、C、D 选项），多选题四选二或三（A、B、C、D 选项）。不选、多选、少选、错选均不得分。

1）（判断题）情形 3 中，做法是否正确（　）。

A. 正确　　B. 错误

2）（单选题）情形 1 中，黏土砖取样试件不应少于（　）组。

A. 1　　　　B. 2　　　　C. 3　　　　D. 4

3）（判断题）情形 2 中，不宜使用该批混合砂浆（　　）。

A. 正确　　　　B. 错误

4）（单选题）下列（　　）不符合砌筑施工的基本要求。

A. 横平竖直　　　　B. 砂浆饱满　　　　C. 上下通缝　　　　D. 接槎可靠

5）（判断题）砂浆试块应在砌筑地点随机抽取砂浆制作（　　）。

A. 正确　　　　B. 错误

6）（判断题）采用混凝土小型空心砌块砌筑墙体时，水平灰缝的砂浆饱满度比普通砖砌体更严格（　　）。

A. 正确　　　　B. 错误

7）（单选题）砌筑工程的质量控制中下列方法不妥当的是（　　）。

A. 严禁采用干燥的块体砌筑墙体

B. 可以采用处于吸水饱和状态的块体砌筑墙体

C. 卫生间采用加气混凝土砌块砌筑墙体时，近楼面一定高度内不能采用砌块

D. 构造柱与墙体的连接处应砌成马牙槎

8）（判断题）填充墙砌至梁板底部附近时，通常预留一定空隙，待墙体砌完至少 15 天后补砌。（　　）

A. 正确　　　　B. 错误

9）（多选题）情形 2 中错误的做法有（　　）。

A. 施工单位提前 2 天将加气混凝土砌块浇水淋湿

B. 非承重外墙窗洞以下部分全部采用加气混凝土砌块砌筑

C. 非承重外墙窗洞以上部分采用混凝土小型空心砌块

D. 雨后 3 小时后未采取任何处理措施继续原位砌筑施工

10）（多选题）关于加气混凝土砌块非承重墙砌筑施工正确的说法有（　　）。

A. 由于非承重墙不承重，所以与框架柱可以不进行拉结

B. 长度大于 8m 的墙体中部位置应增设构造柱

C. 由于加气混凝土砌块的孔隙率高，所以更适合应用于高温环境

D. 非承重墙与承重墙交接处不能同时砌筑时，应设置水平拉结钢筋

4.【背景资料】某实训基地，北侧车间为单层单跨钢结构，南北朝向，跨度 9m，柱距 6m，墙体净高 7.2m，纵墙设计净长 64m；办公用房为两层砖混结构，采用横墙承重，基础全部设计为条形基础，因地质条件原因埋深不同；南侧有 4m 左右高的挡土墙，石材砌筑；该地区潮湿，常年主导风向为南风，按 7 级抗震设防，施工气温 25°左右。

情形 1：　纵墙砌筑 180mm 厚墙体，底层窗台标高以下部分全部采用普通粘土砖砌筑，窗洞顶部增设高度为 120mm 与墙体同宽的混凝土腰梁，腰梁以上全部采用混凝土小型空心砌块砌筑；山墙全部用普通黏土砖砌筑 240mm 厚空心墙；要求黏土砖、砌块在砌筑前 1～2 天浇水润湿，砂浆机械拌和时间不少于 2min。

情形 2：　办公用房基础均采用三顺一丁的组砌方式，要求从低处砌起，并应向高处搭砌，搭接长度不应小于基础底的高差，基础的底面和顶面应丁砌。

情形 3：　挡土墙采用石灰石块砌筑，外侧选用大石块铺浆法砌筑，要求铺浆长度控制在 1m 以内；内侧采用小石块填实，灌浆法砌筑。

请根据背景资料完成相应小题选项，其中判断题二选一（A、B 选项），单选题四选一（A、B、C、D 选项），多选题四选二或三（A、B、C、D 选项）。不选、多选、少选、错选均不得分。

1）（单选题）情形 1 中 180mm 厚黏土砖墙体的组砌方法应为（　　）。

A. 一顺一丁　　B. 三顺一丁　　C. 梅花丁　　D. 两平一侧

2）（判断题）砖砌体的转角处和交接处应同时砌筑，严禁无可靠措施的内外墙分砌施工。对不能同时砌筑而又必须留置的临时间断处应砌成直槎。

A. 正确　　B. 错误

3）（判断题）小型空心砌块砌体施工时对砂浆饱满度的要求严于砖砌体的要求（　）。

A. 正确　　B. 错误

4）（判断题）非承重墙净端至门窗洞边的距离应不少于 0. 5m，否则考虑增加构造柱（　）。

A. 正确　　B. 错误

5）（单选题）混凝土小型空心砌块应经过（　）天存放期后才能使用。

A. 7　　B. 15　　C. 28　　D. 56

6）（判断题）墙体的洞口上边角处不得有砌筑竖缝（　）。

A. 正确　　B. 错误

7）（判断题）情形 2 中，"要求从低处砌起，并应向高处搭砌，搭接长度不应小于基础底的高差"的做法是否正确（　）。

A. 正确　　B. 错误

8）（单选题）本案例中砌块不要求丁砌的是（　）。

A. 腰梁下的一皮砌体　　B. 窗台最上一皮砖

C. 办公用房横墙预制板下砖砌体　　D. 大放脚基础最上面一皮砖

9）（多选题）本案例中不正确的做法有（　）。

A. 窗洞顶部增设高度为 120mm 与墙体同宽的混凝土腰梁

B. 腰梁以上全部采用混凝土小型空心砌块砌筑

C. 要求砌块在砌筑前 1～2 天浇水润湿

D. 挡土墙外侧选用大石块铺浆法砌筑，内侧采用小石块灌浆法砌筑

10）（多选题）针对情形 1 错误的说法有（　）。

A. 构造柱没有单独设置基础时，应深入室内地面以下 500mm

B. 车间围护墙构造柱设置马牙槎后就可以不设拉结钢筋

C. 房屋四角未设构造柱时，应沿墙高每 500mm 设置 2 根拉结钢筋

D. 多孔砖的孔洞应平行于受压面砌筑

5.【背景资料】某多层现浇钢筋混凝土框架结构主体施工。混凝土设计强度等级分别为：柱 C35，梁板 C25。施工中出现以下情形：

情形 1： 现场一次进了 65t，直径 25mm 的 HRB335 钢筋（同炉批），发现其出厂检验报告是复印件，在现场监理的见证下，钢筋工取了一组试件送样检测。拿到钢筋检测合格报告后，现场即进行正常的钢筋加工和焊接。

情形 2： 现场采用商品混凝土，汽车泵浇筑，每层分二个施工段流水作业。每层柱和梁板仅分别留设一组同条件养护混凝土试块，楼面混凝土浇筑均采用 C25。另外，某楼层施工段梁板混凝土浇筑中，由于机械故障使得混凝土浇筑中断 2. 5h（当时气温为 30℃），故障排除后继续浇筑，未有任何处理。

情形 3： 混凝土柱拆模后，发现柱根有局部小蜂窝，混凝土工自行用水泥砂浆涂抹处理。

请根据背景资料完成相应小题选项，其中判断题二选一（A、B 选项），单选题四选一（A、B、C、D 选项），多选题四选二或三（A、B、C、D 选项）。不选、多选、少选、错选均不得分。

1）（单选题）情形 1 中所进钢筋，至少按（　）个批量取样抽检。

A. 1　　B. 2　　C. 3　　D. 4

2）（判断题）钢筋出厂检验报告可直接采用原始件的复印件（　）。

A. 正确　　B. 错误

3）（单选题）钢筋见证取样，取样人员应是（　　）。

A. 质量员　　B. 施工员　　C. 材料员　　D. 持证取样员

4）（判断题）钢筋原材检验合格，即可进行钢筋的焊接作业（　　）。

A. 正确　　B. 错误

5）（单选题）若该楼面混凝土连续浇筑 1200m³，则至少要留置（　　）组标准养护试块。

A. 1　　B. 3　　C. 6　　D. 12

6. 判断题．混凝土结构实体混凝土强度的检验，必须采用同条件养护试件强度为依据（　　）。

A. 正确　　B. 错误

7）（判断题．情形 3 做法是正确的（　　）。

A. 正确　　B. 错误

8）（判断题）混凝土结构外观可以允许存在严重缺陷（　　）。

A. 正确　　B. 错误

9）（多选题）混凝土结构外观的严重缺陷，应按（　　）处理。

A. 施工方自行处理

B. 施工方提出处理方案，并经监理（建设）方认可后处理

C. 设计方提出处理方案，并经监理（建设）方认可后处理

D. 经处理的部位，应重新检查验收

10）（多选题）该工程楼面浇筑，（　　）项有误。

A. 每层分二个施工段流水作业

B. 每层柱和梁板仅分别留设一组同条件养护混凝土试块

C. 楼面浇筑均采用 C25 混凝土

D. 由于机械故障使得混凝土浇筑中断 2.5h（当时气温为 30℃），故障排除后继续浇筑，未有任何处理

6.【背景资料】某建筑工程，建筑面积 24642 ㎡，地上 10 层，地下 2 层（地下水位－2.0m）。主体结构为非预应力现浇混凝土框架剪力墙结构（柱网为 9m×9m，局部柱距为 6m），抗震设防烈度 7 度。梁、柱受力钢筋为 HRB335。结构主体地下室外墙采用 P8 防水混凝土浇筑，墙厚 250mm，钢筋净距 60mm，混凝土为商品混凝土。一、二层柱混凝土强度等级为 C40，以上各层柱为 C30。

情形 1：　施工过程中，施工单位进场的一批水泥经检验其初凝时间不符合要求，另外由于工期要求很紧，地下室外墙施工不得不在气温只有－3℃时进行。

情形 2：　钢筋工程施工时，发现梁、柱钢筋的接头采用挤压连接，有位于梁、柱端箍筋加密区的情况。在现场留取接头试件样本时，是以同一层每 600 个为一验收批，并按规定抽取试件样本进行合格性检验。

情形 3：　结构主体地下室外墙防水混凝土浇筑过程中，现场对粗骨料的最大粒径进行了检测，检测结果为 40mm。

请根据背景资料完成相应小题选项，其中判断题二选一（A、B 选项），单选题四选一（A、B、C、D 选项），多选题四选二或三（A、B、C、D 选项）。不选、多选、少选、错选均不得分。

1）（单选题）本工程基础混凝土应优先选用（　　）。

A. 矿渣硅酸盐水泥　　B. 火山灰硅酸盐水泥

C. 粉煤灰硅酸盐水泥　　D. 普通硅酸盐水泥

2）（单选题）地下室外墙混凝土施工不宜使用的外加剂是（　　）。

A. 引气剂　　B. 缓凝剂　　C. 早强剂　　D. 减水剂

3）（单选题）本工程施工过程中，初凝时间不符合要求的水泥需（　　）。

A. 作废品处理　　B. 重新检测　　C. 降级使用　　D. 用在非承重部位

4）（单选题）下列不属于钢筋安装验收主控项目的是（　　）。

A. 钢筋直径　　B. 钢筋数量　　C. 钢筋品种　　D. 力学性能检验

5）（判断题）该工程框架梁的底模板均需要起拱（　　）。

A. 正确　　B. 不正确

6）（判断题）该工程框架梁的底模板拆除均要求混凝土强度达到100%设计强度要求（　　）。

A. 正确　　B. 不正确

7）（单选题）为了确保新浇筑的混凝土有适宜的硬化条件，本工程主体结构混凝土浇筑完成后应在（　　）小时以内覆盖并浇水。

A. 7　　B. 10　　C. 12　　D. 14

8）（单选题）混凝土的下列检验项目属于主控项目的是。

A. 结构混凝土的强度等级必须符合设计要求

B. 施工缝的位置应在混凝土浇筑前按设计要求和施工技术方案确定

C. 后浇带的留置位置应按设计要求和施工技术方案确定

D. 现浇结构拆模后的尺寸偏差应符合规定

9）（多选题）该工程下述施工做法正确的有（　　）。

A. 梁、柱端箍筋加密区出现挤压连接接头

B. 在现场取留接头试件时，在同一层选取试件600个为一验收批

C. 商品混凝土粗骨料最大粒径控制为40mm

D. 框架梁同一截面范围钢筋接头百分率不大于50%。

10）（多选题）本工程框架柱受力钢筋的连接方式应采用（　　）。

A. 绑扎　　B. 焊接　　C. 机械连接　　D. 电渣压力焊

7.【背景资料】某建筑为现浇框架结构，抗震等级为三级，柱截面尺寸 $b\times h$＝500 mm×800 mm，框架梁截面 尺寸 $b\times h$＝350 mm×750 mm，跨度6～9m，柱中配置6Φ25（普通HRB335级）钢筋，梁底有6Φ25（普通HRB335级）钢筋伸入支座（基本锚固长度为28d，不考虑修正系数），柱子净高2. 4m，柱混凝土强度等级C35，梁混凝土强度等级C30，梁柱混凝土保护层厚度均取30mm，施工时为常温。

情形1：　采用木模板施工，模板安装前用废机油进行涂刷并风干，因设计对起拱无具体要求，施工单位按跨中起拱高度为15mm进行了起拱，楼面模板安装完毕后，用水准仪抄平，保证整体在同一个平面上，不存在凹凸不平问题。

情形2：　梁底钢筋采用5倍钢筋直径进行弯曲加工，钢筋连接采用锥螺纹套筒连接，箍筋加密区为梁端各1. 2m范围。

情形3：　施工单位确定采用商品混凝土，粗骨料最大粒径为32.5mm泵送布料，整体浇注，商品混凝土站考虑施工效果，掺加适量粉煤灰，设计混凝土坍落度为20 cm，初凝时间3. 5h，按规定方法养护3天后，施工单位拆除侧模板以加速周转。

请根据背景资料完成相应小题选项，其中判断题二选一（A、B选项），单选题四选一（A、B、C、D选项），多选题四选二或三（A、B、C、D选项）。不选、多选、少选、错选均不得分。

1）（选择题）模板安装应进行设计验算，其中活荷载不包括（　　）。

A. 新浇混凝土对模板的侧压力

B. 泵送混凝土产生的荷载

C. 风荷载

D. 雨荷载

2）（判断题）钢筋的接头宜设置在受力较小处；同一纵向受力钢筋不宜设置两个或两个以上接头（　　）。

A. 正确　　B. 错误

3)（单选题）柱中Φ25钢筋应优先采用（　　）。

A. 绑扎　　B. 电弧焊　　C. 电渣压力焊　　D. 气压焊

4)（判断题）钢筋因弯曲或弯钩因其轴线长度不变，故在配料中可以直接根据图纸中轴线尺寸下料（　　）。

A. 正确　　B. 错误

5)（判断题）在钢筋加工过程中，如发现脆断、焊接性能不良或机械性能异常时，则适宜的做法是直接作退货处理。（　）

A. 正确　　B. 错误

6)（单选题）关于梁钢筋安装做法错误的是（　　）。

A. 较多的纵向受力钢筋设置了2个以上的接头

B. 钢筋接头末端至钢筋弯起点的距离不应小于钢筋公称直径的10倍

C. 梁上部钢筋接头位置宜设置在跨中1/3跨度范围内

D. 梁下部钢筋接头位置宜设置在梁端1/3跨度范围内

7)（单选题）无特殊约定商品混凝土供应方可以不提供（　　）。

A. 混凝土运输单　　B. 混凝土抗压强度报告

C. 混凝土质量合格证　　D. 混凝土生产计量资料

8)（判断题）采用泵送混凝土施工时，应采用内径150mm的输送泵管（　　）。

A. 正确　　B. 错误

9)（多选题）本案例中正确的做法有（　　）。

A. 模板安装前用废机油进行涂刷并风干

B. 梁底钢筋按5倍弯心直径进行弯曲加工

C. 箍筋加密区可以为梁端各1.2m范围

D. 按规定方法养护3天后，施工单位拆除梁侧模板以加速周转

10)（多选题）本案例关于各楼层梁柱6Φ25钢筋弯曲加工说法正确的有（　　）。

A. 梁钢筋与柱钢筋加工的弯心直径均相同

B. 柱子钢筋弯锚入梁的弯心直径均相同

C. 梁底钢筋弯锚入柱的弯心直径均相同

D. 柱子钢筋弯锚入梁的弯心直径不相同

8.【背景资料】某轻纺城二期厂房轻钢结构工程，建筑面积3 600m²，为单层两跨轻钢结构；跨度21m，纵向柱距7m，屋面坡度1∶12。共有44根焊接H形钢柱（包括8根构造柱），柱高10m，在6.4m处设有吊车梁；12榀两跨连续H形钢梁。本工程材料选用：钢结构部分的钢柱、屋架梁、吊车梁等均采用Q235B钢板制作；檩条、墙梁采用Q235冷弯薄壁C型钢；屋面系统采用0.53mmV－760压型彩钢板＋50mm玻璃保温棉＋0.473mmV－900压型彩钢板，所有工厂对接焊缝以及坡口焊按二级检验，吊车梁下翼缘的对接焊缝按照一级检验，其他焊缝按三级检验。

请根据背景资料完成相应小题选项，其中判断题二选一（A、B选项），单选题四选一（A、B、C、D选项），多选题四选二或三（A、B、C、D选项）。不选、多选、少选、错选均不得分。

1)（判断题）国外进口的钢材可不进行抽样复验。（　　）

A. 正确　　B. 错误

2)（单选题）单层钢结构安装工程质量检验的主控项目是（　　）。

A. 建筑物的定位轴线、基础轴线和标高

B. 地脚螺栓精度

C. 钢柱安装精度

D. 钢结构表面应干净，结构主要表面不应有疤痕、泥沙等污垢

3）（单选题）高强螺栓终拧后外露丝扣不得小于（　　）扣。

A. 1　　B. 2　　C. 3　　D. 4

4）（判断题）焊接质量检验中的实物检查，包括外观检查和内部缺陷检查。（　　）

A. 正确　　B. 错误

5）（单选题）设计要求全焊透的一级焊缝应采用超声波探伤进行内部缺陷的检验，超声波探伤不能对缺陷作出判断时，应采用射线探伤，其探伤比例为（　　）。

A. 20%　　B. 50%　　C. 80%　　D. 100%

6）（单选题）对接接头、T形接头和十字接头的坡口焊接，下列说法欠妥当的是（　　）。

A. 宜采用双面坡口对接顺序焊接

B. 对于有对称截面的构件，宜采用对称于构件中和轴的顺序焊接

C. 对双面非对称坡口焊接，宜采用先焊浅坡口侧，后焊深坡口侧的顺序

D. 焊接过程中除第一层和表面层以外，其他各层焊缝时用小锤敲击对受力有利

7）（判断题）钢结构制作和安装单位应分别进行高强度螺栓连接摩擦面的抗滑移系数试验和复验。（　　）。

A. 正确　　B. 错误

8）（判断题）高强螺栓穿入孔内不能太松，对连接件不重合的孔，必要时可用锤敲打入孔对螺栓紧固有利。（　　）

A. 正确　　B. 错误

9）（多选题）关于钢结构涂装工艺，下列做法妥当的有（　　）。

A. 刷漆时应采用勤沾、短刷的原则

B. 待上一遍完全干燥后，再刷下一遍

C. 第二遍涂刷方向应与第一遍涂刷方向垂直

D. 在保持涂刷总厚度不变条件下宜采用每次厚涂减少遍数的方案效果更好

10）（多选题）由于钢板难以做到定尺供料，短的需要进行拼接，关于焊接H型钢的拼接尺寸要求，下述说法正确的是（　　）。

A. 翼板拼接缝和腹板拼接缝宜在同一截面　　B. 翼板拼接长度不应小于2倍板宽

C. 腹板拼接宽度不应小于300mm　　D. 腹板拼接长度不应小于600mm

9.【背景资料】某多层钢结构厂房，为一购物中心工程，总建筑面积约21 200m²，主体为三层钢框架结构局部四层，结构安全等级为二级。檐口总高度为19m，框架钢柱为焊接箱型柱，钢梁为焊接H型钢梁，楼面为压型钢板与混凝土叠合楼板，外墙面为压型彩板。主钢构件材质为Q345，檩条采用Q235 C型薄壁型钢。主要构件焊接质量等级为二级，本工程施工范围包括钢结构系统的制作与现场安装施工。

请根据背景资料完成相应小题选项，其中判断题二选一（A、B选项），单选题四选一（A、B、C、D选项），多选题四选二或三（A、B、C、D选项）。不选、多选、少选、错选均不得分。

1）（判断题）施工单位的质量员按《钢结构工程施工质量验收规范》和设计的规定，对钢材进行了复检，由建设单位技术负责人见证了取样、送样，验收时监理工程师以其本人不在场为由对复检的结果不予承认（　　）。

A. 正确　　B. 错误

2）（单选题）钢材、钢铸件的品种、规格、性能等应符合现行国家产品标准和设计要求。下述对其检验标准的描述不妥的是（　　）

A. 要检查质量合格证明文件　　B. 要检查中文标志

C. 要检查出厂检验报告　　D. 要进行抽样检查

3）（判断题）钢构件预拼装所用的支承凳或平台应测量找平，检查时不能拆除全部临时固定和拉

紧装置。(　　)

A. 正确　　B. 错误

4). (判断题) 由于钢板难以做到定尺供料，短的必须进行拼接. 焊接梁上下翼板接料的位置与腹板接口位置相互错开200mm以上。(　　)

A. 正确　　B. 错误

5) (判断题) 安装柱时，每节柱的定位轴线应从下层柱的轴线引上。(　　)

A. 正确　　B. 错误

6) (单选题) 钢柱安装的允许偏差应符合《钢结构工程施工质量验收规范》(GB50205－2001)的规定，本工程共有钢柱60件，检查数量应为(　　)件。

A. 3　　B. 4　　C. 5　　D. 6

7) (单选题) 关于高强螺栓连接施工，下述说法不妥当的是(　　)。

A. 高强螺栓连接应对构件摩擦面进行喷砂、砂轮打磨或酸洗等加工处理

B. 安装前应逐组复验摩擦系数，合格后方可安装

C. 高强螺栓的紧固，应分初拧和终拧二次拧紧

D. 高强螺栓允许超拧，不允许欠拧、漏拧

8) (单选题) 本工程所采用的永久性普通螺栓紧固应牢固、可靠，外露螺纹不应少于(　　)扣。

A. 1　　B. 2　　C. 3　　D. 4

9) (多选题) 下列选项中，属于该钢结构涂装工程质量验收主控项目的有(　　)。

A. 涂装前钢材表面除锈应符合设计要求和国家现行有关规范的规定

B. 构件表面不应误涂、漏涂、涂层不应脱皮和返锈等

C. 涂料、涂装遍数、涂层厚度均应符合设计要求

D. 涂装完成后，构件的标志、标记和编号应清晰完整

10) (多选题) 箱形柱下料采用数控火焰切割机进行柱板切割，开坡口方法为碳弧气刨切割K型坡口，钢材切割质量的主控项目是要求切割面或剪切面应(　　)。

A. 无裂纹　　B. 无夹渣

C. 无分层　　D. 切割允许偏差应符合规范的规定

10)【背景资料】某高层建筑地下车库，明挖法施工。二级防水等级，施工时当地气温0～4℃，外墙采用UEA(膨胀剂)钢筋混凝土自防水加外防外贴防水卷材，自内而外的构造层次为：墙体；25厚1∶3水泥砂浆找平层；冷底子油一道；3厚SBS改性沥青卷材防水层；120厚保护墙。底板的防水做法为：100厚素混凝土垫层；25厚1∶3水泥砂浆找平层；3厚SBS改性沥青卷材防水层；15厚1∶3水泥砂浆隔离保护层；钢筋混凝土结构底板。卷材采用冷粘法施工工艺。

请根据背景资料完成相应小题选项，其中判断题二选一(A、B选项)，单选题四选一(A、B、C、D选项)，多选题四选二或三(A、B、C、D选项)。不选、多选、少选、错选均不得分。

1) (判断题) 当时的施工环境可以采用热熔法施工卷材。(　　)

A. 正确　　B. 错误

2) (判断题) 防水混凝土抗渗性能，应采用标准条件下养护混凝土抗渗试件的试验结果评定。试件应在工地实验室制作。(　　)

A. 正确　　B. 错误

3) (单选题) 地下防水卷材的设置与施工宜采用外防外贴法。(　　)

A. 正确　　B. 错误

4) (判断题) 制作地下防水工程UEA混凝土，应按设计要求留足保护层，结构内设置的各种钢筋及绑扎铁丝均不得接触模板。(　　)

A. 正确　　B. 错误

5)（单选题）关于UEA混凝土，也可以说是指一种（　　）的混凝土。

A. 掺有膨胀剂　　B. 掺有减水剂　　C. 掺有防水剂　　D. 掺有速凝剂

6)（单选题）自防水混凝土的养护时间应不少于（　　）天。

A. 7　　B. 10　　C. 14　　D. 28

7)（单选题）墙体水平施工缝应高于底板表面不少于（　　）mm。

A. 300　　B. 400　　C. 500　　D. 600

8)（单选题）防水混凝土要用机械搅拌，搅拌投料顺序为（　　）。

A. 最先加水泥，最后加水　　B. 最先加石子，最后加水

C. 最先加水，最后加水泥　　D. 最先加膨胀剂，最后加砂

9)（多选题）关于地下室卷材防水层施工，下列说法正确的有（　　）。

A. 侧墙宜采用将卷材贴在地下室墙内侧

B. 宜采用满贴法铺贴

C. 基层阴阳角处应做成圆弧形过渡

D. 宜先对穿墙套管处理及阴阳角处铺贴防水材料卷材附加层再铺大面卷材

10)（多选题）关于地下防水工程卷材防水层质量检查与验收，下列属于主控项目的有（　　）。

A. 卷材防水层所用卷材及主要配套材料必须符合设计要求

B. 卷材防水层的基层

C. 卷材防水层及其转角处、变形缝、穿墙管道等细部做法均需符合设计要求

D. 卷材搭接宽度的允许偏差

11.【背景资料】某装饰公司进行一办公楼的装修改造工程施工，施工合同中已经明确有1 000m^{2}的铝合金窗安装任务；而甲方材料处与某钢窗厂签订供销合同，同时明确由该厂派队伍进行铝合金窗安装施工。该厂在铝合金窗安装过程中，没有落实“按铝合金窗工艺规程安装”的合同要求。其他单位也无人过问窗框与墙体洞口没做缝隙密封这一关键质量问题。而装饰公司在明知该铝合金框没做嵌缝密封的情况下，为了抢工期进行了抹灰、贴面砖施工，留下了质量隐患。该楼在验收前正逢雨期，发现有70%铝合金外窗严重渗水。该质量问题发生后，甲方要求进行事故分析和处理，并追查责任。

请根据上述背景资料完成以下选项，其中判断题二选一（A、B选项），单选题四选一（A、B、C、D选项），多选题四选二或三（A、B、C、D选项）

1)（判断题）该办公楼大面积外窗渗水事故的基本原因是甲方分解工程，管理混乱；铝合金窗的施工单位未按有关的工艺规程要求施工，窗框与墙洞没有做嵌缝密封，装饰公司为了抢工期明知窗洞没做嵌缝时就做面层，以致留下了质量隐患；监理工程师有失职行为，未按监理程序和有关规定进行监控。（　　）。

A. 正确　　B. 错误

2)（判断题）该楼铝合金窗施工是属于监理被委托的工程范围，发现施工质量有问题时，监理有权下停工令，让施工单位进行停工整改。（　　）。

A. 正确　　B. 错误

3)（单选题）进行一般抹灰时，当抹灰总厚度超出（　　）mm时，应采取加强措施。

A. 25　　B. 30　　C. 35　　D. 40

4)（单选题）室内外墙面、柱面和六洞口的阳角做法应符合设计要求，设计无要求时，应采用（　　）水泥砂浆做暗护角，其高度不应低于2m，每侧宽度不应小于50mm。

A. 1：1　　B. 1：2　　C. 1：3　　D. 1：4

5)（单选题）在装饰抹灰中，各抹灰层之间及抹灰层与基体之间必须黏结牢固，抹灰层应无脱

层、空鼓和裂缝，其检验方法不正确的是（　　）。

A. 观察检查　　B. 用小锤轻击检查

C. 尺量检查　　D. 检查施工记录

6)（单选题）铝合金门窗框应安装牢固，其检验方法正确的是（　　）。

A. 用弹簧称检查　　B. 手扳检查

C. 观察检查　　D. 轻敲门窗框检查

7)（单选题）饰面工程中，饰面砖粘贴必须牢固，其检验方法是（　　）。

A. 观察检查　　B. 手摸检查

C. 检查样板件黏结强度检测报告　　D. 脚踩检查

8)（单选题）下列属于一般抹灰中质量检验与验收中主控项目的是（　　）。

A. 细部质量　　B. 表面质量　　C. 分格缝　　D. 基层表面

9)（单选题．外墙面铺贴面砖的正确顺序是（　　）。

A. 先贴窗间墙，后贴附墙柱面　　B. 先贴窗间墙，后贴大墙面

C. 先贴附墙柱面，后贴大墙面　　D. 先贴大墙面，后贴附墙柱面

10)（多选题）下列属于饰面砖质量检验与验收中主控项目的是（　　）。

A. 饰面砖质量　　B. 饰面砖粘贴材料

C. 饰面砖粘贴　　D. 饰面砖表面质量

12.【背景资料】某工程位于长沙市，是以住宅为主，包括商场等配套设施组成的建筑群体，该建筑群体由 8 栋高层建筑和 2 栋多层建筑组成，总建筑面积约 16 万 m^2。

某建筑公司承建其中的 A 号、B 号两栋独立的高层住宅楼和 C 号、D 号两栋多层住宅，A 号住宅地下 2 层，地上 20 层；B 号住宅地下 2 层，地上 17 层，两栋高层住宅结构形式为全现浇钢筋混凝土剪力墙结构，基坑采用地下连续墙支护。最大建筑高度 66. 70m。C 号多层住宅楼为地下 1 层，地上 6 层，结构形式为内浇外砌；D 号多层住宅为地下 1 层，地上 8 层，结构形式为全现浇钢筋混凝土结构。四栋住宅楼总建筑面积 4. 13 万 m^2。

工程建设单位是某房地产开发商，设计单位为该市华夏建筑设计研究所，监理单位为该市赛斯特监理公司，施工总承包单位为建设发展公司，基础施工经业主同意后分包给该市某基础公司，并签订了分包合同。

请根据上述背景资料完成以下选项，其中判断题二选一（A、B 选项），单选题四选一（A、B、C、D 选项），多选题四选二或三（A、B、C、D 选项）

1)（判断题）对该工程现浇剪力墙模板分项工程质量检查的内容有模板的设计、制作、安装和拆除。（　　）。

A. 正确　　B. 错误

2)（判断题）剪力墙结构的混凝土试块应在施工单位专职质量员见证下，由施工单位的现场试验人员在施工现场取样，并进行标识、封志，送建设行政主管部门指定的质量检测单位检验（　　）

A. 正确　　B. 错误

3)（判断题）钢筋工程施工中，施工单位质量检查的内容有钢筋进场检验、钢筋加工、钢筋连接、钢筋安装等一系列检验。（　　）。

A. 正确　　B. 错误

4)（判断题）如果在施工过程中由于基础公司责任造成基础施工质量问题，作为总承包的建设发展公司不要承担责任。（　　）。

A. 正确　　B. 错误

5)在地下室剪力墙钢筋工程检查时，下列做法不妥的是（　　）。

A. 承包单位应先进行自检，自检合格后，填写“报验申请表”，报送项目监理机构

B. 该钢筋工程由监理工程师和施工单位专职质检员一起到现场检查即可

C. 对提出其部分部位的竖向钢筋间距不符合图纸规定，锚固长度不足等问题应进行整改复查

D. 未办理该批钢筋工程检查合格签证手续，承包单位不得浇灌混凝土

6）（单选题）由于是高层建筑，施工工序多而复杂，在施工前需由（　　）组织进行图纸会审，并应形成会审记录。

A. 设计单位技术负责人　　B. 建设单位技术负责人

C. 施工单位技术负责人　　D. 监理单位技术负责人

7）（单选题）钢筋混凝土结构中，混凝土施工缝适宜留在结构（　　）且便于施工的部位。

A. 受弯矩较小　　B. 受轴力较小　　C. 受剪力较小　　D. 受荷载较小

8）（多选题）分包给某基础公司的深基坑工程开挖深度 9m，则下列做法不妥当的有（　　）。

A. 按规定，需制订施工专项方案

B. 若需制订专项方案，因深基坑工程是基础公司分包施工，故专项方案由基础公司制订，由基础公司相关技术负责人签字后报送审核

C. 该深基坑工程专项方案不需请专家论证，经施工单位审核合格后报监理单位，由项目总监理工程师审核签字即可

D. 若需请专家论证该专项方案，应由施工总承包单位组织召开专家论证会

9）（多选题）地基基础分部工程的验收，应由总监理工程师组织（　　）进行。

A. 勘察、设计单位工程项目负责人

B. 相关金融机构负责人

C. 施工单位技术、质量部门负责人

D. 材料供应单位负责人

10）（多选题）在该工程施工质量控制过程中，下列属于监控主体的是（　　）。

A. 总承包公司　　B. 基础公司　　C. 监理公司　　D. 房地产开发商

13.【背景资料】某工程位于某市的东二环和三环之间，建筑面积 4 万余 m^2，由 30 层塔楼及裙房组成，箱形基础，地下 3 层，基础埋深为 12. 8m。该业主在裙房施工竣工后，具备使用功能，就计划先投人使用，主体结构由市建筑公司施工，混凝土基础工程则分包给某专业基础公司组织施工，装饰装修工程分包给市装饰公司施工。其中基础工程于 2008 年 8 月开工建设，同年 10 月基础完工。混凝土强度等级为 C35 级，在施工过程中，发现部分试块混凝土强度达不到设计要求，但对实际强度经测试论证，能够达到设计要求。主体和装修于 2008 年 12 月工程竣工。

请根据上述背景资料完成以下选项，其中判断题二选一（A、B 选项），单选题四选一（A、B、C、D 选项），多选题四选二或三（A、B、C、D 选项）

1）（判断题）隐蔽工程验收是施工质量验收层次划分中的最小单元。（　　）。

A. 正确　　B. 错误

2）（判断题）可将能形成独立使用功能的裙房作为一个子单位工程。，并且裙房可以先行完工验收单独办理竣工备案手续，先投入使用（　　）。

A. 正确　　B. 错误

3）（单选题）装饰装修工程中，在贴大瓷砖地面时，一般需弹“十”字线，其作用是（　　）。

A. 保证平整度　　B. 方便拼图　　C. 方便找坡　　D. 保证横平竖直

4）（单选题）对于该工程施工过程中发现部分试块混凝土强度达不到设计要求，但对实际强度经测试论证，能够达到设计要求，该问题的处理方法为（　　）。

A. 应请设计单位进行验算后进行处理

B. 应拆除重建，重新验收

C. 应予以验收

D. 视该部分混凝土所处部分进行处理

5)（单选题）分包工程完工后，基础公司和装饰公司应将工程资料交给（　　），申请进行质量验收。

A. 建设单位　　B. 市建筑公司　　C. 市档案馆　　D. 监理单位

6)（单选题）基础分部工程质量应由（　　）组织施工项目经理和有关勘察、设计单位项目负责人进行验收。

A. 监理工程师　　B. 总监理工程师　　C. 监理员　　D. 监理人员

7)（单选题）基础隐蔽工程隐蔽前应通知（　　）组织验收，并形成验收文件。

A. 施工单位质量部门　　B. 政府质量监督部门

C. 工程监理单位　　D. 工程设计单位

8)（单选题）在进行砖砌体砌筑检查时，用来检查砂浆饱满度的工具是（　　）。

A. 楔形塞尺　　B. 靠尺　　C. 百格网　　D. 托线板

9)（多选题）在工程质量验收的各层次中，有感观验收要求的属于（　　）的质量验收。

A. 检验批　　B. 分项工程　　C. 分步工程　　D. 单位工程

10)（多选题）对裙房作为子单位工程质量验收时，下述所列做法妥当的有（　　）。

A. 裙房所含盖的分部工程已验收合格

B. 查所有的质量控制资料应完整

C. 不需再到现场进行工程实体总体观感质量验收

D. 对各分部工程的主要功能和安全项目只需进行抽查并符合要求

14.【背景资料】某市科技大学新建一座现代化的智能教学楼，其教学楼主体采用现浇钢筋混凝土框架结构，基础形式为现浇钢筋混凝土筏形基础，地下2层，地上7层，混凝土采用C30级，主要受力钢筋采用HRB335级，在主体结构施工到第五层时，发现三层部分柱子承载能力达不到设计要求，聘请有资质的检测单位检测鉴定仍不能达到设计要求，拆除重建费用过高，时间较长，最后请原设计院核算，结果表明能够满足安全和使用要求。

该结构地下防水采用卷材防水和防水混凝土两种方式，屋面采用高聚物改性沥青防水卷材，屋面施工完毕后采用淋水方法进行渗漏检查，持续淋水1小时后开始进行检查、观察。工程于2008年8月28日竣工验收。在使用至第三年发现屋面有渗漏，学校要求施工单位进行维修处理，施工单位进行了维修，但不同意承担本次维修所发生的费用。

请根据上述背景资料完成以下选项，其中判断题二选一（A、B选项），单选题四选一（A、B、C、D选项），多选题四选二或三（A、B、C、D选项）

1)（判断题）该建筑屋面渗漏淋水试验1小时做法不妥当（　　）。

A. 正确　　B. 错误

2)（判断题）该建筑屋面渗漏试验也可采用蓄水检查，以蓄水24小时后不渗不漏为合格（　　）。

A. 正确　　B. 错误

3)（判断题）该工程二层柱子的质量鉴定达不到设计要求，不能予以验收（　　）。

A. 正确　　B. 错误

4)（判断题）经查明并认定屋面产生渗漏的原因是由于使用单位在屋面安装中央空调相关设备破坏原防水层所至，施工方不同意承担该项防水维修费用的要求合理（　　）。

A. 正确　　B. 错误

5)（单选题）在正常使用情况下，屋面防水工程的最低保修期限为（　　）年。

A. 1　　B. 3　　C. 5　　D. 7

6)（单选题）填充墙砌体施工时，砂浆水平灰缝的砂浆饱满度应达到（　　）。

A. 80%　　B. 90%　　C. 95%

D. 100%

7)（单选题）工程竣工验收存档资料要求所有竣工图均应加盖竣工图章，竣工图应由（　　）根据项目建设实际情况绘制。

A. 施工单位　　B. 原设计单位

C. 建设单位　　D. 房产管理单位

8)（单选题）该混凝土分项工程合格质量的条件是，只要构成分项工程的（　　），且均已验收合格，则分项工程验收合格。

A. 主控项目全数检验　　B. 一般项目抽样检验

C. 施工过程记录完整　　D. 各检验批的验收资料文件完整

9)（多选题）在现浇钢筋混凝土筏形基础分部工程质量验收时，（　　）可牵头组织。

A. 总监理工程师　　B. 专业监理工程师

C. 施工单位负责人　　D. 建设单位项目专业负责人

10)（多选题）混凝土结构检验批质量验收的合格标准由（　　）组成。

A. 主控项目和一般项目的质量经抽样检验合格

B. 使用功能合格

C. 具有完整的操作依据、质量检查记录

D. 构件成形后观感质量好

15.【背景资料】某建筑装饰装修工程，业主与承包商签订的施工合同协议条款约定如下：

工程概况：该工程现浇混凝土框架结构，18层，建筑面积12万 m^2，平面呈现U型，在平面变形处设有一道变形缝，结构工程于2008年6月28日已验收合格。

施工范围： 首层到18层的公共部分，包括各层电梯厅、卫生间、首层大堂等的建筑装饰装修工程，建筑装饰装修工程建筑面积1.5万 m^2。

质量等级： 合格。

开工日期： 2008年7月6日开工，2008年12月28日竣工。

开工前，建筑工程专业建造师（担任项目经理，下同）主持编制施工组织设计时，拟定的施工方案为以变形缝为界分两个施工段施工，并制定了详细的施工质量验收计划，明确了分部（子分部）工程、分项工程的检查点。其中第三层铝合金门窗工程的检查点为2008年9月16日。

请根据上述背景资料完成以下选项，其中判断题二选一（A、B选项），单选题四选一（A、B、C、D选项），多选题四选二或三（A、B、C、D选项）。(5号黑体)

1)（判断题）按照《建筑工程施工质量验收统一标准》(GB50300－2001)，建筑装饰装修工程的分项工程一般按楼层划分检验批（　　）。

A. 正确　　B. 错误

2)（判断题）第三层门窗工程于2008年9月16日如期完成，建筑工程专业建造师安排由资料员填写质量验收记录，项目专业质量检查员代表企业参加验收，并签署检查评定结果，项目专业质量检查员签署的检查评定结果为合格，该做法合理。（　　）。

A. 正确　　B. 错误

3)（判断题）2008年10月22日铝合金窗安装全部完工，建筑专业建造师安排项目专业质量检查员参加验收，并记录检查结果，该做法正确。（　　）。

A. 正确　　B. 错误

4)（判断题）2008年11月16日门窗工程全部完工，具备规定检查的文件和记录，其中规定的有关安全和功能的检测项目检测合格。为此，建筑工程专业建造师签署了该子分部工程检查记录，并交监理单位（建设单位）验收。该做法（　　）。

A. 正确　　B. 错误

5)（单选题）一般抹灰底层所起主要作用是（　　）。

A. 加强同面层的黏结　　B. 提高抹灰层强度

C. 全面找平　　D. 加强同基层的黏结并初步找平

6)（单选题）单位（子单位）工程质量控制资料核查记录中的结论，应由（　　）共同签认。

A. 项目经理、质监站监督员　　B. 项目经理、总监理工程师

C. 建设、设计、监理、施工单位　　D. 建设单位项目负责人、总监理工程师

7)（单选题）下列（　　）是暗龙骨吊顶工程检验批主控项目。

A. 饰面材料的材质、品种、规格、图案和颜色

B. 饰面材料表面应洁净、色泽、缺损

C. 金属吊杆、龙骨的接缝是否均匀一致，角缝吻合程度

D. 表面不整度

8)（多选题）在组织该装饰装修工程木工工程验收时，四个检验批抽样检查情况如下：第一批主控项目和一般项目全部符合指标；第二批主控项目符合，一般项目有10%的超出指标限值，但超出值未超过限值的50%；第三批主控项目符合，一般项目有10%的超出指标限值，但超出值达到限值的180%第四批主控项目有10%的超出指标限值，一般项目全部符合；就此项结果衡量，下列认定妥当的是（　　）。

A. 第一检验批合格　　B. 第二检验批合格

C. 第三检验批合格　　D. 第四检验批合格

9)（多选题）第三层门窗工程检验批质量验收的合格标准不包括（　　）。

A. 主控项目和一般项目的质量经抽样检验合格

B. 使用功能合格

C. 具有完整的操作依据、质量检查记录

D. 工程使用的材料、构配件和设备的检验均合格

10)（多选题）关于进行本装饰装修工程竣工验收，下列说法妥当的有（　　）。

A. 要进行消防、环保部门的专项验收　　B. 要进行观感质量的综合评价

C. 要审核工程决算资料　　D. 要查看质量控制资料

16.【背景资料】某四层商业建筑，现浇框架结构，首层层高6m，标准层层高5m。建筑面积6 000m²，2008年某日，该工程施工至二层时，为加快施工进度，安排一批工人绑扎前面的钢筋，另一批浇后面的混凝土，当混凝土基本浇灌完毕时，其模板下的支撑体系整体失稳，造成大面积坍塌，20名正在施工的工人被坍塌的混凝土埋压或轧伤，导致4人死亡，6人受伤（重伤2人），直接经济损失120万元。经调查发现该工程模板及支撑凭经验搭设，支撑体系立杆间距过大，侧向支撑不到位，模板支架立杆失稳，引起支撑系统整体倒塌。施工单位在设计图尚未由审图机构审批就从设计院拿来图纸开始施工，施工图审批后，应建设方的强烈要求，并由建设单位找一位技术人员出图，在每层东头增加了一个开间，建筑面积600m²，南面悬梁由1．8m改为2．4m等多种原因造成这一质量事故。

请依据上述背景资料完成1～10题的选项。

请根据背景资料完成相应小题选项，其中判断题二选一（A、B选项），单选题四选一（A、B、C、D选项），多选题四选二或三（A、B、C、D选项）。不选、多选、少选、错选均不得分。

1)（多选题）下列（　　）反映监理工程师工作严重失职。

A. 没有组织对模板支撑系统的设计

B. 没有对模板支撑系统的施工方案审查认可的情况下同意施工

C. 没有组织对模板支撑系统的验收，就签发了浇捣令

D. 在混凝土浇灌时未实施全过程跟班监督活动

2）（多选题）该项工程质量事故发生包括（　　）等原因。

A. 违反法规行为　　B. 违背建设程序

C. 设计差错　　D. 施工与管理不到位

3）（单选题）应建设方的强烈要求，并由建设单位找一位技术人员出图，施工时在每层东头增加了一个开间，建筑面积600m²，南面悬梁由1.8m改为2.4m。这一行为属于（　　）。

A. 违反法规行为　　B. 违背建设程序

C. 设计差错　　D. 施工与管理不到位

4）（单选题）按国务院发布的第493号令《生产安全事故报告和调查处理条例》以上工程质量事故按其损失的严重性应归于（　　）。

A. 特别重大事故　　B. 重大事故

C. 较大事故　　D. 一般事故

5）（单选题）在支撑系统整体坍塌前半小时，就有作业人员发现部分立杆有向外倾斜的现象，这最能反映出工程质量事故具有（　　）的特点。

A. 复杂性　　B. 严重性　　C. 可变性　　D. 多发性

6）（判断题）支撑系统搭设时没有施工方案，没有进行技术交底，反映该施工单位违反建设程序（　　）。

A. 正确　　B. 错误

7）（判断题）施工单位在设计图尚未由审图机构审批就从设计院拿来图纸开始施工这一行为属于质量问题成因中的施工与管理不到位（　　）。

A. 正确　　B. 错误

8）（判断题）模板及其支架应具有足够的承载能力、刚度和稳定性，能可靠地承受浇筑混凝土的重量、侧压力以及施工荷载。（　　）

A. 正确　　B. 错误

9）（判断题）质量事故发生后，单位负责人接到报告后，应在24小时内向相应的建设行政主管部门上报。（　　）

A. 正确　　B. 错误

10）（判断题）建设单位、施工单位、监理单位都应对这起事故承担不同程度的责任。（　　）

A. 正确　　B. 错误

17.【背景资料】某6层砖混结构住宅楼，7度抗震设防。墙厚度240mm，东西方向长48m，南北宽12m，因紧邻该建筑的东侧建有同类型的房屋，并具有详细的地质勘察资料，故建设方省去了地质勘察，要求设计单位按该地质勘察资料确定地基承载力。在房屋报建时因无地质资料，未获审批，后不得不补做了勘察，但此时基础已施工完。施工方为赶工期，新招进一劳务作业队伍进行墙体砌筑，存在砌筑砂浆层不饱满，数皮砖同缝，多处转角和纵横墙丁字相交处的施工临时洞口处留直槎等情况，当房屋建至3层，墙面开始出现少量细微裂纹，随后逐步发展为裂缝，且不断增多。后经分析西部地基土为中偏高压缩性土，而东部较坚硬，地基不均匀沉降是其主要原因。

请根据背景资料完成相应小题选项，其中判断题二选一（A、B选项），单选题四选一（A、B、C、D选项），多选题四选二或三（A、B、C、D选项）。不选、多选、少选、错选均不得分。

1）（单选题）从背景资料“建设方省去了地质勘察，要求设计单位按该地质勘察资料确定地基承载力。”可分析，这是属于（　　）的情况。

A. 违反建设程序　　B. 设计计算差错

C. 施工与管理不到位　　D. 使用不合格的原材料

2）（单选题）从背景资料“施工方为赶工期，新招进一劳务作业队伍进行墙体砌筑，存在砌筑砂浆层不饱满，多处转角和纵横墙丁字相关处留直槎，数皮砖同缝等情况”可分析，这是属于（　　）

的情况。

A. 违反建设程序　　B. 违反法规行为

C. 使用不合格的原材料　　D. 施工与管理不到位

3）（单选题）当房屋建至3层墙面开始出现少量细微裂纹，随后逐步发展为裂缝，且不断增多，表明工程质量事故具有（　　）的特点。

A. 复杂性　　B. 严重性　　C. 可变性　　D. 多发性

4）（判断题）工程质量事故发生后最核心最关键是先界定责任，其次是查明原因。（　　）

A. 正确　　B. 错误

5）（判断题）本工程质量事故建设、监理、设计、施工各方都存在不同程度的责任。（　　）

A. 正确　　B. 错误

6）（单选题）该质量问题发生后，墙体的裂缝发展并未稳定，故选择该质量问题处理方案最适用的辅助决策方法是（　　）

A. 实验验证　　B. 定期观察　　C. 专家论证　　D. 方案比较

7）（判断题）该质量事故按照事故处理方案采取了基础加固、裂缝修补、墙体补强等措施，通过相关检查鉴定验收，其验收结论为"隐患已基本消除，结构安全基本有保障"是允许的。（　　）

A. 正确　　B. 错误

8）（单选题）转角和纵横墙丁字相交处的施工临时洞口处应留斜槎，斜槎水平投影长应不小于其高度的（　　）。

A. 1/4　　B. 1/3　　C. 1/2　　D. 2/3

9）（多选题）砌体结构施工时，不得在下列墙体或部位上留脚手眼。（　　）

A. 180mm及以下厚度的砖墙　　B. 宽度小于1m的窗间墙，

C. 距转角处300mm范围内　　D. 梁或梁垫下及其左右500mm范围内

10）（多选题）墙体砌筑对灰缝的要求是（　　）。

A. 横平竖直，厚薄均匀　　B. 水平灰缝的饱满度不得低于80%

C. 竖向灰缝不得出现透明缝、瞎缝和假缝　　D. 灰缝宽度不应小于6mm

参考文献

[1] 郑贵超，赵庆双．建筑识图与构造［M］．北京：北京大学出版社，2009.
[2] 蒋荣．工程材料［M］．北京：中国铁道出版社，2008.
[3] 杨晓平，王云江．建筑工程测量［M］．武汉：华中科技大学出版社，2006.
[4] 王劲松，鲁有柱．土木工程测量［M］．北京：中国计划出版社，2008.
[5] 何向红，徐猛勇．建筑工程质量控制［M］．郑州：黄河水利出版社，2011.
[6] 何铭新，郎宝敏，陈星铭．建筑工程制图［M］．北京：高等教育出版社，2004.
[7] 魏松，林淑芸．建筑识图与构造［M］．北京：机械工业出版社，2009.
[8] 高远，张艳芳．建筑识图与构造［M］．北京：中国建筑工业出版社，2008.
[9] 赵研．建筑识图与构造［M］．北京：中国建筑工业出版社，2008.
[10] 郝峻弘．房屋建筑学［M］．北京：清华大学出版社，北京交通大学出版社，2010.
[11] 舒秋华．房屋建筑学［M］．武汉：武汉理工大学出版社，2011.
[12] GB50011—2010 混凝土结构设计规范［S］．北京：中国建筑工业出版社，2011.
[13] GB50009—2001 建筑结构荷载规范［S］．北京：中国建筑工业出版社，2006.
[14] GB50011—2010 建筑抗震设计规范［S］．北京：中国建筑工业出版社，2010.
[15] 贾瑞晨．建筑结构［M］．北京：中国建材工业出版社，2012.
[16] 鲁维．建筑结构［M］．南京：南京大学出版社，2011.
[17] 陈安生．钢筋翻样与加工［M］．北京：高等教育出版社，2005.
[18] 胡兴福．建筑结构［M］．北京：中国建筑工业出版社，2009.
[19] 东南大学，同济大学，天津大学．混凝土结构［M］．北京：中国建筑工业出版社，2009.
[20] 苑辉等．质量员一本通［M］．北京．中国建材工业出版社，2006.
[21] 危道军．质量员专业管理实务［M］．北京：中国建筑工业出版社，2007.
[22] 陈远吉等．质量员［M］．南京：江苏人民出版社，2012.
[23] 艾思平．建筑主体工程施工［M］．合肥：合肥工业大学出版社，2010.
[24] 林文剑．质量员专业知识与实务［M］．2 版．北京：中国环境科学出版社，2010.
[25] 陈安生．建筑力学与结构基础［M］．北京：中国建筑工业出版社，2003.
[26] 田金信．建筑工程质量控制［M］．北京：中国建筑工业出版社，2008.
[27] 陈安生．防水工程施工［M］．北京：化学工业出版社，2011.
[28] 李靖颉．防水工程施工［M］．北京：机械工业出版社，2006.
[29] 赵承雄，唐克耀．质量员：基础知识　岗位知识　专业实务［M］．哈尔滨：哈尔滨工程大学出版社，2011.